王秀萍 刘世纯 常 平 主编 ●

实用分析化验工读本

SHIYONG
...HUAXANGONG DUBEN

第四版
The Fourth Edition

 化学工业出版社

北京 ·

本书在《实用分析化验工读本》第三版的基础上，根据国家标准和分析化验工的技能要求对全书的内容进行了补充和更新，增加了原子荧光光谱分析法，数理统计，实验室管理体系等知识。全书分为化学分析篇、仪器分析篇、实验室管理与控制篇三大部分。全面介绍了技能考试所要求具备的基础知识、操作技能、质量控制、管理知识和标准化知识。

本书适合于从事分析化验的中、高级技术工人，中专技校学生和技术人员使用。

图书在版编目（CIP）数据

实用分析化验工读本/王秀萍，刘世纯，常平主编.
4 版.—北京：化学工业出版社，2016.3（2023.7重印）
ISBN 978-7-122-26179-3

I.①实… Ⅱ.①王…②刘…③常… Ⅲ.①化学工
业-工业分析-基本知识②实验室-化学分析-基本知识
Ⅳ.①TQ014②O652

中国版本图书馆 CIP 数据核字（2016）第 018261 号

责任编辑：袁海燕   装帧设计：刘丽华
责任校对：边　涛

出版发行：化学工业出版社（北京市东城区青年湖南街13号　邮政编码100011）
印　　装：北京虎彩文化传播有限公司
850mm×1168mm　1/32　印张14¼　字数433千字
2023 年 7 月北京第 4 版第 4 次印刷

购书咨询：010-64518888（传真：010-64519686）　售后服务：010-64518899
网　　址：http：//www.cip.com.cn
凡购买本书，如有缺损质量问题，本社销售中心负责调换。

定　　价：45.00 元   版权所有　违者必究

前言

　　本书对《实用分析化验工读本》第三版（2011年）进行了改动和重新编写。

　　《实用分析化验工读本》第三版发行四年有余，深受读者欢迎。第四版在第三版内容的基础上。修正了第三版叙述不确切或错误之处，删掉了过时的内容，补充和更新了新的知识，如增加了原子荧光光谱分析法知识，增加了实验室管理体系的描述。另外，强化了实验室质量控制活动，并给出了具体的做法示例。

　　本书保留了刘世纯原版专业技术理论和操作技能紧密结合的特点，注重实用性。

　　本书分为化学分析篇、仪器分析篇、实验室管理与控制篇。共有17章。第1章由常平和王寒凝编写；第2章由王颖编写；第3～7、第13章由常平和王淑华编写；第8、第9、第12、第14～16章由王秀萍编写，第10、第11章由王秀萍和马春香编写；第17章由周树侠编写。全书由王秀萍统稿。

　　本书可作为分析化验工岗位培训教材，也可作为分析技术人员参考用书。

　　由于时间仓促和编者水平所限，书中存在不足之处，敬请广大读者批评指正。

编　者

2015年10月

第一版前言

　　本书是在《工人岗位技术培训读本——分析化验工》的基础上，依据国家即将颁发的《分析工职业技能鉴定规范》的内容及程度要求而重新编写的培训辅导教材。

　　全书按《鉴定规范》（考核大纲）对专业知识和操作技能两方面的要求编写，对化学分析及仪器分析的基础知识、实验室管理知识及标准化知识都作了较全面的叙述；并从实际出发，介绍了采样、溶液配制、仪器使用、化学分析方法及仪器分析方法的操作技能及要求。

　　本书力求文字简洁，通俗易懂，适合广大技术工人和工程技术人员用作自学和培训辅导教材。

　　全书共分四篇。第一篇主要由戴文凤、郭晓梅、姚莉编写；第二篇由闫秀文编写；第三篇由刘世纯编写；第四篇由刘勃安、郭晓梅编写。全书由刘世纯同志统稿。

　　由于编者水平有限，加之时间仓促，定有不当之处，敬请专家、读者批评指正。

编　者

1999 年 1 月

第二版
前言

　　本书对《实用分析化验工读本》第一版（1999 年）进行了全面改动和重新编写。

　　第一版出版发行以来，深受读者欢迎，给分析化验工提供了基础培训教材。但使用中稍感篇幅过长、理论和实际操作部分内容过于详细。另外，计算公式推导步骤也可省略，应用实例也可大大减少。因此，编者认为有必要重新编写。

　　本书将专业技术理论和操作技能合并编写，删除了非水酸碱滴定法、定量分析中的分离方法、化工产品采样方法及其他仪器分析法简介等几章。习题和考试题汇编不再列入，已单独出版。

　　本书注意专业技术理论和操作技能紧密结合，使内容丰富而又重点突出、篇幅紧凑、阅读方便；基础理论和计算公式的讲解，要求重点清楚，避免繁琐的数学推导，注重公式的意义和应用，便于分析工人学习和掌握；对应用实例作了适当削减，只选留有代表性的实例；文字叙述力求简洁清楚、通俗易懂、条理分明。适当增加新知识，力求将本书以全新面貌奉献给读者。

　　本书分为化学分析篇、仪器分析篇和实验室管理篇。共有 14 章。第 1～6 章由刘世纯编写；第 7～11 章由戴文凤编写；第 12～14 章由刘立羽编写。全书由刘世纯统稿。

　　本书可作为分析化验工岗位培训教材，也可作为相关工人自学读本。

　　由于时间仓促和编者水平所限，书中肯定会存在不足之处，恳请广大读者批评指正。

编　者

2004 年 11 月

第三版
前言

　　《实用分析化验工读本》发行以来，深受读者欢迎，给分析化验工提供了基础培训教材。但随着时间的推移，很多知识或标准已经发生了变化，为了使学习的起点站在新的台阶上，在尊重第二版内容的基础上，我们对书中的内容进行了补充和更新，如增加了原子吸收光谱分析法，增加了质量控制篇，丰富了实验室管理篇内容，更新了部分名词术语、符号和标准等。

　　本书保留了原版专业技术理论和操作技能紧密结合的特点，注重实用性，力求奉献给读者一本有参考价值的书。

　　本书分为化学分析篇、仪器分析篇、质量控制篇和实验室管理篇，共有 15 章。第 1～7 章由刘世纯、常平和王淑华编写；第 8、9、12～15 章由王秀萍、戴文凤编写；第 10、11 章由王秀萍和马春香编写。全书由王秀萍统稿。

　　本书可作为分析化验工岗位培训教材，也可作为分析技术人员的参考用书。

　　由于时间仓促和编者水平所限，书中难免存在不足之处，敬请广大读者批评指正。

编　者
2011 年 3 月

目录

化学分析篇

仪器分析篇

第 11 章 液相色谱分析法 …… **331**

实验室管理与控制篇

化学分析篇

第1章　化学分析基础知识

1.1 概述

分析化学是研究物质化学组成的分析方法及其相关理论的学科，它包括定性和定量分析两大部分。定性分析的任务是鉴定和测定物质的化学组成，定量分析的任务是测定物质各组分的含量。

化工分析是对化工生产中原料、中间产物及半成品和产品的组成及其各组分含量进行分析测定的方法。化工分析涉及的领域非常广泛，种类非常多，分类方法大致如下。

（1）按化工生产过程分类　分为原材料分析、中间产物控制分析和产品分析。

（2）按试样用量分类　分为常量分析、半微量分析、微量分析和超微量分析。需要的试样量，常量分析 0.1g 以上、半微量分析 10～100mg、微量分 1～10mg、超微量分析 1mg 以下。

（3）按试样取样方式分类　分为在线分析和离线分析。在线分析是分析仪器安装在生产线上，在线取样分析，因此在线分析容易实现从取样到分析的自动化。离线分析是取样后到实验室进行分析，再报告分析结果。

（4）按分析原理和方法分类　可分为化学分析和仪器分析两大类。化学分析又分为滴定分析和称量分析，仪器分析又分为光学分析、电化学分析和色谱分析等。

化学分析是以化学反应为基础的分析方法。将试样制备成溶液，使待测组分与标准试剂反应，根据生成物的量或消耗试剂的量来确定组成及含量。其中滴定分析是根据消耗的标准试剂溶液的量来测定组分的含量，称量分析则是根据生成物的量来测定组分的含量。

仪器分析根据待测组分的物理化学性质，通过专用仪器来测定其含量。

化学分析方法历史久，方法成熟，多用于常量分析，准确度较高，不需要标准试样。仪器分析方法分析速度快，多用于微量分析，一般需要标准试样，准确度较化学分析方法差一些，特别适用于分析自动化。从整体看，化学分析是仪器分析的基础，仪器分析是化学分析的发展，二者取长补短，相辅相成。随着现代分析仪器的不断发展，新的分析方法也在不断涌现。

1.2 误差和分析数据处理

分析测试人员在进行测定工作时，经常遇到两个问题，一个问题是如何读取分析测定的数据，读取的测定数据怎样处理，即怎样进行数据的取舍、计算和报告结果；另一个问题是分析结果的准确度和精密度怎样，如何表示。

1.2.1 定量分析中的误差

定量分析的目的是准确测定试样中各组分的含量。但是，由于试剂、仪器、测定条件和方法的影响，测定值不可能与真值完全一致，总是存在误差。

1.2.1.1 误差的分类及产生的原因

误差按其性质可分为系统误差、随机误差和过失误差三类。

（1）系统误差　由一些固定的、规律性的因素引起的误差，对测定结果的影响或偏高或偏低，呈现规律性。系统误差可以通过校正进行补偿或减小，系统误差决定了分析结果的准确度。按系统误差产生的原因，还可以进一步分为如下几种。

① 方法误差　由于测定方法不完善而带来的误差，例如滴定反应不完全产生的误差。

②　试剂误差　由于试剂不纯带来的误差。

③　仪器误差　由于仪器本身不精密、不准确引起的误差。例如，玻璃容器刻度不准确、天平砝码不准确等。

④　环境误差　由于测定环境的影响所带来的误差。例如，温度、湿度、灰尘等都可能影响测定结果的准确性。

⑤　操作误差　由于操作人员操作不规范或主观偏见带来的误差。例如，对滴定终点颜色判断不准确等。

（2）随机误差　测定时由于各种因素的随机变化所带来的误差。这种误差无规律性，是随机出现的。例如，同一个样品，同一名操作人员在相同条件下进行多次测定，每次的测定结果都不可能相同。随机误差不可避免，只能通过增加测定次数来减小。随机误差决定了分析结果的精密度。

（3）过失误差　指操作人员在测定工作中的误操作带来的误差。例如，操作人员看错刻度，溅出溶液，称量时试样倒在外面等。这种误差，在工作中必须杜绝。出现过失误差的数值是离异值，在数据处理时必须舍去。

1.2.1.2　准确度与误差

（1）准确度　准确度表示试样的测定值与真值之间的符合程度。测定值与真值之差称为误差，误差越大，准确度越低；误差越小，准确度越高。准确度的高低，误差的大小，取决于系统误差的大小。因此，可以说，系统误差决定准确度和误差的大小。

（2）误差　误差是绝对误差的简称，它等于测定值与真值之差。

$$E = x_i - \mu \tag{1-1}$$

式中，E 为绝对误差；x_i 为测定值；μ 为标准试样的真值。

必须指出，绝对误差有单位，其单位与测定值单位相同；绝对误差有正负之分，当测定值大于真值时，误差为正；当测定值小于真值时，误差为负。

误差大小来源于系统误差的大小，而准确度高低是用误差来表征的。

为了消除系统误差的影响，在工作中经常加以校正。可以采用已知含量的标准物作为标准试样，按照给定的测定方法和步骤进行测定，得到测定值，那么校正值就等于标准试样测定中真值与测定值之差：

$$\Delta = \mu - x_s \tag{1-2}$$

式中，Δ 为校正值；μ 为标准试样的真值；x_s 为标准试样的测定值。

那么在测定未知试样时，其测定值加校正值就等于真值。

$$\mu = x_i + \Delta \tag{1-3}$$

相对误差指绝对误差在真值中所占的百分率。可以用下式表示：

$$E' = \frac{E}{\mu} \times 100\% \tag{1-4}$$

式中，E' 为相对误差，%；E 为绝对误差；μ 为真值。显然，相对误差没有单位，它只是百分值，但有正负之分。

在表示准确度高低时，仅仅用绝对误差不能充分表征准确度的高低。两个含量相差很大的试样，如果测定的绝对误差大小相同，由于它们真实含量相差很大，其准确度高低也不相同。

例如，两个含 Fe 试样，一个试样的相对误差为 75%，另一个为 1.0%，测定的绝对误差都是 0.1%，但前者在真值中只占 $\frac{0.1}{75} \times 100\% = 0.13\%$，后者却占 $\frac{0.1}{1.0} \times 100\% = 10\%$，可见准确度相差很大。因此，相对误差才能真正表征准确度的高低。

1.2.1.3 精密度与偏差

真值是客观存在的，但是一般情况下，真值是不知道的，只能通过测定去得到真值的估计值。由于测定值总是存在着误差，所以测定值不等于真值。即使消除了系统误差，还因存在着随机误差，测定值仍然不能替代真值。因此，只有在消除了系统误差的前提下，采用多次测定的测定值来得到真值的无偏估计值。

（1）精密度 精密度是在同一条件下，对同一试样进行多次测定的各测定值之间相互符合的程度。精密度的高低取决于随机误差的大小。可以用偏差来表征精密度的高低。

（2）绝对偏差 绝对偏差简称偏差，它等于单次测定值与 n 次测定值的算术平均值之差。

$$d_i = x_i - \bar{x} \tag{1-5}$$

式中，d_i 为绝对偏差；x_i 为单次测定值；$\bar{x}$ 为 n 次测定值的算术平均值。

（3）平均偏差　平均偏差等于绝对偏差绝对值的平均值，用下式表示：

$$\bar{d} = \frac{\sum |d_i|}{n} \tag{1-6}$$

式中，$\bar{d}$ 为平均偏差；d_i 为单次测定的绝对偏差；n 为测定次数。

（4）相对平均偏差　指平均偏差在算术平均值中所占的百分率，用下式表示：

$$\bar{d}' = \frac{\bar{d}}{\bar{x}} \times 100\% \tag{1-7}$$

式中，$\bar{d}'$ 为相对平均偏差；$\bar{d}$ 为平均偏差；$\bar{x}$ 为 n 次测定值的算术平均值。

（5）标准偏差　标准偏差是一种量度数据分布的分散程度之标准，用以衡量数据值偏离算术平均值的程度。标准偏差越小，这些值偏离平均值就越少，反之亦然。标准偏差可分为总体标准偏差和样本标准偏差两种。总体标准偏差（又称均方根偏差）σ 表示：

$$\sigma = \sqrt{\frac{\sum d_i^2}{n}} \tag{1-8}$$

式中，n 为无穷大数。

实际工作中常采用有限次测定的标准偏差 s 来表征精密度，称为样本标准偏差：

$$s = \sqrt{\frac{\sum d_i^2}{n-1}} = \sqrt{\frac{\sum (x_i - \bar{x})^2}{n-1}} \tag{1-9}$$

式中，n 为有限数。

（6）相对标准偏差　指标准偏差在平均值中所占的百分率，又称为变异系数：

$$CV = \frac{s}{\bar{x}} \times 100\% \tag{1-10}$$

式中，CV 为相对标准偏差；s 为标准偏差；$\bar{x}$ 为 n 次测定的平均值。

1.2.1.4　准确度与精密度关系

从上面叙述可知，表征系统误差的准确度与表征随机误差的精密度是不同的，二者的关系可分为如下几种情况。

① 测定的精密度好，但准确度不好，这是由于系统误差大、随机误差小造成的。

② 测定的精密度不好，但准确度好，这种情况少见，是偶然碰上的。

③ 测定的精密度不好，准确度也不好，这是由于系统误差和随机误差都大引起的。

④ 测定的精密度好，准确度也好，这是测定工作中要求的最好结果，它说明系统误差和随机误差都小。也就是说在消除系统误差的情况下，操作人员规范操作会得到较好的准确度和精密度。

在实际分析测定工作中，首先要求测定的精密度要好。只有精密度好才能得到准确度好的结果，即使准确度不太好，只要找出存在的系统误差的原因并加以校正，也能得到比较满意的准确度。所以说，测定的精密度好是保证准确度好的先决条件。

【例 1-1】 分析测定某试样中水分的含量，得到如下的 10 个数据，计算其偏差？

1.23，1.19，1.26，1.24，1.20，1.19，1.22，1.21，1.23，1.24

解： 首先计算其算术平均值 $\bar{x}$：

$$\bar{x} = \frac{\sum x_i}{n} = \frac{12.21}{10} = 1.22$$

平均偏差 $\bar{d} = \frac{\sum |d_i|}{n} = \frac{0.19}{10} = 0.019$

相对平均偏差 $\bar{d}' = \frac{\bar{d}}{\bar{x}} \times 100\% = \frac{0.019}{1.22} \times 100\% = 1.6\%$

标准偏差 $s = \sqrt{\frac{\sum d_i^2}{n-1}} = \sqrt{\frac{0.0049}{10-1}} = 0.023$

相对标准偏差 $s' = \frac{s}{\bar{x}} \times 100\% = \frac{0.023}{1.22} \times 100\% = 1.9\%$

1.2.1.5 提高分析结果准确度的方法

根据上述各种误差产生的原因和对分析测定结果的影响，应该消除或减小产生的系统误差，杜绝过失误差，并增加测定次数来减小随机误差，以提高分析结果的准确度。

消除和减小系统误差最常用的方法是对照分析和空白试验。对照分析中,可采用已知标准试样按照给定的测定方法和操作步骤,测定出结果并与已知真值对比,求出校正值,在未知试样测定的结果中加入校正值,可以消除和减小系统误差。如果对未知试样组成不了解,无法用已知标准试样进行对照分析,可采用加标回收法进行对照实验。这种方法是在待测试样中加入已知量的待测组分,然后进行对照分析,看加入的被测组分的量是否能定量回收,以判断是否存在系统误差。

空白实验是在不存在试样情况下,按照测定步骤加入各种试剂进行测定,以得到空白值。显然空白值能判断试剂杂质和器皿所带来的系统误差。测定试样时,扣除空白值能消除试剂杂质和器皿带来的系统误差。

增加平行测定次数(n 值),可以减小随机误差,使其平均值更接近真值。

1.2.2　有效数字及修约规则

(1) 准确数与近似数　有些数是准确的,不存在误差,称为准确数。例如,整数 1、2、3…都是准确数。但人们在分析测定工作中经常遇到的是近似数。例如,在测定数据时,读取的数据是近似数,而不是准确数。读取数据的准确程度应与测试时所用仪器和测试方法的精度相一致。

(2) 有效数字　测定数据时,只保留 1 位不准确数字,其余数字都是准确的,称此为有效数字。所以有效数字是指分析测定中得到的有实际意义的数字,该数据除去最末 1 位数字为估计值外,其余数字都是准确的。因此,有效数字的位数取决于测定仪器、工具和方法的精度。

比如,使用滴定管进行滴定,测定溶液体积时,因为滴定管的最小刻度是 0.1mL,所以只能读准至 0.1mL,因而记录的体积有效数字位数为准确数外加 1 位估计数,例如 45.25mL 为 4 位有效数字。

"0" 在数据首位不算有效数字位数,在数据中间及末尾可作为有效数字位数计算。下面列出在分析测定中能得到的有效数字及位数:

质量称重 m	1.3856g	(5 位,万分之一天平)
溶液体积 V	25.24mL	(4 位,分度值 0.1mL 滴定管)
离解常数 K	1.8×10^{-5}	(2 位)
pH 值	4.30	(2 位)
吸光度 A	0.384	(3 位)

电极电位 φ 0.283V   （3 位）

标准溶液浓度 c 0.1012mol·L^{-1}（4 位）

关于有效数字及位数应说明下面几个问题。

① 有效数字首位数≥8 时，可多计算 1 位有效数字，例如 0.0998mol·L^{-1}的浓度可看成 4 位有效数字。

② pH 值有效数字的位数，取决于小数部分的位数，整数部分不计算为有效数字。因为 pH＝－lg$c$(H$^+$)，实际为对数运算，对数的整数部分为数据 c(H$^+$) 的 10 多少次方，起定位作用，只有小数部分才是 c(H$^+$) 数据的位数。

③ 单位换算，要注意有效数字的位数，不能混淆。例如：1.37g≠1370mg，应为 1.37×10^3 mg。

④ 非测量数据应视为准确数，例如色谱峰面积衰减 2 倍或溶液稀释 10 倍等，此处的 2 和 10 应视为准确数。圆周率 π 虽然为固定数，计算时，它所取的有效数字的位数应和其他测定值的有效数字位数相一致。

（3）有效数字修约   有效数字修约采用"4 舍 6 入 5 取舍，不许连续修约"的原则。

① 拟舍弃数字的最左一位数字小于 5，则舍去，保留其余各位数字不变。

② 拟舍弃数字的最左一位数字大于 5，则进一，即保留数字的末位数字加 1。

③ 拟舍弃数字的最左一位数字是 5，且其后有非 0 数字时进一，即保留数字的末位数字加 1。

④ 拟舍弃数字的最左一位数字为 5，且其后无数字或皆为 0 时，若所保留的末位数字为奇数（1，3，5，7，9）则进一，即保留数字的末位数字加 1；若所保留的末位数字为偶数（0，2，4，6，8），则舍去。

⑤ 负数修约时，先将它的绝对值按①～④的规定进行修约，然后在所得值前面加上负号。

⑥ 在具体实施中，有时测试与计算部门先将获得数值按指定的修约数位多一位或几位报出，而后由其他部门判定。为避免产生连续修约的错误，当报出数值最右的非零数字为 5 时，应在数值右上角加"＋"或加"－"或不加符号，分别表明已进行过舍，进或未舍未进。

如对报出值需进行修约，当拟舍弃数字的最左一位数字为 5，且其后无数字或皆为零时，数值右上角有"＋"者进一，有"－"者舍去，其他仍按①～④的规定进行。例如：将下列数字修约到个数位（报出值多留一位至一位小数）。

实测值	报出值	修约值
15.454 6	15.5$^-$	15
－15.454 6	－15.5$^-$	－15
16.520 3	16.5$^+$	17
－16.520 3	－16.5$^+$	－17
17.500 0	17.5	18

（4）有效数字的运算

① 加减法　几个数相加减得到的和与差的有效数字位数，应该以几个数中，小数点后位数最少的那个数的位数为准。例如：0.0154，34.37，4.32751 此 3 个数相加，应该以 34.37 为准，最后得到 37.71291→37.71。

② 乘除法　几个数相乘除得到的积与商的有效数字位数，应以几个数中，有效数字位数最少的那个数的位数为准。例如：0.0121，25.64，1.05782 三个数相乘得到积应该以 0.0121 的位数为准，即取三位有效数字为 0.328。

③ 对数运算所得到的对数的小数部分（尾数）的位数应该和真数位数相同，而其整数部分（首数）只起定位作用。例如，lg143.7＝2.1575，因为 143.7 为 4 位有效数字，所以对数的尾数（小数部分）也取 4 位，为 1575，而整数 2 仅仅是定位作用，不影响有效数字位数。

④ 乘方与开方运算　得到结果的有效数字位数应该和原来数据的有效数字位数相同。例如：

$$189^2＝357×10^2 \qquad \sqrt{0.049}＝0.22$$

应该指出在有效数字的运算过程中应注意如下各点。

① 数据中首位数大于或等于 8 者，可以多 1 位有效数字位数参加运算。

② 参加计算的准确数，如 2 倍等可视为无穷多位的有效数字，不决定计算结果的有效数字的位数。

③ 参加计算的常数，例如 π、气体常数等，它们所取的位数应

该由其他测定值的位数而决定，取相同位数。

1.2.3　正态分布和 t-分布

在实际分析测试工作中，由于随机误差的存在，使得多次重复测定的结果不可能完全一致。因而会涉及如何对测量的可疑值或离群值有根据地进行取舍，如何更好地表达分析结果，如何比较不同人不同实验室间的结果以及用不同实验方法得到的结果等等一系列问题。这些问题需要用数理统计的方法加以解决。

在统计学中，将所考察对象的某特性值的全体称为总体（或母体）。自总体中随机抽取的一组测量值，称为样本（或子样）。样本中所含测量值的数目，称为样本的容量。能自由变化的测量值的数目称为自由度。例如，对某批矿石中的铜含量进行分析，经取样、细碎、缩分后，得到一定数量（例如 500g）的试样供分析用。这就是分析试样，是供分析用的总体。如果我们从中称取 12 份试样进行平行分析，得到 12 个分析结果，则这一组分析结果就是该矿石分析试样总体中的一个随机样本，样本容量为 12。在样本容量和分析结果的平均值确定后，只要 12−1 个分析结果确定，第 12 个分析结果就确定了，即第 12 个分析结果不能自由变化，此时自由度就是 12−1，即 11。

随机误差是由某些难以控制且无法避免的偶然因素造成的，它的大小、正负都不定，具有随机性。尽管单个随机误差的出现极无规律，但进行多次重复测定，会发现随机误差一般符合正态分布规律。正态分布是德国数学家高斯首先提出的，故又称为高斯曲线。正态分布曲线呈对称钟形，两头小，中间大。分布曲线有最高点，通常就是总体平均值 μ 的坐标。分布曲线以 μ 值的横坐标为中心，对称地向两边快速单调下降。

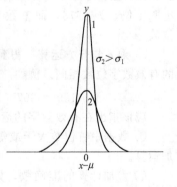

图 1-1 是同一总体的两组精密度不同的测量值的正态分布曲线。它说明，如果数据的精密度好（σ 小），分布曲线是瘦高的；数据的精密度不好（σ 大），分布曲线是矮胖的。通常只要知道总体平均值 μ 值和标准偏差 σ，就可以将正

图 1-1　两组精密度不同的测量值的正态分布曲线

态分布曲线确定下来。这种正态分布曲线用 $N(\mu,\sigma^2)$ 表示。

经过数学转换，将曲线的横坐标变为 u （ $u=\dfrac{x-\mu}{\sigma}$ ），纵坐标变为概率密度，即可得到标准正态分布曲线（图 1-2），用符号 $N(0,1)$ 表示。这样，曲线的形状与 σ 大小无关，即不论原来正态分布曲线是瘦高的还是扁平的，经过这样的变换后都得到相同的一条标准正态分布曲线。标准正态分布曲线较正态分布曲线应用起来更方便些。

正态分布曲线与横轴之间的面积代表数据出现在某一范围内的概率，若以整个曲线与横轴所围面积为 100%，则在 $\pm\sigma$ 区间内的面积为 68.3%，在 $\pm2\sigma$ 区间内的面积为 95.5%，在 $\pm3\sigma$ 区间内的面积为 99.7%，亦即测定值的随机误差介于 $\pm\sigma$、$\pm2\sigma$ 和 $\pm3\sigma$ 之间的分析结果占全部分析结果的 68.3%、95.5% 和 99.7%。换句话说，在 1000 次的测定中，测定结果落在 $\mu\pm\sigma$、$\mu\pm2\sigma$ 和 $\mu\pm3\sigma$ 范围内的次数分别为 683 次、955 次和 997 次。落在 $\mu\pm3\sigma$ 以外的分析结果是极少的，仅有 3 次，一般作为异常值而舍去。

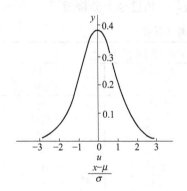

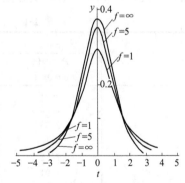

图 1-2　标准正态分布曲线　　　图 1-3　t 分布曲线 $f=1$，5，∞

在实际工作中，通常涉及的测量数据数目不多，也不知道 σ。在这种情况下，人们只好改用样本标准偏差 s 来估计测量数据的分散情况。用 s 代替 σ 时，测量值或其偏差不符合正态分布，这时可用 t 分布来处理。t 分布图如图 1-3 所示，纵坐标仍为概率密度，但横坐标则为统计量 t。

$$t=\frac{x-\mu}{s_{\bar{x}}} \tag{1-11}$$

式中，$s_{\bar{x}} = \dfrac{s}{\sqrt{n}}$。

由图 1-3 可见，t 分布曲线与正态分布曲线相似，只是 t 分布曲线随自由度 f 而改变。当 f 趋近 ∞ 时，t 分布就趋近正态分布。

与正态分布曲线一样，t 分布曲线下面一定范围内的面积，就是该范围内的测定值出现的概率。应该注意，对于正态分布曲线，只要 u 值一定，相应的概率也就一定；但对于 t 分布曲线，当 t 值一定时，由于 f 值的不同，相应曲线所覆盖的面积，即概率也就不同。不同 f 值及概率所对应的 t 值已由统计学家计算出来，表 1-1 列出了最常用的部分 f 值。表中置信度通常用 P 表示，它表示在某一 t 值时，测定值落在 $(\mu \pm ts)$ 范围内的概率。显然，落在此范围之外的概率为 $(1-P)$，称为显著性水平，用 α 表示。由于 t 值与自由度及置信度有关，一般表示为 $t_{\alpha,f}$。例如：$t_{0.05,10}$ 表示置信度为 95%，自由度为 10 时的 t 值。

应当指出，只有当 $f=\infty$ 时，各置信度的 t 值才与相应的 u 值一致，但是，当 $f=20$ 时，实际上 t 值与 u 值已经十分接近了。

表 1-1 $t_{\alpha,f}$ 值表（双边）

f	置信度,显著性水平		
	$P=0.90$ $\alpha=0.10$	$P=0.95$ $\alpha=0.05$	$P=0.99$ $\alpha=0.01$
1	6.31	12.71	63.66
2	2.92	4.30	9.92
3	2.35	3.18	5.84
4	2.13	2.78	4.60
5	2.02	2.57	4.03
6	1.94	2.45	3.71
7	1.90	2.36	3.50
8	1.86	2.31	3.36
9	1.83	2.26	3.25
10	1.81	2.23	3.17
20	1.72	2.09	2.84
∞	1.64	1.96	2.58

1.2.4 置信区间

分析过程涉及很多测量步骤，测量的波动是客观存在的，分析结果具有分散性是必然的，为处理这些波动的数据并恰当地定量描述分析结果，用置信区间报告结果比较可靠。

置信区间是指在一定置信度（一般为 95％）下，以测定结果平均值 $\overline{x}$ 为中心，包括总体平均值 μ 在内的可靠性范围，也就是在平均值附近判断出真实值可能存在的范围。在消除了系统误差的前提下，对于有限次数的测定，平均值的置信区间表示为式(1-12)。

$$\mu = \overline{x} \pm t\, \frac{s}{\sqrt{n}} \tag{1-12}$$

如分析铁矿石中铁含量得 $n=6$，$\overline{x}=37.32\%$，$s=0.07\%$，已知 $t_{0.05,5}=2.57$，95％ 的置信区间为 37.25％～37.39％，说明该区间内包括总体平均值 μ 的概率为 95％。

1.2.5　显著性检验

在分析工作中，测得值与标准值存在差异，两种方法或两个人、两台仪器测得的两组结果均值存在差异都是客观存在的。这些分析结果的差异是随机误差引起的，还是存在系统误差，通常用显著性检验来判断。如果分析结果之间存在明显的系统误差，就认为它们之间有"显著性差异"，否则就认为没有显著性差异，纯属随机误差引起的，是正常的，是可以接受的。

显著性差异的检验方法有多种，在分析化学中最常用的是 t 检验法和 F 检验法。

1.2.5.1　t 检验法

t 检验法常用来比较测量平均值与标准值之间或者两种分析方法的测量平均值之间以及不同分析人员的分析结果之间是否存在显著性差异。

（1）平均值与标准值的比较　其检验步骤如下。

① 首先将标准值 μ 以及测定数据的平均值 $\overline{x}$、测定次数 n、标准偏差 s 代入下式计算出 t 值；

$$t = \frac{|\overline{x} - \mu|}{s} \sqrt{n} \tag{1-13}$$

② 然后根据置信度和自由度由表 1-1 查出相应的 $t_{\alpha,f}$ 值；

③ 最后比较算出的 t 与查表得出的 $t_{\alpha,f}$ 的大小。若 $t > t_{\alpha,f}$，则认为 $\overline{x}$ 与 μ 之间存在着显著性差异，说明该分析方法存在系统误差；

否则就认为没有显著性差异。

【**例 1-2**】 采用一种新方法测定基准氯化钠中的氯的质量分数，10 次测定结果为 60.64%，60.36%，60.67%，60.66%，60.70%，60.71%，60.75%，60.70%，60.61%，60.70%。已知氯化钠中氯含量的标准值（以理论值代）为 60.66%。试问采用新方法后，是否引起系统误差（置信度 95%）？

解： $n=10$，$f=10-1=9$

$\overline{x}=60.68\%$，$s=0.043$

$$t=\frac{|\overline{x}-\mu|}{s}\sqrt{n}=\frac{|60.68-60.66|}{0.043}\sqrt{10}=1.47$$

查表 1-1，$P=0.95$，$f=9$ 时，$t_{0.05,9}=2.26$。$t<t_{0.05,9}$，故 $\overline{x}$ 和 μ 之间不存在显著性差异，即采用新方法后，没有引起明显的系统误差。

（2）两组平均值的比较　其检验步骤如下。

① 分别计算两组数据的标准偏差或方差（即标准偏差的平方）；

② 用下面介绍的 F 检验法判断两组数据的方差之间是否有显著性差异，如果方差之间有显著性差异，则不能采用 t 检验法进行检验；

③ 如果方差之间没有显著性差异，可认为 $s_1\approx s_2$，则可通过下式计算两组数据的合并标准偏差 s：

$$s=\sqrt{\frac{s_1^2(n_1-1)+s_1^2(n_2-1)}{(n_1-1)+(n_2-1)}} \tag{1-14}$$

④ 按下式计算出 t 值：

$$t=\frac{|\overline{x}_1-\overline{x}_2|}{s}\sqrt{\frac{n_1 n_2}{n_1+n_2}} \tag{1-15}$$

⑤ 然后根据置信度和自由度由表 1-1 查得 $t_{a,f}$ 值；

⑥ 最后比较算出的 t 与查表得出的 $t_{a,f}$ 的大小。若 $t>t_{a,f}$，则认为两组数据的平均值之间存在着显著性差异，说明两组数据的平均值之间存在系统误差；否则就认为没有显著性差异。

1.2.5.2　*F* 检验法

F 检验法常用来检验两组数据的精密度是否存在显著性差异。统计量 F 的定义为：两组数据方差比值，分子为大的方差，分母为小的方差，即

$$F=\frac{s_大^2}{s_小^2} \tag{1-16}$$

将计算所得 F 值与表 1-2 所列 F 值进行比较。在一定的置信度及自由度时，若 F 值大于表值，则认为这两组数据的精密度之间存在显著性差异（置信度 95%），否则不存在显著性差异。

表 1-2   置信度 95% 时的 F 值（单边）

$f_{大}$ / $f_{小}$	2	3	4	5	6	7	8	9	10	∞
2	19.00	19.16	19.25	19.30	19.33	19.36	19.37	19.38	19.39	19.50
3	9.55	9.28	9.12	9.01	8.94	8.88	8.84	8.81	8.78	8.53
4	6.94	6.59	6.39	6.26	6.16	6.09	6.04	6.00	5.96	5.63
5	5.79	5.41	5.19	5.05	4.95	4.88	4.82	4.78	4.74	4.36
6	5.14	4.76	4.53	4.39	4.28	4.21	4.15	4.10	4.06	3.67
7	4.74	4.35	4.12	3.97	3.87	3.79	3.73	3.68	3.63	3.23
8	4.46	4.07	3.84	3.69	3.58	3.50	3.44	3.39	3.34	2.93
9	4.26	3.86	3.63	3.48	3.37	3.29	3.23	3.18	3.13	2.71
10	4.10	3.71	3.48	3.33	3.22	3.14	3.07	3.02	2.97	2.54
∞	3.00	2.60	2.37	2.21	2.10	2.01	1.94	1.88	1.83	1.00

注：$f_{大}$ 是大方差数据的自由度；$f_{小}$ 是小方差数据的自由度。

用 F 检验法检验两组数据是否有显著性差异时，必须首先确定它是属于单边还是双边检验。前者是指一组数据的方差只能大于、等于但不可能小于另一组数据的方差；后者是指一组数据的方差可能大于、等于或小于另一组数据的方差。需要注意的是表 1-2 所列 F 值是单边值，可以直接用于单侧检验，此时置信度为 95%（显著性水平为 0.05）；而双边检验的显著性水平为单边检验时的两倍，即 0.10。因此，此时的置信度 $P=1-0.10=0.90$，即 90%。

【例 1-3】   用同一分析方法测定某矿石中的铁含量，学员的数据，$n_1=117$，$\overline{x}_2=66.62$，$s_1=0.21$；培训教师的数据，$n_2=10$，$\overline{x}_2=66.66$，$s_2=0.062$。试问培训教师的精密度是否显著地优于学员的精密度（置信度 95%）？

解：在本例中，要考察的是培训教师的精密度是否优于学员的精密度，因此这是属于单边检验的问题。先计算统计量 F

$$F=\frac{s^2_{大}}{s^2_{小}}=\frac{0.21^2}{0.062^2}=\frac{0.0441}{0.0039}=11.3$$

查表 1-2，$F_{表}$ 的值应在 3.13 至 2.71 之间，通过计算得到的统计量 $F=11.3$，远大于 $F_{表}$，故培训教师数据的精密度显著地优于学员数据的精密度，两者有显著性差别。因此，两者不宜混在一起计算共同方差。

由于 $s_2 = 0.062$，$s_1 = 0.21$，以标准偏差为标志的培训教师数据的精度优于学员精度的三倍以上，故可以把教师数据充当相对真值，用以核对学员的数据。

【**例 1-4**】 采用两种不同的方法分析某种试样，用第一种方法分析，$n_1 = 3$，$\overline{x}_1 = 1.24\%$，$s_1 = 0.021\%$；用第二种方法分析，$n_2 = 4$，$\overline{x}_2 = 1.33\%$，$s_2 = 0.017\%$。试判断两种分析方法之间是否有显著性差异（置信度 90%）？

解：首先用 F 检验法判断两组数据的方差之间是否有显著性差异。

在本例中，不论是第一种方法的精密度显著地优于或劣于第二种方法的精密度，都认为它们之间有显著性差异，因此，这属于双边检验问题。

$$F = \frac{s_{大}^2}{s_{小}^2} = \frac{0.021^2}{0.017^2} = 1.53$$

查表 1-2，$f_{大} = 2$ $f_{小} = 3$ $F_{表} = 9.55$ $F < F_{表}$，说明两种数据的精密度没有显著性差异，做出此种判断的置信度为 90%。

接下来求得合并标准偏差及 t 值为

$$s = \sqrt{\frac{s_1^2(n_1 - 1) + s_2^2(n_2 - 1)}{(n_1 - 1) + (n_2 - 1)}} = \sqrt{\frac{0.021^2(3-1) + 0.017^2(4-1)}{(3-1) + (4-1)}} = 0.019$$

$$t = \frac{|\overline{x}_1 - \overline{x}_2|}{s} \sqrt{\frac{n_1 n_2}{n_1 + n_2}} = \frac{|1.24 - 1.33|}{0.019} \sqrt{\frac{3 \times 4}{3 + 4}} = 6.21$$

查表 1-1，当 $P = 0.90$，$f = n_1 + n_2 - 2 = 3 + 4 - 2 = 5$ 时，$t_{0.10,5} = 2.02$。$t > t_{0.10,5}$，故两种分析方法之间存在显著性差异。

1.2.6 可疑值取舍

在定量分析工作中，经常做多次重复的测定，然后求出平均值。但是多次分析的数据是否都能参加平均值的计算，这是需要判断的。如果在消除了系统误差后，所测得的数据出现显著的特大值或特小值，这样的数据是值得怀疑的。称这样的数据为可疑值，对可疑值做如下判断。

① 在分析实验过程中，已经知道某测量值是操作中的过失所造成的，应立即将此数据弃去。

② 如找不出可疑值出现的原因，不应随意弃去或保留，而应按照统计检验方法确定该可疑值与其他数据是否来源于同一总体后，才

能确定其取舍。

统计学处理可疑值的方法有很多种，GB/T 4883—2008《数据的统计处理和解释 正态样本离群值的判断和处理》推荐了奈尔（Nair）检验法、格拉布斯（Grubbs）检验法、狄克逊（Dixon）检验法和偏度-峰度检验法。本书介绍实际工作中应用较多的格拉布斯（Grubbs）检验法和狄克逊（Dixon）检验法。

1.2.6.1　格拉布斯（Grubbs）检验法

格拉布斯法最大的优点是在判断可疑值的过程中，引入了正态分布中的两个最重要的样本参数——平均值 $\overline{x}$ 和标准偏差 s，故方法的准确性较好。此方法的缺点是需要计算 $\overline{x}$ 和 s，步骤稍麻烦。

其检验步骤为：

① 首先将测量值由小到大按顺序排列为：x_1，x_2，x_3，$\cdots$，x_n；

② 求出该组数据的平均值 $\overline{x}$ 和标准偏差 s；

③ 将 $\overline{x}$、s 及可疑值 x_1 或 x_n 代入下列公式计算出统计量 T；

$$T = \frac{\overline{x} - x_1}{s} \text{或} T = \frac{x_n - \overline{x}}{s} \tag{1-17}$$

④ 然后根据显著性水平和样本量由表 1-3 查出相应的 $T_{\alpha,n}$ 值；

⑤ 最后比较算出的 T 与查表得出的 $T_{\alpha,n}$ 的大小。若 $T > T_{\alpha,n}$，则应舍去可疑值，否则保留。

表 1-3　$T_{\alpha,n}$ 值表

n	显著性水平 α		
	0.05	0.025	0.01
3	1.15	1.15	1.15
4	1.46	1.48	1.49
5	1.67	1.71	1.75
6	1.82	1.89	1.94
7	1.94	2.02	2.10
8	2.03	2.13	2.22
9	2.11	2.21	2.32
10	2.18	2.29	2.41
11	2.23	2.36	2.48
12	2.29	2.41	2.55
13	2.33	2.46	2.61
14	2.37	2.51	2.63
15	2.41	2.55	2.71
20	2.56	2.71	2.88

【例 1-5】 测定某样品中铁的含量（mg·L^{-1}），4 次测定结果分别为 1.25，1.27，1.31，1.40。试问用格拉布斯法判断时，1.40 这个数据应保留否（置信度 95%）？

解： $\overline{x}=1.31$ $\quad$ $s=0.066$

$$T=\frac{x_n-\overline{x}}{s}=\frac{1.40-1.31}{0.066}=1.36$$

查表 1-3，$T_{0.05,4}=1.46$，因 $T<T_{\alpha,n}$，故 1.40 这个数据应保留。

1.2.6.2 狄克逊（Dixon）检验法

狄克逊检验法是对 Q 检验法的进一步改进，与 Q 检验法不同点主要是按不同的测定次数范围采用不同的统计量计算公式，因此比较严密。这种方法特别适用于试样的真值和分析方法的标准偏差都不知道的情况。

对于单侧情形，其检验步骤为：

① 根据测量次数 n，确定相应的 r_{ij}，见表 1-4；

② 根据可疑值是偏大还是偏小，按表 1-4 中公式计算 r_{ij} 值；

③ 根据显著性水平和样本量，从表 1-4 中查出相应的 r_α 值；

④ 最后比较算出的 r_{ij} 与查表得出的 r_α 的大小。若 $r_{ij}>r_\alpha$，则应舍去可疑值，否则保留。

表 1-4 单侧狄克逊（Dixon）检验的 r_{ij} 计算公式和临界值表

n	r_{ij}	r_{ij} 计算公式		不同显著性水平下的临界值			
		可疑值偏大	可疑值偏小	0.10	0.05	0.01	0.005
3	r_{10}	$(x_n-x_{n-1})/$ (x_n-x_1)	$(x_2-x_1)/$ (x_n-x_1)	0.885	0.941	0.988	0.994
4				0.679	0.765	0.889	0.920
5				0.557	0.642	0.782	0.823
6				0.484	0.562	0.698	0.744
7				0.434	0.507	0.637	0.680
8	r_{11}	$(x_n-x_{n-1})/$ (x_n-x_2)	$(x_2-x_1)/$ $(x_{n-1}-x_1)$	0.479	0.554	0.681	0.723
9				0.441	0.512	0.635	0.676
10				0.410	0.477	0.597	0.638
11	r_{21}	$(x_n-x_{n-2})/$ (x_n-x_2)	$(x_3-x_1)/$ $(x_{n-1}-x_1)$	0.517	0.575	0.674	0.707
12				0.490	0.546	0.642	0.675
13				0.467	0.521	0.617	0.649

续表

n	r_{ij}	r_{ij} 计算公式		不同显著性水平下的临界值			
		可疑值偏大	可疑值偏小	0.10	0.05	0.01	0.005
14				0.491	0.546	0.640	0.672
15				0.470	0.524	0.618	0.649
16				0.453	0.505	0.597	0.629
17				0.437	0.489	0.580	0.611
18				0.424	0.475	0.564	0.595
19				0.412	0.462	0.550	0.580
20				0.401	0.450	0.538	0.568
21				0.391	0.440	0.526	0.556
22	r_{22}	$(x_n-x_{n-2})/$ (x_n-x_3)	$(x_3-x_1)/$ $(x_{n-2}-x_1)$	0.382	0.431	0.516	0.545
23				0.374	0.422	0.507	0.536
24				0.367	0.413	0.497	0.526
25				0.360	0.406	0.489	0.519
26				0.353	0.399	0.482	0.510
27				0.347	0.393	0.474	0.503
28				0.341	0.387	0.468	0.496
29				0.337	0.381	0.462	0.489
30				0.332	0.376	0.456	0.484

【例 1-6】 用分光光度法测定某样品中的铜含量（mg·L^{-1}），分析人员平行测定 13 次，得到的数据从小到大排列如下：1.535，1.566，1.567，1.568，1.575，1.576，1.578，1.578，1.587，1.587，1.588，1.591，1.603，其中 1.535 偏离较大，问是否应舍去？

解： 由于 $n=13$，则应选用公式 r_{21}，因 1.535 是偏小可疑值，所以：

$$r_{21}=\frac{(x_3-x_1)}{(x_{n-1}-x_1)}=\frac{1.567-1.535}{1.591-1.535}=0.571$$

查表 1-4，$r_{ij}=r_{21}$，$n=13$，当 $\alpha=0.01$ 时 $r_\alpha=0.617$。因 $r_{ij}<r_\alpha$，所以 1.535 这一数据不应舍去。

1.3 溶液的配制和计算

1.3.1 化学试剂

1.3.1.1 化学试剂分类

按用途可分为一般试剂、基准试剂、有机试剂、色谱试剂、生物试剂、指示剂等。

按其纯度可分为优级纯（GR，标签纯深绿色）、分析纯（AR，标签金光红色）、化学纯（CR，标签中蓝色）。

基准试剂是用于标定滴定分析所使用的标准滴定溶液用的。作为基准试剂要求具备如下条件。

① 试剂纯度高，至少＞99.9％。保证试剂（GR，优级品）可满足要求。

② 试剂的组成与其化学式完全相符，包括结晶水也必须相符。

③ 试剂应该稳定且容易溶解。

④ 参加反应定量进行，无副反应。

⑤ 摩尔质量（每基本单元）大，降低称量误差。

1.3.1.2 化学试剂变质的原因

化学试剂在保存过程中容易变质，其原因如下。

(1) 空气影响　空气中氧能起氧化作用，使一些具有还原性的化学试剂失效，例如硫酸亚铁、氯化亚铜等。空气中 CO_2 具有酸性氧化物性质，可使某些碱性试剂，如 KOH、NaOH、CaO 等吸收 CO_2 后部分变为碳酸盐。

空气的影响还表现为某些有机试剂，如醇、醚等易挥发物在空气中挥发，而碘容易升华。

(2) 阳光的作用　光线会加速某些化学试剂的分解和氧化还原作用，如：

$$2H_2O_2 \xrightarrow{\text{光}} 2H_2O + O_2\uparrow \qquad \text{过氧化氢分解}$$

$$HCHO \xrightarrow{\text{光}} HCOOH \qquad \text{甲醛氧化}$$

(3) 温度的影响　温度升高会加速试剂的化学变化，也会使试剂挥发和升华。温度低对化学试剂也有不良影响，低温会使冰醋酸凝结、甲醛聚合为三聚体。

(4) 湿度的影响　空气中相对湿度在 40％～70％属正常，低于 40％属干燥，高于 70％属潮湿。湿度过低和过高会使试剂风化和潮解。

① 风化　含结晶水的试剂在干燥空气中失去结晶水变为不透明的粉末，这种现象叫风化。例如，$Na_2SO_4 \cdot 10H_2O$、$CuSO_4 \cdot 5H_2O$ 等的失水。

② 潮解　有些试剂在潮湿环境中会吸收水分而溶解，这种现象

叫潮解。如 $CaCl_2$、$MgCl_2$、KOH、$NaOH$ 等。

③ **稀释**　某些液体试剂，如乙醇、甲醇、浓硫酸在湿度大时会吸收水分，使浓度变稀。

④ **分解**　许多试剂遇水分解，如碳酸铵吸收水汽后分解，变为氨气和二氧化碳。

1.3.1.3　化学试剂保存

(1) 化学试剂的保存　化学试剂大部分都有一定毒性，并且易燃易爆。从上面叙述可以知道引起化学试剂变质的原因，因此保存时要避开变质的因素。

化学试剂存放室应该阴面避阳光，温度变化小，最好在 15～20℃，相对湿度在 40%～70% 范围内。易燃易爆危险品试剂应遵守国家相关规定，剧毒药品专人管理。

一般化学试剂存放应按下列条件分类摆放。

① 无机物类

a. 无机盐及氧化物。按钾、钠、铵、钙、镁、锌、铁、镍、铜等顺序存放。

b. 碱类。按 KOH、$NaOH$、氨水、$Ba(OH)_2$、$Mg(OH)_2$ 顺序存放。

c. 酸类。按 HCl、H_2SO_4、HNO_3、$HClO_4$ 等顺序存放。

② 有机物类　按官能团分类存放。按烃类、醇类、醛类、酮类、酯类、羧酸类、胺类、卤代烷、苯系物、酚类等分类存放。

③ 指示剂类　按酸碱指示剂、氧化还原指示剂、金属指示剂、沉淀指示剂等存放。

④ 剧毒及贵重试剂　单独保管。

(2) 试剂溶液的管理　分析测试配制的溶液必须加强管理。

① 配制好的试剂溶液必须贴上标签，包括名称、浓度、日期等。

② 配制好的试剂溶液，按其体积保存在相应的试剂瓶中，不能放在容量瓶中。碱液不能用磨口瓶。在具塞的试剂瓶中存放碱液，塞子上应包一层纸防止溶解。

③ 见光分解的试剂溶液要存放在棕色瓶中。

④ 指示剂溶液要存放在滴瓶中。

⑤ 废弃的有毒、挥发、酸碱等溶液不能直接倒在下水道中，应倒在专门的废液缸中，定期处理。

1.3.2 实验用水和分析溶液的配制

1.3.2.1 实验用水

分析测试工作中使用的水应预先净化，达到国家规定的实验用水规格后才能使用。

水的分子式为 H_2O，纯水中含有 11.17% 的氢和 88.83% 的氧。纯水的化学性质很稳定；热稳定性也好；水是强极性分子，容易和离子化合物发生水合作用；纯水是很弱的电解质，只有微弱的离解：

$$H_2O + H_2O \Longrightarrow H_3O^+ + OH^-$$

在 25℃时，水的离子积常数为 1.0×10^{-14}，所以纯水的 pH 值为 7.0。

非纯净水含有杂质，主要含有无机盐及溶解氧。含有钙、镁离子的水称为硬水，其中含有钙、镁的酸式碳酸盐和碳酸盐的水，称为碳酸盐硬度；含有钙、镁的硫酸盐和硝酸盐及氯化物的水，称为非碳酸盐硬度。除此之外，非纯净水还含有碱金属盐和一些极微量有机物。

实验用水分为三级。

（1）一级水 用于有严格要求的分析试验，包括对颗粒有要求的试验。如高效液相色谱分析用水。一级水可用二级水经过石英设备蒸馏或离子交换混合床处理后，再经 $0.2\mu m$ 微孔滤膜过滤来制取。

（2）二级水 用于无机痕量分析等试验，如原子吸收光谱分析用水。二级水可用多次蒸馏或离子交换等方法制取。

（3）三级水 用于一般化学分析试验。三级水可用蒸馏或离子交换等方法制取。

实验室用水应符合 GB/T 6682—2008 的要求，实验室用水的分级见表 1-5。

表 1-5 实验室用水的分级

名　　称	一级	二级	三级
pH 值范围(25℃)	—	—	5.0～7.5
电导率(25℃)/(ms·m^{-1})	≤0.01	≤0.10	≤0.50
可氧化物质含量(以 O 计)/(mg·L^{-1})	—	≤0.08	≤0.4
吸光度(254nm,1cm 光程)	≤0.001	≤0.01	—
蒸发残渣(105℃±2℃)含量/(mg·L^{-1})	—	≤1.0	≤2.0
可溶性硅(以 SiO$_2$ 计)含量/(mg·L^{-1})	≤0.01	≤0.02	—

注：1. 难于测定一级水、二级水真实的 pH 值，因此，对一级水、二级水的 pH 值范围不做规定。

2. 由于在一级水的纯度下，难于测定可氧化物质和蒸发残渣，对其限量不做规定。可用其他条件和制备方法来保证一级水的质量。

各级用水贮存时均使用密闭的、专用聚乙烯容器，三级用水也可使用密闭的、专用的玻璃容器。

新容器在使用前应用盐酸（质量分数20%）浸泡2~3d，用待盛装的水反复冲洗，并注满待盛装的水浸泡6h以上。

各级用水在贮存期间，其沾污的主要来源是容器可溶成分的溶解、空气中二氧化碳和其他杂质。因此，一级水不可贮存，使用前制备。二级水、三级水可适量制备，分别贮存在预先经同级水清洗过的相应容器中。

实验用水的制备按如下方法。

（1）蒸馏法　这是目前最广泛采用的方法，将水置于蒸馏器中加热变为水蒸气，再冷凝得到的水，称为蒸馏水。进行一次蒸馏得到的是一次蒸馏水，进行二次蒸馏得到的是二次蒸馏水。一次蒸馏水适合于一般实验用水，二次蒸馏水适合于分析测定用水。蒸馏器的材质有玻璃的、铜制的、石英的。通常为玻璃材质，铜制的容易引进Cu^{2+}，石英的价格太贵。玻璃材质的，容易引进Na^+、SiO_3^{2-}等。

蒸馏水中还含有一些杂质，主要是3种渠道进入的：一是易挥发杂质蒸出进入蒸馏水中；二是蒸馏过程中水蒸气夹带了水珠；三是冷凝器成分溶解其中。

（2）离子交换法　这种方法也较多采用，得到的水称为去离子水。去离子水出水快、纯度高、操作简便。缺点是水中含有微生物及有机物。

离子交换法采用两根交换柱，柱内分别装有H^+型（阳）离子交换树脂和OH^-型（阴）离子交换树脂。当天然水流经阳离子交换树脂时，水中的阳离子与树脂中H^+交换而被吸附在树脂上，H^+与阴离子流出；将含有阴离子和H^+的水再流经阴离子树脂时，则阴离子与树脂中OH^-交换而被吸附在树脂上，H^+与OH^-共同流出生成H_2O。

当树脂失效后，要再生处理，阳离子树脂用（1+1）盐酸淋洗，阴离子树脂用$1mol \cdot L^{-1}$ NaOH淋洗，流速为$20~50mL \cdot min^{-1}$，用量为$3.5~5.0L \cdot kg^{-1}$树脂。淋洗后，再用蒸馏水淋洗，直至阳离子树脂流出液对甲基橙指示剂不显红色，阴离子树脂流出液对酚酞指示剂不显红色为止。

（3）电渗析法　这是在离子交换法基础上发展起来的。它是在外加电场作用下，利用阳、阴离子交换膜对水中离子选择性透过而使离子分离出来的方法。

1.3.2.2 溶液配制

这里主要指一般溶液的配制，包括各种浓度酸碱溶液、缓冲溶液、掩蔽剂溶液、沉淀与分离溶液等。首先介绍溶液浓度的各种表示方法。

(1) 比例浓度 分为体积比浓度和质量比浓度两种。

体积比浓度主要用于溶质 B 和溶剂 A 都是液体时的场合，用 (V_B+V_A) 表示，V_B 为溶质 B 的体积，V_A 为溶剂 A 的体积。例如 (1+4) 的 H_2SO_4 指的是 1 个体积的浓硫酸和 4 个体积水的混合溶液。

质量比浓度主要用于溶质 B 和溶剂 A 都是固体的场合，用 (m_B+m_A) 表示，m_B 为溶质 B 的质量，m_A 为溶剂 A 的质量。例如配制 (1+100) 的紫脲酸铵-NaCl 指示剂，即称取 1g 紫脲酸铵和 100g NaCl 于研钵中研细、混匀即可。

(2) 质量分数 指溶质 B 在溶液中所占的分数，即溶质 B 质量 m_B 与溶液质量 m 之比。质量分数无量纲，是小于 1 的分数。

质量分数是分数，可化为百分数 (%)、千分数 (‰)、10^{-6} 和 10^{-9}、10^{-12} 等。

分析测定物质中组分 B 的含量，可用质量分数 w_B 或 $w(B)$ 表示：

$$w_B = \frac{m_B}{m} \qquad (1-18)$$

式中，m_B 为组分 B 的质量的数值，g 或 mg；m 为试样质量的数值，g 或 mg。

习惯上，分析测定某物质 B 的含量将其质量分数化成百分数表示：

$$w_B = \frac{m_B}{m} \times 100\% \qquad (1-19)$$

(3) 体积分数 指溶质 B 体积 V_B 与溶液体积 V 之比。体积分数和质量分数一样可以用百分数 (%)、千分数 (‰)、10^{-6} 和 10^{-9}、10^{-12} 等表示。

体积分数不但适用于溶液场合，更适用于气体场合，因为气体用其体积表示比用其质量表示方便得多。在气体分析测定中，使用体积分数表示 B 组分的体积含量：

$$\varphi_B = \frac{V_B}{V} \tag{1-20}$$

式中，V_B 为组分 B 的体积的数值，L 或 mL；V 为试样体积的数值，L 或 mL。

也可用百分数来表示：

$$\varphi_B = \frac{V_B}{V} \times 100\% \tag{1-21}$$

（4）质量浓度　指溶质 B 的质量 m_B 与混合物体积 V 之比，即

$$\rho_B = \frac{m_B}{V} \tag{1-22}$$

式中，m_B 为溶质 B 的质量的数值，g 或 mg 或 μg；V 为混合物体积的数值，L 或 mL 或 μL。

所用单位有：$g \cdot L^{-1}$、$mg \cdot L^{-1}$、$mg \cdot mL^{-1}$、$\mu g \cdot mL^{-1}$、$\mu g \cdot L^{-1}$ 等。

在配制指示剂溶液时，常使用 $g \cdot L^{-1}$ 来表示其质量浓度；在分光光度测定中，经常使用 $mg \cdot mL^{-1}$ 和 $\mu g \cdot mL^{-1}$ 来表示；在水质分析测定工作中，通常使用 $mg \cdot L^{-1}$ 来表示含量。

（5）物质的量浓度　在滴定分析测定中，标准溶液的浓度经常用物质的量浓度来表示：

$$c_B = \frac{n_B}{V} \tag{1-23}$$

式中，c_B 为 B 组分的物质的量浓度的数值，$mol \cdot L^{-1}$；n_B 为 B 组分物质的量的数值，mol；V 为溶液体积的数值，L。

c_B 是物质的量浓度的规定符号，下标 B 代表基本单元，也可以将下标 B 写在括号内：$c(B)$。在配制标准溶液时，经常使用下面的计算公式：

$$n_B = \frac{m_B}{M_B} \tag{1-24}$$

$$c_B = \frac{m_B}{M_B V} \tag{1-25}$$

式中，m_B 为 B 组分的质量的数值，g；M_B 为 B 组分基本单元的摩尔质量的数值，$g \cdot mol^{-1}$。

(6) 滴定度　有 $T_{s/x}$ 和 T_s 两种表示方法。

$T_{s/x}$ 是指 1mL 标准滴定溶液相当于被测物的质量，用符号 $T_{s/x}$ 表示，单位为 g/mL，其中 s 代表滴定剂的化学式；x 代表被测物的化学式，滴定剂写在前面，被测物写在后面，中间的斜线表示"相当于"，并不代表分数关系。

T_s 是指 1mL 标准滴定溶液中所含滴定剂的质量（g）表示的浓度，用符号 T_s 表示，其中脚注 s 代表滴定剂的化学式，单位为 $g \cdot mL^{-1}$。

【例 1-7】 欲配制 $c\left(\dfrac{1}{6}K_2Cr_2O_7\right) = 0.20 mol \cdot L^{-1}$ 的溶液 500mL，应如何配制？

解： 由题意已知的量为 $c\left(\dfrac{1}{6}K_2Cr_2O_7\right) = 0.20 mol \cdot L^{-1}$，$V = 0.500L$，

$$M_B = M\left(\dfrac{1}{6}K_2Cr_2O_7\right) = \dfrac{1}{6} \times 294.18 = 49.03 g \cdot mol^{-1} 代入式$$

(1-25) 中

得 $m_B = c_B V M_B = 0.20 \times 0.500 \times 49.03 = 4.9 g$

配制方法：称取 4.9g $K_2Cr_2O_7$ 溶于适量水中，再稀释至 500mL 即可。

1.3.3　标准滴定溶液的制备

标准滴定溶液是用于滴定分析中测定未知物含量的已知准确浓度的溶液，简称标准溶液。国家标准 GB/T 601—2002 对标准滴定溶液的配制和标定有详细规定，这里做简单介绍。

1.3.3.1　基本单元

标准溶液浓度使用 $c(B) = \dfrac{n_B}{V}$ 的物质的量浓度来表示，它等于溶液中溶质 B 的物质的量 n_B 与溶液体积 $V(L)$ 之比值。换句话说，它表示每升溶液中所含溶质的物质的量。

物质的量是 SI 单位制中 7 个基本物理量之一。物质的量是表示

物质中基本单元多少的物理量，用符号 $n(B)$ （n_B）表示，其单位为摩尔，用符号 mol 表示。

1mol 指系统中物质的基本单元数目等于 0.012kg 的 ^{12}C 中的原子数目，也就是说把等于 0.012kg ^{12}C 的原子数目的基本单元称为 1mol。科学测定结果，这个数目就是阿伏伽德罗常数，约为 6.02×10^{23}，但不定义 6.02×10^{23} 个基本单元为 1mol，这更具有开放性，因为阿氏常数毕竟是近似数值。

必须指出基本单元可以是原子、分子、离子或基团。一种物质在不同化学反应中可以有不同基本单元，比如，用 HCl 滴定 Na_2CO_3，当采用酚酞指示剂指示滴定终点时，Na_2CO_3 组分的基本单元为 Na_2CO_3，而当采用甲基橙（甲基红）指示剂指示滴定终点时，其基本单元为 $\frac{1}{2}Na_2CO_3$。

因此，同一种溶液浓度，当基本单元改变时，其物质的量改变，物质的量浓度也改变。比如 $c(H_2SO_4) = 0.1 mol \cdot L^{-1}$，它换算为 $c\left(\frac{1}{2}H_2SO_4\right) = 0.2 mol \cdot L^{-1}$。

在酸碱反应中，把放出、结合 1 个 H^+ 的酸（碱）所相当的单元称为基本单元。例如：

$$2HCl + Na_2CO_3 \Longrightarrow 2NaCl + H_2O$$

和 1 个 H^+（即 HCl）反应的 Na_2CO_3 的单元是 $\frac{1}{2}Na_2CO_3$，故该反应中 Na_2CO_3 的基本单元为 $\frac{1}{2}Na_2CO_3$

在氧化还原反应中，把失去（获得）1 个电子的还原剂（氧化剂）所相当的单元称为基本单元。例如，$K_2Cr_2O_7$ 在酸性介质中得到 6 个电子，所以其基本单元为 $K_2Cr_2O_7$。表 1-6 列出了分析测定中常用物质的基本单元。

1.3.3.2　标准滴定溶液的制备方法

标准滴定溶液的制备方法有直接制备法和标定法两种，直接制备法是准确称取一定量的基准试剂，溶解后配成准确体积的溶液，直接求出其准确浓度。标定法是先配制所需的粗略浓度溶液，然后用另一种基准试剂或已知准确浓度的溶液来标定标准溶液，得出准确浓度。

表 1-6 基准物和标准滴定溶液的基本单元及其摩尔质量

名称	分子式	基本单元	M_B	化学反应
盐酸	HCl	HCl	36.46	$HCl+OH^- \longrightarrow H_2O+Cl^-$
硫酸	H_2SO_4	$1/2H_2SO_4$	49.04	$H_2SO_4+2OH^- \longrightarrow 2H_2O+SO_4^{2-}$
氢氧化钠	$NaOH$	$NaOH$	40.00	$NaOH+H^+ \longrightarrow H_2O+Na^+$
碳酸钠	Na_2CO_3	$1/2Na_2CO_3$	52.99	$CO_3^{2-}+2H^+ \longrightarrow H_2O+CO_2\uparrow$
高锰酸钾	$KMnO_4$	$1/5KMnO_4$	31.61	$MnO_4^-+8H^++5e^- \longrightarrow Mn^{2+}+4H_2O$
重铬酸钾	$K_2Cr_2O_7$	$1/6K_2Cr_2O_7$	49.03	$Cr_2O_7^{2-}+14H^++6e^- \longrightarrow 2Cr^{3+}+7H_2O$
碘	I_2	$1/2I_2$	126.9	$I_2+2e^- \longrightarrow 2I^-$
硫代硫酸钠	$Na_2S_2O_3$	$Na_2S_2O_3$	158.18	$2S_2O_3^{2-}-2e^- \longrightarrow S_4O_6^{2-}$
硫酸亚铁铵	$Fe(NH_4)_2(SO_4)_2 \cdot 6H_2O$	$Fe(NH_4)_2(SO_4)_2 \cdot 6H_2O$	392.14	$Fe^{2+}-e^- \longrightarrow Fe^{3+}$
三氧化二砷	As_2O_3	$1/4As_2O_3$	49.46	$2AsO_3^{3-}+2H_2O-4e^- \longrightarrow 2AsO_4^{3-}+4H^+$
草酸	$H_2C_2O_4$	$1/2H_2C_2O_4$	45.02	$H_2C_2O_4+2OH^- \longrightarrow 2H_2O+C_2O_4^{2-}$
草酸钠	$Na_2C_2O_4$	$1/2Na_2C_2O_4$	67.00	$C_2O_4^{2-}-2e^- \longrightarrow 2CO_2\uparrow$
碘酸钾	KIO_3	$1/6KIO_3$	35.67	$IO_3^-+6H^++6e^- \longrightarrow I^-+3H_2O$
硝酸银	$AgNO_3$	$AgNO_3$	169.87	$Ag^++Cl^- \longrightarrow AgCl\downarrow$
氯化钠	$NaCl$	$NaCl$	58.45	$Cl^-+Ag^+ \longrightarrow AgCl\downarrow$
硫氰酸钾	$KCNS$	$KCNS$	97.18	$CNS^-+Ag^+ \longrightarrow AgCNS\downarrow$
氧化锌	ZnO	ZnO	81.38	$Zn^{2+}+EDTA \longrightarrow ZnEDTA$
乙二胺四乙酸二钠	$C_{10}H_{14}N_2O_8Na_2 \cdot 2H_2O$	$C_{10}H_{14}N_2O_8Na_2 \cdot 2H_2O$	372.24	$M^{2+}+EDTA \longrightarrow MEDTA$

1.3.3.3 制备标准滴定溶液的一般规定

（1）除另有规定外，所用试剂的纯度应在分析纯以上，所用制剂及制品，应按 GB/T 603—2002 的规定制备，实验用水应符合 GB/T 6682—2008 中三级水的规格。

（2）制备的标准滴定溶液的浓度，除高氯酸外，均指 20℃ 时的浓度。在标准滴定溶液标定、直接制备和使用时若温度有差异，应按 GB/T 601—2002 附录 A 补正。标准滴定溶液标定、直接制备和使用时所用分析天平、砝码、滴定管、容量瓶、单标线吸管等均须定期校正。

（3）在标定和使用标准滴定溶液时，滴定速度一般应保持在 $6\sim 8\mathrm{mL \cdot min^{-1}}$（注意：对滴定管校正时应按国家计量检定规程 JJG 196—2006《常用玻璃量器检定规程》和本规定的滴定速度进行）。

（4）称量工作基准试剂的质量数值小于等于 0.5g 时，按精确至 0.01mg 称量；数值大于 0.5g 时，按精确至 0.1mg 称量。

（5）制备标准滴定溶液的浓度值应在规定浓度值的 ±5% 范围以内。

（6）标定标准滴定溶液的浓度时，须两人进行实验，分别各做四平行，每人四平行测定结果极差的相对值❶不得大于重复性临界极差 $[C_rR_{95}(4)]$ 的相对值❷ 0.15%，两人共八平行测定结果极差的相对值不得大于重复性临界极差 $[C_rR_{95}(8)]$ 的相对值 0.18%。取两人八平行测定结果的平均值为测定结果。在运算过程中保留五位有效数字，浓度值报出结果取四位有效数字。

所谓重复性临界极差是指多个实验室协作实验得到的结果，上段文字叙述的意思是"重复性临界极差 $[C_rR_{0.95}(4)]$ 的相对值是 0.15%，$[C_rR_{95}(8)]$ 的相对值是 0.18%"，每人四平行测定结果极差的相对值不得大于 0.15%；八平行测定结果极差的相对值不得大于 0.18%。

假设分析人员 A 和 B 标定 EDTA 标准滴定溶液浓度（mol·

---

❶ 极差的相对值是指测定结果的极差值与浓度平均值的比值，以"%"表示。

❷ 重复性临界极差是指一个数值，在重复性条件下，几个测试结果的极差以 95% 的概率不超过此数。重复性临界极差的相对值是指重复性临界极差与浓度平均值的比值，以"%"表示。

L^{-1}），测定及极差相对值计算结果列于表 1-7。

表 1-7　EDTA 标准滴定溶液标定浓度及极差相对值

分组	测定值 /(mol·L^{-1})	平均值 /(mol·L^{-1})	单人四平行 极差相对值	八平行平均值 /(mol·L^{-1})	两人八平行 极差相对值
人员 A	0.014795	0.014804	(0.014813−0.014795) /0.014804×100% =0.12%	0.014808	(0.014820−0.014795) /0.014808×100% =0.17%
	0.014795				
	0.014813				
	0.014813				
人员 B	0.014813	0.014813	(0.014820−0.014806) /0.014813×100% =0.10%		
	0.014813				
	0.014806				
	0.014820				

（7）标准滴定溶液浓度平均值的相对扩展不确定度一般不应大于 0.2%，可根据需要报出，其计算参见 GB/T 601—2002 附录 B（资料性附录）。

（8）一般情况下使用工作基准试剂标定标准滴定溶液的浓度，当对标准滴定溶液浓度值的准确度有更高要求时，可使用二级纯度标准物质或定值标准物质代替工作基准试剂进行标定或直接制备，并在计算标准滴定溶液浓度值时，将其质量分数代入计算式中。

（9）标准滴定溶液的浓度小于等于 0.02mol·L^{-1}时，应于临用前将浓度高的标准滴定溶液用煮沸并冷却的水稀释，必要时重新标定。

（10）除另有规定外，标准滴定溶液在常温（15～25℃）下保存时间一般不超过两个月，当溶液出现浑浊、沉淀、颜色变化等现象时，应重新制备。

（11）储存标准滴定溶液的容器，其材料不应与溶液起理化作用，壁厚最薄处不小于 0.5mm。

（12）所用溶液以"%"表示的均为质量分数，只有乙醇（95%）中的（%）为体积分数。

1.3.3.4　几种常用标准溶液的配制和标定

（1）氢氧化钠标准滴定溶液 $[c(NaOH)=0.1mol·L^{-1}]$

称取 110g 氢氧化钠，溶于 100mL 无二氧化碳的水中，摇匀，注入聚乙烯容器中，密闭放置至溶液清亮，用塑料管量取 5.4mL 上层清液，用无二氧化碳的水稀释至 1000mL 摇匀。

称取于 105～110℃ 电烘箱中干燥至恒重的工作基准试剂邻苯二

甲酸氢钾 0.75g，加无二氧化碳的水溶解，加两滴酚酞指示液（10g·L^{-1}），用配制好的氢氧化钠溶液滴定至溶液呈粉红色，并保持 30s。同时做空白试验。

氢氧化钠标准滴定溶液的浓度 [c(NaOH)]，数值以摩尔每升（mol·L^{-1}）表示，按式(1-26)计算：

$$c(\text{NaOH}) = \frac{m \times 1000}{(V_1 - V_2)M} \qquad (1\text{-}26)$$

式中，m 为邻苯二甲酸氢钾的质量的准确数值，g；V_1 为氢氧化钠溶液的体积的数值，mL；V_2 为空白试验氢氧化钠溶液的体积的数值，mL；M 为邻苯二甲酸氢钾的摩尔质量的数值，g·mol^{-1} [$M(\text{KHC}_8\text{H}_4\text{O}_4) = 204.22$]。

（2）盐酸标准滴定溶液 [c(HCl) = 0.1mol·L^{-1}]

量取 9mL 盐酸（质量分数为 36%，密度为 1.18g·mL^{-1}市售盐酸），注入 1000mL 水中，摇匀。

称取于 270～300℃高温炉中灼烧至恒重的工作基准试剂无水碳酸钠 0.2g，溶于 50mL 水中，加 10 滴溴甲酚绿-甲基红指示液，用配制好的盐酸溶液滴定至溶液由绿色变为暗红色，煮沸 2min，冷却后继续滴定至溶液再呈暗红色。同时做空白试验。

盐酸标准滴定溶液的浓度 [c(HCl)]，数值以摩尔每升（mol·L^{-1}）表示，按式(1-27)计算：

$$c(\text{HCl}) = \frac{m \times 1000}{(V_1 - V_2)M} \qquad (1\text{-}27)$$

式中，m 为无水碳酸钠的质量的准确数值，g；V_1 为盐酸溶液的体积的数值，mL；V_2 为空白试验盐酸溶液的体积的数值，mL；M 为无水碳酸钠的摩尔质量的数值，g·mol^{-1} [$M\left(\frac{1}{2}\text{Na}_2\text{CO}_3\right) = 52.994$]。

（3）硫代硫酸钠标准滴定溶液 [c(Na$_2$S$_2$O$_3$) = 0.1mol·L^{-1}]

Na$_2$S$_2$O$_3$ 能和含 CO$_2$ 的水反应分解：

$$\text{Na}_2\text{S}_2\text{O}_3 + \text{CO}_2 + \text{H}_2\text{O} \longrightarrow \text{NaHCO}_3 + \text{NaHSO}_3 + \text{S}\downarrow$$

因此要用煮沸除去 CO$_2$ 后的蒸馏水配制。CO$_2$ 分解作用一般在配制溶液 10 天内进行，故应在 10 天后标定。

Na$_2$S$_2$O$_3$ 被空气氧化和细菌分解：

$$2\text{Na}_2\text{S}_2\text{O}_3 + \text{O}_2 \longrightarrow 2\text{Na}_2\text{SO}_4 + \text{S}\downarrow$$

$$Na_2S_2O_3 \xrightarrow{\text{细菌}} Na_2SO_3 + S\downarrow$$

在 $Na_2S_2O_3$ 溶液中加入少量 Na_2CO_3 呈弱碱性，或加入少量 HgI_2、数滴 $CHCl_3$ 都可防止细菌生长。

日光也能促使 $Na_2S_2O_3$ 分解，所以应放在棕色试剂瓶中。

称取 26g 硫代硫酸钠（$Na_2S_2O_3 \cdot 5H_2O$）（或 16g 无水硫代硫酸钠），加 0.2g 无水碳酸钠，溶于 1000mL 水中，缓缓煮沸 10min，冷却。放置两周后过滤。

称取 0.18g 于 120℃±2℃ 干燥至恒重的工作基准试剂重铬酸钾，置于碘量瓶中，溶于 25mL 水，加 2g 碘化钾及 20mL 质量分数为 20%硫酸溶液，摇匀，于暗处放置 10min。加 150mL 水（15～20℃），用配制好的硫代硫酸钠溶液滴定，近终点时加 2mL 淀粉指示液（$10g \cdot L^{-1}$），继续滴定至溶液由蓝色变为亮绿色。同时做空白试验。

硫代硫酸钠标准滴定溶液的浓度 $[c(Na_2S_2O_3)]$，数值以摩尔每升（$mol \cdot L^{-1}$）表示，按式(1-28)计算：

$$c(Na_2S_2O_3) = \frac{m \times 1000}{(V_1 - V_2)M} \tag{1-28}$$

式中，m 为重铬酸钾的质量的准确数值，g；V_1 为硫代硫酸钠溶液的体积的数值，mL；V_2 为空白试验硫代硫酸钠溶液的体积的数值，mL；M 为重铬酸钾的摩尔质量的数值，$g \cdot mol^{-1}$ $\left[M\left(\frac{1}{6}K_2Cr_2O_7\right) = 49.031\right]$。

注意事项：

a. $K_2Cr_2O_7$ 与 KI 反应在酸性介质中进行，待反应结束后再加水稀释。

b. 反应结束后加 150mL 水，降低酸度，便于用 $Na_2S_2O_3$ 滴定析出的 I_2，同时使浓度变稀，减小 Cr^{3+} 绿色干扰。

c. 淀粉在近终点时加入，加入过早，I_2 与淀粉结合成不可逆转的蓝色物，这部分 I_2 不易被 $Na_2S_2O_3$ 滴定，蓝色不易褪去。

d. 滴定后放置一会儿又变成蓝色，这是空气氧化造成的，无影响。如果很快变蓝，可能是 KI 和 $K_2Cr_2O_7$ 反应不完全、溶液稀释太早、KI 用量不足等原因造成的。

（4）高锰酸钾标准滴定溶液 $\left[c\left(\frac{1}{5}KMnO_4\right) = 0.1mol \cdot L^{-1}\right]$

称取 3.3g 高锰酸钾，溶于 1050mL 水中，缓缓煮沸 15min，冷却，于暗处放置两周，用已处理过的 4 号玻璃滤锅过滤。贮存于棕色瓶中。

玻璃滤锅的处理是指玻璃滤锅在同样浓度的高锰酸钾溶液中缓缓煮沸 5min。

称取 0.25g 于 105～110℃电烘箱中干燥至恒重的工作基准试剂草酸钠，溶于 100mL 硫酸溶液（8＋92）中，用配制好的高锰酸钾溶液滴定，近终点时加热至约 65℃，继续滴定至溶液呈粉红色，并保持 30s。同时做空白试验。

高锰酸钾标准滴定溶液的浓度 $\left[c\left(\dfrac{1}{5}KMnO_4\right)\right]$，数值以摩尔每升（mol·L^{-1}）表示，按式(1-29)计算：

$$c\left(\frac{1}{5}KMnO_4\right)=\frac{m\times1000}{(V_1-V_2)M} \tag{1-29}$$

式中，m 为草酸钠的质量的准确数值，g；V_1 为高锰酸钾溶液的体积的数值，mL；V_2 为空白试验高锰酸钾溶液的体积的数值，mL；M 为草酸钠的摩尔质量的数值，g·mol^{-1} $\left[M\left(\dfrac{1}{2}Na_2C_2O_4\right)=66.999\right]$。

（5）乙二胺四乙酸二钠标准滴定溶液 $[c(EDTA)=0.1mol·L^{-1}]$

称取 40g 乙二胺四乙酸二钠，加 1000mL 水，加热溶解，冷却，摇匀。

称取于 800℃±50℃的高温炉中灼烧至恒重的工作基准试剂氧化锌 0.3g，用少量水湿润，加 2mL 质量分数为 20%盐酸溶液溶解，加 100mL 水，用质量分数为 10%氨水溶液调节溶液 pH 至 7～8，加 10mL 氨-氯化铵缓冲溶液（pH＝10）及 5 滴铬黑 T 指示液（5g·L^{-1}），用配制好的乙二胺四乙酸二钠溶液滴定至溶液由紫色变为纯蓝色。同时做空白试验。

乙二胺四乙酸二钠标准滴定溶液的浓度 $[c(EDTA)]$，数值以摩尔每升（mol·L^{-1}）表示，按式(1-30)计算：

$$c(EDTA)=\frac{m\times1000}{(V_1-V_2)M} \tag{1-30}$$

式中，m 为氧化锌的质量的准确数值，g；V_1 为乙二胺四乙酸二钠溶液的体积的数值，mL；V_2 为空白试验乙二胺四乙酸二钠溶液的体积的数值，mL；M 为氧化锌的摩尔质量的数值，$g \cdot mol^{-1}$ $[M(ZnO)=81.39]$。

(6) 重铬酸钾标准滴定溶液 $\left[c\left(\dfrac{1}{6}K_2Cr_2O_7\right)=0.1000mol \cdot L^{-1}\right]$ (直接法)

重铬酸钾标准滴定溶液的浓度 $\left[c\left(\dfrac{1}{6}K_2Cr_2O_7\right)\right]$，数值以摩尔每升（$mol \cdot L^{-1}$）表示，按式(1-31)计算：

$$c\left(\frac{1}{6}K_2Cr_2O_7\right)=\frac{m}{VM} \qquad (1\text{-}31)$$

式中，m 为重铬酸钾的质量的准确数值，g；V 为重铬酸钾溶液的体积的准确数值，L；M 为重铬酸钾的摩尔质量的数值，$g \cdot mol^{-1}\left[M\left(\dfrac{1}{6}K_2Cr_2O_7\right)=49.031\right]$。

假设欲配制 $c\left(\dfrac{1}{6}K_2Cr_2O_7\right)=0.1000mol \cdot L^{-1}$ 的标准溶液 1000mL，则

$$m=c\left(\frac{1}{6}K_2Cr_2O_7\right)VM=0.1000 \times 1.000 \times 49.031=4.9031g$$

称取 4.9031g 已在 120℃±2℃ 的电烘箱中干燥至恒重的工作基准试剂重铬酸钾，溶于水，移入 1000mL 容量瓶中，稀释至刻度，充分摇匀。

应该指出，有时称量基准物质量时，不能正好等于计算值，配制后的最终浓度应以称重的质量计算为准。

直接法只限于配制基准物溶液浓度。

1.3.4 杂质测定用标准溶液的制备

杂质测定用标准溶液是指单位容积内含有准确数量物质（元素、离子或分子）的溶液，适用于化学试剂中杂质的测定。国家标准 GB/T 602—2002 对杂质测定用标准溶液的制备方法有详细规定，这里做简单介绍。

1.3.4.1 杂质测定用标准溶液的制备方法

根据测定的需要，选用标准物质、工作基准物质或分析纯以上级别的试剂，按规定的方法干燥试剂后配制，也可直接购买标准溶液。

配制质量浓度一般为 0. 1～1g·L^{-1}作为储备液，更稀的标准溶液应在临用前稀释。做痕量分析用的标准溶液，试剂和水要用高纯度。为防止溶液被污染，储存容器的选择及其洗涤都有特殊要求。

1.3.4.2 制备杂质测定用标准溶液的一般规定

（1）除另有规定外，所用试剂的纯度应在分析纯以上，所用标准滴定溶液、制剂及制品，应按 GB/T 601—2002、GB/T 603—2002 的规定制备，实验用水应符合 GB/T 6682—2008 中三级水规格。

（2）杂质测定用标准溶液的量取

① 杂质测定用标准溶液，应使用分度吸管量取。每次量取时，以不超过所量取杂质测定用标准溶液体积的三倍量选用分度吸管。

② 杂质测定用标准溶液的量取体积应在0.05～2.00mL。当量取体积少于 0.05mL 时，应将杂质测定用标准溶液按比例稀释，稀释的比例，以稀释后的溶液在应用时的量取体积不小于 0.05mL 为准；当量取体积大于 2.00mL 时，应在原杂质测定用标准溶液制备方法的基础上，按比例增加所用试剂和制剂的加入量，增加比例以制备后溶液在应用时的量取体积不大于 2.00mL 为准。

（3）除另有规定外，杂质测定用标准溶液，在常温（15～25℃）下，保存期一般为两个月，当出现浑浊、沉淀或颜色有变化等现象时，应重新制备。

（4）所用溶液以（%）表示的均为质量分数，只有乙醇（95%）中的（%）为体积分数。

1.3.5 常用指示剂溶液的配制

1.3.5.1 酸碱指示剂溶液

酸碱滴定分析中用于指示滴定终点的指示剂称为酸碱指示剂，它们的溶液以质量浓度 g·L^{-1}表示，表 1-8 列出了几种常用酸碱指示剂及变色范围。

表 1-8 酸碱指示剂配制质量浓度及变色范围

指示剂名称	浓度及配制方法	变色范围	pK_{HIn}	颜色变化
百里酚蓝（酸） （1g·L^{-1}）	称取 0.1g 百里香酚蓝，溶于乙醇（95%），用乙醇（95%）稀释至 100mL	1.2～2.8	1.7	红-黄
甲基黄 （1g·L^{-1}）	称取 0.1g 甲基黄，溶于乙醇（95%），用乙醇（95%）稀释至 100mL	2.9～4.0	3.3	红-黄

指示剂名称	浓度及配制方法	变色范围	pK_{HIn}	颜色变化
甲基橙 ($1g \cdot L^{-1}$)	称取 0.1g 甲基橙,溶于 70℃ 的水中,冷却,稀释至 100mL	3.1～4.4	3.4	红-黄
溴酚蓝 ($0.4g \cdot L^{-1}$)	称取 0.04g 溴酚蓝,溶于乙醇(95%),用乙醇(95%)稀释至 100mL	3.0～4.6	4.1	黄-紫
甲基红 ($1g \cdot L^{-1}$)	称取 0.1g 甲基红,溶于乙醇(95%),用乙醇(95%)稀释至 100mL	4.4～6.2	5.0	红-黄
溴百里香酚蓝 ($1g \cdot L^{-1}$)	称取 0.1g 溴百里香酚蓝,溶于 50mL 乙醇(95%),稀释至 100mL	6.0～7.6	7.3	黄-蓝
中性红 ($1g \cdot L^{-1}$)	称取 0.1g 甲基黄,溶于乙醇(95%),用乙醇(95%)稀释至 100mL	6.8～8.0	7.4	红-黄橙
百里酚蓝(碱) ($1g \cdot L^{-1}$)	称取 0.1g 百里香酚蓝,溶于乙醇(95%),用乙醇(95%)稀释至 100mL	8.0～9.6	8.9	黄-蓝
酚酞 ($10g \cdot L^{-1}$)	称取 1g 酚酞,溶于乙醇(95%),用乙醇(95%)稀释至 100mL	8.2～10.0	9.1	无色-蓝
百里香酚酞 ($1g \cdot L^{-1}$)	称取 0.1g 百里香酚酞,溶于乙醇(95%),用乙醇(95%)稀释至 100mL	9.4～10.6	10.0	无色-蓝
溴甲酚绿 ($1g \cdot L^{-1}$)	称取 0.1g 溴甲酚绿,溶于乙醇(95%),用乙醇(95%)稀释至 100mL	3.8～5.4	4.9	黄-蓝

酸碱混合指示剂,是指两种酸碱指示剂或者一种指示剂和一种颜料混合而成的,使颜色变化更加敏锐。见表 1-9。

表 1-9 酸碱混合指示剂

混合指示剂组成	配 比	变色点 pH	颜色变化
$1g \cdot L^{-1}$ 甲基黄乙醇溶液 $1g \cdot L^{-1}$ 次甲基蓝乙醇溶液	1+1	3.25	蓝紫-绿
$1g \cdot L^{-1}$ 甲基橙溶液 $2.5g \cdot L^{-1}$ 靛蓝二磺酸钠溶液	1+1	4.1	紫-黄绿
$1g \cdot L^{-1}$ 溴甲酚绿乙醇溶液 $2g \cdot L^{-1}$ 甲基红乙醇溶液	3+1	5.1	酒红-绿
$2g \cdot L^{-1}$ 甲基红乙醇溶液 $2g \cdot L^{-1}$ 次甲基蓝乙醇溶液	3+2	5.4	红紫-绿
$1g \cdot L^{-1}$ 溴甲酚绿钠盐溶液 $1g \cdot L^{-1}$ 氯酚红钠盐溶液	1+1	6.1	黄绿-蓝紫

混合指示剂组成	配　比	变色点 pH	颜色变化
1g·L^{-1}中性红乙醇溶液 1g·L^{-1}次甲基蓝乙醇溶液	1+1	7.0	蓝紫-绿
1g·L^{-1}甲酚红钠盐溶液 1g·L^{-1}百里酚蓝钠盐溶液	1+3	8.3	黄-紫
1g·L^{-1}百香酚蓝乙醇溶液 1g·L^{-1}酚酞乙醇溶液	1+3	9.0	黄-紫

1.3.5.2　氧化还原指示剂溶液

氧化还原指示剂本身属于氧化还原剂，并且氧化型和还原型颜色不同。常用的几种指示剂配制方法如下。

（1）二苯胺磺酸钠（5g·L^{-1}）　称取 0.5g 二苯胺磺酸钠溶于100mL 水中，必要时过滤。使用时现配。

（2）邻苯氨基苯甲酸（2g·L^{-1}）　称取 0.2g 邻苯氨基苯甲酸溶于100mL 0.2％Na$_2$CO$_3$ 溶液中并加热至溶解，过滤。能保持几个月不分解。

（3）1,10-菲啰啉-亚铁指示液　称取 0.7g 硫酸亚铁（FeSO$_4$·7H$_2$O），溶于 70mL 水中，加两滴硫酸，加 1.5g 1,10-菲啰啉（C$_{12}$H$_8$N$_2$·H$_2$O）[或 1.76g 1,10-菲啰啉盐酸盐（C$_{12}$H$_8$N$_2$·HCl·H$_2$O）]，溶解后，稀释至 100mL。用前制备。

（4）淀粉指示液（10g·L^{-1}）　称取 1g 淀粉，加 5mL 水使其成糊状，在搅拌下将糊状物加到 90mL 沸腾的水中，煮沸 1～2min，冷却，稀释至 100mL。使用期为两周。

1.3.5.3　金属指示剂溶液

EDTA 滴定中使用的金属指示剂配制方法如下。

（1）铬黑 T（5g·L^{-1}）　铬黑 T 的水溶液不稳定，易聚合变质，常使用两种方法配制。

① 0.5g 铬黑 T 和 2g 氯化羟胺（盐酸羟胺），溶于乙醇（95％），用乙醇（95％）稀释至 100m L。临用前制配。

② 1 份铬黑 T 和 100 份氯化钠（质量比），研磨混匀，可保存在干燥器中。

（2）钙指示剂　称取 1 份钙指示剂与 100 份 NaCl 研磨混匀，可密闭长期保存。

（3）酸性铬蓝 K（5g·L^{-1}）　0.5g 溶于 10mL pH＝10 的氨-氯

化铵缓冲液，加 50mL 水使完全溶解，然后加入 40mL 乙醇。

（4）二甲酚橙　0.5g 二甲酚橙溶于 100mL 水中。

1.3.5.4　沉淀滴定法指示剂溶液

（1）铬酸钾（$50g \cdot L^{-1}$）　5g 溶解于 100mL 水中。

（2）硫酸铁（Ⅲ）铵指示液（$80g \cdot L^{-1}$）　称取 8g 硫酸铁（Ⅲ）铵 [$NH_4Fe(SO_4)_2 \cdot 12H_2O$]，溶于 50mL 含几滴硫酸的水，稀释至 100mL。

（3）荧光素（$5g \cdot L^{-1}$）　称取 0.5g 荧光素（荧光黄或荧光红），溶于乙醇（95%），用乙醇（95%）稀释至 100mL。

1.3.6　实验试纸

1.3.6.1　pH 试纸

pH 试纸分为广范 pH 试纸和精密 pH 试纸，广范 pH 试纸按变色范围分为 pH 1～10、1～12、1～14、9～14 等 4 种。精密 pH 试纸，精度较高，变色 pH 值变化小于 1。

1.3.6.2　其他试纸

其他试纸是将不同试剂浸渍在滤纸上，用于检测各种气体、酸、碱及氧化剂等。下面介绍几种。

（1）乙酸铅试纸　取适量无灰滤纸，用乙酸铅 [$Pb(CH_3COO)_2 \cdot 3H_2O$] 溶液（$50g \cdot L^{-1}$）浸透，取出于暗处晾干。贮存于棕色瓶中。该试纸用于检验 H_2S 气体，遇 H_2S 气体变黑。

（2）淀粉-碘化钾试纸　于 100mL 新配制的淀粉溶液（$10g \cdot L^{-1}$）中，加 0.2g 碘化钾，将无灰滤纸放入该溶液中浸透，取出，于暗处晾干。剪成条状贮存于棕色瓶中。用于检测卤素、H_2O_2 等氧化剂，这时变蓝色。

（3）溴化汞试纸　称取 1.25g 溴化汞，溶于 25mL 乙醇（95%）。将无灰滤纸放入该溶液中浸泡 1h，取出，于暗处晾干。贮存于棕色瓶中。用于比色法测 AsH_3，显黄色。

1.4　滴定分析概论

1.4.1　概述

滴定分析是将已知准确浓度的标准滴定溶液（滴定剂）滴加到被

测物质溶液中，直到反应物之间物质的量相等时，根据标准滴定溶液的浓度和消耗的体积来计算被测物质含量的分析方法。

把用滴定管滴加标准滴定溶液的操作称为滴定，待测组分与滴定剂之间化学反应完成时的化学计量点称为等量点。指示等量点到达的外加试剂称为指示剂，指示剂颜色变化的转折点称为滴定终点。滴定终点和等量点二者之差，称为滴定误差。

满足滴定分析的化学反应，应符合下面要求。

① 反应定量完成，没有副反应，按一定反应式进行反应。

② 反应速度快，滴加滴定剂后能立刻反应。

③ 能找到合适的方法指示滴定终点。

1.4.2 滴定分析法分类

1.4.2.1 按化学反应类型分类

（1）酸碱滴定法 是以酸、碱的中和反应为基础的滴定分析法。可以利用标准酸溶液滴定碱、弱酸盐，也可以利用标准碱溶液滴定酸、弱碱盐。

（2）氧化还原滴定法 是以氧化还原反应为基础的滴定分析法。根据使用的标准滴定溶液不同又可进一步分为高锰酸钾法、重铬酸钾法、碘量法等。

（3）配位滴定法 是以配位反应为基础的滴定分析法。最常用的滴定剂是乙二胺四乙酸（EDTA）。

（4）沉淀滴定法 它是以沉淀反应为基础的滴定分析方法。最常用的是生成银沉淀的银量法。

1.4.2.2 按滴定方式分类

（1）直接滴定法 用标准滴定溶液直接滴定待测物质的方法称直接法。凡是能满足滴定分析对化学反应要求的都可采用直接滴定法，这是应用最广泛的滴定方式。

（2）返滴定法 过量的标准滴定溶液和待测物质反应，反应完成后，用另一标准溶液滴定剩余标准溶液的量，这种滴定方法称为返滴定法。

这种滴定方式主要用于反应速度慢、需加热或者无适当指示剂的场合。

（3）置换滴定法 待测物质与适当试剂反应，置换出等物质的量的生成物，用标准滴定溶液滴定生成物，这种滴定方式称为置换滴定法。这种滴定方式主要用于待测物质不能和标准溶液反应的场合。

例如，许多氧化剂不能和 $Na_2S_2O_3$ 反应，但却可以和 KI 反应，置换出等物质的量 I_2，再用标准滴定溶液 $Na_2S_2O_3$ 滴定生成物 I_2，反应如下：

$$Cr_2O_7^{2-} + 6I^- + 14H^+ =\!=\!= 2Cr^{3+} + 3I_2 + 7H_2O$$

$$I_2 + 2Na_2S_2O_3 =\!=\!= 2I^- + 2Na^+ + S_4O_6^{2-}$$

（4）间接滴定法　对于不能和滴定剂反应的物质，可以采用间接滴定法。例如，Ca^{2+} 的测定，可以用草酸生成草酸钙沉淀，析出的沉淀过滤后再用 H_2SO_4 溶解，生成的草酸用 $KMnO_4$ 标准滴定溶液滴定，反应如下：

$$Ca^{2+} + C_2O_4^{2-} =\!=\!= CaC_2O_4 \downarrow$$

$$CaC_2O_4 + H_2SO_4 =\!=\!= CaSO_4 \downarrow + H_2C_2O_4$$

$$5H_2C_2O_4 + 2KMnO_4 + 16H^+ =\!=\!= 2K^+ + 2Mn^{2+} + 10CO_2 \uparrow + 8H_2O$$

1.4.3　滴定分析的计算

1.4.3.1　等物质的量反应规则

在化学反应中，参加反应的两物质之间其物质的量相等。也就是说物质 A 的量 $n(A)$ 和物质 B 的量 $n(B)$ 相等。这就是等物质的量反应规则。

即
$$n(A) = n(B) \tag{1-32}$$

$$c(A)V(A) = c(B)V(B) \tag{1-33}$$

式中，$n(A)$ 为 A 物质的物质的量的数值，mol；$n(B)$ 为 B 物质的物质的量的数值，mol；$c(A)$ 为 A 物质的物质的量浓度的数值，$mol \cdot L^{-1}$；$c(B)$ 为 B 物质的物质的量浓度的数值，$mol \cdot L^{-1}$；$V(A)$ 为 A 物质的体积的数值，L 或 mL；$V(B)$ 为 B 物质的体积的数值，L 或 mL。

1.4.3.2　滴定分析中的计算

在滴定分析中，根据等物质的量反应规则，被测定物质的量 $n(B)$ 应该等于标准滴定溶液物质的量 $n(A)$。

$$n(B) = n(A)$$

$$\frac{m(B)}{M(B)} = \frac{c(A)V(A)}{1000} \tag{1-34}$$

$$m(B) = \frac{c(A)V(A)M(B)}{1000} \tag{1-35}$$

$$w_B = \frac{m(B)}{m} = \frac{c(A)V(A)M(B)}{1000m} \times 100\% \tag{1-36}$$

式中，$m(B)$ 为 B 组分的质量的准确数值，g；m 为试样的质量的准确数值，g；w_B 为试样中 B 组分的质量分数，%；$c(A)$ 为标准滴定溶液浓度的准确数值，mol/L；$V(A)$ 为滴定时消耗标准滴定溶液的体积的数值，mL；$M(B)$ 为 B 组分的摩尔质量的数值，g·mol^{-1}。

【例 1-8】　称取铁矿样 0.4895g，用 $c\left(\frac{1}{6}K_2Cr_2O_7\right) = 0.1005$mol·L^{-1}标准滴定溶液滴定消耗 30.56mL，求该铁矿中铁的质量分数？

解： 铁的摩尔质量为 55.85g·mol^{-1}，$c(A) = 0.1005$mol·L^{-1}，$V(A) = 30.56$mL，$m = 0.4895$g，代入式(1-36)得：

$$w_B = \frac{V(A) \cdot c(A) \cdot M(B)}{1000m} \times 100\% = \frac{30.56 \times 0.1005 \times 55.85}{1000 \times 0.4895} \times 100\%$$
$$= 35.04\%$$

答： 该铁矿中铁的质量分数为 35.04%。

第2章 化学分析操作技能知识

2.1 玻璃仪器及其他用品

玻璃仪器是分析测试常用的仪器。它透明性好，化学性质稳定，耐酸碱，热稳定性好，有良好的绝缘性。

玻璃的化学成分主要是 SiO_2、CaO、Na_2O、K_2O。引入 B_2O_3、Al_2O_3 和 ZnO 可以改变玻璃特性。

含有较高 SiO_2 和 B_2O_3 的玻璃属于特硬或硬质玻璃，称为高硼硅酸盐玻璃，它具有较高的热稳定性，耐酸，可制作加热用玻璃仪器，如烧杯、烧瓶等；含有较低 B_2O_3 并加入一定量 ZnO 的玻璃称为软质玻璃，它透明性好，可制作量器、滴定管等。

玻璃遇 HF 会腐蚀，遇浓碱，特别是热浓碱会腐蚀。所以磨口试剂瓶不能存放浓碱液，塞子会打不开。

2.1.1 常用玻璃仪器

化学分析实验室使用的玻璃仪器种类繁多，表 2-1 和图 2-1 列出了一些常用玻璃仪器。

(1) 常用的洗涤玻璃仪器的洗涤剂

① 肥皂、去污粉（洗衣粉）、洗涤剂（净）等 广泛用于清净玻璃器皿，可用毛刷刷洗。

② 酸性和碱性洗液 主要用于不能刷洗或毛刷刷不到的玻璃仪器，如滴定管、移液管、容量瓶、比色管（皿）等。

③ 有机溶剂 有针对性地除去油污或其他污染物，可选用不同溶剂。如苯、二甲苯、氯仿、乙酸乙酯、汽油、乙醇、丙酮、乙醚等。可根据污染物性质不同选用不同的溶剂。

(2) 常用洗液

① 铬酸洗液 取 20g $K_2Cr_2O_7$（工业品），于烧杯中加 20～30mL

表 2-1　常用玻璃仪器一览

名　称	规　格	主要用途	注意事项
烧杯	25mL，50mL，100mL，400mL，500mL，800mL，1000mL	配制溶液,溶解处理试样	用火焰直接加热时,应使用石棉网
烧瓶	平底、圆底、单口、双口及三口等,容积250mL,500mL,1000mL,2500mL	加热及蒸馏用,反应容器	不能直接用火焰加热,可用球形电炉等加热
锥形瓶及碘量瓶	50mL,100mL,250mL,300mL,500mL	滴定用,碘量瓶用于碘量法中	具塞锥形瓶要保持原配
凯氏烧瓶	50mL,100mL,250mL,300mL,500mL	消解试样用	加热时瓶口不要对着自己和他人
试剂瓶,广口、细口、下口瓶	30mL,60mL,125mL,250mL,500mL,1000mL	细口瓶用于盛液体试剂,广口瓶用于盛固体试剂,棕色瓶用于盛见光分解试样和试剂	不能在瓶中配制溶液,磨口瓶不能存碱液
滴瓶	30mL,60mL,125mL,250mL,无色、棕色	用于盛装指示剂溶液等	
称量瓶	容积/mL　高/mm　直径/mm 矮形 10　25　35 　　　15　25　40 　　　30　30　50 高形 10　40　25 　　　20　50　30	矮形用于测定水分,在烘箱中烘干样品;高形用于称量试样、基准物	烘干时磨口盖不要盖严,要留有间隙
漏斗	短颈:口径50mm,60mm,颈长90mm,120mm;长颈:口径50mm,60mm,径长150mm,锥体均为60°	短颈用于一般过滤,长颈用于定量分析过滤	
分液漏斗	50mL,125mL,250mL,500mL,1000mL,球形、锥形、筒形	用于分离两种互不相溶的液体	磨口原配,倒置后从活塞边孔对齐放气
砂芯玻璃漏斗	40mL,60mL,140mL,滤板代号 $G_1 \sim G_6$	G_1、G_2 适用于粗颗粒晶形沉淀及胶体沉淀过滤;G_3、G_4 适用于细颗粒沉淀过滤;G_5、G_6 适用于细菌过滤	抽滤,不能过热,不含 HF 及碱液,用后立即洗涤

名　称	规　格	主要用途	注意事项
砂芯坩埚	10mL,15mL,30mL,其他规格同上	称量分析中过滤沉淀	抽滤,不能过热,不含 HF 及碱液,用后立即洗涤
抽气管(水流泵)	伽氏:全长229mm,上管外径12mm,下管外径8.5～9.5mm	上管接水龙头,侧管接抽滤瓶	关闭水龙头前,先断开抽滤瓶,防止倒吸
抽滤瓶	250mL,500mL,1000mL	抽滤用	不能加热
试管	试管:10mL,20mL 离心试管:5mL,10mL,15mL,具刻度和不具刻度	定性分析检验离子用;离心试管用于离心机分离离子	试管可加热,不能骤冷;离心试管用水浴加热
比色管	10mL,25mL,50mL,100mL,带刻度和不带刻度,具塞和不具塞	目视比色用	不能加热
表面皿	直径:45mm,60mm,75mm,90mm,100mm,120mm	盖烧杯用	
研钵	直径:70mm,90mm,105mm	研磨固体试剂及试样	不能研磨硬度大于玻璃的物质和起反应的物质,防热、防撞击
酒精灯	容量:100mL,150mL,200mL	加热试管,封口毛细管和安瓿球	装酒精不能超过4/5,不能吹灭,盖上盖帽灭火
干燥器	直径:150mm,180mm,210mm,无色、棕色两种。干燥器和真空干燥器两种	保持冷却烘干过的称量瓶、试样及坩埚	底部放干燥剂,盖磨口涂凡士林油,不可将过热物体放入。放入较热物体后,随时推开盖子放气
温度计	精密温度计(分度值0.05～0.1℃):范围为－32～302℃ 一般温度计(分度值为0.1～1.0℃):范围为－100～350℃	测量温度用	不许碰撞和剧烈冷热,测溶液温度时,浸入溶液中,不要碰器壁
密度计	1套20支,密度在0.70～1.84g/cm³,分度值为0.001g/cm³	测量各种液体的密度	应将待测液体倒入量筒中测定

普通　带容积近似值　高形　锥形

(a) 烧杯

(b) 凯氏烧瓶

细口瓶　广口瓶　下口瓶　　高形　　扁形

(e) 试剂瓶　　　(f) 滴瓶　　(g) 称量瓶

球形　锥形　筒形　　　　　　　　　伽氏

(l) 分液漏斗　(m) 砂芯玻璃漏斗　(n) 砂芯玻璃坩埚　(o) 抽气管

图 2-1　常用

(c) 烧瓶　　　　　　　　　(d) 三角瓶(锥形瓶)

长颈　　短颈　　平底　　　不具塞　　具塞　　碘瓶

(h) 表面皿　(i) 研体　　(j) 干燥器　　(k) 漏斗

干燥器　　真空干燥器　　长颈　短颈

(p) 抽滤瓶　　(q) 试管　　　(r) 酒精灯　(s) 温度计　(t) 相对密度计

离心管　　普通试管

玻璃仪器

水, 加热溶解后浓缩直至液面上出现薄层亮晶为止。冷却后, 沿烧杯壁徐徐加入浓 H_2SO_4 500mL (绝不许反过来加), 边加边搅拌, 慢慢加完, 放冷, 装入磨口细口瓶中。

玻璃仪器以皂液刷洗, 用水冲净晾干后 (不要带水分), 放入洗液中浸泡几小时, 再用水洗干净, 控干备用。洗液反复使用, 最后洗液变为黑绿色时说明失效 (Cr^{3+} 绿色), 倒入废液缸中。

② 碱性洗液　常用有质量分数为 5% 的 Na_2CO_3、Na_3PO_4、NaOH 等。主要用于油腻性沾污和有机硅化合物沾污的清洗, 采用浸泡, 再用水冲洗。

使用酸碱洗液一定要戴手套和眼镜, 小心操作。

③ 碘-碘化钾洗液　1g 碘和 2g 碘化钾溶于 100mL 水中。用于洗涤被 $AgNO_3$ 沾污的器皿。

2.1.2　常用量器

量器指能准确量取液体和溶液体积的玻璃仪器, 有滴定管、(容) 量瓶、移液管、量筒和量杯。它们用软质玻璃制成, 透明性好。

2.1.2.1　滴定管

滴定管是滴定分析中用于盛装标准滴定溶液进行滴定的、能准确测量标准溶液体积的玻璃仪器。

滴定管按其用途可分为酸式滴定管、碱式滴定管和通用型滴定管三种。酸式滴定管下端用活塞来控制滴液, 主要用于盛装中性、酸性和氧化性标准溶液。碱式滴定管下端用一段软管把管身和管尖端连接, 管内装有直径略大于软管内径的玻璃球。A 级滴头不得更换, B 级滴头可以更换, 主要用于盛装碱性标准溶液, 但不能盛装 $AgNO_3$、$KMnO_4$、I_2 氧化剂标准溶液, 因为软管易被氧化而变脆。通用型滴定管是近年来才出现的一种新型滴定管, 可酸碱两用。其旋塞是用聚四氟乙烯材料做成的, 耐腐蚀、不用涂油、密封性好。

滴定管按其体积可分为常量滴定管、半微量和微量滴定管。常量滴定管体积为 25mL, 50mL, 100mL 三种, 分度值为 0.1mL, 用于常量分析; 半微量滴定管体积 10mL, 分度值 0.05mL; 微量滴定管体积有 1mL, 2mL, 5mL 三种, 分度值为 0.01mL, 后二者主要用于半微量和微量分析。

滴定管按其结构可分为普通滴定管和自动滴定管。普通滴定管用于盛装普通常用标准溶液，自动滴定管用于盛装怕水汽和空气的标准溶液、卡尔费休试剂等。

滴定管按其颜色可分为无色和棕色两种，棕色滴定管用于盛装见光易分解的标准溶液，如 I_2、$KMnO_4$、$AgNO_3$ 等标准溶液。滴定管如图 2-2 所示，规格见表 2-2。

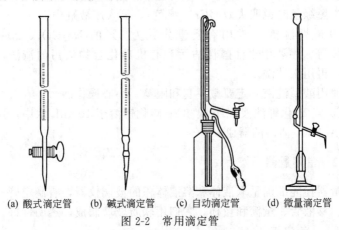

(a) 酸式滴定管　(b) 碱式滴定管　(c) 自动滴定管　(d) 微量滴定管

图 2-2　常用滴定管

表 2-2　滴定管规格

形　式	标称容量	分度值	容量允差(20℃)/mL	
	/mL	/mL	A 级	B 级
常量滴定管	25	0.1	±0.04	±0.08
	50	0.1	±0.05	±0.10
	100	0.2	±0.10	±0.20
半微量滴定管	10	0.05	±0.025	±0.050
微量滴定管	1	0.01	±0.010	±0.020
	2	0.01	±0.010	±0.020
	5	0.02	±0.010	±0.020

2.1.2.2　移液管

用于吸取一定量准确体积的量器。它分为无刻度和有刻度两类，如图 2-3 所示。无刻度移液管中间部分为大肚形，上部标有刻度线，下部为尖端放出液体，无刻度移液管为完全流出式，即溶液全部放出。

有刻度移液管整个管子粗细均匀，标有刻度。分为完全流出式、吹出式和不完全流出式，常用的是前两种。

2.1.2.3 容量瓶

容量瓶体积准确,在分析测定中用于精确计量溶液体积,配制一定体积的标准溶液。如图 2-4 所示。容量瓶颈部刻有环形标线,瓶体有 20℃ 字样,说明该量瓶在 20℃ 时的标称容量,规格有 5mL、10mL、25mL、50mL、100mL、250mL、500mL、1000mL、2000mL 等。

容量瓶为非标准磨口,所以必须和原磨口塞配用,不能混,否则会漏液体。容量瓶只适宜配制溶液,不适宜长期存放溶液。

2.1.2.4 量筒和量杯

量筒和量杯是另一类量器,用于量取要求不太精确体积的液体。配制非标准滴定溶液时,使用它量取体积。规格有 5mL、10mL、25mL、50mL、100mL、250mL 等,不得在量筒和量杯中配制溶液,不能加热和骤冷。

量筒上、下部粗细相同,量杯则上部粗、下部细,呈锥形。如图2-5 所示。

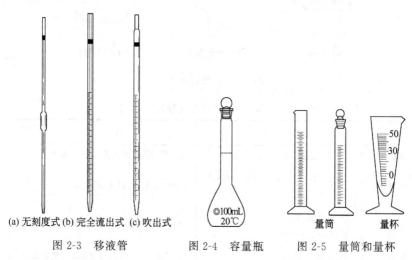

(a) 无刻度式 (b) 完全流出式 (c) 吹出式

量筒　　量杯

图 2-3　移液管　　　　图 2-4　容量瓶　　　图 2-5　量筒和量杯

2.1.3 其他器皿及用品

2.1.3.1 玛瑙研钵

玛瑙是一种天然石英,具有很高的硬度,性质稳定,与大多数化学试剂不反应,用它制作的研钵称为玛瑙研钵。用它研磨试样,因玛玛研钵价格昂贵,使用时要小心,避免破损。用后可使用稀 HCl 或 NaCl 研磨,再用水冲洗,自然晾干,不能烘干或红外灯加热,否则会炸裂。

2.1.3.2 瓷制器皿

瓷制器皿耐高温,化学稳定性高,灼烧失重小,价格便宜。不能在瓷制器皿中用碱熔法分解试样,它易被 HF、NaOH、Na$_2$CO$_3$、KOH 所分解。图 2-6 和表 2-3 列出主要瓷制器皿。

(a) 瓷坩埚   (b) 蒸发器   (c) 瓷管

(d) 瓷舟   (e) 布氏漏斗   (f) 瓷研钵

图 2-6 各种瓷制器皿

表 2-3 常用瓷制器皿

名 称	规 格	用 途
坩埚	20mL、25mL、30mL、50mL	灼烧沉淀、灼烧失重测定、高温处理试样
蒸发皿	带把及不带把,30mL、60mL、100mL、250mL	灼烧分子筛、载体、蒸发溶液
瓷管	内径:22mm、25mm 长:610mm、760mm	用于高温管式炉测定试样用
瓷舟	长:30mm、50mm	燃烧法测 C、H、S 等元素时,盛装试样
布氏漏斗	直径:51mm、67mm、85mm、106mm	与抽滤瓶合用,减压过滤用
研钵	直径:60mm、100mm、150mm、200mm	研磨固体试样

2.1.3.3 石英制品

石英玻璃是由天然石英加工而成，分为半透明石英和透明石英制品。

石英玻璃熔点高达1700℃以上，加热到1200℃不变形，膨胀系数只有玻璃的1/70，因此能承受温度的剧烈变化，即使将红热的石英制品浸入水中也不会破损。此外，它还是优良的电绝缘体，允许紫外线穿过的能力强。

石英玻璃的缺点是耐强碱能力差，常温下易被KOH、NaOH、Na_2CO_3腐蚀，也能被HF腐蚀；在高温下能与H_3PO_4反应被腐蚀；在还原性气氛高温下也易损坏；易脆，碰撞易碎。

常用的石英制品有管式炉用的石英管、石英舟；还有石英坩埚、石英烧杯等。规格和形状与玻璃制品差不多。

在紫外区（400nm以下）测吸光度时，必须用石英比色皿。

2.1.3.4 金属器皿

（1）铂制品 铂的熔点为1773.5℃，与大多数试剂不起作用，耐熔融碱金属碳酸盐及HF的腐蚀，铂坩埚适于用熔融法分解试样和用HF除去试样SiO_2的实验。

铂制品使用应遵守下述规则。

① 铂在高温下不能接触K_2O、Na_2O、Na_2O_2、KNO_3、$NaNO_3$、KCN、NaOH等；不能接触王水、卤素溶液和能生成卤素的溶液，如$KClO_3$、$KMnO_4$、$K_2Cr_2O_7$、$FeCl_3$等；不能接触易还原金属及其盐类，如Ag、Hg、Pb、Sb、Sn、Bi、Cu等；不能接触含磷的硅酸盐、Na_2S、NaCNS等。

② 铂较软，应轻拿轻放，避免与尖锐物体碰撞。

③ 在煤气灯上加热应在氧化焰上加热，避免在还原性火焰上加热生成易脆的PtC。红热铂不能放在水中以免产生裂纹。

④ 高温红热的铂和其他金属接触易生成合金，必须用坩埚钳夹取。

⑤ 不能用铂坩埚溶解成分不明的试样，以免损坏。

（2）银坩埚 银的熔点为960℃，不宜用煤气灯加热，只能在电炉或高温炉中加热，不受碱腐蚀，易受酸浸蚀。适宜在600℃以下用碱熔法分解试样。但不能分解含硫试样，不能使用含硫试剂，Al、Zn、Sn、Pb、Hg金属能使熔融试样时的银坩埚变脆。

（3）镍坩埚　镍的熔点为 1455℃，强碱和镍几乎不反应，可用于 KOH、NaOH、Na_2O_2 法熔融分解试样。600℃的温度对镍有一定腐蚀，但仍可多次使用。镍坩埚不适宜恒重操作，不能在镍坩埚中熔融含 Al、Zr、Sn、Pb、Hg 等金属的盐和硼砂。镍溶于酸，不能用酸浸出试样。新坩埚在使用前应在 700℃灼烧 2～3min，除去油污并生成氧化膜以延长使用寿命。

2.1.3.5　塑料制品

塑料是一种高分子材料，其优点是耐酸、碱性好，缺点是耐热性和强度差。

（1）聚乙烯制品　是热塑性塑料，耐酸、碱，但含氧酸（浓 HNO_3、H_2SO_4）长时间会慢慢腐蚀它。常温下不溶于有机溶剂，但长时间接触脂肪烃、芳香烃会被溶胀，吸附小，所以制作取样袋、制作塑料瓶装水样都比橡皮胆和玻璃瓶优点多。细口塑料瓶装 HF 和浓碱都不受浸蚀。塑料制品有烧杯、试剂瓶、洗瓶、漏斗等。这类制品不耐热，只能在 100℃下经受很短的时间。

（2）聚四氟乙烯制品　是热塑性塑料，它的耐热性比聚乙烯好，可使用温度最高为 250℃，它能耐一般酸、碱和各种氧化剂，王水也不能浸蚀它。电绝缘性好，有一定硬度，可切削加工。超过 250℃以上，聚四氟乙烯开始分解；达到 415℃，急剧分解放出有毒气体。

2.1.3.6　其他用品

其他用品指的是与玻璃器皿、瓷制器皿配套使用的台架、夹具等。表 2-4 和图 2-7 列出其他用品。

表 2-4　其他用品一览

名　称	材质规格	用　途
比色管架	木材、塑料制成，有不同孔径及孔数	放置比色管
试管架	木材、金属制成，有不同孔径及孔数	放置试管
漏斗架	木材、塑料制成，有两孔及四孔	放置漏斗

名　称	材质规格	用　途
滴定台、滴定管夹	底板为大理石、白瓷板、乳白玻璃 管夹为金属	放置滴定管
移液管架	木材或塑料	放置移液管
万能夹	金属制，头部可自由旋转各种 角度	固定烧瓶、冷凝管
对顶丝	金属（铜）制	固定万能夹用
烧瓶夹	金属制，头部有耐热橡胶皮套	固定烧瓶
铁三角	铁制	与泥三角、石棉网配套使用，放 置被加热器皿
泥三角	铁丝与瓷管	放置铁台上，坩埚放其上面
铁架台、铁环	铁制	放置被加热的器皿
石棉网	铁丝、石棉制成	放置在被加热器皿之下、加热器 之上，使受热均匀
坩埚钳	铁制，表面镀铬。不锈钢制，头上 套铂 规格（长）/mm：250、380、450	夹取各种坩埚，其中铂坩埚钳用 于夹铂坩埚
浴锅	铜、铝制成	水浴、油浴
烧杯夹	镀镍、铬的铜制品，头部烧有石 棉层	夹取热的烧杯、锥形瓶
打孔器	金属制，直径不同。有每套四只 和六只的两种	用于橡皮、软木塞打孔
弹簧夹	钢丝制	夹紧橡皮管
螺旋夹	铁制	夹橡皮管，并可调节流量
煤气灯	铁、铜制	加热、灼烧玻璃管

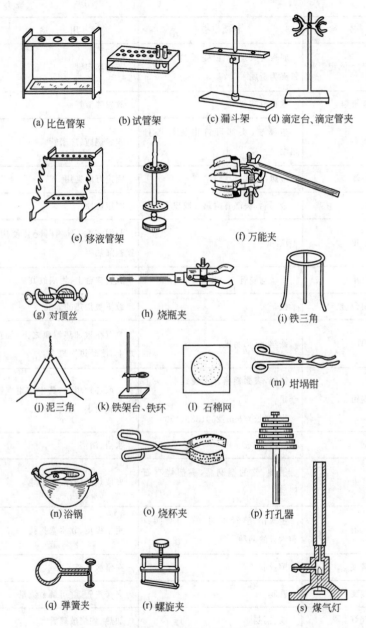

(a) 比色管架　　(b) 试管架　　(c) 漏斗架　　(d) 滴定台、滴定管夹

(e) 移液管架　　　　　　(f) 万能夹

(g) 对顶丝　　(h) 烧瓶夹　　(i) 铁三角

(j) 泥三角　　(k) 铁架台、铁环　　(l) 石棉网　　(m) 坩埚钳

(n) 浴锅　　(o) 烧杯夹　　(p) 打孔器

(q) 弹簧夹　　(r) 螺旋夹　　(s) 煤气灯

图 2-7　表 2-4 中所示用品的示意

2.2 天平

天平是分析测定最常用的称量仪器之一，称量是分析化验工必须掌握的操作技能之一。

天平的技术规格主要有最大载荷量、分度值和灵敏度。

（1）最大载荷量　指天平允许称量的最大质量。

（2）分度值　分度值又称感量，指天平产生 1 个分度（即 1 个最小刻度）变化所相当的质量，即等于盘中砝码质量与指针偏转分度之比值。可用式(2-1)来表示：

$$S=\frac{P}{n} \tag{2-1}$$

式中　S——分度值，mg/分度；

　　　　n——指针偏转的分度，分度；

　　　　P——称盘中砝码的质量，mg。

（3）灵敏度是分度值的倒数。

2.2.1　天平的种类

（1）托盘天平　也称架盘天平，分度值为 0.1～2g，最大载荷量 5000g。用于准确度要求不高的称量中，例如配制各种试剂浓度。

称量时，取两张相同的纸分别放在天平两个盘中，调好零点，左边盘中放置欲称量物质，在右边盘中加砝码，加砝码顺序是从大到小加，大砝码放在盘中央，小砝码放在大砝码四周围。称量完毕，砝码放回砝码盒中，两个盘叠在一起，以免天平长期处于摆动之中，用镊子夹取砝码，不许手拿。不许把化学品直接放在托盘中。

称量含水样品或有腐蚀性的物质，可用烧杯等器皿称量。

（2）工业天平　分度值在 0.001～0.01g，最大载荷量 200g。用于工业分析的一般称量。

（3）光电天平　分度值为 0.0001g，所以又称万分之一（克）天平，最大载荷量为 100g 或 200g，如 TG-328A（全自动光电天平）和 TG-328B（半自动光电天平）。

（4）单盘天平　单盘天平只有一个放称量物的天平盘，盘和砝码都放在天平梁的同一臂上，另一臂是质量一定的配重铊，它有机械加码和光学读数装置，如 TD-100 和 TG-729 型。

（5）电子天平　与上述机械天平不同的是电子天平，它是将质量信号转变为电信号，经放大，数字显示而完成测量的。

2.2.2　电子天平

2.2.2.1　电子天平称量原理

应用现代电子控制技术进行称量的天平称为电子天平。各种电子天平的控制方式和电路结构不一定相同，但其称量的依据都是电磁力平衡原理。当位于磁场中的线圈流过电流时会产生电磁力。当磁场强度不变时，电磁力与电流强度成正比。如果使称重物的重力向下，电磁力向上，当二力平衡时，流经导线的电流强度与称重物重力成正比。在固定的地点，重力与质量成正比，故可称出物体的质量。

图 2-8 为电子天平结构示意。秤盘通过支架连杆与线圈相连，线圈置于磁场中。被称物的重力通过连杆支架作用于线圈上，方向向下。线圈内有电流通过，产生向上的电磁力与重力平衡。位移传感器处于预定中心位置，当秤盘上物体质量发生变化时，位移传感器检出位移信号，经调节器和放大器改变线圈的电流直至线圈回到中心位置。通过数字显示出被称物的质量。

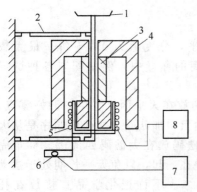

图 2-8　MD 系列电子天平结构示意
1—秤盘；2—簧片；3—磁钢；4—磁回路体；5—线圈及线圈架；6—位移传感器；7—放大器；8—电流控制电路

2.2.2.2　电子天平的特点

① 电子天平没有机械天平的玛瑙刀刃，用数字显示代替指针刻度显示，所以寿命长，性能稳定，操作简单方便。

② 电子天平不用砝码，称量速度快。

③ 电子天平的称量范围和灵敏度可以调节。

④ 电子天平内部装有标准砝码，可以使用校准功能进行校准。

⑤ 电子天平可以直接进行去毛皮重、累加、超载显示和故障显示。

2.2.2.3　电子天平使用和注意事项

① 使用前，特别是首次使用前，一定要检查是否水平，用调整螺丝调节水平。

② 使用前先送电预热 30min，使之稳定。

③ 新安装的电子天平，或移动位置后都要进行校准。因为电子天平称重的是物质的重力，由于同一质量的物体在不同地方其重力不同，所以必须用内装的标准砝码或外部备下的标准砝码进行校准。

④ 称量物体时，将被称物放在盘中，关上防风门。待稳定数字不变时再读取数值。操作时，可按键"去皮"、"增重"等实现扣除及累加称重功能。

⑤ 电子天平的积分时间（即称量周期）可按积分键调节长短，有快、短、较短、较长几档可供选择，出厂时已经选择了一般状态（较短或短），除非需要，不必重调。

2.3 采样方法

化工产品分析测定过程一般经过试样采取、试样处理、试样测定和数据处理四个步骤。其中采样是第一步，也是关键的一步，如果采得的样品由于某种原因不具备充分的代表性，那么即使分析方法可靠，测定过程规范，数据处理无差错，最终也不会得出正确的结论。因此，加强对化工产品采样理论的学习，对具体的分析工作有着重要的指导意义。

2.3.1　采样总则

2.3.1.1　采样目的和原则

采样的基本目的是从被检总体物料中取得有代表性的样品。通过对试样的分析和测定，求得被检物料的某些特性的平均值。

采样的原则是从采样误差和采样费用两方面考虑。采样的误差不能通过测定进行补偿，当样品不能很好地代表总体时，以样品检测数据代表总体就会导致错误结论。在满足采样误差要求的前提下，采样费用越低越好。

上述为采样的基本目的和原则。具体的采样目的可分为下列几种情况。

① 技术方面目的　确定原材料、中间产品、成品的质量；中间生产工艺的控制；测定污染程度、来源；未知物的鉴定等。

② 商业方面目的　确定产品等级、定价；验证产品是否符合合同规定；确定产品是否满足用户质量要求。

③ 法律方面目的　检查物料是否符合法律要求；确定生产中是否泄漏、有毒害物质是否超标准；为了确定法律责任，配合法庭调查；仲裁测定等。

④ 安全方面目的　确定物料的安全性；分析事故原因的检测；对危险物料安全性分类的检测等。

2.3.1.2　采样方案和记录

制定采样方案，包括待检总体物料的范围；确定采样单元；确定采样数目、部位和采样量；采样工具和采样方法；试样处理加工方法及安全措施。

采样要及时记录，包括试样名称、采样地点和部位、编号、数量、采样日期、采样人等。

2.3.1.3　采样误差

采样误差包括：采样随机误差和采样系统误差。

（1）采样随机误差　是在采样过程中由一些无法控制的偶然因素引起的误差。这是无法控制的，增加采样的次数可减小此种误差。

（2）采样系统误差　是由于采样方案不完善、采样工具不完善、操作不规范以及采样环境所引起的误差。系统误差是定向的，可以消除。

2.3.1.4　物料类型和采样数

物料类型可分为均匀物料及不均匀物料两大类。不均匀物料又分为随机不均匀物料及非随机不均匀物料。

采样数，当总体物料单元数大于 500 时，按着 $3\sqrt[3]{N}$（N 为总体物料单元数）来确定采样数；当 N 小于 500 时，按表 2-5 确定采样单元数。

在满足需要的前提下，样品量至少应满足三次重复检测的需求；

当需要留存备考样品时，应满足备考样品的需求；对采得的样品物料如需做制样处理时，应满足加工处理的需要。

表 2-5　采样数目的确定

总体物料单元数	采样数	总体物料单元数	采样数
1～10	全部	182～216	18
11～49	11	217～254	19
50～64	12	255～296	20
65～81	13	297～343	21
82～101	14	344～394	22
102～125	15	395～450	23
126～151	16	451～512	24
152～181	17		

2.3.2　固体试样采取

2.3.2.1　采样方案

（1）样品类型　有部位样品、定向样品、代表样品、截面样品和几何样品。根据采样目的、采样条件和物料状况来确定样品类型。

（2）采样数目　对于单元物料，按表 2-5 确定采样单元数；对于散装物料，批量少于 $2.5t$，采样数为 7 个单元（或点）；批量在 $2.5\sim80t$，采样为 $\sqrt{批量(t)\times20}$ 个单元（或点），计算到整数；批量大于 $80t$，采样为 40 个单元（或点）。

（3）采样步骤　确定采样步骤、器皿和工具、样品的制备。

2.3.2.2　采样方法

（1）粉末、小颗粒物料采样　采取件装物料用探子或类似工具，按一定方向，插入一定深度取定向样品；采取散装静止物料，用勺、铲从物料一定部位沿一定方向采取部位样品，采取散装运动物料，用铲子从皮带运输机随机采取截面样品。

（2）块状物料采样　可以将大块物料粉碎混匀后，按上面方法采样。如果要保持物料原始状态，可按一定方向采取定向样品。

（3）可切割物料采样　采用刀子在物料一定部位截取截面样品或一定形状的几何样品。

（4）需特殊处理的物料　物料不稳定、易与周围环境成分（比如空气水分等）反应的物料，放射性物料及有毒物料的采取应按有关规定或产品说明要求采样。

2.3.2.3 样品制备

（1）原则 样品制备的原则如下。

① 不破坏样品的代表性、不改变样品组成和不受污染。

② 缩减样品量同时缩减粒度。

③ 根据样品性质确定制备步骤。

（2）制备技术 包括粉碎、混合、缩分 3 个步骤。

① 粉碎 用锤子、研磨机、研钵来粉碎样品。

② 混合 用手铲或机械混合装置来混合样品。

③ 缩分 可用四等分法、交替铲法、分样器及分格缩分铲来缩分样品。

采取样品量，分为两等份，一份供检验用，一份供备份用，每份为检验用量的 3 倍。

2.3.3 液体试样采取

2.3.3.1 样品类型

（1）部位样品 从物料特定部位和流动样品特定时间采取的样品。

（2）表面样品 在物料表面采取的样品。

（3）底部样品 在物料最底部采取的样品。

（4）上部样品（中部样品、下部样品） 在液面下相当于总体积 $\frac{1}{6}\left(\frac{1}{2}、\frac{5}{6}\right)$ 的深度处采得的样品。

（5）全液位样品 从容器全液位采得的样品。用两端开口的采样管慢慢放入液体中，使管内外液面持平，慢慢降下到底部时，封上端或下端后，提出采样管。

（6）混合样品 容器中物料混合均匀后随机采得的样品。

（7）平均样品 将一组部位（上、中、下）样品混合均匀的样品。

2.3.3.2 采样方法

（1）常温下流动液体采样

① 件装容器物料的采样 随机从各件中采样，混合均匀作为代表样品。

② 罐和槽车物料采样　采得部位样品混合均匀作为代表样品。

③ 管道物料采样　周期地从管道出口采样。

（2）稍加热成流动液体采样　当必须从容器内采样时，应将容器放入热室使之全部熔化后采样；或劈开包装采取固样。

（3）黏稠液体采样　最好从交货容器罐装过程中采样，或是通过搅拌达到均匀状态时采部位样品，混合均匀为代表样品。

（4）多相液体采样　搅拌均匀，采取部位样品混合均匀得到平均样品。

（5）液化气体采样　石油液化气、烃类、液氯等必须用特殊采样设备，采样方法按有关规定进行。

2.3.4　气体试样采取

气体有压力，易渗透，易被污染，难贮存。因此气体试样的采取在实践上存在的问题比理论上更大。

采取的气体样品类型有部位样品、混合样品、间断样品和连续样品。

2.3.4.1　采样设备

（1）采样器有 450℃ 以下使用的硬质玻璃采样器；有 900℃ 以下使用的石英采样器；在 950℃ 下使用的不锈钢采样器。

（2）导管　压力较高且高纯气体采样使用铜管、钢管作连接管；压力不高可采用塑料管、橡胶管等。

（3）样品容器　有玻璃样品瓶、金属钢瓶、带吸附剂采样管、球胆（塑料制、橡胶制）等。

（4）过滤装置。

（5）压力和流量调节装置　减压器、针形阀等。

（6）吸气器和抽气泵　双连球、真空泵、水流泵等。

2.3.4.2　采样技术

气体采样时产生误差的因素很多，应分别采取措施，减少误差。

① 在大口径管道和容器中分层能引起气体不均匀，这时应预先测量各断面的点，找出正确取样点。

② 流动气体取样，流速会引起误差，应对流速进行控制。

③ 尽可能采用较短导管，消除导管过长引起的滞后带来的误差。为了使气体符合分析要求，还要对气体进行过滤净化、干燥等处理。

采用过滤器除去灰尘及有害杂质，但吸收剂不能改变试样组成。干燥剂多采用氯化钙、浓硫酸、高氯酸镁、分子筛、硅胶等。

2.4 滴定分析基本操作

2.4.1 滴定管的准备和使用

2.4.1.1 滴定管的准备

滴定管的选择主要根据误差要求，A 级管误差小，B 级滴定管误差大些。只有要求不太高的分析测定中才使用 B 级滴定管，一般都选用 A 级滴定管。滴定管的体积选择，在常量分析中，消耗的标准溶液体积在 30～40mL 之间，故一般选择 50mL 的滴定管。

2.4.1.2 滴定管的试漏

（1）酸式滴定管试漏 首先将不涂油的活塞芯用水湿润，插入活塞套中，垂直立于滴定台上装满水，15min 后液面下降不超过 1 小格，否则为不合格。

其次，将活塞取出全部擦干后（也擦干活塞套内的水分），蘸取少许凡士林油脂在活塞两头（图 2-9）涂一周薄层，活塞孔两旁不要涂，防止堵孔。

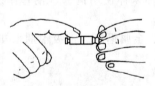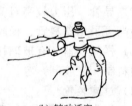

(a) 玻璃活塞涂凡士林　　　　　　(b) 转动活塞

图 2-9　玻璃活塞涂凡士林及转动活塞

将涂好凡士林油脂的活塞直插入活塞套中，按紧后朝一个方向旋转，直至凡士林油脂均匀分布为止，然后用橡皮圈套住活塞，防止滑出。

（2）碱式滴定管试漏 碱式滴定管不用涂油，要求橡皮管内玻璃球大小合适，能灵活控制液滴。试漏时装满水观看尖端是否有液滴渗出。

滴定管有油腻和无机物沾污，可分别用洗涤液和酸洗液倒入管中（不要倒满，5～10mL 即可），将管放平（略倾斜）转动，使之浸渍管内壁四周，再放出，用水冲净，最后用蒸馏水冲干净。

2.4.1.3　滴定管的使用

滴定时，左手控制酸式滴定管的活塞或碱式滴定管玻璃珠上方橡皮管，逐渐滴入溶液，右手拿住锥形瓶的瓶颈（图 2-10），一边滴定一边摇锥形瓶，要沿同一方向做圆周旋转，不要晃动，不要使瓶口碰滴定管下端。接近终点时，要慢滴，应 1 滴或半滴地加入。

滴定管读数应该注意以下几点。

① 滴定后，应停留 0.5min 左右再读数，使溶液沿壁流下后再读。

图 2-10　滴定

② 滴定管垂直，眼睛与液面在同一水平线上。

③ 对无色和浅色溶液，将眼睛与液面的弯月面下端对齐再读数；对深色溶液，观察液面两侧最高点对齐再读数；对于蓝线衬背滴定管，无色溶液有两个弯月面交于蓝线一点，观察该点对齐读数。

④ 估计到滴定管分度值的十分位。

2.4.2　容量瓶的准备和使用

选择的容量瓶洗净后，加水盖上原配的塞子，用手指按住瓶塞，将瓶倒过来，反复 10 次，最后看塞口是否有水渗出。如果有渗出，说明容量瓶塞漏水，不能用。

容量瓶主要用来配制标准溶液。在烧杯中溶解相应浓度的溶液，再转入到容量瓶中。转移时，右手拿玻璃棒，左手拿烧杯，玻璃棒插入容量瓶中，烧杯嘴紧靠玻璃棒使溶液沿玻璃棒慢慢流下，待溶液全部流净后，扶正烧杯，用洗瓶冲洗烧杯内壁，再次用上面方法倒入容量瓶内，如此反复 3～4 次，最后将玻璃棒抽出。然后用蒸馏水定容。加入蒸馏水接近容量瓶瓶颈刻度时停止，然后换用洗瓶逐滴加入，要特别小心，不要加水超过刻度。盖上瓶盖，反复倒转容量瓶并不断摇动，每次颠倒至少停留 10s 以上，使溶液混合均匀。

稀释溶液方法基本同上。

使用容量瓶注意事项如下。

① 热溶液必须放冷到室温后，再稀释至刻度。

② 容量瓶只适宜配制溶液，不宜长期保存溶液。

③ 容量瓶不能在烘箱中烘烤。

2.4.3 移液管的洗涤和使用

(1) 洗涤方法 用吸球向移液管吸入洗液直至其体积的 1/3，迅速用右手指堵住管口，将移液管放平并转动几周，使洗液充满全管并与管内壁完全浸润洗涤。待洗液将管内壁沾污物全部洗净后，再用自来水充分冲洗干净，最后用蒸馏水洗涤 3 遍。

洗涤过程中，小心不要碰损移液管下面尖端；从移液管放出液体时，由下尖端放出，切勿从上口倒出。

(2) 使用方法 在用移液管移取溶液之前，先吸入该溶液置换移液管 3 次。吸取溶液时，右手拿移液管管口，左手拿吸球对准管口吸气，移液管插入溶液中，吸取溶液，待吸取的溶液液面上升至管口刻度线以上时，迅速拿开吸球，用右手食指堵住管口使液面停住。然后，取出移液管，用右手拇指和中指轻轻转动管口，食指压力减轻，调整液面正好和管口刻度线对齐，立即压紧食指，将移液管移到准备接受溶液的容器中，使管下尖端接触容器内壁，容器倾斜 15°，松开右手食指，溶液自然流出。待全部溶液流净后，A 级移液管再停留 15s，B 级移液管再停留 3s。

对于吹出式移液管，应将下端存有的 1 滴溶液吹出。

2.4.4 滴定管容量校正和标准溶液温度补正

滴定管的实际容量和滴定管的刻度值不完全符合，使用前应该加以校正。

(1) 校正方法 在滴定管中加入一定温度的蒸馏水，对准零刻度。然后，分别放出 10.00mL、20.00mL、30.00mL、40.00mL、50.00mL 蒸馏水，分别称量水的表观质量，再按衡量法计算被检滴定管在标准温度 20℃时的实际容量。衡量法的具体做法如下。

① 取一只容量大于被检滴定管的洁净有盖称量杯，称得空杯质量。

② 将被检滴定管内的纯水放入称量杯后，称得纯水质量。

③ 调整被检滴定管液面的同时，应观察测温筒内的水温，读数应准确到 0.1℃。

④ 滴定管在标准温度 20℃时的实际容量按式(2-2) 计算：

$$V_{20}=\frac{m(\rho_B-\rho_A)}{\rho_B(\rho_W-\rho_A)}[1+\beta(20-t)] \tag{2-2}$$

式中 V_{20}——标准温度 20℃时被检滴定管的实际容量的数值，mL；

      ρ_B——砝码密度的数值，g·cm^{-3}，取 8.00g·cm^{-3}；

      ρ_A——测定时实验室内空气密度的数值，g·cm^{-3}，取 0.0012g·cm^{-3}；

      ρ_W——蒸馏水 t℃时密度的数值，g·cm^{-3}；

      β——被检滴定管的体积膨胀系数的数值，℃$^{-1}$；

      t——检定时蒸馏水温度的数值，℃$^{-1}$；

      m——被检滴定管内所能容纳水的表观质量，g。

校正值等于实际容量值减去刻度值，再以滴定管刻度值作为横坐标，以校正值作纵坐标作图，得到图 2-11。

$$校正值＝实际容量－刻度值 \tag{2-3}$$
$$实际容量＝校正值＋刻度值 \tag{2-4}$$

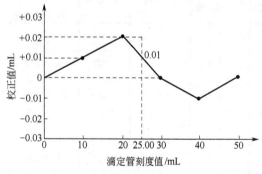

图 2-11 滴定管刻度校正

（2）标准溶液温度补正 标准溶液的浓度是指 20℃时的浓度。实际使用时，不一定是 20℃，冬天可能使用温度低于 20℃，夏天可能在超过 20℃下使用。由于液体体积受温度影响，温度升高，体积增大，使浓度变稀，因此，消耗的标准溶液体积增大，为了加以补正，要减去，所以补正值为负值；温度降低，体积缩小，使浓度增加，消耗的标准溶液体积减小，为了加以补正，要增加，所以补正值为正值。

有两种不同标准溶液浓度的温度补正值表，一种单位为 mL·L^{-1}

（见表 2-6）；另一种为 mL·mL^{-1}。前一种表是说明当消耗标准溶液 1L 时，需要补正的体积数（mL），后一种表是说明当消耗标准溶液 为 1mL 时，需要补正的体积数（mL）。可见前一种表数值还需要换算， 后一种表数值从表中查出直接加减即可。

例如，在 11℃时消耗的 $c(HCl)=0.5000mol·L^{-1}$ 的标准溶液体积 为 32.24mL，问计算时它的温度补正值多少？由表中查出 11℃时，c $(HCl)=0.5000mol·L^{-1}$标准溶液的温度补正值为 +1.5mL·L^{-1}，因 此，32.24mL 标准溶液温度补正值为 $\frac{1.5}{1000}\times 32.24=0.048mL$，计算时 消耗的标准溶液体积为 （32.24+0.048）=32.29mL。

表 2-6　不同标准溶液浓度的温度补正值　单位：mL·L^{-1}

温度 /℃	标准溶液种类					
	(0~0.05) mol·L^{-1}的 各种水溶液	(0.1~0.2) mol·L^{-1}的 各种水溶液	0.5mol·L^{-1} HCl 溶液	1mol·L^{-1} HCl 溶液	0.5mol·L^{-1} (1/2H$_2$SO$_4$)溶液 0.5mol·L^{-1} NaOH 溶液	0.5mol·L^{-1} H$_2$SO$_4$ 溶液 1mol·L^{-1} NaOH 溶液
5	+1.38	+1.7	+1.9	+2.3	+2.4	+3.6
6	+1.38	+1.7	+1.9	+2.3	+2.3	+3.4
7	+1.36	+1.6	+1.8	+2.2	+2.2	+3.2
8	+1.33	+1.6	+1.8	+2.1	+2.2	+3.0
9	+1.29	+1.5	+1.7	+2.0	+2.1	+2.7
10	+1.23	+1.5	+1.6	+1.9	+2.0	+2.5
11	+1.17	+1.4	+1.5	+1.8	+1.8	+2.3
12	+1.10	+1.3	+1.4	+1.6	+1.7	+2.0
13	+0.99	+1.1	+1.2	+1.4	+1.5	+1.8
14	+0.88	+1.0	+1.1	+1.2	+1.3	+1.6
15	+0.77	+0.9	+0.9	+1.0	+1.1	+1.3
16	+0.64	+0.7	+0.8	+0.8	+0.9	+1.1
17	+0.50	+0.6	+0.6	+0.6	+0.7	+0.8
18	+0.34	+0.4	+0.4	+0.4	+0.5	+0.6
19	+0.18	+0.2	+0.2	+0.2	+0.2	+0.3
20	0.00	0.00	0.00	0.00	0.00	0.00
21	−0.18	−0.2	−0.2	−0.2	−0.2	−0.3
22	−0.38	−0.4	−0.4	−0.5	−0.5	−0.6
23	−0.58	−0.6	−0.7	−0.7	−0.8	−0.9
24	−0.80	−0.9	−0.9	−1.0	−1.0	−1.2
25	−1.03	−1.1	−1.1	−1.2	−1.3	−1.5

续表

温度 /℃	标准溶液种类					
	$(0\sim0.05)$ $mol \cdot L^{-1}$ 的 各种水溶液	$(0.1\sim0.2)$ $mol \cdot L^{-1}$ 的 各种水溶液	$0.5mol \cdot L^{-1}$ HCl 溶液	$1mol \cdot L^{-1}$ HCl 溶液	$0.5mol \cdot L^{-1}$ $(1/2H_2SO_4)$溶液 $0.5mol \cdot L^{-1}$ NaOH 溶液	$0.5mol \cdot L^{-1}$ H_2SO_4 溶液 $1mol \cdot L^{-1}$ NaOH 溶液
26	−1.26	−1.4	−1.4	−1.4	−1.5	−1.8
27	−1.51	−1.7	−1.7	−1.7	−1.8	−2.1
28	−1.76	−2.0	−2.0	−2.0	−2.1	−2.4
29	−2.01	−2.3	−2.3	−2.3	−2.4	−2.8
30	−2.30	−2.5	−2.5	−2.6	−2.8	−3.2
31	−2.58	−2.7	−2.7	−2.9	−3.1	−3.5
32	−2.86	−3.0	−3.0	−3.2	−3.4	−3.9
33	−3.04	−3.2	−3.3	−3.5	−3.7	−4.2
34	−3.47	−3.7	−3.6	−3.8	−4.1	−4.6
35	−3.78	−4.0	−4.0	−4.1	−4.4	−5.0
36	−4.10	−4.3	−4.3	−4.4	−4.7	−5.3

注：1. 本表数值是以 20℃ 为标准温度以实测法测出；

2. 表中带有"＋"、"－"号的数值是以 20℃ 为分界，室温低于 20℃ 的补正值均为"＋"，高于 20℃ 的补正值均为"－"。

第3章　酸碱滴定法

酸碱滴定法是以酸和碱反应为基础的滴定方法，即利用酸标准滴定溶液和碱标准滴定溶液进行滴定的分析方法。常用的标准滴定溶液为强酸和强碱，如 HCl、H_2SO_4、NaOH 等。

在酸碱滴定中，溶液中［H^+］呈规律性变化，并且在反应达到等量点时，［H^+］变化出现突跃。因此，本章将讨论溶液 pH 值及计算方法，滴定过程中溶液 pH 变化曲线，等量点时 pH 突跃及指示剂变色原理和指示剂的选择。最后介绍酸碱滴定法的应用和定量测定的计算。

酸碱滴定法在滴定分析中占有重要地位，应用广泛，可用于测定酸、碱及能与酸碱反应的物质，某些有机物也能用酸碱滴定法测定。

3.1 水溶液中酸碱平衡

3.1.1 酸碱质子理论

关于酸和碱的定义在化学中已学过。这里，主要介绍广义的酸碱理论。

根据质子理论，凡是能给出质子（H^+）的物质称为酸，而能接受质子的物质称为碱。当一种酸（HA）给出质子（H^+）之后，其余下的部分 A^- 缺少质子，故有接受质子的能力，因而是一种碱，为了和一般碱相区别，称为共轭碱。

显然，一种酸给出质子后，生成与其对应的共轭碱。因此，酸必定含有能给出的质子，称为酸形；生成的共轭碱，缺少质子，称为碱形。例如：

$$HCl \Longrightarrow H^+ + Cl^-$$
$$H_2SO_4 \Longrightarrow H^+ + HSO_4^-$$
$$NH_4^+ \Longrightarrow H^+ + NH_3$$

$$\bigcirc\!\!\!\!_{N^+}^{} \Longrightarrow H^+ + \bigcirc\!\!\!\!_{N}^{}$$

上述这些反应，称为酸碱半反应。HCl、H_2SO_4、NH_4^+、

都是酸，而 Cl^-、HSO_4^-、NH_3、$\bigcirc\!\!\!\!_{N}$ 都是碱。可见酸碱可以是分子、阴离子和阳离子。

H^+ 实质上就是 1 个原子核（相对原子质量为 1），体积相当小，在水溶液中必须和水分子（H_2O）结合为 H_3O^+ 存在，为了方便，后面一律写成 H^+（不写 H_3O^+）。

酸和碱在水溶液中，发生酸碱半反应，其平衡常数用 K 表示，K 值只与反应温度有关，而与浓度无关。酸的平衡常数（从电离理论看也叫电离常数）用 K_a 表示，碱的平衡常数用 K_b 表示，共轭酸平衡常数用 K_a' 表示，共轭碱平衡常数用 K_b' 表示。

根据质量作用定律可知，一种酸在水溶液中半反应的平衡常数 K_a 等于生成的共轭碱平衡浓度与 $[H^+]$ 的乘积和酸分子平衡浓度之比，如：

$$HA \Longrightarrow H^+ + A^-$$

$$K_a = \frac{[H^+][A^-]}{[HA]} \tag{3-1}$$

以后凡是平衡浓度都加 $[\ \ ]$（方括号）表示。

同理，碱的平衡常数 K_b，可如式(3-2)表示：

$$BOH \Longrightarrow OH^- + B^+$$

$$K_b = \frac{[OH^-][B^+]}{[BOH]} \tag{3-2}$$

在水溶液中，质子是通过 H_2O 水合成 H_3O^+ 进行传递的，所以酸的平衡常数 K_a 和其共轭碱的平衡常数 K_b' 之间有确定的关系。以醋酸（HAc）为例子，推导如下：

$$HAc \Longrightarrow H^+ + Ac^-$$

$$K_a = \frac{[H^+][Ac^-]}{[HAc]} = \frac{[H^+][Ac^-][OH^-]}{[HAc][OH^-]}$$

$$= [H^+][OH^-]\frac{[Ac^-]}{[HAc][OH^-]}$$

$$= [H^+][OH^-]\frac{1}{K_b'} = \frac{K_w}{K_b'}$$

所以

$$K_a K_b' = K_w \tag{3-3}$$

K_w 称为水的离子积，$K_w = 1.0 \times 10^{-14}$。

K_a 和 K_b 反映了酸和碱的强弱，K_a 和 K_b 值越大，酸和碱越强。

【例 3-1】 已知 NH_3 的 K_b 值为 1.8×10^{-5}，求其共轭酸 NH_4^+ 的 K_a' 值？

解： NH_4^+ 是 NH_3 的共轭酸，所以

$$K_a' = \frac{K_w}{K_b} = \frac{1.0 \times 10^{-14}}{1.8 \times 10^{-5}} = 5.6 \times 10^{-10}$$

可见 NH_4^+ 是很弱的酸。

【例 3-2】 已知 H_2CO_3 的 $K_{a1} = 4.2 \times 10^{-7}$，$K_{a2} = 5.6 \times 10^{-11}$ 求共轭碱 HCO_3^- 和 CO_3^{2-} 的平衡常数？

解：

$$HCO_3^- + H_2O \Longrightarrow [OH^-] + H_2CO_3 \qquad K_{b2}'$$
$$CO_3^{2-} + H_2O \Longrightarrow [OH^-] + HCO_3^- \qquad K_{b1}'$$

注意，HCO_3^- 作为共轭碱，对应的酸是 H_2CO_3；CO_3^{2-} 作为共轭碱，对应的酸是 HCO_3^-，所以 CO_3^{2-} 的平衡常数是：

$$K_{b1}' = \frac{K_w}{K_{a2}} = \frac{1.0 \times 10^{-14}}{5.6 \times 10^{-11}} = 1.8 \times 10^{-4}$$

而 HCO_3^- 的平衡常数是：

$$K_{b2}' = \frac{K_w}{K_{a1}} = \frac{1.0 \times 10^{-14}}{4.2 \times 10^{-7}} = 2.4 \times 10^{-8}$$

3.1.2 酸碱水溶液 pH 值的计算

3.1.2.1 强酸和强碱水溶液

酸和碱的浓度是指酸和碱的分析浓度，即总浓度，一般用 c 表示。酸度和碱度是指溶液中 H^+ 浓度和 OH^- 浓度，用平衡时浓度 $[H^+]$ 和 $[OH^-]$ 表示。

对于强酸和强碱来说，在水溶液中完全离解，因此，$[H^+] = c_{酸}$，$[OH^-] = c_{碱}$。所以强酸和强碱水溶液中，酸度和碱度就等于其总浓度。

【例 3-3】 计算 $2.0 \times 10^{-4} \text{mol} \cdot L^{-1}$ HCl 溶液 pH 值？

解：
$$[H^+] = c = 2.0 \times 10^{-4}$$
$$pH = -\lg[H^+] = 3.70$$

3.1.2.2　一元弱酸溶液 pH 值计算

设一元弱酸 HA 在水溶液中离解平衡如下：

$$HA \Longrightarrow H^+ + A^-$$

未离解时　　　　　　　　c　　　0　　　0

平衡时　　　　　　　$c-x$　　　x　　　x

$$K_a = \frac{[H^+][A^-]}{[HA]} = \frac{x^2}{c-x}$$

当 $c \gg x$ 时（即酸很弱，K_a 小），$c-x \approx c$

所以

$$K_a = \frac{x^2}{c}$$

$$[H^+] = x = \sqrt{K_a c} \tag{3-4}$$

上述是一元弱酸溶液中 H^+ 浓度的近似计算公式，使用条件是 $c \gg K_a$，计算表明当 $c/K_a \geqslant 500$，使用近似公式求得的结果，其相对误差 $\leqslant 2\%$，完全满足要求。

【例 3-4】　计算 $0.10 \text{mol} \cdot L^{-1}$ 醋酸溶液 pH 值？$K_a = 1.8 \times 10^{-5}$。

解：$c/K_a = 0.1/1.8 \times 10^{-5} = 5.6 \times 10^3 > 500$，可采用近似公式计算 pH 值：

$$[H^+] = \sqrt{K_a c} = \sqrt{1.8 \times 10^{-5} \times 0.10} = 1.34 \times 10^{-3} \text{mol} \cdot L^{-1}$$
$$pH = -\lg[H^+] = -\lg 1.34 \times 10^{-3} = 2.87$$

【例 3-5】　计算 $0.10 \text{mol} \cdot L^{-1}$ NH_4Cl 溶液 pH 值？$K_b = 1.8 \times 10^{-5}$。

解：NH_4^+ 是 NH_3 的共轭酸，所以

$$K_a' = \frac{K_w}{K_b} = \frac{1.0 \times 10^{-14}}{1.8 \times 10^{-5}} = 5.6 \times 10^{-10}$$

由于 $c/K_a' = 0.1/5.6 \times 10^{-10} = 1.8 \times 10^8 > 500$，所以采用近似公式计算：

$$[H^+] = \sqrt{K_a' c} = \sqrt{5.6 \times 10^{-10} \times 0.10} = 7.45 \times 10^{-6} \text{mol} \cdot L^{-1}$$
$$pH = 5.13$$

3.1.2.3　一元弱碱溶液 pH 值计算

一元弱碱溶液 pH 值计算和上面一元弱酸溶液的计算完全相同，只不过计算的是 $[OH^-]$ 而不是 $[H^+]$，最后得到 pH 值：

$$[OH^-] = \sqrt{K_b c} \tag{3-5}$$
$$pOH = -\lg[OH^-]$$
$$pH = 14 - pOH$$

要求 $c/K_b \geqslant 500$ 才能使用上面近似公式。

【例 3-6】 计算 $0.10\text{mol} \cdot \text{L}^{-1}$ NH_3 溶液的 pH 值？$K_b = 1.8 \times 10^{-5}$。

解：$c = 0.10\text{mol} \cdot \text{L}^{-1}$，$K_b = 1.8 \times 10^{-5}$，所以 $c/K_b > 500$，可采用近似公式计算：

$$[\text{OH}^-] = \sqrt{K_b c} = \sqrt{1.8 \times 10^{-5} \times 0.10} = 1.34 \times 10^{-3}\text{mol} \cdot \text{L}^{-1}$$

$$\text{pOH} = -\lg 1.34 \times 10^{-3} = 2.87$$

$$\text{pH} = 14.00 - 2.87 = 11.13$$

【例 3-7】 计算 $0.10\text{mol} \cdot \text{L}^{-1}$ NaAc 溶液 pH 值？已知 HAc 的 $K_a = 1.8 \times 10^{-5}$。

解：Ac^- 是 HAc 的共轭碱，

$$K_b' = \frac{K_w}{K_a} = \frac{1.0 \times 10^{-14}}{1.8 \times 10^{-5}} = 5.6 \times 10^{-10}$$

$$c/K_b' = \frac{0.1}{5.6 \times 10^{-10}} = 1.8 \times 10^8 > 500$$

故可采用近似公式计算：

$$[\text{OH}^-] = \sqrt{K_b' c} = \sqrt{5.6 \times 10^{-10} \times 0.10} = 7.45 \times 10^{-6}\text{mol} \cdot \text{L}^{-1}$$

$$\text{pOH} = 5.13$$

$$\text{pH} = 8.87$$

3.1.2.4 多元弱酸和多元弱碱溶液 pH 值计算

多元酸溶液是分步离解的，例如 H_3PO_4 是三元酸，它分 3 步离解：

$$H_3PO_4 \rightleftharpoons H^+ + H_2PO_4^- \qquad K_{a1} = 7.5 \times 10^{-3}$$
$$H_2PO_4^- \rightleftharpoons H^+ + HPO_4^{2-} \qquad K_{a2} = 6.3 \times 10^{-8}$$
$$HPO_4^{2-} \rightleftharpoons H^+ + PO_4^{3-} \qquad K_{a3} = 4.4 \times 10^{-13}$$

多元酸同时存在上述几种平衡，另外还有水的离解平衡，因此是一个复杂体系，数学处理很麻烦。可以简化，抓住影响 pH 值的主要因素。当 $K_{a1} \gg K_{a2} \gg K_{a3}$，具体讲，当 $K_{a1}/K_{a2} > 10^4$，且 $c/K_{a1} > 500$，可以当成一元弱酸来处理，结果引起的误差是可接受的。

$$[\text{H}^+] = \sqrt{K_{a1} c} \qquad (3\text{-}6)$$

同理，当多元弱碱满足 $K_{b1}/K_{b2} > 10^4$，且 $c/K_{b1} > 500$ 时也可当作一元弱碱来处理：

$$[\text{OH}^-] = \sqrt{K_{b1} c} \qquad (3\text{-}7)$$

【例 3-8】　计算 $0.10\,\text{mol} \cdot \text{L}^{-1}\,\text{H}_3\text{PO}_4$ 溶液 pH 值？

解：已知 H_3PO_4 的 $K_{a1} = 7.5 \times 10^{-3}$，$K_{a2} = 6.3 \times 10^{-8}$，因为 $K_{a1}/K_{a2} > 10^4$，$c/K_{a1} > 500$ 所以：

$$[\text{H}^+] = \sqrt{K_{a1}c} = \sqrt{7.5 \times 10^{-3} \times 0.10}\,\text{mol/L} = 2.74 \times 10^{-2}\,\text{mol} \cdot \text{L}^{-1}$$
$$\text{pH} = 1.56$$

【例 3-9】　计算 $0.040\,\text{mol} \cdot \text{L}^{-1}\,\text{H}_2\text{CO}_3$ 溶液 pH 值？

解：因为 H_2CO_3 的 $K_{a1} = 4.2 \times 10^{-7}$，$K_{a2} = 5.6 \times 10^{-11}$，所以

$$K_{a1}/K_{a2} = 0.75 \times 10^4 \approx 10^4$$
$$c/K_{a1} = \frac{0.040}{4.2 \times 10^{-7}} > 500$$

采用近似公式计算：

$$[\text{H}^+] = \sqrt{K_{a1}c} = \sqrt{4.2 \times 10^{-7} \times 0.040} = 1.30 \times 10^{-4}\,\text{mol} \cdot \text{L}^{-1}$$
$$\text{pH} = 3.88$$

【例 3-10】　计算 $0.10\,\text{mol} \cdot \text{L}^{-1}\,\text{Na}_2\text{CO}_3$ 溶液 pH 值？

解：CO_3^{2-} 是共轭碱，其 $K'_{b1} = \dfrac{K_w}{K_{a2}} = \dfrac{1.0 \times 10^{-14}}{5.6 \times 10^{-11}} = 1.78 \times 10^{-4}$

$$K'_{b2} = \frac{K_w}{K_{a1}} = \frac{1.0 \times 10^{-14}}{4.2 \times 10^{-7}} = 2.38 \times 10^{-8}$$

所以 $K'_{b1}/K'_{b2} = 0.75 \times 10^4 \approx 10^4$ 且 $c/K'_{b1} = \dfrac{0.10}{1.78 \times 10^{-4}} > 500$，故采用近似公式计算：

$$[\text{OH}^-] = \sqrt{K'_{b1}c} = \sqrt{1.78 \times 10^{-4} \times 0.10} = 4.22 \times 10^{-3}\,\text{mol} \cdot \text{L}^{-1}$$
$$\text{pOH} = 2.37$$
$$\text{pH} = 11.63$$

【例 3-11】　计算 $0.10\,\text{mol} \cdot \text{L}^{-1}\,\text{Na}_3\text{PO}_4$ 溶液 pH 值？

解：已知 H_3PO_4 的 $K_{a1} = 7.5 \times 10^{-3}$，$K_{a2} = 6.3 \times 10^{-8}$，$K_{a3} = 4.4 \times 10^{-13}$，

其共轭碱 PO_4^{3-} 的 $K'_{b1} = \dfrac{K_w}{K_{a3}} = \dfrac{1.0 \times 10^{-14}}{4.4 \times 10^{-13}} = 2.27 \times 10^{-2}$

$$\text{HPO}_4^{2-}\text{ 的 } K'_{b2} = \frac{K_w}{K_{a2}} = \frac{1.0 \times 10^{-14}}{6.3 \times 10^{-8}} = 1.58 \times 10^{-7}$$

由于 $K'_{b1}/K'_{b2} = \dfrac{2.27 \times 10^{-2}}{1.58 \times 10^{-7}} = 1.43 \times 10^5 > 10^4$，可以当作一元

弱碱来处理

但是 $c/K'_{b_1} = \dfrac{0.10}{2.27 \times 10^{-2}} = 4.40 < 500$，故用简化公式计算误差较大。

$$[OH^-] = \sqrt{K'_{b_1} c} = \sqrt{2.27 \times 10^{-2} \times 0.10} = 4.76 \times 10^{-2} \, mol \cdot L^{-1}$$
$$pOH = 1.32$$
$$pH = 14.00 - 1.32 = 12.68$$

因简化公式误差较大，故上述数值只是近似值，如果需要准确数值，应该采用精确公式计算，这里不做介绍。

3.1.2.5 两性物质（酸式盐）溶液 pH 值计算

在溶液中，能给出质子显酸性而又能结合质子显碱性的物质，称为两性化合物。比较常见的两性化合物有酸式盐、弱酸弱碱盐和氨基酸等。

对于多元酸的酸式盐，当其浓度 $c > 10K_{a_1}$ 并且 $cK_{a_2} \gg K_w$ 时，可以推导出简化的 $[H^+]$ 计算公式：

$$[H^+] = \sqrt{K_{a_1} K_{a_2}} \tag{3-8}$$

应用该公式得到的结果，相对误差在 5% 左右。

【例 3-12】 计算 $0.10 \, mol \cdot L^{-1}$ $NaHCO_3$ 溶液 pH 值？

解： HCO_3^- 是酸式盐，是两性化合物，

$K_{a_1} = 4.2 \times 10^{-7}$，$K_{a_2} = 5.6 \times 10^{-11}$，$c = 0.10 \, mol \cdot L^{-1}$

所以 $c > 10K_{a_1}$，并且 $cK_{a_2} \gg K_w$，所以可以采用近似公式(3-8)来计算：

$$[H^+] = \sqrt{K_{a_1} K_{a_2}} = \sqrt{4.2 \times 10^{-7} \times 5.6 \times 10^{-11}} = 4.84 \times 10^{-9} \, mol \cdot L^{-1}$$
$$pH = 8.31$$

【例 3-13】 计算 $0.10 \, mol \cdot L^{-1}$ NaH_2PO_4 溶液 pH 值？

解： $H_2PO_4^-$ 是酸式盐，作为两性化合物它有如下反应：

$$H_2PO_4^- + H^+ \Longrightarrow H_3PO_4 \qquad （作为碱）$$
$$H_2PO_4^- \Longrightarrow H^+ + HPO_4^{2-} （作为酸）$$

$K_{a_1} = 7.5 \times 10^{-3}$，$K_{a_2} = 6.3 \times 10^{-8}$，完全满足式(3-8)使用的条件，所以

$$[H^+] = \sqrt{K_{a_1} K_{a_2}} = \sqrt{7.5 \times 10^{-3} \times 6.3 \times 10^{-8}}$$
$$= 2.17 \times 10^{-5} \, mol \cdot L^{-1}$$

$$pH = 4.66$$

对于弱酸弱碱盐溶液，它也是两性化合物。因为组成该盐的两部分，一部分是共轭酸，另一部分是共轭碱。可以应用上面酸式盐的公式，加以变换得到公式(3-9)。

$$[H^+] = \sqrt{K_a K_a'} = \sqrt{K_a \frac{K_w}{K_b}} \qquad (3-9)$$

【例 3-14】　计算 $0.10 mol \cdot L^{-1} NH_4 Ac$ 溶液 pH 值？

解：已知 $K_a = 1.8 \times 10^{-5}$，$c = 0.10 mol \cdot L^{-1}$，所以 $c > 10 K_a$，

$K_a' = \dfrac{K_w}{K_b} = \dfrac{1.0 \times 10^{-14}}{1.8 \times 10^{-5}} = 5.55 \times 10^{-10}$，所以 $c K_a' \gg K_w$，可以用

近似公式计算：

$$[H^+] = \sqrt{K_a K_a'} = 1.00 \times 10^{-7} mol \cdot L^{-1}$$
$$pH = 7.00$$

3.1.3　缓冲溶液

在化学分析中，由于分析条件的要求，常常需要维持溶液 pH 值不变，因此需要使用缓冲溶液。

缓冲溶液是一种能对溶液中酸碱度起稳定作用的溶液，它能调节溶液的酸碱度。当向溶液中加入酸或碱时，或者反应中生成酸或碱以及溶液体积变化时，缓冲溶液都能维持溶液酸碱度基本不变。

缓冲溶液按其 pH 值范围，可分为酸型缓冲液和碱型缓冲液两类；缓冲溶液按其组成体系可分为如下几种。

① 弱酸及其共轭碱，如 HAc 和 NaAc。

② 弱碱及其共轭酸，如 NH_3 和 $NH_4 Cl$。

③ 两性化合物，如多元酸的酸式盐，$NaHCO_3$ 等。

④ 高浓度的强酸和强碱溶液，如高浓度的 HCl 溶液和高浓度 NaOH 溶液分别作为强酸介质（pH<2）和强碱介质（pH>12）的缓冲溶液。因为高浓度强酸和强碱，其酸度和碱度较高，溶液中 $[H^+]$ 和 $[OH^-]$ 的少许变化不会影响溶液的酸碱度。

3.1.3.1　缓冲溶液作用原理

缓冲溶液中有能释放出 H^+ 和结合 H^+ 的离子、分子和基团。当溶液中 H^+ 增加或减少时，能结合 H^+ 或放出 H^+，维持溶液 H^+ 浓度基本不变。

上面介绍的前三种组成体系，都包括两个基本组成：酸型（形）和碱型（形）。如弱酸、共轭酸都是酸型（形），弱碱、共轭碱都是碱型（形），而两性化合物本身既是酸型又是碱型。显然，酸型能放出 H^+，而碱型能结合 H^+，因而维持溶液 pH 值基本不变。

下面通过实例来计算缓冲溶液 pH 值变化。

今有 50mL 0.1mol·L^{-1} HAc＋0.1mol·L^{-1} NaAc 的缓冲溶液，其 pH 值可由醋酸的离解常数 K_a 得到：

$$K_a = \frac{[H^+][Ac^-]}{[HAc]}$$

$$[H^+] = K_a \frac{[HAc]}{[Ac^-]}$$

$$[H^+] = 1.8 \times 10^{-5} \times \frac{0.1}{0.1} = 1.8 \times 10^{-5} \, mol·L^{-1}$$

$$pH = 4.74$$

当向缓冲溶液中加入 0.050mL 的 1.0mol·L^{-1} HCl 溶液时，相当于向溶液中加入 $[H^+] = \frac{0.050}{50} \times 1.0 = 1.0 \times 10^{-3} \, mol·L^{-1}$，$H^+$ 和 Ac^- 反应生成 HAc，因此溶液中增加 $[HAc] = 1.0 \times 10^{-3} \, mol·L^{-1}$，而 $[Ac^-]$ 减少 $1.0 \times 10^{-3} \, mol·L^{-1}$，所以，溶液中 $[H^+]$ 等于：

$$[H^+] = K_a \frac{[HAc]}{[Ac^-]} = 1.8 \times 10^{-5} \times \frac{0.1+0.001}{0.1-0.001}$$

$$= 1.84 \times 10^{-5} \, mol·L^{-1}$$

$$pH = 4.73$$

反之，向溶液中加入 0.050mL 的 1.0mol·L^{-1} NaOH 溶液时，相当于 $[HAc]$ 减少 $0.001mol·L^{-1}$，$[Ac^-]$ 增加 $0.001mol·L^{-1}$，故

$$[H^+] = K_a \frac{[HAc]}{[Ac^-]} = 1.8 \times 10^{-5} \times \frac{0.1-0.001}{0.1+0.001} mol·L^{-1}$$

$$= 1.76 \times 10^{-5} \, mol·L^{-1}$$

$$pH = 4.75$$

如果溶液稀释 10 倍，$[HAc]$ 和 $[Ac^-]$ 稀释 10 倍，但其浓度比值不变，所以

$$[H^+] = 1.8 \times 10^{-5} \times \frac{0.010}{0.010} = 1.8 \times 10^{-5} \, mol·L^{-1}$$

$$pH=4.74$$

从上面计算过程可以看出，向缓冲溶液中加入少量酸或碱时，溶液 pH 值基本不变。

弱碱及弱碱盐缓冲溶液情况和上面相似。

3.1.3.2　缓冲溶液 pH 值计算

（1）弱酸和共轭碱缓冲溶液

$$HA \Longrightarrow H^+ + A^-$$

$$[H^+] = K_a \frac{[HA]}{[A^-]}$$

$$pH = pK_a - \lg \frac{[HA]}{[A^-]} \tag{3-10}$$

【例 3-15】　计算 $0.10mol \cdot L^{-1}$ HAc $+ 0.20mol \cdot L^{-1}$ NaAc 缓冲溶液 pH 值？

解： $[HAc] = 0.10mol \cdot L^{-1}$，$[Ac^-] = 0.20mol \cdot L^{-1}$，代入公式(3-10) 中，

$$pH = pK_a - \lg \frac{0.10}{0.20} = 4.74 - \lg \frac{1}{2} = 5.04$$

（2）弱碱及共轭酸缓冲溶液

$$BOH \Longrightarrow B^+ + OH^-$$

$$[OH]^- = K_b \frac{[BOH]}{[B^+]}$$

$$pOH = pK_b - \lg \frac{[BOH]}{[B^+]} \tag{3-11}$$

【例 3-16】　计算 $0.10mol \cdot L^{-1}$ $NH_4Cl + 0.20mol \cdot L^{-1}$ NH_3 缓冲溶液的 pH 值？

解： $[NH_4^+] = 0.10mol \cdot L^{-1}$，$[NH_3] = 0.20mol \cdot L^{-1}$，代入公式(3-11) 中，

$$pOH = pK_b - \lg \frac{0.20}{0.10} = 4.74 - 0.30 = 4.44$$

$$pH = 14.00 - 4.44 = 9.56$$

（3）两性化合物缓冲溶液

如果缓冲溶液是由某些多元酸的酸式盐组成，其缓冲溶液 pH 计算采用：

$$[H^+] = \sqrt{K_{a_1} K_{a_2}}$$

$$pH = \frac{1}{2}pK_{a_1} + \frac{1}{2}pK_{a_2} \qquad (3\text{-}12)$$

【例 3-17】 要配制 pH=5.00 的 HAc-NaAc 缓冲溶液 500mL，用 6.0mol·L^{-1} HAc 溶液 34mL，问需要 NaAc·3H$_2$O 多少克？

解：先计算溶液中 [HAc]：

$$[HAc] = \frac{34}{500} \times 6.0 = 0.41 mol \cdot L^{-1}，代入公式（3-10）中：$$

$$pH = pK_a - lg\frac{[HAc]}{[Ac^-]}$$

$$lg\frac{[HAc]}{[Ac^-]} = pK_a - pH = 4.74 - 5.00 = -0.26$$

$$lg[HAc] - lg[Ac^-] = -0.26$$

$$-lg[Ac^-] = -0.26 - lg[HAc] = 0.127$$

$$[Ac^-] = 0.75 mol \cdot L^{-1}$$

500mL 溶液共需要 $0.75 \times 0.50 \times 136.1g = 51g$ NaAc·3H$_2$O

3.1.3.3 缓冲容量和缓冲范围

缓冲溶液的缓冲作用是有限度的，当加入的酸或碱超过一定量时，缓冲溶液就会失去作用。因此，缓冲溶液具有一定的缓冲容量。

缓冲容量是衡量缓冲溶液缓冲能力大小的尺度。通常采用使缓冲溶液 pH 值改变 1 个单位所需要加入的酸量或碱量来表示。

缓冲容量的大小，首先与组成缓冲溶液的浓度有关。比如 0.1mol·L^{-1} HAc+0.1mol·L^{-1} NaAc 缓冲溶液，如果使 pH 值改变 1 个单位，计算表明需要加的酸量为 0.08mol·L^{-1}；如果 0.01mol·L^{-1} HAc+0.01mol·L^{-1} NaAc 缓冲溶液，要使 pH 值改变 1 个单位，则需要加的酸量为 0.008mol·L^{-1}。可见缓冲溶液浓度增加 10 倍，缓冲容量也增加 10 倍。

其次，缓冲容量还与缓冲溶液中酸型和碱型浓度之比有关。例如 0.18mol·L^{-1} HAc+0.02mol·L^{-1} NaAc 缓冲溶液，pH 值改变 1 个单位需加酸量为 0.018mol·L^{-1}。这和上面计算的 0.08mol·L^{-1} 相比，显然缓冲容量降低。因此，缓冲溶液中酸型和碱型浓度比值等于 1:1 时缓冲容量很大。

计算表明，缓冲溶液中酸型和碱型浓度之比等于 1:1 时，缓冲容量最大，此时 pH 值等于 pK_a（$pOH = pK_b$）。当酸型和碱型浓度之比等于 1:10（10:1）时，缓冲容量最小，此时，pH 值等于 $pK_a \pm$

1（pOH＝pK_b±1）。故把缓冲溶液酸型和碱型浓度比在 10：1 和 1：10 之间作为缓冲溶液的缓冲范围。所以，缓冲范围如下。

弱酸及其共轭碱体系：pH＝pK_a±1

弱碱及其共轭酸体系：pOH＝pK_b±1

3.1.3.4 重要的缓冲溶液

表 3-1 列出了几种标准缓冲溶液，主要用于酸度计测定溶液 pH 时进行标定定位使用。

表 3-1 pH 标准缓冲溶液

缓冲溶液组成	pH 值(25℃)
饱和酒石酸氢钾(0.034mol·L^{-1})	3.56
邻苯二甲酸氢钾(0.05mol·L^{-1})	4.01
0.025mol·L^{-1} KH_2PO_4-0.025mol·L^{-1} Na_2HPO_4	6.86
0.01mol·L^{-1}硼砂	9.18

表 3-2 列出化学分析中经常使用的缓冲溶液，如果改变其中酸型和碱型浓度比值，可以得到不同 pH 值的缓冲溶液。

表 3-2 常用缓冲溶液

缓冲溶液组成	酸 型	碱 型	$c_{酸}/c_{碱}$	pH 值
0.01mol·L^{-1}～1mol·L^{-1} HCl 溶液				0～2.0
氨基乙酸-HCl	$NH_3^+CH_2COOH$	NH_2CH_2COOH	1：1	2.35
邻苯二甲酸氢钾-HCl	苯环COOH COOH	苯环COO⁻ COOH	1：1	2.95
HAc-NaAc	HAc	Ac^-	1：1	4.74
六次甲基四胺-HCl	$(CH_2)_6N_4H^+$	$(CH_2)_6N_4$	1：1	5.15
NaH_2PO_4-Na_2HPO_4	$H_2PO_4^-$	HPO_4^{2-}	1：1	7.20
$Na_2B_4O_7$-HCl	H_3BO_3	$H_2BO_3^-$	1：1	9.24
NH_3-NH_4Cl	NH_4^+	NH_3	1：1	9.26
氨基乙酸-NaOH	NH_2CH_2COOH	$NH_2CH_2COO^-$		9.60
$NaHCO_3$-Na_2CO_3	HCO_3^-	CO_3^{2-}	1：1	10.25
0.01～1mol·L^{-1} NaOH 溶液				12.0～14.0

在配制和使用缓冲溶液时，应该考虑如下原则。

① 缓冲溶液的成分不参与反应，即对化学分析过程无影响。

② 对于弱酸及其共轭碱体系，其 pK_a 值接近所需控制的 pH 值；对于弱碱及其共轭酸体系，其 pK_b 值接近所需 pOH 值；两性化合物的缓冲溶液，其 $\frac{1}{2}(pK_{a1}+pK_{a2})$ 值接近所需要 pH 值。

③ 缓冲溶液要有足够的缓冲容量，酸型和碱型浓度之比为 1:1 最好。

3.2 酸碱指示剂

酸碱滴定中，外加一种物质，在等量点时，物质的颜色发生变化，这种物质称为酸碱指示剂。

3.2.1 指示剂变色原理和变色范围

酸碱指示剂能指示滴定终点，原因在于酸碱指示剂本身的特点所致。

① 酸碱指示剂本身都是有机弱酸或有机弱碱。

② 酸型和共轭碱型（碱型和共轭酸型）有不同颜色。

③ 当溶液 pH 值发生变化时，指示剂的酸型（碱型）失去（得到）质子转变为其共轭碱型（共轭酸型），出现相应的颜色变化。

例如，甲基橙的离解反应如下：

$$(CH_3)_2\overset{+}{N} \!=\!\!\!\!\!=\!\!\!\!\!=\!\!\!N\!-\!NH\!-\!\!\!\!\!\!\underset{}{\bigcirc}\!\!\!\!\!\!-SO_3^- \underset{H^+}{\overset{OH^-}{\rightleftharpoons}} (CH_3)_2N\!-\!\!\!\!\!\!\underset{}{\bigcirc}\!\!\!\!\!\!-N\!=\!N\!-\!\!\!\!\!\!\underset{}{\bigcirc}\!\!\!\!\!\!-SO_3^-$$

红色（醌式）　　　　　　$pK_a=3.4$　　　　黄色（偶氮式）

从上面平衡方程可以看出，当 pH 值 <3.4 时，甲基橙主要以红色醌式形式存在；当 pH 值 >3.4 时，甲基橙以黄色偶氮式形式存在。

可以用一般通式来说明指示剂的离解平衡：

$$HIn \rightleftharpoons H^+ + In^-$$

$$K_a = \frac{[H^+][In^-]}{[HIn]} \tag{3-13}$$

式中　K_a——指示剂的离解常数；

　　　HIn——指示剂分子（酸型）；

In$^-$——指示剂阴离子（共轭碱型）。

由上式推导出：

$\dfrac{[HIn]}{[In^-]}=\dfrac{[H^+]}{K_a}$，显然 $\dfrac{[HIn]}{[In^-]}$ 比值随 $[H^+]$ 而变化。当 $[H^+]=$ K_a，即 pH$=$pK_a 时，$\dfrac{[HIn]}{[In^-]}=1$ 即 $[HIn]=[In^-]$，看到的是 HIn 和 In$^-$ 的混合色，称为理论变色点。对于人的眼睛来说，二者浓度之比大于 10 时，才能分辨出其颜色。当人们看到 HIn（酸型）颜色时，$\dfrac{[HIn]}{[In^-]}\geqslant 10$，即 $\dfrac{[H^+]}{K_a}\geqslant 10$，所以 $[H^+]\geqslant 10K_a$，pH$\leqslant$pK_a-1；当人们看到 In$^-$（共轭碱）颜色时，$\dfrac{[HIn]}{[In^-]}\leqslant \dfrac{1}{10}$，即 $\dfrac{[H^+]}{K_a}\leqslant \dfrac{1}{10}$，所以 $[H^+]\leqslant \dfrac{1}{10}K_a$，pH$\geqslant$p$K_a+1$。表示如下：

$$\dfrac{[HIn]}{[In^-]}\geqslant 10 \qquad\qquad \dfrac{[HIn]}{[In^-]}=1 \qquad\qquad \dfrac{[HIn]}{[In^-]}\leqslant \dfrac{1}{10}$$

$$\text{pH}\leqslant\text{p}K_a-1 \qquad\qquad \text{pH}=\text{p}K_a \qquad\qquad \text{pH}\geqslant\text{p}K_a+1$$

$$\underline{\text{酸型色}} \qquad\qquad \underline{\text{变色点}} \qquad\qquad \underline{\text{碱型色}}$$

变色范围

当溶液 pH 值由 pK_a-1 变化到 pK_a+1 时，看到指示剂由酸型色变为碱型色，所以 pH$=$p$K_a\pm 1$ 称为指示剂的变色范围。

应当指出，由于人眼对各种颜色的敏感度不同，所以人眼对指示剂的变色范围判断实际上不等于 2 个 pH 单位。对一些非常敏感的颜色，范围要窄一些，对一些不太敏感的颜色，变色范围要宽些。比如甲基橙指示剂，人眼对酸型色红色敏感，而对其碱型色黄色敏感差些，所以它的变色范围在 pH 小一端窄些，可以参看表 1-8。

从表 1-8 中看出很多指示剂变色范围都小于 2 个 pH 单位。

3.2.2　常用酸碱指示剂

3.2.2.1　种类

（1）酚酞类　这类指示剂有酚酞、百里酚酞（又名麝香草酚酞）和 α-萘酚酞等。

酚酞类是有机弱酸，酸型呈内酯式结构，无色；碱型呈醌式结构，红色。醌式结构在碱性溶液中不稳定，慢慢变为无色甲醇式结构，褪色。

(2) 偶氮化合物类　这类指示剂有甲基橙、甲基红、中性红和刚果红等。

这类化合物是有机弱碱（偶氮式），呈黄色；酸型呈醌式结构，呈红色。

(3) 磺代酚酞类　这类指示剂有酚红、甲酚红、溴酚蓝、溴甲酚紫和溴百里酚蓝等。它们都是有机弱酸。

3.2.2.2　影响变色范围的因素

(1) 温度　温度变化会影响指示剂离解常数 K_a 值，从而影响指示剂变色点，影响变色范围。温度升高，对有机酸型指示剂，K_a 增大，变色范围向酸性范围移动；对有机碱型指示剂，K_b 增大，变色范围向碱性范围移动。

(2) 指示剂用量　对于单色指示剂，即只有碱型（酸型）有颜色，而共轭酸型（共轭碱型）无色，看到的只是 In^-（HIn）颜色，因此加入指示剂量过大，会使 In^-（HIn）量大，终点提早出现。

对于双色指示剂，即酸型和碱型都有不同颜色，看到的是混合物，只有二者浓度比超过 10，才会看到其中一种颜色，因此，加入过量指示剂，不会影响 $\dfrac{[HIn]}{[In^-]}$ 之比值，终点不会受影响。只有加入太多指示剂时，终点颜色变化不明显，终点才会迟到。

3.2.3　混合指示剂

在酸碱滴定中，为了使指示剂变色范围更窄，往往采用混合指示剂。混合指示剂有两种：一种是两种以上指示剂混合而成；另一种是一种指示剂和另一种惰性颜料混合而成。

例如溴甲酚绿和甲基红混合指示剂，它属于两种指示剂混合而成。溴甲酚绿酸型色为黄色，碱型色为蓝色，而甲基红酸型色为红色，碱型色为黄色，二者混合后，颜色发生如下变化：

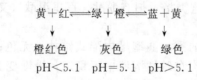

黄＋红 ⇌ 绿＋橙 ⇌ 蓝＋黄

橙红色　　　　灰色　　　　绿色
pH<5.1　pH=5.1　pH>5.1

甲基橙和靛蓝二磺酸钠混合指示剂，它属于甲基橙指示剂和靛蓝二磺酸钠惰性颜料混合而成。甲基橙酸型色是红色，碱型色是黄色，而靛蓝二磺酸钠是不变色的颜料蓝色，混合后，颜色变化如下：

$$红＋蓝 \Longleftrightarrow 橙＋蓝 \Longleftrightarrow 黄＋蓝$$

$$\downarrow \qquad\qquad \downarrow \qquad\qquad \downarrow$$

紫色 　　　 灰色 　　　 绿色

pH＜4.0　pH＝4.0　pH＞4.0

表 1-5 中列出几种常用的混合指示剂配比及变色点和颜色变化。

3.3 滴定曲线及指示剂的选择

酸碱滴定过程中，随着标准滴定溶液的加入，溶液 pH 值发生变化。必须研究滴定过程中溶液 pH 值变化，特别是接近等量点时，溶液 pH 值的变化，以便为选择合适的指示剂提供根据。

人们把滴定过程中溶液 pH 值随标准滴定溶液加入量变化而变化的曲线，称为滴定曲线。下面分几种情况来研究滴定曲线。

3.3.1 强碱滴定强酸（强酸滴定强碱）

强酸和强碱水溶液中全部离解成 H^+ 和 OH^-，滴定反应为

$$H^+ + OH^- \Longleftrightarrow H_2O$$

以 $0.1mol \cdot L^{-1}$ NaOH 滴定 20.00mL $0.1mol \cdot L^{-1}$ HCl 溶液为例，计算滴定过程中溶液 pH 值变化。

① 滴定开始，未滴加 NaOH 标准滴定溶液，$[H^+]=0.1mol \cdot L^{-1}$，pH＝1.0。

② 滴定进行到 90%，滴加 20.00×90%＝18.00mL NaOH 标准滴定溶液，溶液 $[H^+] = \dfrac{(20-18)\times0.1}{20+18} = 5\times10^{-3}$ mol $\cdot$ L^{-1}，pH＝2.3。

③ 滴定进行到 99%，滴加 20.00×99%＝19.80mL NaOH 标准滴定溶液，溶液 $[H^+] = \dfrac{(20-19.80)\times0.1}{20+19.80} = 5\times10^{-4}$ mol $\cdot$ L^{-1}，pH＝3.3。

④ 滴定进行到 99.9%，滴加 $20.00 \times 99.9\%$ mL $= 19.98$mL NaOH 标准滴定溶液，溶液 $[H^+] = \dfrac{(20-19.98) \times 0.1}{20+19.98} = 5 \times 10^{-5}$ mol $\cdot$ L^{-1}，pH $= 4.3$。

⑤ 滴定进行到 100%，滴加 20.00mL NaOH 标准滴定溶液，反应完成，溶液 $[H^+]$ 等于水的离解 $[H^+] = 1.0 \times 10^{-14}$ mol $\cdot$ L^{-1}，pH $= 7.0$。

⑥ 滴定进行到 100.1%，过量 $20.00 \times 0.1\% = 0.02$mL NaOH，溶液中 $[OH^-] = \dfrac{0.02 \times 0.1}{20.00+20.02} = 5 \times 10^{-5}$ mol $\cdot$ L^{-1}，pOH $= 4.3$，pH $= 9.7$。

⑦ 滴定进行到 101%，滴加过量 $20.00 \times 1\% = 0.2$mL NaOH 标准溶液，溶液中 $[OH^-] = \dfrac{0.2 \times 0.1}{20.00+20.20} = 5 \times 10^{-4}$ mol $\cdot$ L^{-1}，pOH $= 3.3$，pH $= 10.7$。

将上述计算结果列于表 3-3 中。

表 3-3　0.1mol $\cdot$ L^{-1} NaOH 滴定 20.00mL 0.1mol $\cdot$ L^{-1} HCl 溶液 pH 值变化

滴加 NaOH 溶液量		剩余 HCl /mL	过量 NaOH /mL	$[H^+]$ /(mol $\cdot$ L^{-1})	pH 值
/%	/mL				
0	0.00	20.00		1×10^{-1}	1.0
90.0	18.00	2.00		5×10^{-3}	2.3
99.0	19.80	0.20		5×10^{-4}	3.3
99.9	19.98	0.02		5×10^{-5}	4.3
100.0	20.00	0.00		1×10^{-7}	7.0
100.1	20.02		0.02	2×10^{-10}	9.7
101.0	20.20		0.20	2×10^{-11}	10.7
110.0	22.00		2.00	2.1×10^{-12}	11.7

按表 3-3 中数据，绘制出滴定曲线如图 3-1 所示。从滴定开始到消耗 19.98mL NaOH 标准滴定溶液，pH 值仅仅从 1.0 变化到 4.3，改变 3.3 个单位；而从消耗 19.98mL 到 20.02mL NaOH，仅仅消耗 0.04mL NaOH（相当 1 滴），溶液 pH 从 4.3 改变到 9.7，改变 5.4

个 pH 单位，形成 1 个 pH 变化突跃。在接近等量点时，滴加 1 滴标准溶液所引起的 pH 值变化范围称为滴定突跃。等量点后，滴定曲线又变为平缓。

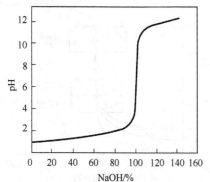

图 3-1 0.1mol·L^{-1} NaOH 滴定 20.00mL 0.1mol·L^{-1} HCl 的滴定曲线

强酸滴定强碱的滴定曲线正好与上面曲线对称，pH 值变化相反。

指示剂的选择是以滴定曲线的突跃范围为依据，使指示剂变色范围落在滴定突跃范围之内，或者有部分重叠，最理想的情况是指示剂在等量点变色。

上述用 0.1mol·L^{-1} NaOH 滴定 0.1mol·L^{-1} HCl，滴定突跃在 pH 4.3～9.7，所以甲基橙（变色范围 pH 3.1～4.4）、甲基红（变色范围 pH 4.4～6.2）和酚酞（变色范围 pH 8.0～10.0）都可使用。甲基橙由红色变为黄色，如果滴定到橙色（pH≈4.0），相当滴定到 99.8%，因此滴定误差相当于－0.2%，这时可滴定到金黄色（pH≈4.4），误差相当于－0.1%，可以满足要求。反过来，当用 0.1mol·L^{-1} HCl 滴定 0.1mol·L^{-1} NaOH 时，选用甲基橙指示剂，从黄色变到橙色（pH≈4.0），滴定误差＋0.2%，这时应选甲基红指示剂，如果要选甲基橙指示剂，应做空白试验加以校正。

滴定突跃还和浓度有关。当浓度增大 10 倍，即用 1mol·L^{-1} NaOH 滴定 1mol·L^{-1} HCl（1mol·L^{-1} HCl 滴定 1mol·L^{-1} NaOH）时，滴定突跃范围，两端各向外扩大 1 个单位，从 pH 3.3～10.7（10.7～3.3），这时选用甲基橙指示剂误差小于 0.1%。如果浓度降低 10 倍，即用 0.01mol·L^{-1} NaOH 滴定 0.01mol·L^{-1} HCl（0.01mol·L^{-1} HCl 滴定 0.01mol·L^{-1} 1 NaOH）时，滴定突跃范围两端各向内缩小 1 个单位，即 pH 5.3～8.7，这时甲基橙变色范围已不在突跃范围之内，不适合作指示剂了。

浓度增大，滴定突跃加大，对指示剂颜色变化有利，但浓度（c）

大，1 滴标准溶液引起的误差也加大，所以一般都使用 $0.1\sim0.5\text{mol}\cdot\text{L}^{-1}$ 标准溶液，如图 3-2 所示。

3.3.2 强碱滴定弱酸

这种滴定基于反应为：

$$OH^- + HA \Longrightarrow H_2O + A^-$$

以 $0.1\text{mol}\cdot\text{L}^{-1}$ NaOH 滴定 20.00mL 的 $0.1\text{mol}\cdot\text{L}^{-1}$ HAc 为例，讨论其滴定过程中溶液 pH 值变化。

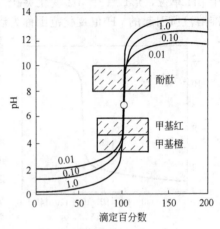

图 3-2 不同浓度（$\text{mol}\cdot\text{L}^{-1}$）的强碱滴定强度的滴定曲线

① 滴定开始，未滴加 NaOH 之前，溶液 $[H^+]$ 全部由 HAc（醋酸）离解，采用公式(3-4)计算：

$$[H^+] = \sqrt{K_a c} = \sqrt{1.8\times10^{-5}\times0.1} = 1.34\times10^{-3}\text{mol}\cdot\text{L}^{-1}$$

$$pH = 2.9$$

② 滴定开始到等量点之前，滴定生成 NaAc 和剩下的 HAc 构成缓冲溶液，按公式(3-10) 计算 pH 值：

$$[H^+] = K_a \frac{[HAc]}{[Ac^-]}$$

当滴加 90% NaOH 时，溶液中

$$[HAc] = \frac{(20.00-18.00)\times0.1}{20.00+18.00}\text{mol}\cdot\text{L}^{-1} = 5\times10^{-3}\text{mol}\cdot\text{L}^{-1}$$

$$[Ac^-] = \frac{18.00\times0.1}{20.00+18.00}\text{mol}\cdot\text{L}^{-1} = 5\times10^{-2}\text{mol}\cdot\text{L}^{-1}\text{所以}$$

$$[H^+] = 1.8\times10^{-5}\times\frac{5\times10^{-3}}{5\times10^{-2}}\text{mol}\cdot\text{L}^{-1} = 1.8\times10^{-6}\text{mol}\cdot\text{L}^{-1}$$

$$pH = 5.7$$

同样，可计算当滴加 99% NaOH 时，pH=6.7；当滴加 99.9% NaOH 时，pH=7.7。

③ 等量点时，溶液全部生成 NaAc，体积增大 1 倍，所以，

$$[\text{Ac}^-]=\frac{0.1}{2}\text{mol} \cdot \text{L}^{-1}=5\times10^{-2}\text{mol} \cdot \text{L}^{-1}，\text{按公式（3-5）计算}$$

pH 值：

$$[\text{OH}^-]=\sqrt{K'_b c}=\sqrt{\frac{K_w}{K_a}c}=\sqrt{\frac{1.0\times10^{-14}}{1.8\times10^{-5}}\times0.05}$$

$$=5.27\times10^{-6}\text{mol} \cdot \text{L}^{-1}$$

$$\text{pOH}=5.3$$

$$\text{pH}=8.7$$

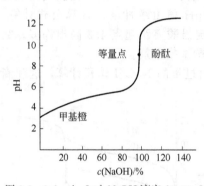

图 3-3　0.1mol·L⁻¹ NaOH 滴定 20.00mL 0.1mol·L⁻¹ HAc 的滴定曲线

④ 等量点后，滴加过量 NaOH，溶液 pH 值由过量 NaOH 来计算，计算方法和强碱滴定强酸时相同。

当滴定到 100.1% 时，pH＝9.7；滴定到 101% 时，pH＝10.7。

将上述计算结果列于表 3-4 中。滴定曲线如图 3-3 所示。

从上面滴定曲线可以看出：

① 滴定曲线的起点 pH 比前面滴定强酸的要高，因为 HAc 为弱酸，pH 值较高。

表 3-4　0.1mol·L⁻¹ NaOH 滴定 20.00mL 0.1mol·L⁻¹ HAc 溶液 pH 值变化

滴加入 NaOH 量 /%	/mL	剩余 HAc /mL	过量 NaOH /mL	计算公式	[H⁺](或[OH⁻]) /(mol·L⁻¹)	pH 值
0	0.00	20.00		$[\text{H}^+]=\sqrt{K_a c}$	1.3×10^{-3}	2.9
90	18.00	2.00			1.8×10^{-6}	5.7
99	19.80	0.20		$[\text{H}^+]=K_a\dfrac{[\text{HAc}]}{[\text{Ac}^-]}$	1.8×10^{-7}	6.7
99.9	19.98	0.02			1.8×10^{-8}	7.7
100	20.00			$[\text{OH}^-]=\sqrt{K'_b c}=\sqrt{\dfrac{K_w}{K_a}c}$	5.3×10^{-6}	8.7
100.1	20.02		0.02		5.0×10^{-5}	9.7
101	20.20		0.20	$[\text{OH}^-]=\dfrac{V(过)}{V(总)}\times0.1$	5.0×10^{-4}	10.7
110	22.00		2.00		5.0×10^{-3}	11.7

② 滴定开始到等量点之前，曲线刚开始上升较快，后来平缓，

接近终点时曲线上升又较快。这是因为，刚开始，生成［Ac⁻］较小，不能构成缓冲溶液，由于 Ac⁻ 的同离子效应抑制了 HAc 的进一步解离，所以溶液中［H⁺］下降很快，所以 pH 曲线上升较快。随着［Ac⁻］增大，溶液形成 HAc＋Ac⁻ 缓冲体系，pH 变化平稳。接近终点时，溶液中剩余的［HAc］下降，缓冲能力下降，所以［H⁺］下降又变快，pH 曲线陡升。

③ 等量点时，溶液中 HAc 全部生成 NaAc，按共轭碱 Ac⁻ 计算 pH 值。等量点 pH＝8.7，突跃范围为 pH 7.7～9.7，比滴定强酸时变窄。当滴定到 99.9％时，溶液 pH 值由缓冲溶液计算公式计算，所以滴定突跃起点 pH 7.7，比滴定强酸突跃起点 4.3 高出许多。突跃的止点都是 9.7，相同。应选择酚酞指示剂。

④ 终点后，溶液 pH 值主要由过量的 NaOH 体积计算，这和滴定强酸 HCl 时相同。

将滴定曲线和滴定强酸的曲线相比，会发现，差别是曲线的前半部、后半部基本相同。如果用 $0.1\text{mol}\cdot\text{L}^{-1}$ NaOH 滴定不同强度的弱酸时，会发现滴定曲线的前半部不同，K_a 越小（即酸越弱），滴定突跃的起点 pH 越高，突跃范围越小，当 $K_a=10^{-7}$ 时，突跃很小，当 $K_a<10^{-7}$ 时已经没有突跃了。考虑浓度的影响，人们把 $cK_a>10^{-8}$ 作为能否直接滴定的判断标准。

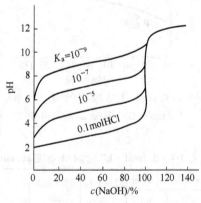

图 3-4　用 $0.1\text{mol}\cdot\text{L}^{-1}$ NaOH 滴定各种强度弱酸的滴定曲线

图 3-4 给出了 $0.1\text{mol}\cdot\text{L}^{-1}$ NaOH 滴定不同 K_a 值酸的滴定曲线。

⑤ 标准溶液浓度改变，只影响滴定突跃的止点，$0.1\text{mol}\cdot\text{L}^{-1}$ 时为 9.7，$1.0\text{mol}\cdot\text{L}^{-1}$ 时为 10.7，$0.01\text{mol}\cdot\text{L}^{-1}$ 时为 8.7。对滴定突跃的起点基本没有影响。

3.3.3　强酸滴定弱碱

这种滴定的基本化学反应为：

$$H^+ + BOH = H_2O + B^+$$

以 $0.1mol \cdot L^{-1}$ HCl 滴定 20.00mL $0.1mol \cdot L^{-1}$ 的 $NH_3 \cdot H_2O$ 为例，说明滴定过程中溶液 pH 值变化。

该滴定过程的分析和计算，与上面 NaOH 滴定 HAc 情况完全相似，只不过相反。

表 3-5 列出滴定过程的计算数据，图 3-5 给出了 $0.1mol \cdot L^{-1}$ HCl 滴定 20.00mL $0.1mol \cdot L^{-1}$ $NH_3 \cdot H_2O$ 的滴定曲线。

表 3-5　$0.1mol \cdot L^{-1}$ HCl 滴定 20.00mL $0.1mol \cdot L^{-1}$ $NH_3 \cdot H_2O$ 的溶液 pH 值变化

加入标准 HCl 溶液量		剩余 $NH_3 \cdot H_2O$/mL	过量 HCl /mL	计算公式	$[H^+]$ 或 $[OH^-]$ /(mol $\cdot$ L^{-1})	pH 值
/%	/mL					
0	0.00	20.00		$[OH^-] = \sqrt{K_b c}$	1.3×10^{-3}	11.1
90	18.00	2.00			1.8×10^{-6}	8.3
99	19.80	0.20		$[OH^-] = K_b \dfrac{[NH_3]}{[NH_4^+]}$	1.8×10^{-7}	7.3
99.9	19.98	0.02			1.8×10^{-8}	6.3
100	20.00			$[H^+] = \sqrt{\dfrac{K_w}{K_b} c}$	5.3×10^{-6}	5.3
100.1			0.02		5.0×10^{-5}	4.3
101			0.20	$[H^+] = \dfrac{V(过)}{V(总)} \times 0.1$	5.0×10^{-4}	3.3
110			2.0		5.0×10^{-3}	2.3

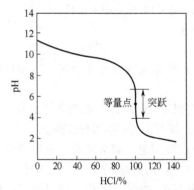

图 3-5　用 $0.1mol \cdot L^{-1}$ HCl 滴定 20.00mL $0.1mol \cdot L^{-1}$ $NH_3 \cdot H_2O$ 的滴定曲线

从上面计算看出等量点 pH 5.3，滴定突跃 pH 4.3～6.3，溴酚蓝（变色范围 pH 3.0～4.6）和甲基红（变色范围 pH 4.4～6.2）都可作指示剂。

用强酸滴定不同强度的碱也和上面用强碱滴定不同强度的酸一样，$c = 0.1mol \cdot L^{-1}$ 时，当 $K_b < 10^{-7}$ 时突跃很小，不能直接滴定。因此只有当 $cK_b > 10^{-8}$ 时，才能用强酸直接滴定碱。

3.3.4　多元酸的滴定

多元酸是分步离解的，当相邻的两级离解常数 $K_{a_1}/K_{a_2} \geqslant 10^4$，可以分两步滴定。例如亚硫酸的 $K_{a_1}/K_{a_2} = 2 \times 10^5$，可以分步滴定，

而碳酸的 $K_{a_1}/K_{a_2}=0.5\times10^4$，分步滴定时第 1 终点不太理想，草酸的 $K_{a_1}/K_{a_2}=1\times10^3$，所以不能分步滴定，只有 1 个终点。

下面以磷酸为例，讨论其分步滴定。

$$H_3PO_4 \rightleftharpoons H^+ + H_2PO_4^- \qquad K_{a_1}=7.6\times10^{-3}$$
$$H_2PO_4^- \rightleftharpoons H^+ + HPO_4^{2-} \qquad K_{a_2}=6.3\times10^{-8}$$
$$HPO_4^{2-} \rightleftharpoons H^+ + PO_4^{3-} \qquad K_{a_3}=4.4\times10^{-13}$$

当用 NaOH 滴定时，也是分步进行的。首先 H_3PO_4 被滴定到 $H_2PO_4^-$，是第 1 等量点，由于产物 $H_2PO_4^-$ 是两性化合物，溶液 pH 值按公式(3-8) 计算：

$$[H^+]=\sqrt{K_{a_1}K_{a_2}}=2.19\times10^{-5}\,mol\cdot L^{-1}$$
$$pH=4.66$$

因为 $K_{a_1}/K_{a_2}=1.2\times10^5$ 可分步滴定，第 1 终点可采用甲基橙指示剂，由于滴定突跃较小，采用混合指示剂溴甲酚绿和甲基橙（变色点 pH 4.3）效果更好。

继续滴定到 HPO_4^{2-} 时，因为 $K_{a_1}/K_{a_2}=1.4\times10^5$，也会出现第 2 等量点。因为产物 HPO_4^{2-} 是两性化合物，溶液 pH 值计算为：

$$[H^+]=\sqrt{K_{a_2}K_{a_3}}=1.66\times10^{-10}\,mol\cdot L^{-1}$$
$$pH=9.78$$

可采用百里酚酞作指示剂。

由于 $K_{a_3}=4.4\times10^{-13}<10^{-7}$，所以第 3 终点无突跃，不能直接滴定。

综上所述，多元酸的滴定，首先根据 $cK_a>10^{-8}$ 原则来判断能否直接进行滴定；其次根据 $K_{a_1}/K_{a_2}>10^4$ 原则来判断能否分步滴定。

将上述原则扩展，可用于混合酸的滴定。如果两种以上酸组成混合溶液，当每种酸的 K_a 值大于 10^{-7}，两种酸的 K_a 之比大于 10^4，则可以进行分步滴定。例如 HCl 和 HAc 的混合溶液，当用甲基橙作指示剂时，用 NaOH 滴定 HCl 量，再加酚酞指示剂，滴定至红色时可滴定出 HAc 量。

3.3.5 多元碱（多元酸盐）的滴定

这里多元碱主要是多元酸的盐，即多元酸的共轭碱。

以 Na_2CO_3 为例，讨论其分步滴定。

Na₂CO₃ 在水溶液中全部离解为 CO_3^{2-}，它可以看作共轭碱，其在水溶液中分两步离解：

$$CO_3^{2-} + H_2O \rightleftharpoons OH^- + HCO_3^-$$

$$K_{b_1}' = \frac{K_w}{K_{a_2}} = 1.79 \times 10^{-4}$$

$$HCO_3^- + H_2O \rightleftharpoons OH^- + H_2CO_3$$

$$K_{b_2}' = \frac{K_w}{K_{a_1}} = 2.38 \times 10^{-8}$$

首先，从 $cK_{b_1}' = 0.1 \times 1.79 \times 10^{-4} > 10^{-8}$，而 $cK_{b_2}' \approx 10^{-8}$ 并且 $K_{b_1}'/K_{b_2}' \approx 10^4$，因此可以分步直接滴定，但从数据看，突跃较小，误差较大。

第一等量点生成 HCO_3^-，是两性化合物，按公式(3-8) 计算：

$$[H^+] = \sqrt{K_{a_1} K_{a_2}} = \sqrt{4.2 \times 10^{-7} \times 5.6 \times 10^{-11}}$$

$$= 4.84 \times 10^{-9} \, mol \cdot L^{-1}$$

$$pH = 8.31$$

可选用酚酞作指示剂，因为 $K_{b_1}'/K_{b_2}' \approx 10^4$，突跃不明显，采用甲酚红和百里酚蓝混合指示剂（变色点 pH 8.3）更好。

第二等量点生成 H_2CO_3，按公式 (3-6) 计算溶液 pH 值：

$$[H^+] = \sqrt{K_{a_1} c} = \sqrt{4.2 \times 10^{-7} \times 0.04} = 1.3 \times 10^{-4} \, mol \cdot L^{-1}$$

$$pH = 3.89$$

因为生成 H_2CO_3 饱和浓度为 $0.04 mol \cdot L^{-1}$，浓度 c 取 $0.04 mol \cdot L^{-1}$。可选甲基橙作指示剂。

3.4　酸碱滴定法的应用

3.4.1　盐酸总酸度测定

盐酸为无色或淡黄色透明液体，分子式 HCl，摩尔质量为 $36.46 g \cdot mol^{-1}$。

（1）测定原理　以甲基橙为指示剂，用 NaOH 标准滴定溶液直接滴定，待溶液变红色为终点，反应方程式为：

$$HCl + NaOH \rightleftharpoons NaCl + H_2O$$

（2）测定步骤　称取 3mL 试样（称准至 0.0001g）溶于已盛有

15mL 蒸馏水的锥形瓶中，小心混匀，加 1～2 滴甲基橙指示剂，用 0.1mol·L⁻¹ NaOH 标准溶液滴定至黄色为终点。

（3）结果计算　总酸度以盐酸（HCl）的质量分数 w 计，数值以％表示，按下式计算：

$$w(HCl) = \frac{cVM}{1000m} \times 100\%$$

式中　V——滴定试验溶液所消耗的氢氧化钠标准滴定溶液体积的数值，mL；

c——氢氧化钠标准滴定溶液浓度的准确数值，mol·L⁻¹；

m——试样质量的数值，g；

M——HCl 的摩尔质量的数值，g·mol⁻¹（$M=36.46$）。

（4）讨论　本方法属于强碱滴定强酸，滴定突跃为 pH 4.3～9.7，可采用甲基橙和酚酞指示剂。采用甲基橙时，溶液在终点时，由红色变为黄色，易于观察；采用酚酞作指示剂时，终点 pH 9.0，这时溶液中溶解的 CO_2 也被滴定到 HCO_3^-，结果偏高。

为了消除 CO_2 的影响，配制 NaOH 标准溶液应先配浓的 NaOH 溶液，用煮沸过的水（无 CO_2）稀释。

3.4.2　工业硫酸中硫酸含量的测定

工业硫酸为无色油状液体，分子式为 H_2SO_4，摩尔质量为 98.07g·mol⁻¹。

（1）测定原理　以甲基红-次甲基蓝作混合指示剂，用氢氧化钠标准滴定溶液滴定至灰绿色为终点，反应方程式如下：

$$H_2SO_4 + 2NaOH =\!=\!= Na_2SO_4 + 2H_2O$$

（2）测定步骤　用已称量的带磨口塞的小称量瓶称取 0.7g（称准至 0.0001g）的试样，小心转入盛有 50mL 水的 250mL 锥形瓶中，混匀放冷至室温，加入 2～3 滴甲基红-次甲基蓝混合指示剂，用 0.5mol·L⁻¹ 的 NaOH 标准溶液滴定至灰绿色为终点。

（3）结果计算　硫酸含量以硫酸（H_2SO_4）的质量分数 w 计，数值以％表示，按下式计算：

$$w(H_2SO_4) = \frac{cVM}{1000m} \times 100\%$$

式中　c——氢氧化钠标准滴定溶液浓度的准确数值，mol·L⁻¹；

V——滴定试验溶液所消耗的氢氧化钠标准滴定溶液的体积的数值，mL；

m——试样的质量的数值，g；

M——硫酸的摩尔质量的数值，$g \cdot mol^{-1}$ $\left[M\left(\frac{1}{2} H_2SO_4 \right) = 49.04 \right]$。

（4）讨论 甲基红-次甲基蓝混合指示剂的变色点为 pH 5.4，当然也可选甲基橙和甲基红指示剂。标定 NaOH 标准滴定溶液采用的指示剂最好和测定时采用相同的指示剂，以消除系统误差。

硫酸具有强烈的腐蚀性，能灼烧皮肤，操作时要小心，并戴保护面具。

（5）发烟硫酸的测定 因为硫酸中含有 SO_3 气体，故称为发烟硫酸。其测定原理和上面相同，测定步骤不同之处，要用安瓿球取样。

将安瓿球称量（精确至 0.0002g），然后在微火上烤热球部，迅速将该球之毛细管插入试样中，吸入约 $0.4 \sim 0.7$ g 试样，立即用火焰将毛细管顶端烧结封闭，并用小火将毛细管外壁所沾上的酸液烤干，重新称量。两次之差即为试样质量。

将已称量的安瓿球放入盛有 100mL 水的具磨口塞的 500mL 锥形瓶中，塞紧瓶塞，用力振摇以粉碎安瓿球，继续振摇直至雾状三氧化硫气体消失，打开瓶塞，用水冲洗瓶塞，再用玻璃棒轻轻压碎安瓿球的毛细管，用水冲洗瓶颈及玻璃棒，加 $2 \sim 3$ 滴混合指示剂（甲基红-次甲基蓝），用 $0.5 mol \cdot L^{-1}$ NaOH 标准溶液滴定至灰绿色为终点。

计算方法和上面相同，因为是发烟硫酸，结果应该超过 100%。如果还要计算 SO_3 含量，可用下式计算：

$$w(SO_3) = 4.444 \times [w(H_2SO_4) - 100\%]$$

式中 4.444——游离三氧化硫含量的换算系数。

3.4.3 工业硝酸含量的测定

浓硝酸为淡黄色透明液体，分子式 HNO_3，摩尔质量为 $63.02 g \cdot mol^{-1}$。

（1）测定原理 将样品加到过量的 NaOH 标准溶液中，反应完全后，加入几滴甲基橙指示剂，用 H_2SO_4 标准溶液返滴定剩余的 NaOH 量，反应方程式为：

$$HNO_3 + NaOH \rightharpoondown NaNO_3 + H_2O$$

$$2NaOH + H_2SO_4 = Na_2SO_4 + 2H_2O$$

（2）测定步骤　将安瓿球预先称准至 0.0002g，然后在火焰上微微加热安瓿球的球泡将安瓿球的毛细管端浸入盛有样品的瓶中，并使冷却，待样品充至 1.5~2.0mL 时，取出安瓿球。用滤纸仔细擦净毛细管端，在火焰上使毛细管端密封，不使玻璃损失。

称量含有样品的安瓿球，称准至 0.0002g，并根据差值计算样品质量。

将盛有样品的安瓿球，小心置于预先盛有 100mL 水和用移液管移入 50mL 氢氧化钠标准滴定溶液的锥形瓶中，塞紧磨口塞。然后剧烈震荡，使安瓿球破裂，并冷却至室温，摇动锥形瓶，直至酸雾全部吸收为止。

取下塞子，用水洗涤，洗液收集于同一锥形瓶内，用玻璃棒捣碎安瓿球，研碎毛细管取出玻璃棒，用水洗涤，将洗液收集在同一锥形瓶内。

加 1~2 滴甲基橙指示剂溶液，然后用硫酸标准滴定溶液将过量的氢氧化钠标准滴定溶液滴定至溶液呈现橙色为终点。

（3）结果计算　硝酸（HNO_3）的质量分数 w，数值以％表示，按下式计算：

$$w(HNO_3) = \frac{(c_1V_1 - c_2V_2)M}{1000m} \times 100\% - 1.34w(HNO_2) -$$
$$1.29w(H_2SO_4)$$

式中　　c_1——氢氧化钠标准滴定溶液浓度的准确数值，$mol \cdot L^{-1}$；

　　　　c_2——硫酸标准滴定溶液浓度的准确数值，$mol \cdot L^{-1}$；

　　　　V_1——加入氢氧化钠标准滴定溶液的体积的数值，mL；

　　　　V_2——滴定所消耗的硫酸标准滴定溶液的体积的数值，mL；

　　　　m——试样的质量的数值，g；

　　　　M——硝酸的摩尔质量的数值，$g \cdot mol^{-1}$（$M = 63.02$）；

$w(HNO_2)$——亚硝酸的质量分数，以％表示（用另一方法测得）；

$w(H_2SO_4)$——硫酸的质量分数，以％表示（用另一方法测得）；

　　　　1.34——将 HNO_2 换算为 HNO_3 的系数；

　　　　1.29——将 H_2SO_4 换算为 HNO_3 的系数。

（4）讨论　硝酸有挥发性，故采用安瓿球取样，并用返滴法以减少挥发；试样中 HNO_2 和 H_2SO_4 也参与反应，因此，结果中要扣除

HNO_2 量及 H_2SO_4 量。

3.4.4 氨水中氨含量的测定

氨水为无色刺激性气味的液体，分子式 $NH_3 \cdot H_2O$，摩尔质量为 $35.05g \cdot mol^{-1}$。

（1）测定原理 取一定量氨水加入已知过量 H_2SO_4 标准溶液中，用 NaOH 标准滴定溶液返滴定剩余 H_2SO_4，采用甲基红-次甲基蓝指示剂，化学反应如下：

$$2NH_3 + H_2SO_4 =\!=\!= (NH_4)_2SO_4$$
$$2NaOH + H_2SO_4 =\!=\!= Na_2SO_4 + 2H_2O$$

（2）测定步骤 将 3mL 左右安瓿球称量（称准至 0.0001g），烤热后迅速插入试样瓶中吸取 1.5mL 的试样，取出并封口，再次称量，二次测量之差即为试样质量。

将安瓿球放入预先已准确加入 50mL $c\left(\dfrac{1}{2}H_2SO_4\right) = 1mol \cdot L^{-1}$ 的硫酸标准溶液的锥形瓶中，将瓶塞盖紧后，剧烈振荡，直到安瓿球破碎为止。用洗瓶洗净瓶塞及内壁，加 2～3 滴甲基红-次甲基蓝混合指示剂，用 $c(NaOH) = 1mol \cdot L^{-1}$ 标准溶液滴定至灰绿色为终点。

（3）结果计算 氨水中氨（NH_3）的质量分数 w，数值以％表示，按下式计算：

$$w(NH_3) = \frac{(c_1V_1 - c_2V_2)M}{1000m} \times 100\%$$

式中 c_1——硫酸标准滴定溶液浓度的准确数值，$mol \cdot L^{-1}$；

c_2——氢氧化钠标准滴定溶液浓度的准确数值，$mol \cdot L^{-1}$；

V_1——加入硫酸标准滴定溶液体积的数值，mL；

V_2——滴定所消耗的氢氧化钠标准滴定溶液体积的数值，mL；

m——试样质量的数值，g；

M——氨的摩尔质量的数值，$g \cdot mol^{-1}$（$M=17.03$）。

（4）结果和讨论 NH_3 易挥发，所以用安瓿球取样，并用具塞锥形瓶测定。

NH_3 为弱碱，$K_b = 1.8 \times 10^{-5} > 10^{-7}$ 可以直接滴定，因为易挥发，故采用返滴定法。

如果采用直接滴定法，可用 $c\left(\dfrac{1}{2}H_2SO_4\right) = 1mol \cdot L^{-1}$ 的标准溶

液快速滴定，即快滴慢摇动，以减少挥发损失。

3.4.5　食醋中总酸量的测定

食醋的主要成分为醋酸，分子式为 CH_3COOH，摩尔质量为 $60.05g \cdot mol^{-1}$，$K_a = 1.8 \times 10^{-5}$。

(1) 测定原理　用 NaOH 标准滴定溶液滴定，终点 pH 值 8.7，采用酚酞作指示剂，化学反应方程式为：

$$CH_3COOH + NaOH = CH_3COONa + H_2O$$

(2) 测定步骤　用移液管准确吸取 10.00mL 食醋试液于 250mL 容量瓶中，用新煮沸（不含 CO_2）蒸馏水稀释至刻度，摇匀。

用移液管准确移取出 25.00mL 于 250mL 锥形瓶中，加入约 80mL 不含 CO_2 蒸馏水及两滴酚酞指示剂，用 $c(NaOH) = 0.1mol \cdot L^{-1}$ 标准溶液滴定至颜色由浅黄变为粉红为终点。

(3) 结果计算　食醋中总酸量以乙酸（CH_3COOH）的质量浓度 ρ 计，数值以克每百毫升（g/100mL）表示，按下式计算：

$$\rho = \frac{cV_1M}{V \times \dfrac{25.00}{250.0} \times 1000} \times 100\%$$

式中　c——氢氧化钠标准滴定溶液浓度的准确数值，$mol \cdot L^{-1}$；

$\quad\quad V_1$——滴定所消耗的氢氧化钠标准滴定溶液的体积的数值，mL；

$\quad\quad V$——试样的体积的数值，mL；

$\quad\quad M$——乙酸的摩尔质量的数值，$g \cdot mol^{-1}$（$M = 60.05$）。

(4) 讨论　醋酸 $K_a = 1.8 \times 10^{-5} > 10^{-7}$，可以用标准碱溶液直接滴定，滴定突跃范围 pH $7.7 \sim 9.7$，等量点 pH 8.7，可采用酚酞指示剂。

食醋颜色深，故稀释后再滴定。由于采用酚酞作指示剂，终点 pH 在 9.0 左右，CO_2 干扰测定，所以要使用无 CO_2 的蒸馏水。

3.4.6　混合碱的测定

混合碱是指 NaOH 和 Na_2CO_3 的混合物，或 Na_2CO_3 与 $NaHCO_3$ 的混合物。工业烧碱（NaOH）在贮存过程中吸收了 CO_2 而变为 Na_2CO_3，因此，要测定烧碱中 NaOH 和 Na_2CO_3 含量。此外，工业纯碱（Na_2CO_3）中，除了 Na_2CO_3 外，还可能含有少量 $NaHCO_3$ 及 NaCl，因

此，要测定纯碱中 Na_2CO_3 和 $NaHCO_3$ 的含量。

混合碱的测定方法有两种：双指示剂法和沉淀法。

3.4.6.1　烧碱中 NaOH 和 Na_2CO_3 含量的测定

（1）双指示剂法

① 测定原理　以酚酞为指示剂，用 HCl 标准溶液滴定试样，溶液由红色变为无色时，到达第一终点。此时消耗标准溶液体积为 $V_1(mL)$，这时试液中 NaOH 全部被滴定，而 Na_2CO_3 被滴定到 $NaHCO_3$，发生的化学反应为：

$$NaOH + HCl \Longrightarrow NaCl + H_2O$$
$$Na_2CO_3 + HCl \Longrightarrow NaCl + NaHCO_3$$

再加入甲基橙指示剂，继续用 HCl 标准溶液滴定，溶液由黄色变为橙色时，到达第二终点。此时消耗的标准溶液体积为 $V_2(mL)$，连续读数，V_2 包括 V_1。这时试液中 $NaHCO_3$ 全部被滴定到 CO_2（H_2CO_3），发生的化学反应如下：

$$NaHCO_3 + HCl \Longrightarrow NaCl + H_2O + CO_2 \uparrow$$

根据两次滴定消耗的 V_1 及 V_2 值分别计算出 NaOH 和 Na_2CO_3 的含量。

② 试剂及仪器

盐酸标准滴定溶液：$c(HCl) = 0.1 mol \cdot L^{-1}$；

甲基橙指示剂溶液：$1g \cdot L^{-1}$；

酚酞指示剂溶液：$10g \cdot L^{-1}$；

酸式滴定管：50mL；

容量瓶：250mL；

移液管：25mL；

锥形瓶及称量瓶若干。

③ 测定步骤　准确称取试样 1g（准至 0.0001g）放入 250mL 容量瓶中（液碱直接放入，固碱溶解后放入），用水稀释至刻度，摇匀。用移液管取出 25mL 放入锥形瓶中，加两滴酚酞指示剂，用 $c(HCl) = 0.1 mol \cdot L^{-1}$ 标准溶液滴定至红色消失为第一终点，记下 V_1 读数。再加入一滴甲基橙指示剂，继续滴定，直至接近终点时，加热煮沸除去 CO_2 后，直至滴定到试液由黄色变为橙色为第二终点，记下 V_2 读数，连续读数，V_2 包括 V_1。

④ 结果计算　按下式计算结果：

$$w(\text{NaOH}) = \frac{c(2V_1 - 2V_2)M_1}{1000m \times \frac{25.00}{250.0}} \times 100\%$$

$$w(\text{Na}_2\text{CO}_3) = \frac{2c(V_2 - V_1)M_2}{1000m \times \frac{25.00}{250.0}} \times 100\%$$

式中 c——盐酸标准滴定溶液浓度的准确数值，$\text{mol} \cdot \text{L}^{-1}$；

V_1——以酚酞为指示剂时滴定试验溶液所消耗的盐酸标准滴定溶液体积的数值，mL；

V_2——以甲基橙为指示剂时滴定试验溶液所消耗的盐酸标准滴定溶液体积的数值，mL；

m——试样质量的数值，g；

M_1——氢氧化钠的摩尔质量的数值，$\text{g} \cdot \text{mol}^{-1}$（$M = 40.00$）；

M_2——碳酸钠的摩尔质量的数值，$\text{g} \cdot \text{mol}^{-1}\left[M\left(\frac{1}{2}\text{Na}_2\text{CO}_3\right) = 53.00\right]$。

⑤ 讨论混合碱和酸反应：

$$\text{NaOH} + \text{HCl} = \text{NaCl} + \text{H}_2\text{O}$$
$$\text{Na}_2\text{CO}_3 + \text{HCl} = \text{NaCl} + \text{NaHCO}_3$$
$$\text{NaHCO}_3 + \text{HCl} = \text{NaCl} + \text{H}_2\text{CO}_3$$

第一个反应，中和后 pH = 7.00。第二个反应生成 NaHCO_3 为两性化合物，$[\text{H}^+] = \sqrt{K_{a_1}K_{a_2}}$，pH = 8.31。第三个反应溶液生成二元酸 H_2CO_3，$[\text{H}^+] = \sqrt{K_{a_1}c}$，pH = 3.88。前两个反应选酚酞指示剂，第一终点；后一个反应可选甲基橙指示剂，第二终点。

所以第一终点，消耗 V_1(mL) 标准溶液，相当于 NaOH 全部和 Na_2CO_3 一半被滴定。第二终点，滴定余下的 Na_2CO_3 一半。因此，Na_2CO_3 的量相当于 $2(V_2 - V_1)$，NaOH 的量相当于 $V_1 - (V_2 - V_1) = 2V_1 - V_2$。

接近第二终点时加热除去 CO_2，防止局部酸浓度过大，使终点提前。

第一终点时，滴定要快摇防止局部反应生成 $\text{CO}_2 \uparrow$。从 H_2CO_3 的 K_{a_1}/K_{a_2} 比值看接近 10^4，所以第一终点突跃小，终点不明显，滴定误差大。为了提高分析准确度，可采用另一种测定方法-BaCO_3 沉淀法。

（2）BaCO_3 沉淀法

① 测定原理　取一份试液，加入甲基橙指示剂，用 HCl 标准溶液滴定至橙色，此时试液中 NaOH 及 Na_2CO_3 全部被滴定；另取同样一份试液，加入 $BaCl_2$ 溶液，使其中 Na_2CO_3 全部变为 $BaCO_3$ 沉淀（$BaCl_2 + Na_2CO_3 \longequal 2NaCl + BaCO_3 \downarrow$），再加入酚酞指示剂，用 HCl 标准溶液滴定至红色消失，此时 NaOH 被滴定。二者之差即为 Na_2CO_3 的量。

② 测定步骤　准确称取试样 1g（准至 0.0001g）放入 250mL 容量瓶中，用水稀释至刻度，摇匀。用移液管分别取出两份 25.00mL 放入两个锥形瓶中。其中一个锥形瓶加入两滴甲基橙指示剂，用 $0.1 mol \cdot L^{-1}$ 的 HCl 标准滴定溶液滴定至橙色为终点，记录消耗的体积为 V_1(mL)。

另一个锥形瓶中加入 5mL 质量分数为 10% $BaCl_2$ 溶液，使 Na_2CO_3 变为 $BaCO_3$ 沉淀析出，再加入一滴酚酞指示剂（不用甲基橙指示剂，因为 pH<4，$BaCO_3$ 会溶解，有损失），用 $0.1 mol \cdot L^{-1}$ HCl 标准滴定溶液滴定至红色消失，记录消耗的 HCl 体积 V_2(mL)。

③ 结果计算　按下式计算结果：

$$w(Na_2CO_3) = \frac{c(V_1-V_2)M_1}{1000m \times \dfrac{25.00}{250.0}} \times 100\%$$

$$w(NaOH) = \frac{cV_2M_2}{1000m \times \dfrac{25.00}{250.0}} \times 100\%$$

式中　V_1——以甲基橙为指示剂时滴定试验溶液所消耗的盐酸标准滴定溶液体积的数值，mL；

$\quad\quad V_2$——以酚酞为指示剂时滴定试验溶液所消耗的盐酸标准滴定溶液体积的数值，mL；

$\quad\quad c$——盐酸标准滴定溶液浓度的准确数值，$mol \cdot L^{-1}$；

$\quad\quad m$——试样的质量的数值，g；

$\quad\quad M_1$——碳酸钠的摩尔质量的数值，$g \cdot mol^{-1}$ $\left[M\left(\dfrac{1}{2}Na_2CO_3\right) = 53.00 \right]$；

$\quad\quad M_2$——氢氧化钠的摩尔质量的数值，$g \cdot mol^{-1}$（$M=40.00$）。

3.4.6.2 工业纯碱中 Na_2CO_3 和 $NaHCO_3$ 的测定

有双指示剂法和碳酸钡沉淀法两种。

（1）指示剂法

① 测定原理 以酚酞为指示剂，用 HCl 标准溶液滴定纯碱试液，当红色消失时，记录消耗的 HCl 标准溶液体积 V_1 (mL)。此时 Na_2CO_3 被滴定到 $NaHCO_3$，反应方程式为：

$$Na_2CO_3 + HCl \Longrightarrow NaCl + NaHCO_3$$

再加两滴甲基橙指示剂，继续滴定，当试液由黄色变为橙色时，记录消耗的 HCl 标准溶液体积 V_2 (mL)。此时，$NaHCO_3$ 被滴定到 $H_2CO_3(H_2O + CO_2 \uparrow)$，反应方程式为：

$$NaHCO_3 + HCl \Longrightarrow NaCl + H_2O + CO_2 \uparrow$$

根据 V_1 和 V_2 体积来计算 Na_2CO_3 及 $NaHCO_3$ 的量。

② 测定步骤 准确称取 $1.5 \sim 1.7g$ 强碱试样于 150mL 烧杯中，加少量水，加热使其溶解，放冷后移入 250mL 容量瓶中，用蒸馏水稀释至刻度，摇均匀。

用移液管移取 25.00mL 试液于 250mL 锥形瓶中，加几滴酚酞指示液，用 HCl 标准滴定溶液滴定到溶液呈粉红色时，开始慢滴，充分摇动以免局部的 Na_2CO_3 被中和成 H_2CO_3（放出 $CO_2 \uparrow$），当粉红色刚刚消失时，记录消耗的体积为 V_1 (mL)。再加入两滴甲基橙指示剂，继续用 HCl 标准滴定溶液滴定到黄色变为橙色为止，记录消耗的体积为 V_2 (mL)（连续读数，V_2 包括 V_1）。

③ 结果计算 Na_2CO_3 消耗标准滴定溶液的量相当于 $2V_1$，而 $NaHCO_3$ 消耗标准滴定溶液的量相当于 $V_2 - 2V_1$，按下式计算：

$$w(Na_2CO_3) = \frac{2cV_1M_1}{1000m \times \dfrac{25.00}{250.0}} \times 100\%$$

$$w(NaHCO_3) = \frac{c(V_2 - 2V_1)M_2}{1000m \times \dfrac{25.00}{250.0}} \times 100\%$$

式中 c——盐酸标准滴定溶液浓度的准确数值，$mol \cdot L^{-1}$；

$\quad\quad V_1$——以酚酞为指示剂时滴定试验溶液所消耗的盐酸标准滴定溶液体积的数值，mL；

$\quad\quad V_2$——以甲基橙为指示剂时滴定试验溶液所消耗的盐酸标准滴

定溶液的体积的数值，mL；

m——试样质量的数值，g；

M_1——碳酸钠的摩尔质量的数值，$g \cdot mol^{-1}$ $\left[M\left(\frac{1}{2}Na_2CO_3\right)=53.00\right]$；

M_2——碳酸氢钠的摩尔质量的数值，$g \cdot mol^{-1}$ $(M=84.01)$。

④ 讨论　双指示剂法，由于 Na_2CO_3 的 $K'_{b_1}/K'_{b_2} \approx 10^4$，所以分步滴定的突跃范围窄，终点不易观察，可以采用标准参比溶液对照来确定滴定终点。第一等量点 pH 值为 8.31。可配制 pH 为 8.31 的缓冲溶液（$NaHCO_3$ 溶液），加入和测定时用相同量的酚酞指示剂，用其颜色作标准参比色对比确定终点。

工业纯碱不均匀，又易吸收 H_2O 和 CO_2。所以试样在 270～300℃烘干 2h 恒重后，放入干燥器冷至室温再称样。

滴定过程中，HCl 标准滴定溶液滴加不能过快，防止局部过量生成 H_2CO_3($CO_2\uparrow$)，终点提前。

（2）碳酸钡法　与前面测定 NaOH 和 Na_2CO_3 混合碱一样。不同处是，在加 $BaCl_2$ 溶液之前，先加过量的 NaOH 标准溶液，使 $NaHCO_3$ 和 NaOH 反应生成 Na_2CO_3 即 $NaHCO_3 + NaOH \xrightarrow{\quad\quad} Na_2CO_3 + H_2O$，再加 $BaCl_2$ 溶液，使 Na_2CO_3 生成 $BaCO_3$ 沉淀。再以酚酞作指示剂，用 HCl 标准滴定溶液滴定剩余的 NaOH 标液量。试样中 $NaHCO_3$ 含量为：

$$w(NaHCO_3)=\frac{(c_1V_3-cV_1)M_2}{1000m \times \frac{25.00}{250.0}} \times 100\%$$

式中　c_1——氢氧化钠标准滴定溶液浓度的准确数值，$mol \cdot L^{-1}$；

c——盐酸标准滴定溶液浓度的准确数值，$mol \cdot L^{-1}$；

V_1——以酚酞为指示剂时滴定试验溶液所消耗的盐酸标准滴定溶液的体积的数值，mL；

V_3——加入氢氧化钠标准滴定溶液的体积的数值，mL；

m——试样的质量的数值，g；

M_2——碳酸氢钠的摩尔质量的数值，$g \cdot mol^{-1}$ $(M=84.01)$。

在另一份试液中，加入甲基橙指示剂，用 HCl 标准溶液滴定，溶液由黄色变橙色，记录消耗的 HCl 标准溶液体积 V_2(mL)。试样中 Na_2CO_3 含量按下式计算：

$$w(\mathrm{Na_2CO_3}) = \frac{[cV_2 - (c_1V_3 - cV_1)]M_1}{1000m \times \dfrac{25.00}{250.0}} \times 100\%$$

式中　V_2——以甲基橙为指示剂时滴定试验溶液所消耗的盐酸标准
　　　　　滴定溶液体积的数值，mL；

　　　　M_1——碳酸钠摩尔质量的数值，$\mathrm{g \cdot mol^{-1}}$ $\left[M\left(\dfrac{1}{2}\mathrm{Na_2CO_3}\right) = 53.00\right]$。

其他符号同前。

3.4.6.3　双指示剂法测混合碱讨论

混合碱有 NaOH、$\mathrm{NaHCO_3}$、$\mathrm{Na_2CO_3}$ 三种组分。NaOH 和 $\mathrm{NaHCO_3}$ 不能共存，因为 NaOH 是碱，而 $\mathrm{NaHCO_3}$ 是两性化合物，两组分反应生成 $\mathrm{Na_2CO_3}$ 和 $\mathrm{H_2O}$。

根据双指示剂法滴定消耗的 HCl 标准溶液体积 V_1 和 V_2 的数值大小，可以判断其组分。得到的结果列于表 3-6。

表 3-6　混合碱组成与 V_1 和 V_2 的关系

V_1 和 V_2 值关系	混合碱组成	V_1 和 V_2 值关系	混合碱组成
$V_1 = V_2 \neq 0$	NaOH	$2V_1 > V_2$	$\mathrm{NaOH + Na_2CO_3}$
$2V_1 < V_2$	$\mathrm{NaHCO_3 + Na_2CO_3}$	$V_1 = 0, V_2 \neq 0$	$\mathrm{NaHCO_3}$
$2V_1 = V_2$	$\mathrm{Na_2CO_3}$		

3.4.7　肥料中氨态氮含量的测定

肥料中氨态氮是以 $\mathrm{NH_4^+}$ 形式存在，如 $\mathrm{NH_4NO_3}$、$\mathrm{(NH_4)_2SO_4}$、$\mathrm{NH_4HCO_3}$、$\mathrm{(NH_4)_2CO_3}$ 等。从质子理论看，$\mathrm{NH_4^+}$ 是 $\mathrm{NH_3}$ 的共轭酸，其 $K_a' = \dfrac{K_w}{K_b} = \dfrac{1.0 \times 10^{-14}}{1.8 \times 10^{-5}} = 5.6 \times 10^{-10}$。当浓度 $c = 0.1\mathrm{mol \cdot L^{-1}}$（即使用 $0.1\mathrm{mol \cdot L^{-1}}$ 的标准溶液）时，$cK_a' < 10^{-7}$，所以不能直接滴定 $\mathrm{NH_4^+}$，可以采用间接法滴定。目前采用的方法有甲醛法和蒸馏法。

3.4.7.1　甲醛法

（1）测定原理　在中性溶液中，铵盐与甲醛作用生成六次甲基四胺和等物质的量的酸。然后用标准碱溶液滴定之。反应方程式如下：

$$4\mathrm{NH_4^+} + 6\mathrm{HCHO} =\!=\!= (\mathrm{CH_2})_6\mathrm{N_4} + 4\mathrm{H^+} + 6\mathrm{H_2O}$$

（2）试剂

① 硼酸。

② 氯化钾。

③ 硫酸标准滴定溶液：$c\left(\dfrac{1}{2}H_2SO_4\right)=0.1mol \cdot L^{-1}$。

④ 氢氧化钠标准滴定溶液：$c(NaOH)=0.1mol \cdot L^{-1}$。

⑤ 氢氧化钠标准滴定溶液：$c(NaOH)=0.5mol \cdot L^{-1}$。

⑥ 甲醛溶液：$250g \cdot L^{-1}$。

⑦ 乙醇：95%（体积分数）。

⑧ 甲基红指示液：$1g \cdot L^{-1}$。

⑨ 酚酞指示液：$10g \cdot L^{-1}$。

⑩ pH 8.5 的颜色参比溶液。

在 250mL 锥形瓶中，加入 15.15mL $0.1mol \cdot L^{-1}$ 氢氧化钠标准溶液、37.50mL $0.2mol \cdot L^{-1}$ 硼酸-氯化钾溶液（称取 6.138g 硼酸和 7.455g 氯化钾，溶于水，移入 500mL 量瓶中，稀释至刻度），再加入一滴甲基红指示剂溶液和三滴酚酞指示剂溶液，稀释至 150mL。

（3）测定步骤

① 试样溶液的制备　称取 1g 试样，精确至 0.001g，置于 250mL 锥形瓶中，加 100～120mL 水溶解，再加一滴甲基红指示液，用氢氧化钠标准滴定溶液或硫酸标准滴定溶液调节至溶液呈橙色。

② 测定　加入 15mL $250g \cdot L^{-1}$ 甲醛溶液至上述试样溶液中，再加 3 滴 $10g \cdot L^{-1}$ 酚酞指示液，混匀。放置 5min，用 $c(NaOH)=0.5mol \cdot L^{-1}$ 氢氧化钠标准滴定溶液至 pH 8.5 的颜色参比溶液所呈现的颜色，经 1min 不消失（或滴定至 pH 计指示 pH 8.5）为终点。同时做空白试验。

（4）结果计算　氨态氮以氮（N）的质量分数 w 计，数值以％表示，按下式计算：

$$w(N)=\dfrac{c(V_1-V_2)M}{1000m}\times100\%$$

式中　c——氢氧化钠标准滴定溶液浓度的准确数值，$mol \cdot L^{-1}$；

V_1——滴定试样的氢氧化钠标准滴定溶液体积的数值，mL；

V_2——滴定空白溶液所消耗的氢氧化钠标准滴定溶液体积的数值，mL；

m——试样质量的数值，g；

M——氮的摩尔质量的数值，$g \cdot mol^{-1}$（$M=14.01$）。

(5) 讨论 上面测定得到的是氨态氮含量，不是总氮含量。

试样中可能含有游离酸、碱，故预先中和。但不能使用酚酞指示剂，应使用甲基红指示剂。因为铵盐呈弱酸性。

甲醛中含有甲酸，应预先中和，使用和试样滴定时相同的指示剂酚酞。

甲醛法不适于测定尿素及氨水、碳酸氢铵。

3.4.7.2 蒸馏后滴定法

以尿素中总氮含量测定为例（参见 GB/T 2441.1—2008）

(1) 测定原理 在硫酸铜的催化作用下，在浓硫酸中加热使试样中酰胺态氮转化为铵态氮，加入过量碱液蒸馏出氨，吸收在过量的硫酸溶液中，以甲基红-次甲基蓝混合指示剂，用氢氧化钠标准滴定溶液返滴定剩余的 H_2SO_4，当溶液变为暗蓝色为终点。对于铵盐可直接加过量碱煮沸分解。

反应方程式如下：

$$NH_2\!-\!\underset{\underset{O}{|}}{C}\!-\!NH_2 + H_2SO_4 + H_2O == (NH_4)_2SO_4 + CO_2\uparrow$$

$$NH_4^+ + OH^- \xrightarrow{\triangle} NH_3\uparrow + H_2O$$

$$2NH_3 + H_2SO_4 == (NH_4)_2SO_4$$

$$H_2SO_4 + 2NaOH == Na_2SO_4 + 2H_2O$$

(2) 试剂和溶液

① 五水硫酸铜。

② 硫酸。

③ 氢氧化钠溶液，约 $450g \cdot L^{-1}$。

④ 硫酸溶液：$c\left(\dfrac{1}{2}H_2SO_4\right) \approx 0.5mol \cdot L^{-1}$，或 $c\left(\dfrac{1}{2}H_2SO_4\right) \approx 1.0mol \cdot L^{-1}$。

⑤ 氢氧化钠标准滴定溶液：$c(NaOH) = 0.5mol \cdot L^{-1}$。

⑥ 甲基红-亚甲基蓝混合指示液。

(3) 测定步骤

① 蒸馏 称取约 0.5g 试样（精确至 0.0002g）于蒸馏烧瓶中，加少量水冲洗蒸馏瓶瓶口内侧，以使试样全部进入蒸馏瓶底部，再加 15mL 硫酸、0.2g 五水硫酸铜，插上梨形玻璃漏斗，在通风橱内缓慢

加热，使二氧化碳逸尽，然后逐步提高加热温度，直至冒白烟，再继续加热 20min 后停止加热。

待蒸馏烧瓶中试液充分冷却后，小心加入 300mL 水，几滴混合指示液，放入一根防溅棒（一端套一根聚乙烯管的玻璃棒），聚乙烯管端向下。

用滴定管、移液管或自动加液器加 40.0mL $\left[c\left(\dfrac{1}{2}H_2SO_4\right)\approx 0.5mol \cdot L^{-1}\right]$ 或 20.0 mL $\left[c\left(\dfrac{1}{2}H_2SO_4\right)\approx 1.0mol \cdot L^{-1}\right]$ 硫酸溶液于接收器中，加水使溶液量能淹没接收器的双连球瓶颈，加 4～5 滴混合指示液。

用硅脂涂抹仪器接口，装好蒸馏仪器，并保证仪器所有连接部分密封。

通过滴液漏斗往蒸馏烧瓶中加入足够量的氢氧化钠溶液，以中和溶液并过量 25mL，加水冲洗滴液漏斗，应当注意，滴液漏斗内至少存留几毫升溶液。

加热蒸馏，直到接收器中的收集量达到 200mL 时，移开接收器，用 pH 试纸检查冷凝管出口的液滴，如无碱性结束蒸馏。

② 滴定　将接收器中的溶液混匀，用氢氧化钠标准滴定溶液滴定，直至指示液呈灰绿色，滴定时要使溶液充分混匀。同时做空白试验。

（4）分析结果的表述　总氮含量（以干基计），以氮（N）的质量分数 w 计，数值以％表示，按下式计算：

$$w(N)=\frac{c(V_1-V_2)\times M}{1000m[1-w(H_2O)]}\times 100\%$$

式中　c——测定及空白试验时，使用氢氧化钠标准滴定溶液的浓度的准确数值，$mol \cdot L^{-1}$；

V_1——空白试验时，消耗氢氧化钠标准滴定溶液体积的数值，mL；

V_2——测定时，消耗氢氧化钠标准滴定溶液体积的数值，mL；

M——氮的摩尔质量的数值，$g \cdot mol^{-1}$；

m——试样质量的数值，g；

$w(H_2O)$——试样的水分，用质量分数表示，％。

3.5 酸碱滴定法的计算

3.5.1 分析结果的计算

在酸碱滴定中，要进行分析结果的计算，首先要搞清楚酸和碱的基本单元。正像在第 1 章中所叙述的，人们把酸碱反应中放出或结合 1 个 H^+（OH^-）的酸碱所相当的单元称为基本单元。因此，计算第一步应正确写出反应方程式。例如：

$$H_2SO_4 + 2NaOH \rule[0.5ex]{2em}{0.4pt} Na_2SO_4 + 2H_2O$$

1 个 H_2SO_4 能放出 2 个 H^+，1 个 NaOH 能结合 1 个 H^+，所以 H_2SO_4 的基本单元是 $\left(\frac{1}{2}H_2SO_4\right)$，而 NaOH 的基本单元是（NaOH）。

需要指出的是，一种物质在不同反应中基本单元是不同的。比如当用 HCl 标准溶液滴定 Na_2CO_3 时，用酚酞作指示剂时，滴定终点，反应进行到 $NaHCO_3$：

$$HCl + Na_2CO_3 \rule[0.5ex]{2em}{0.4pt} NaCl + NaHCO_3$$

在这个反应中，Na_2CO_3 只结合 1 个 H^+，所以它的基本单元是（Na_2CO_3）。当滴定使用甲基橙指示剂时，反应进行到 H_2CO_3（$H_2O + CO_2$）：

$$2HCl + Na_2CO_3 \rule[0.5ex]{2em}{0.4pt} 2NaCl + H_2O + CO_2 \uparrow$$

1 个 Na_2CO_3 结合 2 个 H^+，所以它的基本单元是 $\left(\frac{1}{2}Na_2CO_3\right)$。

【例 3-18】 将 2.500g 大理石样品溶于 50.00mL 的 $c(HCl) = 1.000\text{mol} \cdot L^{-1}$ 的盐酸标准液中，反应完成后，用 $c(NaOH) = 0.1005\text{mol} \cdot L^{-1}$ 的标准滴定溶液返滴定剩余的酸，消耗 31.25mL，求试样中 $CaCO_3$ 的质量分数？

解：反应为

$$2HCl + CaCO_3 \rule[0.5ex]{2em}{0.4pt} CaCl_2 + H_2O + CO_2 \uparrow$$
$$HCl + NaOH \rule[0.5ex]{2em}{0.4pt} NaCl + H_2O$$

可见它们的基本单元为：$\frac{1}{2}CaCO_3$、HCl、NaOH。

根据式(1-36)，得：

$$w(CaCO_3) = \frac{(50.00 \times 1.000 - 0.1005 \times 31.25) \times 50.05}{1000 \times 2.500} \times 100\%$$

$$= 93.81\%$$

【例 3-19】 将含 Na_2CO_3 和 $NaHCO_3$ 样品 1.200g 溶于水,以酚酞为指示剂,用 $c(HCl) = 0.5000mol \cdot L^{-1}$ 盐酸标准滴定溶液,滴定至酚酞褪色,消耗 15.23mL;加入甲基橙指示剂,继续滴定,溶液由黄色变为橙色,总计消耗 37.50mL,求试样中 Na_2CO_3 和 $NaHCO_3$ 的质量分数?

$$w(Na_2CO_3) = \frac{(15.23 \times 2) \times 0.5000 \times 53.00}{1000 \times 1.200} \times 100\%$$

$$= 67.27\%$$

$$w(NaHCO_3) = \frac{(37.50 - 2 \times 15.23) \times 0.5000 \times 84.00}{1000 \times 1.200} \times 100\%$$

$$= 24.64\%$$

【例 3-20】 称取 0.2300g HCl 和 H_3PO_4 混酸试样,加入甲基红指示剂,用 $c(NaOH) = 0.1004mol \cdot L^{-1}$ 滴定溶液由红色变为黄色时,消耗 NaOH 标准滴定溶液 35.12mL。再加入酚酞指示剂继续滴定到红色时,总计消耗 NaOH 标准滴定溶液 49.12mL(包括前面数值),问混酸中 HCl 和 H_3PO_4 的质量分数?

解: 甲基红变色时,HCl 全部和 H_3PO_4 被滴定到 $H_2PO_4^-$ 消耗标准液 35.12mL;酚酞变色时,$H_2PO_4^-$ 被滴定到 HPO_4^{2-},消耗标准溶液 (49.12 − 35.12) = 14.00 mL。所以:

$$w(H_3PO_4) = \frac{3 \times (49.12 - 35.12) \times 0.1004 \times 32.67}{1000 \times 0.2300} \times 100\%$$

$$= 59.89\%$$

$$w(HCl) = \frac{(35.12 - 14.00) \times 0.1004 \times 36.46}{1000 \times 0.2300} \times 100\%$$

$$= 33.61\%$$

3.5.2 酸碱滴定误差的计算

滴定误差称为终点误差。由于指示剂的变色点不能正好等于等量点,因此滴定终点和等量点有误差,滴定终点和等量点之差称为滴定误差,一般用相对误差表示。

这里只讨论强酸和强碱滴定误差。关于弱酸和弱碱的滴定误差,可参阅其他培训教材。

人们知道，在等量点时，被测组分 B 物质的量 $n(B)$ 等于滴定剂 A 物质的量 $n(A)$，$n(A) = n(B)$。这时滴定误差等于零。如果二者不等，二者之差即为滴定误差（绝对误差），即滴定的绝对误差等于 $n(A) - n(B)$。如果设滴定开始时溶液体积为 V，被测组分 B 的原始浓度为 c_0，终点时，滴定剂浓度为 $c(A)$，待测组分 B 的浓度为 $c(B)$，这时体积增大 1 倍为 $2V$，那么滴定误差

$$E = c(A) \times 2V - c(B) \times 2V$$

$$E' = \frac{c(A) \times 2V - c(B) \times 2V}{c_0 V} \times 100\%$$

$$E' = \frac{2[c(A) - c(B)]}{c_0} \times 100\% \qquad (3\text{-}14)$$

式中　E——绝对误差，mol；

　　E'——相对误差，%；

　$c(A)$——终点时滴定剂 A 的浓度，$mol \cdot L^{-1}$；

　$c(B)$——终点时被测组分 B 的浓度，$mol \cdot L^{-1}$；

　c_0——待测物起始浓度，$mol \cdot L^{-1}$。

【例 3-21】 用 $0.1 mol \cdot L^{-1}$ NaOH 滴定 20.00mL $0.1 mol \cdot L^{-1}$ HCl 溶液，用甲基橙指示剂终点 pH = 4.0，用酚酞作指示剂终点 pH = 9.0，分别计算滴定误差？

解：pH = 4.0 时，$c(B) = 1.0 \times 10^{-4} mol \cdot L^{-1}$，$c(A) = \dfrac{1 \times 10^{-14}}{1.0 \times 10^{-4}} = 1.0 \times 10^{-10} mol \cdot L^{-1}$，$c_0 = 0.1 mol \cdot L^{-1}$ 代入公式(3-14) 中得：

$$E' = \frac{2 \times (1.0 \times 10^{-10} - 1.0 \times 10^{-4})}{0.1} \times 100\%$$

$$= -0.2\%$$

pH = 9.0 时，$c(B) = 1.0 \times 10^{-9} mol \cdot L^{-1}$，$c(A) = \dfrac{1 \times 10^{-14}}{1 \times 10^{-9}} = 1.0 \times 10^{-5} mol \cdot L^{-1}$，$c_0 = 0.1 mol \cdot L^{-1}$，代入公式(3-14) 中得：

$$E' = \frac{2 \times (1.0 \times 10^{-5} - 1.0 \times 10^{-9})}{0.1} \times 100\%$$

$$= +0.02\%$$

可见用酚酞作指示剂误差小。

【**例 3-22**】　用 $0.1 mol \cdot L^{-1}$ HCl 滴定 $0.1 mol \cdot L^{-1}$ NaOH 时，计算酚酞指示剂 pH＝9.0 和甲基橙指示剂 pH＝4.0 时的滴定误差？

解：pH＝9.0 时，$c(A)=1.0 \times 10^{-9} mol \cdot L^{-1}$，$c(B)=\dfrac{1.0 \times 10^{-14}}{1.0 \times 10^{-9}}=1.0 \times 10^{-5} mol \cdot L^{-1}$，$c_0=0.1 mol \cdot L^{-1}$，代入公式 (3-14) 中：

$$E'=\frac{2 \times (1.0 \times 10^{-9}-1.0 \times 10^{-5})}{0.1} \times 100\%$$
$$=-0.02\%$$

pH＝4.0 时，$c(A)=1.0 \times 10^{-4} mol \cdot L^{-1}$

$$c(B)=\frac{1.0 \times 10^{-14}}{1.0 \times 10^{-4}}=1.0 \times 10^{-10} mol \cdot L^{-1}$$

$c_0=0.1 mol \cdot L^{-1}$，代入公式(3-14) 中：

$$E'=\frac{2 \times (1.0 \times 10^{-4}-1.0 \times 10^{-10})}{0.1} \times 100\%$$
$$=+0.2\%$$

第4章 氧化还原滴定法

氧化还原滴定法是以氧化还原反应为基础的滴定分析方法，以氧化剂（还原剂）作为标准滴定溶液来滴定还原剂（氧化剂）。因此，利用氧化还原滴定法可以测定许多氧化剂和还原剂。

目前，使用较多的氧化还原滴定法有：高锰酸钾法、重铬酸钾法和碘量法。

4.1 氧化还原反应

4.1.1 氧化和还原

氧化还原反应是指物质之间发生电子转移的化学反应。获得电子的物质叫氧化剂，失去电子的物质叫还原剂；当物质获得电子时，称还原反应，它被还原，当物质失去电子时，它被氧化，称氧化反应。因此，氧化和还原反应总是同时发生的，在一个反应体系中，发生氧化反应，必然同时发生还原反应。例如：

$$Br_2 + 2I^- \Longrightarrow 2Br^- + I_2$$

在这一反应中，Br_2 得到电子是氧化剂，I^- 失去电子是还原剂。I^- 被 Br_2 所氧化，Br_2 被 I^- 所还原。

对于一些共价键化合物来说，可以根据共价键中电子对偏移情况来确定氧化和还原。电子对偏移靠近的原子（看成得到电子）是氧化剂，电子对偏移远离的原子（看成失去电子）是还原剂。例如：

$$3H_2 + N_2 \xrightarrow{\text{催化剂}} 2NH_3$$

在 NH_3 中，共价键 N∶H 中电子对偏移靠近 N 原子，所以 N_2 是氧化剂，H_2 是还原剂。

4.1.2 分析中常见的氧化剂和还原剂

在化学分析中常用的氧化剂和还原剂，应该根据得失 1 个电子所相当的单元为基本单元的原则,确定出各氧化还原的基本单元。

4.1.2.1 氧化剂

① 卤素在分析中常作为氧化剂,生成卤素离子。

$$Cl_2 + 2e^- \Longrightarrow 2Cl^- \qquad 基本单元为\left(\frac{1}{2}Cl_2\right)$$

$$Br_2 + 2e^- \Longrightarrow 2Br^- \qquad 基本单元为\left(\frac{1}{2}Br_2\right)$$

$$I_2 + 2e^- \Longrightarrow 2I^- \qquad 基本单元为\left(\frac{1}{2}I_2\right)$$

② 过氧化氢(H_2O_2)作为氧化剂,反应生成 H_2O。

$$H_2O_2 + 2H^+ + 2e^- \Longrightarrow 2H_2O \qquad 基本单元为\left(\frac{1}{2}H_2O_2\right)$$

③ 高锰酸钾($KMnO_4$),在酸性介质中得到 5 个电子被还原为 Mn^{2+},在中性和碱性介质中得到 3 个电子被还原为 MnO_2。

$$MnO_4^- + 8H^+ + 5e^- \Longrightarrow Mn^{2+} + 4H_2O \qquad 基本单元为\left(\frac{1}{5}KMnO_4\right)$$

$$MnO_4^- + 2H_2O + 3e^- \Longrightarrow MnO_2 + 4OH^- \qquad 基本单元为\left(\frac{1}{3}KMnO_4\right)$$

④ 重铬酸钾($K_2Cr_2O_7$),在酸性介质中被还原为 Cr^{3+}。

$$Cr_2O_7^{2-} + 14H^+ + 6e^- \Longrightarrow 2Cr^{3+} + 7H_2O \qquad 基本单元为\left(\frac{1}{6}K_2Cr_2O_7\right)$$

⑤ 溴酸钾 $KBrO_3$,在酸性介质中,得到 6 个电子被还原为 Br^-。

$$BrO_3^- + 6H^+ + 6e^- \Longrightarrow Br^- + 3H_2O \qquad 基本单元为\left(\frac{1}{6}KBrO_3\right)$$

4.1.2.2 还原剂

① 单质金属,如铁、铝、锡、锌等活泼金属失去电子,本身被氧化为金属离子,它们是还原剂。

② 二氯化锡($SnCl_2$),在酸性溶液中,失去 2 个电子被氧化为四氯化锡。

$$SnCl_2 + 2HCl - 2e^- \Longrightarrow SnCl_4 + 2H^+ \qquad 基本单元为\left(\frac{1}{2}SnCl_2\right)$$

③ 草酸及其盐,在酸性介质中失去 2 个电子被氧化为 CO_2。

$$H_2C_2O_4 - 2e^- \Longrightarrow 2H^+ + 2CO_2\uparrow \qquad 基本单元为\left(\frac{1}{2}H_2C_2O_4\right)$$

④ 过氧化氢(H_2O_2),也可作为还原剂,反应生成 O_2。但其还原性没有氧化性强,所以是弱还原剂。

$$H_2O_2 - 2e^- \Longrightarrow 2H^+ + O_2\uparrow \qquad 基本单元为\left(\frac{1}{2}H_2O_2\right)$$

⑤ 硫代硫酸盐，失去 2 个电子被氧化为连四硫酸盐。

$$2S_2O_3^{2-} - 2e^- = S_4O_6^{2-} \quad 基本单元为 \left(\frac{1}{2}S_2O_3^{2-}\right)$$

⑥ 碘化钾，失去 1 个电子变为零价碘。

$$2I^- - 2e^- = I_2 \quad 基本单元为 (I^-)$$

4.2 氧化还原电极电位

4.2.1 氧化还原电对和半反应

在氧化还原反应中，氧化剂得到电子由氧化型变为还原型，还原剂失去电子由还原型变为氧化型。一种物质的氧化型和还原型组成的体系，称为氧化还原电对。每一个电对对应的氧化还原反应，称为半反应。例如：

$$I_2 + 2e^- = 2I^- \text{ 的半反应，电对为 } I_2/I^-$$
$$MnO_4^- + 8H^+ + 5e^- = Mn^{2+} + 4H_2O \text{ 的半反应，电对为 } MnO_4^-/Mn^{2+}$$
$$Zn^{2+} + 2e^- = Zn \text{ 的半反应，电对为 } Zn^{2+}/Zn$$

一个物质（分子、离子和基团）处于失电子状态，称为氧化型；处于得电子状态，称为还原型。只有氧化型才能作氧化剂，只有还原型才能作还原剂。

电对都应写成氧化型/还原型。各电对的得失电子的能力（即氧化还原的能力）不同，因此，当将两个不同电对用导线连接起来时，就有电流通过，这就是原电池。

例如，Zn^{2+}/Zn 和 Cu^{2+}/Cu 两个电对。在两个容器中分别装入 $ZnCl_2$ 和 $CuSO_4$ 溶液，分别插入 Zn 棒和 Cu 棒，组成两个半电池，有下面两个半反应：

$$Zn^{2+} + 2e^- = Zn$$
$$Cu^{2+} + 2e^- = Cu$$

由于 Zn^{2+} 得到电子能力没有 Cu^{2+} 强，所以，当用导线将两个半电池连接起来时，就会发现有电流通过，电子从 Zn 棒流向 Cu 棒，即电流是从 Cu 棒流向 Zn 棒，所以 Cu 棒是正极，Zn 棒是负极。这时，在两个电极上发生的半反应为：

正极：$\qquad Cu^{2+} + 2e^- = Cu$

负极：$\qquad Zn - 2e^- = Zn^{2+}$

可见在正极上发生还原反应，在负极上发生氧化反应。在电化学中，发生氧化反应的电极称为阳极，发生还原反应的电极称为阴极。所以，在原电池中，正极发生还原反应（有金属析出），对应阴极；负极发生氧化反应（金属溶解），对应阳极。这和电解电池相反。

　　原电池中有电流通过，说明正、负极电位不相等，存在电位差，该电位差等于原电池的电动势。

4.2.2　电对的标准电极电位

　　从上面叙述可以看出，电对的氧化还原能力不同。为了表征电对的氧化还原能力，引入电对的电极电位概念。不同的电对具有不同的氧化还原能力，其电极电位值也不相同。

　　电对的电极电位绝对值无法测得。实验上，可以将不同的电对电极与标准氢电极（电对 H^+/H_2）连接组成原电池，测量原电池的电动势，并以标准氢电极的电极电位规定为零，来测得各电对的（相对）电极电位值。

　　标准氢电极是把被压力为 101.325kPa 氢所饱和铂黑电极，插入 $[H^+]=1mol \cdot L^{-1}$ 的硫酸溶液中，其半反应为：

$$2H^+ + 2e^- \Longrightarrow H_2$$

规定 25℃时，它的电极电位为标准电极，电位等于零，用 $\varphi^0_{H^+/H_2} = 0V$ 表示。

　　如果一个电对的 [氧化型] 和 [还原型] 浓度都为 $1mol \cdot L^{-1}$ 时，在 25℃与标准氢电极相连的原电池测得的电动势，即为该电对的标准电极电位，用符号 φ^0 表示，单位为 V。

　　如果组成的原电池中，电对为正极（阴极，作氧化剂），氢电极为负极（阳极，作还原剂），电动势 $E = \varphi^0 - \varphi^0_{H^+/H_2} = \varphi^0 - 0 = \varphi^0$（正值）。如果组成的原电池中，氢电极为正极（阴极，作氧化剂），电对为负极（阳极，作还原剂），电动势 $E = \varphi^0_{H^+/H_2} - \varphi^0 = 0 - \varphi^0 = -\varphi^0$，即 $\varphi^0 = -E$（负值）。

　　将各种电对（浓度为 $1mol \cdot L^{-1}$），在 25℃时与标准氢电极组成原电池，测量其电动势，计算出各电对的标准电极电位值，列于表 4-1 中。

　　从表 4-1 看出，φ^0 值越高（正值）的电对，其氧化型是强氧化剂，还原型是弱还原剂；φ^0 值越低（负值）的电对，其还原型是强还原剂，氧化型必是弱氧化剂。

表 4-1 一些电对的标准电极电位值（25℃，$1mol \cdot L^{-1}$）

氧化型	电子数	还原型	$\varphi^{\ominus}/V$
$MnO_4^- + 8H^+$	5e	$Mn^{2+} + 4H_2O$	+1.51
Cl_2	2e	$2Cl^-$	+1.36
$Cr_2O_7^{2-} + 14H^+$	6e	$2Cr^{3+} + 7H_2O$	+1.33
Br_2	2e	$2Br^-$	+1.07
Fe^{3+}	e	Fe^{2+}	+0.77
$O_2 + 2H^+$	2e	H_2O_2	+0.68
I_2	2e	$2I^-$	+0.54
Cu^{2+}	e	Cu^+	+0.17
$S_4O_6^{2-}$	2e	$2S_2O_3^{2-}$	+0.08
$2H^+$	2e	H_2	0.00
Sn^{2+}	2e	Sn	-0.14
Zn^{2+}	2e	Zn	-0.76
Mg^{2+}	2e	Mg	-2.38
Na^+	e	Na	-2.71

4.2.3 能斯特方程式

标准电极电位 φ^0 是 25℃时，[氧化型] 和 [还原型] 浓度分别为 $1mol \cdot L^{-1}$ 时的电极电位。当 [氧化型] 和 [还原型] 浓度和温度发生变化时，电极电位 φ 可以根据能斯特公式计算：

$$\varphi = \varphi^0 + \frac{RT}{nF} \ln \frac{[氧化型]}{[还原型]} \tag{4-1}$$

式中 φ——电极电位，V；

φ^0——标准电极电位，V；

T——绝对温度，K；

F——法拉第常数，96500C/mol；

R——气体常数，8.314J/(mol·K)；

n——反应中转移电子数。

将 25℃及各常数代入，自然对数变为常用对数，得到下面的公式：

$$\varphi = \varphi^0 + \frac{0.059}{n} \lg \frac{[氧化型]}{[还原型]} \tag{4-2}$$

【例 4-1】 求 $[Fe^{3+}] = 1mol \cdot L^{-1}$，$[Fe^{2+}] = 0.001mol \cdot L^{-1}$ 时 $\varphi_{Fe^{3+}/Fe^{2+}}$ 值？

解： $\varphi_{Fe^{3+}/Fe^{2+}} = \varphi^0 + 0.059 \lg \dfrac{1}{0.001} = (0.77 + 0.177)V = 0.95V$

【例 4-2】 在酸性介质中，$[MnO_4^-] = 0.10 mol \cdot L^{-1}$，$[Mn^{2+}] = 0.001 mol \cdot L^{-1}$ $[H^+] = 1.0 mol \cdot L^{-1}$ 时，求 $\varphi_{MnO_4^-/Mn^{2+}}$ 值？

解： 半反应为

$$MnO_4^- + 8H^+ + 5e^- = Mn^{2+} + 4H_2O$$

$$\varphi_{MnO_4^-/Mn^{2+}} = \varphi^0 + \frac{0.059}{5} \lg \frac{[MnO_4^-][H^+]^8}{[Mn^{2+}]}$$

$$= \left(1.51 + 0.0118 \lg \frac{0.10 \times 1^8}{0.001}\right)V = 1.53V$$

4.3 氧化还原反应的方向

4.3.1 氧化还原反应方向的判断

一个氧化还原反应进行的方向，应该是两个电对组成原电池电动势为正值的方向。原电池电动势 $E^0 = \varphi^0_正 - \varphi^0_负 > 0$，所以 $\varphi^0_正 > \varphi^0_负$，即作为正极的电对的标准电极电位要大于作为负极的电对的标准电极电位。因此，氧化还原反应进行的方向是 φ^0 值高的电对中氧化型与 φ^0 值低的电对中还原型进行反应的方向。

【例 4-3】 $\varphi^0_{Fe^{3+}/Fe^{2+}} = +0.77V$，$\varphi^0_{I_2/I^-} = +0.54V$，问 $Fe^{3+} + I^- \longrightarrow Fe^{2+} + I_2$ 反应能否进行？

解： 因为 $\varphi^0_{Fe^{3+}/Fe^{2+}} > \varphi^0_{I_2/I^-}$，所以 $Fe^{3+} + I^- \longrightarrow Fe^{2+} + I_2$ 反应能够进行。

【例 4-4】 判断电对 Cl_2/Cl^- 和 I_2/I^- 反应进行的方向？

解： 因为

$$\varphi^0_{Cl_2/Cl^-} = +1.36V$$

$$\varphi^0_{I_2/I^-} = +0.54V$$

所以，反应进行的方向为：

$$Cl_2 + 2I^- = 2Cl^- + I_2$$

4.3.2 氧化还原反应次序

当溶液中存在两种以上氧化剂（或还原剂）时，加入一种还原剂（或氧化剂），先和哪个氧化剂（还原剂）反应，这就是氧化还原反应次序问题。

【例 4-5】 溶液存在相等浓度的 I^- 和 Br^-，当加入氯水时，Cl_2 先和哪个反应？

列出 3 个电对的标准电极电位值：

$$\varphi^0_{Cl_2/Cl^-} = +1.36V$$

$$\varphi^0_{Br_2/Br^-} = +1.07V$$

$$\varphi^0_{I_2/I^-} = +0.54V$$

显然，由 Cl_2/Cl^- 和 Br_2/Br^- 两个电对组成的原电池电动势 $E =$ $(1.36-1.07)V = 0.29V$，由 Cl_2/Cl^- 和 I_2/I^- 两个电对组成的原电池电动势 $E = (1.36-0.54)V = 0.82V$，所以 $Cl_2 + 2I^- \Longrightarrow 2Cl^- + I_2$ 先于 $Cl_2 + 2Br^- \Longrightarrow 2Cl^- + Br_2$ 反应。

因此，氧化还原反应次序是电极电位相差较大的两个电对先进行反应。即一种氧化剂可以氧化几种还原剂时，首先氧化最强的还原剂（电位值最低的）；一种还原剂可以还原几种氧化剂时，首先还原最强的氧化剂（电位值最高的）。

根据氧化还原次序，可以判断存在几种氧化剂和还原剂时的干扰问题。例如，测定溶液中 Fe 时，用 HCl 溶解试样，所以存在 Cl^-。采用 $K_2Cr_2O_7$ 法滴定和 $KMnO_4$ 法滴定时，Cl^- 是否干扰。因为 $\varphi^0_{MnO_4^-/Mn^{2+}} = +1.51V$，$\varphi^0_{Cr_2O_7^{2-}/Cr^{3+}} = +1.33V$，$\varphi^0_{Cl_2/Cl^-} = +1.36V$ 所以 $K_2Cr_2O_7$ 不能氧化 Cl^-，而 $KMnO_4$ 能氧化 Cl^- 产生干扰。

上述是用标准电极电位 φ^0 来判断反应方向和次序。实际应用时，由于浓度变化及介质酸度 $[H^+]$ 变化，应该用能斯特公式计算出电极电位值 φ，再根据上述原则来判断。

4.3.3　影响氧化还原反应方向的因素

当溶液中氧化剂和还原剂浓度变化、溶液介质酸度 $[H^+]$ 变化以及生成沉淀物和配合物时，电对的电极电位值将发生变化，从而使原来几个标准电极电位值接近的电对的电极电位值大小次序发生颠倒，从而改变氧化还原反应的方向和次序。

4.3.3.1　氧化剂和还原剂浓度的影响

溶液中氧化剂和还原剂浓度改变时，电对的电极电位将发生变化。从能斯特公式可以看出，氧化型浓度增加，还原型浓度降低，电对的电极电位将增加，因此，改变电对的氧化型和还原型浓度，反应方向可以改变。

【例 4-6】　$[Cu^{2+}]=1mol \cdot L^{-1}$，$[Sn^{2+}]=1mol \cdot L^{-1}$ 时，$\varphi^0_{Cu^{2+}/Cu^+}=+0.17V$，$\varphi^0_{Sn^{4+}/Sn^{2+}}=0.15V$，因为 $\varphi^0_{Cu^{2+}/Cu^+}>\varphi^0_{Sn^{4+}/Sn^{2+}}$，故可发生下列反应：

$$2Cu^{2+}+Sn^{2+}=\!=\!=2Cu^++Sn^{4+}$$

当浓度变为 $[Cu^{2+}]=0.1mol \cdot L^{-1}$，其他不变，此时

$$\varphi_{Cu^{2+}/Cu^+}=\left(0.17+0.059lg\frac{0.10}{1.0}\right)V=0.11V<\varphi^0_{Sn^{4+}/Sn^{2+}}$$

因此，反应方向相反：

$$Sn^{4+}+2Cu^+=\!=\!=Sn^{2+}+2Cu^{2+}$$

4.3.3.2　溶液酸度的影响

有些电对的半反应有 H^+ 或 OH^- 参加，当溶液酸度变化时，电对的电极电位值发生变化，从而影响了反应的方向。

【例 4-7】　$\varphi^0_{AsO_4^{3-}/AsO_3^{3-}}=+0.56V$，$\varphi^0_{I_2/I^-}=+0.54V$，因此在强酸介质（$[H^+]=1.0mol \cdot L^{-1}$）中，$AsO_4^{3-}$ 能氧化 I^-

$$AsO_4^{3-}+2I^-+2H^+=\!=\!=AsO_3^{3-}+I_2+H_2O$$

如果将酸度降为 $pH=4.0$，则发生反方向反应。

$$\varphi_{AsO_4^{3-}/AsO_3^{3-}}=0.56+\frac{0.059}{2}lg\frac{[AsO_4^{3-}][H^+]^2}{[AsO_3^{3-}]}$$

$$=\left[0.56+\frac{0.059}{2}lg(10^{-4})^2\right]V=+0.32V<0.54V$$

发生相反的反应：

$$AsO_3^{3-}+I_2+H_2O=\!=\!=AsO_4^{3-}+2I^-+2H^+$$

4.3.3.3　生成沉淀的影响

在氧化还原反应中，当氧化剂或还原剂生成沉淀物时，改变了氧化型或还原型浓度，电极电位值发生变化，可能影响反应方向。

例如 $\varphi^0_{Ag^+/Ag}=+0.799V$，$\varphi^0_{Fe^{3+}/Fe^{2+}}=+0.77V$，因此，在 $[Ag^+]=[Fe^{2+}]=[Fe^{3+}]=1mol \cdot L^{-1}$ 时，发生下列反应：

$$Ag^++Fe^{2+}=\!=\!=Ag\downarrow+Fe^{3+}$$

但是，当溶液中存在 Cl^- 时，生成 $AgCl\downarrow$，溶液中 $[Ag^+]$ 降低，其 $\varphi_{Ag^+/Ag}$ 值降低。如果溶液中 $[Cl^-]=1.0mol \cdot L^{-1}$ 时，则

$$\varphi_{AgCl/Ag}=\varphi^0_{AgCl/Ag}+0.0591lg[Ag^+]=\varphi^0_{AgCl/Ag}+0.0591lg\frac{K_{sp}}{[Cl^-]}$$

$$=(0.799+0.059\lg 1.8\times 10^{-10})V=0.22V$$

显然，Ag^+ 已经不能氧化 Fe^{2+}，发生相反方向反应：

$$Fe^{3+}+Ag^++Cl^- \Longrightarrow Fe^{2+}+AgCl\downarrow$$

4.3.3.4 形成配合物的影响

在氧化还原反应中，氧化型或还原型生成稳定配合物，使［氧化型］和［还原型］浓度发生变化，因而也改变了电极电位值，可能改变反应方向。当溶液中存在配位剂能和氧化型生成配合物时，［氧化型］浓度降低，电极电位值降低；当配位剂能和还原型生成配合物时，［还原型］浓度降低，电极电位值升高。

综上所述，以上因素都能改变电极电位值。但只有两个电对的标准电极电位值相差不大时，通过改变氧化剂和还原剂浓度、改变酸度或使之生成沉淀或配合物才能达到改变氧化还原反应的方向。

4.4 氧化还原反应进行的程度和速度

4.4.1 氧化还原反应平衡常数

氧化还原滴定法要求反应进行完全，怎样判断氧化还原反应进行的程度呢？可以用氧化还原反应的平衡 K 值来表征反应进行的程度，K 值越大，反应进行得越完全、越彻底。

氧化还原反应中，反应物和生成物浓度不断变化，两个电对中的［氧化型］和［还原型］浓度不断变化，其电极电位值也不断变化，当反应达到平衡时，两个电对的电极电位值相等。通过能斯特公式可以计算出反应的平衡常数 K。

例如，一般的氧化还原反应可以写成如下通式：

$$Ox_1+Re_2 \Longrightarrow Re_1+Ox_2$$

反应的平衡常数

$$K=\frac{[Re_1][Ox_2]}{[Ox_1][Re_2]}$$

上面反应的两个半反应及电极电位值为：

$$Ox_1+ne^- \Longrightarrow Re_1$$

$$\varphi_1=\varphi_1^0+\frac{0.059}{n}\lg\frac{[Ox_1]}{[Re_1]}$$

$$Ox_2+ne^- \Longrightarrow Re_2$$

$$\varphi_2 = \varphi_2^0 + \frac{0.059}{n} \lg \frac{[Ox_2]}{[Re_2]}$$

反应平衡时，$\varphi_1 = \varphi_2$，代入得：

$$\varphi_1^0 - \varphi_2^0 = \frac{0.059}{n} \lg \frac{[Re_1][Ox_2]}{[Ox_1][Re_2]} = \frac{0.059}{n} \lg K$$

所以

$$\lg K = \frac{n(\varphi_1^0 - \varphi_2^0)}{0.059} \qquad (4\text{-}3)$$

从上式可以看出，两对电对的标准电极电位值相差越大，K 值越大，反应越完全。当 $\varphi_1^0 - \varphi_2^0 = 0.3 \sim 0.4V$，$n = 1$ 时，$K = 1.2 \times 10^5 \sim 6.0 \times 10^6$，可见反应已经很完全，未反应物只剩下 0.3% 以下。

【例 4-8】 计算 $2Fe^{3+} + Sn^{2+} \rightleftharpoons 2Fe^{2+} + SN^{4+}$ 的 K 值？

解：

$$\lg K = \frac{2 \times (0.77 - 0.15)}{0.059} = 21$$

$$K = 10^{21}$$

上面讨论可以看出，当 $\varphi_1^0 - \varphi_2^0 = 0.40V$ 时，反应完成 99.96%。计算表明，当 $\varphi_1^0 - \varphi_2^0 = 0.35V$，$n = 1$ 时，反应完成 99.9%，只剩下 0.1% 未反应。这可以满足滴定分析的要求。

4.4.2 氧化还原反应速率

上述电对的标准电极电位差决定了反应进行的程度，但不能说明反应速率。反应速率低也不适于作滴定分析。因此，必须讨论影响氧化还原反应速率的因素，以便控制和改变反应速率，满足滴定分析的要求。

（1）反应物浓度对反应速率的影响　反应物浓度增大，反应速率提高。例如 $K_2Cr_2O_7$ 和 KI 反应速率低，但提高 I^- 浓度可以加快反应。

（2）温度对反应速率的影响　提高反应溶液温度，能加快反应速率。温度增高，分子运动加快，活化分子数目增加，所以提高了反应速率。一般温度升高 10℃，反应速率提高 2～3 倍。例如，用 $KMnO_4$ 滴定 $H_2C_2O_4$ 反应速率低，一般要加热至 75～85℃ 下进行滴定。

（3）催化剂对反应速率的影响　有些氧化还原反应必须加催化剂来提高反应速率。例如，$KMnO_4$ 作为标准滴定溶液，它和一些还原剂反应慢，但有少量 Mn^{2+} 存在时，能催化反应速率。因为 $KMnO_4$ 在滴定过程中生成 Mn^{2+} 起催化作用，这种作用称为自催化作用。所以，在实际操作时，第一滴 $KMnO_4$ 滴下后，应该等待紫色消失后（生成 Mn^{2+}），再继续进行滴定。

还有一些氧化还原反应速率，可以被另一氧化还原反应所加速，这种现象称为诱导作用。例如，$KMnO_4$ 和 Cl^- 反应很慢，但是当有 Fe^{2+} 存在时，MnO_4^- 和 Fe^{2+} 反应能加速 MnO_4^- 和 Cl^- 的反应。所以在 HCl 介质中，不适宜用 $KMnO_4$ 滴定 Fe^{2+}。但可以加入 $MnSO_4$，提高 $[Mn^{2+}]$ 浓度，降低电对 MnO_4^- / Mn^{2+} 的电位值，Cl^- 就不干扰 Fe^{2+} 的测定了。

4.5 氧化还原滴定指示剂

氧化还原滴定中终点的判定，可以使用电位法来确定终点。另外，还可以利用某种物质在等量点附近时颜色的改变来指示滴定终点，这种物质称做氧化还原指示剂。氧化还原滴定中常用指示剂有下面三种类型。

（1）自身指示剂　在氧化还原滴定中，有些标准溶液或被滴定物质本身有颜色，如果反应后变为无色物质，那么不用另加指示剂就可判定滴定终点。例如，$KMnO_4$ 滴定中，MnO_4^- 本身是紫色的，目视灵敏度为 10^{-5} mol·L^{-1}，而反应后生成的 Mn^{2+} 为无色的。因此，滴定完成后，过量的 MnO_4^- 显紫色表示已达到终点。如果使用 0.1 mol·L^{-1} $KMnO_4$，过量半滴（约 0.02 mL），设终点溶液总体积为 100 mL，则 MnO_4^- 的浓度为 $\left(0.1 \times \dfrac{0.02}{100}\right)$ mol·$L^{-1} = 2 \times 10^{-5}$ mol·L^{-1}，达到目视灵敏度。

（2）专属指示剂　能与氧化剂或还原剂产生特殊颜色的指示剂。例如，可溶性淀粉与碘溶液反应生成蓝色物质，当 I_2 被还原为 I^- 时，深蓝色消失。故淀粉可作为碘量法专属指示剂。

（3）氧化还原型指示剂　这类指示剂本身就是氧化剂或还原剂，在氧化还原滴定中它也发生氧化还原反应，而且其氧化型和还原型颜色不同，因而指示滴定终点。

表 4-2 列出了经常使用的氧化还原型指示剂。例如，用 $K_2Cr_2O_7$

滴定 Fe^{2+}，常用二苯胺磺酸钠作指示剂。

表 4-2　一些氧化还原型指示剂

指　示　剂	氧化型颜色	还原型颜色	$\varphi_{In}^0(pH=0)/V$
亚甲基蓝	蓝色	无色	0.36
二苯胺	紫色	无色	0.76
二苯胺磺酸钠	紫红	无色	0.84
邻苯氨基苯甲酸	紫红	无色	0.89
邻二氮菲亚铁	浅蓝	红色	1.06
硝基邻二氮菲亚铁	浅蓝	紫红	1.25

二苯胺磺酸钠为无色，当在酸性介质中遇氧化剂被氧化为二苯联苯胺磺酸（无色），继而被氧化为二苯联苯胺磺酸紫（紫色）。二苯联苯胺磺酸紫不稳定，它会缓慢地被氧化而分解，所以，终点后，紫色会逐渐消失。

用 $In(Ox)$ 和 $In(Re)$ 分别代表指示剂的氧化型和还原型，n 为电子转移数，则

$$In(Ox) + ne^- \rightleftharpoons In(Re)$$

其电位 φ 值用能斯特公式计算：

$$\varphi = \varphi_{In}^0 + \frac{0.059}{n} lg \frac{[In(Ox)]}{[In(Re)]}$$

式中　φ_{In}^0——指示剂的标准电极电位，V；

$[In(Ox)]$——指示剂氧化型浓度，$mol \cdot L^{-1}$；

$[In(Re)]$——指示剂还原型浓度，$mol \cdot L^{-1}$；

　　　n——反应得失电子数。

当 $\dfrac{[In(Ox)]}{[In(Re)]} \geqslant 10$ 时，看到的是氧化型颜色，此时电位值为

$$\varphi = \varphi_{In}^0 + \frac{0.059}{n} lg \frac{10}{1} = \varphi_{In}^0 + \frac{0.059}{n}$$

当 $\dfrac{[In(Ox)]}{[In(Re)]} \leqslant 1/10$ 时，看到的是还原型颜色，此时电位值为

$$\varphi = \varphi_{In}^0 + \frac{0.059}{n} lg \frac{1}{10} = \varphi_{In}^0 - \frac{0.059}{n}$$

所以指示剂的变色范围为 $\varphi_{In}^0 - \dfrac{0.059}{n} \sim \varphi_{In}^0 + \dfrac{0.059}{n}$。

氧化还原指示剂有不同的标准电极电位。选择指示剂时，应选择

变色点电位值在滴定突跃之内的氧化还原型指示剂。

4.6 氧化还原滴定曲线

在氧化还原滴定中，随着氧化剂或还原剂标准滴定溶液的加入，溶液中被滴定的还原剂或氧化剂的浓度不断变化，因而，溶液的电位值不断变化。表示随标准滴定溶液加入的体积而溶液电位值不断变化的曲线，称为氧化还原滴定曲线。

下面，以 $c(Ce^{4+})=0.1mol \cdot L^{-1}$ 的硫酸铈标准溶液滴定 20.00mL 的 $c(Fe^{2+})=0.1mol \cdot L^{-1}$ 的 Fe^{2+} 为例来讨论其滴定曲线。

假定溶液介质为 $1mol \cdot L^{-1}$ H_2SO_4，其标准电极电位值如下：

$$\varphi^0_{Fe^{3+}/Fe^{2+}}=+0.68V, \quad \varphi^0_{Ce^{4+}/Ce^{3+}}=+1.44V。$$

① 滴定开始至等量点前 溶液中存在两个电对：Fe^{3+}/Fe^{2+} 和 Ce^{4+}/Ce^{3+}，溶液的电位值从这两个电对都可求出，但 Ce^{4+}/Ce^{3+} 电对中，因为 Ce^{4+} 很小，不易求得，所以等量点前溶液电位值可根据能斯特公式求得：例如，滴定到 50%，即加入 10.0mL 标准溶液时，溶液中

$$[Fe^{3+}]=0.1 \times \frac{10.00}{20.00+10.00}=0.0333mol \cdot L^{-1}$$

$$[Fe^{2+}]=0.1 \times \frac{20.00-10.00}{20.00+10.00}=0.0333mol \cdot L^{-1}$$

溶液电位值

$$\varphi=\varphi^0_{Fe^{3+}/Fe^{2+}}+0.059lg\frac{[Fe^{3+}]}{[Fe^{2+}]}=0.68V。$$同理，可计算滴定到 90% 时，φ 值为 0.74V，滴定到 99% 时为 $\varphi=0.80V$，滴定到 99.9% 时，φ 值为 0.86V。

② 等量点时，根据溶液中两个电对，Fe^{3+}/Fe^{2+} 和 Ce^{4+}/Ce^{3+} 电位相等，得到 $\varphi=\dfrac{1.44+0.68}{2}=1.06V$。

③ 等量点后，溶液中 Ce^{4+} 过量，可根据 Ce^{4+}/Ce^{3+} 电对来计算。例如过量 0.1% 时，$\varphi=\varphi^0_{Ce^{4+}/Ce^{3+}}+0.059lg\dfrac{0.1\%}{100\%}=1.44-0.177=1.26V$。同理，可计算过量 1% 时，$\varphi=1.44-0.118=1.32V$，过量 10% 时 $\varphi=1.38V$。

得到的结果列于表 4-3 中。画出的滴定曲线如图 4-1 所示。

表 4-3　用 $c(Ce^{4+})=0.1mol \cdot L^{-1}$ 硫酸铈溶液滴定 20mL 0.1mol $\cdot L^{-1}$ 的 Fe^{2+} 溶液，1mol $\cdot L^{-1}$ H_2SO_4 介质

滴定百分率/%	滴加标准体积/mL	电位/V
0	0	—
50	10.00	0.68
90	18.00	0.74
99	19.80	0.80
99.9	19.98	0.86 ⎫
100.0	20.00	1.06 ⎬ 突跃
100.1	20.02	1.26 ⎭
101.0	20.20	1.32
110.0	22.00	1.38

从上述数据看，在滴定进行到 99.9% 到 100.1% 的过程中，电位值从 0.86V 跳跃到 1.26V，形成一个突跃。人们把标准滴定溶液滴加量从 99.9% 到 100.1% 所引起溶液电位值变化范围称为滴定突跃范围。

上面讨论的是可逆氧化还原体系的滴定曲线，可以从能斯特公式来计算其滴定曲线。对于不可逆氧化还原体系的滴定曲线，例如 $KMnO_4$ 滴定 Fe^{2+} 和 $K_2Cr_2O_7$ 滴定 Fe^{2+}，用能斯特公式计算得到的滴定曲线与实验验测得的滴定曲线有差别，这里不予讨论。

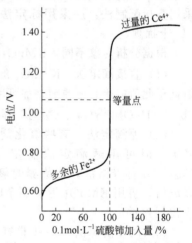

图 4-1　0.1mol $\cdot L^{-1}$ 硫酸铈溶液滴定亚铁离子溶液的滴定曲线

4.7 常用的氧化还原滴定法

4.7.1 高锰酸钾滴定法

4.7.1.1 概述

$KMnO_4$ 是一种强氧化剂，在强酸性介质中与还原剂反应，MnO_4^- 被还原为 Mn^{2+}，其半反应为：

$$MnO_4^- + 8H^+ + 5e^- \Longrightarrow Mn^{2+} + 4H_2O \qquad \varphi^0 = 1.51V$$

在微酸性、中性及弱碱性介质中，MnO_4^- 被还原为 MnO_2，其半反应为：

$$MnO_4^- + 2H_2O + 3e^- \Longrightarrow MnO_2 + 4OH^- \qquad \varphi = 0.588V$$

当在强碱性介质中（$2mol \cdot L^{-1}$ NaOH），MnO_4^- 被还原为 MnO_4^{2-}。

由于生成 $MnO_2 \downarrow$，影响终点判断，所以 $KMnO_4$ 滴定法多在强酸性介质中进行，转移电子数为 5，所以其基本单元为 $1/5KMnO_4$。

高锰酸钾法的优点是，氧化能力强，可以滴定很多还原剂；MnO_4^- 是紫色的，过量半滴 $KMnO_4$ 可以从颜色指示终点，可作自身指示剂。其缺点是，$KMnO_4$ 本身杂质多，溶液不稳定，所以不能采用直接配制法，应采用标定法；干扰多，特别是在盐酸介质中，Cl^- 干扰测定。

根据分析对象不同，$KMnO_4$ 滴定法可分为如下几种。

（1）直接滴定法 $KMnO_4$ 的 φ^0 值较高，达到 1.51V，所以 φ^0 值低于此值的所有还原剂，都可用 $KMnO_4$ 滴定，比如 Fe^{2+}、As^{3+}、Sb^{3+}、H_2O_2、NO_2^-、$C_2O_4^{2-}$ 等。

（2）返滴定法 有些氧化剂（即氧化型）不能直接用 $KMnO_4$ 滴定，但可用返滴定法滴定。比如，先加过量的、准确量的 $Na_2C_2O_4$ 标准溶液，使待测的氧化剂先与 $Na_2C_2O_4$ 反应，待反应完成后，再用 $KMnO_4$ 返滴剩余的 $Na_2C_2O_4$，二者之差即为待测的氧化剂含量。

（3）间接滴定法 一些非氧化剂和还原剂，不能和 $KMnO_4$ 反应，无法滴定。但可采用间接滴定法，例如 Ca^{2+} 的测定，可用 $H_2C_2O_4$ 将 Ca^{2+} 沉淀为 CaC_2O_4，再用稀 H_2SO_4 将 CaC_2O_4 溶解，用 $KMnO_4$ 滴定 $C_2O_4^{2-}$，间接求出 Ca^{2+} 的含量。

4.7.1.2　$KMnO_4$ 标准溶液配制和标定

（1）配制 由于 $KMnO_4$ 常常和还原剂反应生成 MnO_2，它会促进 $KMnO_4$ 分解，因此可先配制近似浓度 $KMnO_4$ 溶液，然后进行标定。

称取比理论量稍多的 $KMnO_4$，例如，配制 1L $c\left(\dfrac{1}{5}KMnO_4\right) = 0.1mol \cdot L^{-1}$ 溶液，可称固体 $KMnO_4$ 3.3～3.5g 溶于 1L 蒸馏水中。

将上面配好的溶液加热至沸腾，保持微沸 1h，再放置 2～3 天，使可还原物质全部被氧化。

用微孔玻璃漏斗过滤除去沉淀物质。贮于棕色瓶中待标定。

（2）标定　可以标定 $KMnO_4$ 的基准物有 $Na_2C_2O_4$、$H_2C_2O_4 \cdot 2H_2O$、$Fe(NH_4)_2(SO_4)_2 \cdot 6H_2O$、$As_2O_3$ 等。

$Na_2C_2O_4$ 使用较普遍。称取 0.25g 于 105～110℃烘干的 $Na_2C_2O_4$ 4 份于 4 个 500mL 锥形瓶中，各加入 100mL（8+92）H_2SO_4 溶液。用待标定 $KMnO_4$ 滴定，近终点时加热至 65℃，继续滴定至微红色，保持 30s 不变为终点，同时做空白试验滴定。按公式(1-29)进行计算。

（3）注意事项　室温下反应慢，所以要加热，一般加热至 60～80℃，不要低于 60℃，也不要高于 90℃，否则 $H_2C_2O_4$ 会发生分解。

介质的酸度要足够，一般为 $[H^+]=0.5～1mol \cdot L^{-1}$。

滴定速度不要太快，特别是第一滴 $KMnO_4$ 一定要等紫色消失后，再继续滴定。因为生成的 Mn^{2+} 起催化作用。

终点后，紫色会慢慢消失，故保持 30s 不退色即为到达终点。

4.7.2　重铬酸钾滴定法

重铬酸钾也是较强的氧化剂，在酸性介质中，其半反应为：

$$Cr_2O_7^{2-}+14H^++6e^- \Longrightarrow 2Cr^{3+}+7H_2O \quad \varphi^0=1.33V$$

它的 φ^0 值较 $KMnO_4$ 低。$K_2Cr_2O_7$ 法有几个优点。

① $K_2Cr_2O_7$ 易提纯，可以作为基准物直接法进行配制。

② $K_2Cr_2O_7$ 溶液比较稳定，适宜较长时间保持。

③ $Cr_2O_7^{2-}$ 的 φ^0 值比 Cl_2 的 φ^0 值低，因此 $Cr_2O_7^{2-}$ 不和 Cl^- 反应，所以重铬酸钾法中用盐酸溶解试样，溶液中 Cl^- 不干扰测定。

④ $Cr_2O_7^{2-}$ 反应后生成 Cr^{3+}（绿色），但颜色灵敏度不够，不能作为自身指示剂。可采用二苯胺及二苯胺磺酸钠作指示剂。

准确称取 49.03g $K_2Cr_2O_7$ 基准物溶于水，定容至 1L，可得到

$$c\left(\frac{1}{6}K_2Cr_2O_7\right)=0.1mol \cdot L^{-1}$$ 标准滴定溶液。

从反应方程式可看出，其基本单元为 $\frac{1}{6}K_2Cr_2O_7$。

4.7.3 碘量法

4.7.3.1 概述

碘量法是利用 I_2 的氧化性和 I^- 的还原性而进行滴定的方法。它的半反应为：

$$I_2 + 2e^- \rightleftharpoons 2I^- \qquad \varphi^0 = +0.54V$$

从其标准电极电位值来看，I_2 是一个不强的氧化剂，而 I^- 是一个中等还原剂。因此，利用 I_2 可以和很多还原剂反应，利用 I^- 又可以和很多氧化剂反应。所以碘量法包括直接碘量法和间接碘量法。

4.7.3.2 直接碘量法

利用 I_2 作标准溶液（氧化剂）直接滴定 φ^0 值低于 0.54V 的一些还原剂，故又称碘滴定法。比如：S^{2-}、As（Ⅲ价）、SO_3^{2-} 等。

$$S^{2-} + I_2 == S\downarrow + 2I^-$$
$$AsO_3^{3-} + I_2 + H_2O == AsO_4^{3-} + 2I^- + 2H^+$$
$$SO_3^{2-} + I_2 + H_2O == SO_4^{2-} + 2I^- + 2H^+$$

滴定要求在中性或弱酸性介质中进行，如果碱性介质中，I_2 本身发生歧化反应，多消耗 I_2 液，结果偏高：

$$3I_2 + 6OH^- == IO_3^- + 5I^- + 3H_2O$$

使用淀粉作指示剂，因为淀粉和 I_2 生成蓝色，颜色敏锐，可加入 $5g \cdot L^{-1}$ 淀粉指示剂 1mL。

4.7.3.3 间接碘量法

间接碘量法又称为滴定碘法，它是利用 I^- 的还原性和许多氧化剂反应，定量地析出 I_2 液，再用 $Na_2S_2O_3$ 标准滴定溶液滴定碘（I_2），间接求出氧化剂含量：

$$2I^- + Ox == I_2$$
$$2Na_2S_2O_3 + I_2 == 2NaI + Na_2S_4O_6$$

显然 $Na_2S_2O_3$ 的基本单元为 $Na_2S_2O_3$。

可测定的氧化剂有 Cu^{2+}、H_2O_2、ClO_3^-、IO_3^-、CrO_4^{2-}、$Cr_2O_7^{2-}$、MnO_4^-、MnO_2、PbO_2、Br_2、Fe^{3+} 等。

滴定碘法要求具备如下条件。

（1）溶液酸度 要求溶液为中性或微酸性介质，因为在碱性介质中，一个是生成的 I_2 发生歧化反应，另外，$Na_2S_2O_3$ 滴定 I_2 时被氧化为 Na_2SO_4，而不是 $Na_2S_4O_6$：

$$Na_2S_2O_3+4I_2+10NaOH \Longrightarrow 2Na_2SO_4+8NaI+5H_2O$$

如果在强酸介质中，$Na_2S_2O_3$ 会发生分解：

$$S_2O_3^{2-}+2H^+ \Longrightarrow SO_2\uparrow+S\downarrow+H_2O$$

同时在强酸介质中，I^- 会被空气氧化：

$$4I^-+4H^++O_2 \Longrightarrow 2I_2+2H_2O$$

（2）溶液温度　I_2 易挥发，应在室温下进行滴定。

（3）防止碘挥发　应在碘量瓶中进行反应。滴定时快滴定、慢摇动，加入过量 KI 增加 I_2 的溶解度。

（4）防止空气氧化　避光防日照。

（5）指示剂　淀粉应该在终点前加入，终点由蓝色变为无色。加入太早，I_2 被包住，蓝色不易消失，终点不易判断。而直接碘量法指示剂可先行加入，终点时由无色变为蓝色。

4.8 氧化还原滴定的应用

4.8.1　亚硝酸钠纯度测定

（1）测定原理　在酸性介质中，用 $KMnO_4$ 将 $NaNO_2$ 氧化为 $NaNO_3$，过量的 $KMnO_4$ 用 $Na_2C_2O_4$ 标准溶液返滴定，根据 $KMnO_4$ 的量和 $Na_2C_2O_4$ 量之差可求出 $NaNO_2$ 含量。反应方程式为：

$$5NaNO_2+2KMnO_4+3H_2SO_4 \Longrightarrow 5NaNO_3+K_2SO_4+2MnSO_4+3H_2O$$
$$5Na_2C_2O_4+2KMnO_4+8H_2SO_4 \Longrightarrow$$
$$5Na_2SO_4+K_2SO_4+2MnSO_4+10CO_2\uparrow+8H_2O$$

（2）试剂和仪器

硫酸（H_2SO_4）：1+3；

高锰酸钾标准滴定溶液：$c\left(\dfrac{1}{5}KMnO_4\right)=0.1mol \cdot L^{-1}$；

草酸钠标准滴定溶液：$c\left(\dfrac{1}{2}Na_2C_2O_4\right)=0.1mol \cdot L^{-1}$；

烧杯：250mL；

容量瓶：500mL；

锥形瓶：500mL（250mL）。

（3）测定步骤　称取 2.5～2.7g 试样（精确至 0.0002g）置于烧杯中，加水溶解，全部转入 500mL 容量瓶中并定容。在锥形瓶中用滴定管准确加入 40.00mL KMnO$_4$ 标准溶液，用移液管加入 25mL 试样溶液，再加入 10mL(1+3)H$_2$SO$_4$ 溶液，加热至 40℃，用移液管加入 10mL 草酸钠标准溶液，加热至 70～80℃，继续用 KMnO$_4$ 标准溶液滴定至浅粉色为终点，保存 30s 不退色。

（4）结果计算　亚硝酸钠（NaNO$_2$）的质量分数 w，数值以％表示，按下式计算：

$$w(NaNO_2) = \frac{(c_1V_1 - c_2V_2)M}{1000m \times \frac{25.00}{500.0}} \times 100\%$$

式中　c_1——高锰酸钾标准滴定溶液浓度的准确数值，mol·L^{-1}；

$\quad\quad c_2$——草酸钠标准滴定溶液浓度的准确数值，mol·L^{-1}；

$\quad\quad V_1$——加入和滴定所消耗的高锰酸钾标准滴定溶液的总体积的数值，mL；

$\quad\quad V_2$——加入草酸钠标准滴定溶液体积的数值，mL；

$\quad\quad m$——试样的质量数值，g；

$\quad\quad M$——亚硝酸钠摩尔质量的数值，g·mol^{-1} $\left[M\left(\frac{1}{2} NaNO_2 \right) = 34.50 \right]$。

（5）注意事项　本方法使用的硫酸不应含有还原性物质，否则还原性物质消耗 KMnO$_4$ 使结果偏高。检验硫酸是否含还原性物质，可取一定量硫酸滴加 1 滴 KMnO$_4$ 标准溶液以浅红色不消失为准。加入硫酸主要是滴定要在酸性介质中进行。

加热到 40℃使 NaNO$_2$ 和 KMnO$_4$ 反应完全。不要超过 40℃，否则 KMnO$_4$ 分解，使结果偏高。

KMnO$_4$ 和 Na$_2$C$_2$O$_4$ 常温下反应慢，所以加热到 70～80℃，但不要超过 90℃，否则草酸分解，结果偏低。

4.8.2　过氧化氢含量的测定

过氧化氢，也称双氧水，分子式 H$_2$O$_2$，相对分子质量 34.01，工业上双氧水含量有 3 种规格：含量 27.5％、35.0％和 50.0％，主要可作为氧化剂、漂白剂。

过氧化氢中氧原子的氧化数为 -1，因此，作为氧化剂，H$_2$O$_2$ 得到 2 个电子变为 H$_2$O；作为还原剂，H$_2$O$_2$ 失去 2 个电子变为 O$_2$，其半反应为：

$$H_2O_2 + 2H^+ + 2e^- \rightleftharpoons 2H_2O \qquad \varphi^0 = 1.77V$$
$$H_2O_2 - 2e^- \rightleftharpoons 2H^+ + O_2\uparrow \qquad \varphi^0 = 0.68V$$

用 $KMnO_4$ 法测定 H_2O_2，就是基于第二个反应。

（1）测定原理 在酸性介质中，用 $KMnO_4$ 直接滴定 H_2O_2，根据 $KMnO_4$ 浓度和消耗的量，计算 H_2O_2 的含量。基本反应方程式如下：

$$2KMnO_4 + 5H_2O_2 + 3H_2SO_4 \rightleftharpoons K_2SO_4 + 2MnSO_4 + 5O_2\uparrow + 8H_2O$$

（2）试剂和溶液

$KMnO_4$ 标准溶液：$c\left(\dfrac{1}{5}KMnO_4\right) = 0.1 mol \cdot L^{-1}$；

硫酸（H_2SO_4）：$1+15$；

锥形瓶：500mL（250mL）；

茶色滴定管：50mL；

滴瓶：10mL，25mL。

（3）测定步骤 用滴瓶加试样于 250mL 锥形瓶中称量（准至 0.2mg）。27.5%规格的称量试样 $0.15\sim0.20g$，35.0%规格的称量试样 $0.12\sim0.16g$，50.0%规格的称量试样 $0.10\sim0.12g$。锥形瓶中预先加入 100mL(1+15)H_2SO_4 溶液，用 $KMnO_4$ 标准溶液滴定至浅粉色 30s 不消失为止。

（4）结果计算 过氧化氢（H_2O_2）的质量分数 w，数值以%表示，按下式计算：

$$w(H_2O_2) = \frac{cVM}{1000} \times 100\%$$

式中 V——滴定试验溶液所消耗的高锰酸钾标准滴定溶液体积的数值，mL；

c——高锰酸钾标准滴定溶液浓度的准确数值，$mol \cdot L^{-1}$；

M——过氧化氢摩尔质量的数值，$g \cdot mol^{-1}$ $\left[M\left(\dfrac{1}{2}H_2O_2\right) = \right.$

$\left. 17.01\right]$。

（5）注意事项 第一滴 $KMnO_4$ 紫色消失后，再继续滴定。生成

的 Mn^{2+} 起催化作用，加速反应。

过氧化氢试样中含有少量稳定剂乙酰苯胺时，会干扰测定，应改用碘量法。

4.8.3　工业乙酸酐还原高锰酸钾物质的测定

乙酸酐，也称醋酐，分子式 $(CH_3COO)_2O$，相对分子质量为102.09。工业上采用醋酸裂解法生产，其产品中含有醛、酮、烯烃等还原性杂质。为了表征这些还原性杂质的含量，采用还原高锰酸钾物质的测定法。

（1）测定原理　在规定条件下，100mL 试样还原高锰酸钾的毫克数。

在规定条件下，试样同过量的 $KMnO_4$ 溶液反应，剩余 $KMnO_4$ 量采用碘量法测定。

（2）试剂和仪器

硫酸溶液：$50g \cdot L^{-1}$；

高锰酸钾溶液：$1g \cdot L^{-1}$；

碘化钾溶液：$100g \cdot L^{-1}$；

硫代硫酸钠标准溶液：$c(Na_2S_2O_3)=0.0330mol \cdot L^{-1}$；

淀粉指示剂溶液：$10g \cdot L^{-1}$；

碘量瓶：250mL；

水浴：恒温控制，$20℃ \pm 0.5℃$。

（3）测定步骤　取 50mL 试样注入盛有 50mL 硫酸溶液的碘量瓶中，混匀。将此碘量瓶浸于水浴中，水浴温度控制在 $20℃ \pm 0.5℃$，保持 15min，用滴定管滴加高锰酸钾溶液直到不退色为止。然后再准确加入 10mL 的高锰酸钾溶液并记录使用此溶液的总体积。加塞后放在暗处反应 40min。反应后加入过量的碘化钾溶液，用硫代硫酸钠标准滴定溶液滴定，当溶液呈浅黄色时，加 0.5mL 淀粉指示液，继续滴定到蓝色消失，记下消耗硫代硫酸钠标准滴定溶液的体积。同时进行空白试验。

（4）计算　根据反应方程式可知，剩余的 $KMnO_4$ 的量等于滴定消耗 $Na_2S_2O_3$ 的量，即

$$n\left(\frac{1}{5}KMnO_4\right)=n(Na_2S_2O_3)=c(Na_2S_2O_3)V$$

试样消耗的 $n\left(\dfrac{1}{5}KMnO_4\right)$ 等于空白滴定消耗的 $c(Na_2S_2O_3)V_0$ 与测定滴定消耗的 $c(Na_2S_2O_3)V_1$ 之差。根据定义，得出醋酐的高锰酸钾指数（x）为：

$$x=\frac{(V_0-V_1)\cdot c\cdot M}{V_2}\times 100$$

式中　V_0——空白溶液消耗硫代硫酸钠标准滴定溶液体积的数值，mL；

V_1——滴定试验溶液所消耗的硫代硫酸钠标准滴定溶液体积的数值，mL；

c——硫代硫酸钠标准滴定溶液浓度的准确数值，mol·L^{-1}；

V_2——试样体积的数值，mL；

M——高锰酸钾摩尔质量的数值，g·mol^{-1} $\left[M\left(\dfrac{1}{5}KMnO_4\right)=\right.$

$31.61\Big]$。

注意：加入高锰酸钾后在暗处放 40min，是因为还原性杂质和高锰酸钾反应慢，且见光易分解。

4.8.4　矿石全铁含量的测定

（1）测定原理　试样用浓盐酸溶解，用 $SnCl_2$ 将 Fe^{3+} 全部还原为 Fe^{2+}，过量的 $SnCl_2$ 用 $HgCl_2$ 氧化为 $SnCl_4$。然后用 $K_2Cr_2O_7$ 标准溶液滴定 Fe^{2+}，以二苯胺磺酸钠作指示剂，终点为紫蓝色，根据消耗的 $K_2Cr_2O_7$ 量和浓度计算出全铁含量。

（2）试剂和仪器

浓盐酸：35%；

$SnCl_2$ 溶液：质量分数 10%；

$HgCl_2$ 溶液：饱和；

硫酸-磷酸混合酸：2mol·L^{-1}；

锥形瓶：250mL，500mL。

（3）测定步骤　准确称量 0.2～0.3g 试样（精确至 0.0002g）放入锥形瓶中，用少量水湿润，加浓盐酸 20mL，盖上表面皿，缓慢加热至样品全部溶解。趁热滴加 $SnCl_2$ 溶液，直至溶液黄色消失，再多加 1 滴。

将锥形瓶用冷水冷却，迅速倒入 10mL $HgCl_2$ 饱和溶液，摇匀，放置 3～5min，加硫酸-磷酸混合酸 15mL、蒸馏水 100mL，加入 1mL 二苯胺磺酸钠指示剂，用 $c\left(\dfrac{1}{6}K_2Cr_2O_7\right)=0.1mol \cdot L^{-1}$ 滴定至紫蓝色为终点。

（4）结果计算　铁（Fe）的质量分数 w，数值以%表示，按下式计算：

$$w(Fe)=\frac{cVM}{1000m}\times 100\%$$

式中　V——滴定试验溶液所消耗的重铬酸钾标准滴定溶液体积的数值，mL；

c——重铬酸钾标准滴定溶液浓度的准确数值，$mol \cdot L^{-1}$；

m——试样质量的数值，g；

M——铁的摩尔质量的数值，$g \cdot mol^{-1}$ （$M=55.85$）。

（5）讨论　第一步还原使用 $SnCl_2$，使 Fe^{3+} 还原为 Fe^{2+}：

$$2Fe^{3+}+SnCl_2+2HCl =\!\!= 2Fe^{2+}+SnCl_4+2H^+$$

过量的 $SnCl_2$ 不能多，否则下一步用 $HgCl_2$ 氧化 Sn^{2+}，生成的大量 Hg_2Cl_2 和 Hg 会消耗 $K_2Cr_2O_7$，使结果偏高。

加入 $HgCl_2$ 饱和溶液应快速一次加入，使生成白色丝状 Hg_2Cl_2（不消耗 $K_2Cr_2O_7$），如果生成黑色 Hg_2Cl_2，说明有 Hg 生成，必须重做。

Fe^{3+} 被还原后及时冷却，防止 Fe^{2+} 重新被氧化。

加入硫-磷混酸的作用是，硫酸提供强酸介质。磷酸可以和 Fe^{3+} 配合生成 $Fe(HPO_4)_2^-$、$Fe(PO_4)_2^{3-}$ 配合物，减少 Fe^{3+} 黄色干扰。另一方面，$[Fe^{3+}]$ 降低，降低了 Fe^{3+}/Fe^{2+} 电对的电位，使滴定突跃起点降低，突跃加大，防止指示剂在突跃前变色。

由于 Cl_2/Cl^- 电对电位高于 $Cr_2O_7^{2-}$ 的电位，所以 Cl^- 不干扰滴定，故可采用浓盐酸溶解试样。

4.8.5　化学需氧量（COD）的测定

水中污染物除无机还原性物质，如 NO_2、S^{2-}、Fe^{2+} 等外，还含有有机还原性物质。这些物质在一定条件下被氧化所消耗的氧量，以 $mg \cdot L^{-1}$ 表示，称为化学需氧量（COD）。因此，化学需氧量是水质被污染的指标之一。

测定化学需氧量有三种方法：酸性高锰酸钾法、碱性高锰酸钾法、重铬酸钾法。

当污水中氯离子质量浓度超过 $300mg \cdot L^{-1}$ 时，需要采用重铬酸钾法。

（1）测定原理　在水样中加入已知量的重铬酸钾溶液，并在强酸介质下以银盐作催化剂，经沸腾回流后，以试亚铁灵为指示剂，用硫酸亚铁铵滴定水样中未被还原的重铬酸钾，由消耗的硫酸亚铁铵的量换算成消耗氧的质量浓度。

在酸性重铬酸钾条件下，芳烃及吡啶难以被氧化，其氧化率较低。在硫酸银催化作用下，直链脂肪族化合物可有效地被氧化。

（2）试剂与仪器

重铬酸钾标准溶液：$c\left(\dfrac{1}{6}K_2Cr_2O_7\right) = 0.2500mol \cdot L^{-1}$。

硫酸亚铁铵标准滴定溶液：$c\left[(NH_4)_2Fe(SO_4)_2 \cdot 6H_2O\right] \approx 0.10mol \cdot L^{-1}$。每日临用前，必须用重铬酸钾标准溶液准确标定其溶液的浓度。

硫酸银-硫酸试剂：向 1L 硫酸中加入 10g 硫酸银，放置 1～2 天使之溶解，并混匀，使用前小心摇动；

1,10-菲啰啉指示剂溶液：溶解 0.7g 七水合硫酸亚铁（$FeSO_4 \cdot 7H_2O$）于 50mL 的水中，加入 1.5g 1,10-菲啰啉，搅动至溶解，加水稀释至 100mL。

仪器：回流装置；加热装置；锥形瓶和滴定管。

（3）测定步骤　先向锥形瓶中加入适量的水样，然后再加入 10.00mL 重铬酸钾标准溶液和几颗防爆沸玻璃珠，摇匀。

将锥形瓶接到回流装置冷凝管下端，接通冷凝水。从冷凝管上端缓慢加入 30mL 硫酸银-硫酸试剂，以防止低沸点有机物的逸出，不断旋动锥形瓶使之混合均匀。自溶液开始沸腾起回流两小时。

冷却后，用 20～30mL 水自冷凝管上端冲洗冷凝管后，取下锥形瓶，再用水稀释至 140mL 左右。

溶液冷却至室温后，加入 3 滴 1,10-菲啰啉指示剂溶液，用硫酸亚铁铵标准滴定溶液滴定，溶液的颜色由黄色经蓝绿色变为红褐色即为终点。记下硫酸亚铁铵标准滴定溶液的消耗毫升数。同时，用蒸馏水代替水样做空白测定。

（4）计算　化学需氧量以 COD 计，以 mg·L^{-1} 表示，按下式计算：

$$COD = \frac{(V_0 - V_1)c \times 8}{V} \times 1000$$

式中　c——硫酸亚铁铵标准滴定溶液浓度的准确数值，mol·L^{-1}；

　　　V_0——空白测定时消耗硫酸亚铁铵标准滴定溶液体积的数值，mL；

　　　V_1——水样滴定时消耗硫酸亚铁铵标准滴定溶液体积的数值，mL；

　　　V——水试样体积的数值，mL；

　　　8——$\frac{1}{4}$O$_2$ 摩尔质量的数值，mg·mol^{-1}。

（5）讨论　本方法是在酸性介质中进行的。重铬酸钾可将大部分有机物氧化（95％以上）；加入硫酸银作催化剂可将直链脂肪族化合物氧化（90％以上），但芳香族化合物除外。

加入硫酸汞是为了消除氯离子干扰，使之形成配合物。0.4g 硫酸汞可与 40mg 氯离子结合，当水中氯离子超过 1000mg·L^{-1} 时，必须处理。

溶液颜色变化，开始是 K$_2$Cr$_2$O$_7$ 黄色，随着滴定进行生成绿色 Cr^{3+}，当到达终点，过量 Fe^{3+} 生成红褐色。

当化学需氧量低于 50mg·L^{-1} 时，使用稀释 10 倍的标准溶液。

当水质浑浊时，增加回流时间。如果回流时颜色变绿，说明 COD 值太高，稀释水样重测。

当各地区污水成分不同时，测定时条件有变化。

4.8.6　铜合金中铜的测定

（1）测定原理　铜合金溶解后，加入过量 KI，用硫代硫酸钠标准溶液滴定析出的 I$_2$，近终点时加入指示剂，继续滴定至蓝色消失为止。其化学反应如下：

$$2Cu^{2+} + 4I^- \Longrightarrow 2CuI\downarrow + I_2$$

$$I_2 + 2S_2O_3^{2-} =\!=\!= 2I^- + S_4O_6^{2-}$$

（2）试剂和仪器

浓盐酸：GB 622；

KI：AR 级，质量分数为 10％溶液；

醋酸（HAc）：质量分数为 35％溶液；

过氧化氢（H_2O_2）：质量分数 30％溶液；

NH_4CNS 溶液：质量分数为 10％溶液；

硫代硫酸钠标准溶液：$c(Na_2S_2O_3) = 0.1 mol \cdot L^{-1}$；

仪器：500mL 锥形瓶，50mL 滴定管等。

（3）测定步骤　准确称取 0.8～1.0g 试样（精确至 0.0002g）于烧杯中，加入浓盐酸 10mL，滴加 30％ H_2O_2 3mL，盖上表面皿。若试样未全溶，再补加 1mL H_2O_2，冲洗杯壁后加热煮沸除去剩余的 H_2O_2，冷却后转入 100mL 容量瓶定容。

从中吸出 25.00mL 放入锥形瓶中，用浓氨水滴加中和，待出现浑浊，加 35％ HAc 使之刚好溶解。如果试样含 Fe 量过高，可加入 NH_4HF_2 掩蔽 Fe^{3+}。用 $Na_2S_2O_3$ 标准液滴定至黄色时，再加入 3mL 淀粉指示剂继续滴定至蓝灰色，加入 10mL 10％ NH_4CNS 溶液摇动 0.5min，继续滴定至蓝色消失为终点。

（4）结果计算　铜（Cu）的质量分数 w，数值以％表示，按下式计算：

$$w(Cu) = \frac{cVM}{1000m \times \dfrac{25.00}{100.0}} \times 100\%$$

式中　V——滴定试验溶液所消耗的硫代硫酸钠标准滴定溶液体积的数值，mL；

c——硫代硫酸钠标准滴定溶液浓度的准确数值，$mol \cdot L^{-1}$；

m——试样质量的数值，g；

M——铜的摩尔质量的数值，$g \cdot mol^{-1}$（$M = 63.55$）。

（5）讨论　由于 Cu^{2+}/CuI 电对 $\varphi^0 = +0.88V$，高于 I_2/I^- 电对 $\varphi^0 = +0.54V$，所以可采用间接碘量法测定。

样品用盐酸和过氧化氢溶解后，煮沸除去 H_2O_2。调节溶液酸度使 pH≈4.0 左右。

　　加入 NH_4HF_2，使 Fe^{3+} 生成 FeF_6^{3-} 配合物，使 Fe^{3+} 不能氧化 I^-。

　　加入足够量 KI，I^- 既是还原剂，又是沉淀剂，又是溶剂，可增加 I_2 溶解度。

　　接近终点加入 NH_4CNS，使 CuI 沉淀转化为溶度积更小的 CuCNS 沉淀使反应更完全；另一方面 CuI 沉淀吸了 I_2，转变为 CuCNS 沉淀可放出 I_2，防止结果偏低；加入 NH_4CNS 使析出 I^-，可减少 KI 用量：

$$CuI + CNS^- \Longrightarrow CuCNS \downarrow + I^-$$

第5章 配位滴定法

5.1 概述

5.1.1 配位滴定分析法

配位滴定法是以配位反应为基础的滴定分析法。配位剂（作为标准滴定溶液）与被测定离子生成稳定配合物，等量点时，过量一滴的配位剂使指示剂变色。

配位剂有无机配位剂和有机配位剂两类。无机配位剂有 CN^- 和 Hg^{2+}。采用 CN^- 为配位剂的滴定方法叫氰量法，采用 Hg^{2+} 为配位剂的滴定方法叫汞量法。

氰量法通常是以碘化钾作指示剂，用硝酸银标准滴定溶液滴定 CN^-，等量点后过量的 Ag^+ 与指示剂生成黄色沉淀指示终点，涉及的化学反应式为：

$$Ag^+ + 2CN^- \Longrightarrow Ag(CN)_2^-$$

氰量法还有以丁二酮肟作指示剂，用硝酸镍标准滴定溶液滴定 CN^-，等量点后过量的 Ni^{2+} 与指示剂生成亮红色絮凝状沉淀指示终点，涉及的化学反应式为：

$$Ni^{2+} + 4CN^- \Longrightarrow Ni(CN)_4^{2-}$$

汞量法通常是以二苯偶氮碳酰肼作指示剂，用 $Hg(NO_3)_2$ 或 $Hg(ClO_4)_2$ 标准滴定溶液滴定 Cl^- 或 SCN^-，等量点后过量的 Hg^{2+} 与指示剂生成紫红色的配合物指示终点，涉及的化学反应式为：

$$Hg^{2+} + 2SCN^- \Longrightarrow Hg(SCN)_2$$
$$Hg^{2+} + 2Cl^- \Longrightarrow HgCl_2$$

若用 KSCN 标准滴定溶液滴定 Hg^{2+}，可用 Fe^{3+} 作指示剂，等量点后用过量的 SCN^- 与 Fe^{3+} 生成的橙红色 $FeSCN^{2+}$ 来指示终点。

通常用于滴定分析的是有机配位剂。本章重点介绍乙二胺四乙酸

（EDTA）。

乙二胺四乙酸（EDTA）是滴定分析中使用最广泛的配位剂，几乎能和元素周期表中绝大多数金属（除 K、Na 外）和非金属形成稳定的配合物。

EDTA 配位滴定法的优点是：①分析速度快。因为 EDTA 和金属离子反应速率快，所以不需要加热和放置时间。②准确度高。由于 EDTA 和大多数金属离子的稳定常数 $K_稳$ 值大，所以反应完全。③应用范围广。几乎能测定除 K、Na 外的所有金属离子。

其缺点是选择性差，干扰离子多。

5.1.2　配位化合物的稳定常数

配合物组成分为内界和外界两部分。中心离子和配位体组成内界。

中心离子是配合物形成体，是核心，通常为带正电荷的金属离子或中性原子。配位体是与中心离子配位的离子或分子，配位体中与中心离子形成配位键的原子称为配位原子。一个配位体中含有配位原子的数目称为配位体基数（价数）。

按配位体中含配位原子数目，可分为单基配位体和多基配位体。一个配位体中含一个配位原子的称为单基配位体，含有两个以上配位原子的配位体称为多基配位体。

同中心离子配位的配位原子数目，称为该中心离子的配位数。例如，$Co(NH_3)_6Cl_3$ 中同中心离子 Co 配位的是 6 个 NH_3 中的 N 原子，所以 Co 配位数为 6；$Co(NH_3)_5(H_2O)Cl_3$ 中，同中心离子 Co 配位的是 5 个 NH_3 中的 N 原子和 1 个 H_2O 中的 O 原子，所以 Co 的配位数也是 6。

单基配位体与中心离子配位形成简单的配合物，当 n 个单基配位体与中心离子配位，形成配位数为 n 的简单配合物。

多基配位体与中心离子形成环状配合物，称为螯合物。螯合物非常稳定。

当配位反应达到平衡时，生成的配合物浓度与未反应物浓度符合质量作用定律，其平衡常数 $K_稳$ 表示如下：

$$M + Y \rightleftharpoons MY$$

$$K_稳 = \frac{[MY]}{[M][Y]} \tag{5-1}$$

$K_稳$ 称为配合物 MY 的稳定常数。

在配位滴定中，如果被测金属离子和滴定剂初始浓度为 c，滴定完成时（即平衡时），若要满足 $<0.1\%$ 误差，则平衡时，[MY]$=c\times(100-0.1)\%\approx c$，[M]$=c\times0.1\%$，[Y]$=c\times0.1\%$ 代入式 (5-1) 中：

$$K_稳=\frac{c}{c\times0.1\%\times c\times0.1\%}=\frac{1}{c\times10^{-6}}$$

即

$$cK_稳=10^6 \tag{5-2}$$

这就是满足配位滴定分析的条件。

综上所述，配位滴定要求其配位反应应满足如下条件。

① 配位反应定量进行，生成的配合物要稳定。当要求分析误差 $<0.1\%$ 时，$cK_稳\geqslant10^6$。

② 形成的配合物组成固定，配位数不变，否则无法进行定量计算。

③ 配位反应速率要快，生成的配合物水溶性好。

④ 有合适的指示剂能指示终点。

EDTA 配位剂可以满足上述要求。

5.2 酸度对配位滴定的影响

5.2.1 EDTA 的结构和特性

乙二胺四乙酸及其二钠盐简称为 EDTA，其结构式如下：

$$\text{HOOCCH}_2 \qquad\qquad \text{CH}_2\text{COOH}$$
$$\text{N—CH}_2\text{—CH}_2\text{—N}$$
$$\text{HOOCCH}_2 \qquad\qquad \text{CH}_2\text{COOH}$$

通常用 H_4Y 代表乙二胺四乙酸，用 Na_2H_2Y 代表其二钠盐。人们经常使用的是二钠盐。

EDTA 是白色粉末结晶，相对分子质量为 292.1，微溶于水。水溶液呈酸性，pH$=2.3$，不溶于酸和一般溶剂，易溶于氨液和碱液。水溶性差，通常使用其二钠盐作滴定剂。

EDTA 二钠盐（$Na_2H_2Y\cdot2H_2O$）相对分子质量为 372.2，白色粉末结晶，无毒无嗅。100～140℃将失去其结晶水成为无结晶水

EDTA 二钠盐，相对分子质量为 336.2。它溶于水，溶解度为 11.1g，pH＝4.7，浓度约为 0.3mol·L^{-1}。

EDTA 是多基配位体，分子中 2 个 N 原子和 4 个羧基 O 原子都是配位原子，能与金属生成稳定螯合物。

EDTA 与金属离子的配合物有如下特点。

① EDTA 与金属离子 M 一般都生成 1∶1 的配合物，计算方便。

② EDTA 与金属离子生成配合物的稳定性与该金属离子价态有关。价态越高越稳定，例如 Fe^{3+} 的 $lgK_{稳}=25.1$，Ca^{2+} 的 $lgK_{稳}=10.96$，Na^+ 的 $lgK_{稳}=1.66$。

③ 生成的配合物水溶性好，反应瞬间完成。

④ EDTA 和金属离子配合物稳定性和溶液酸度有关。

5.2.2　EDTA 的存在形式与溶液 pH 值的关系

EDTA 分子中存在 4 个可电离的 H^+，可看成 4 元弱酸，分 4 步离解：

$$H_4Y \Longrightarrow H^+ + H_3Y^- \qquad K_1 = \frac{[H^+][H_3Y^-]}{[H_4Y]} = 1 \times 10^{-2}$$

$$H_3Y^- \Longrightarrow H^+ + H_2Y^{2-} \qquad K_2 = \frac{[H^+][H_2Y^{2-}]}{[H_3Y^-]} = 2 \times 10^{-3}$$

$$H_2Y^{2-} \Longrightarrow H^+ + HY^{3-} \qquad K_3 = \frac{[H^+][HY^{3-}]}{[H_2Y^{2-}]} = 7 \times 10^{-7}$$

$$HY^{3-} \Longrightarrow H^+ + Y^{4-} \qquad K_4 = \frac{[H^+][Y^{4-}]}{[HY^{3-}]} = 5.5 \times 10^{-11}$$

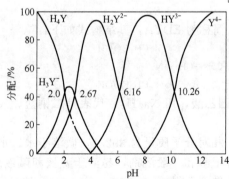

在不同酸度下，各种形式按一定比例分配，酸度越小，pH 越大，平衡向右移动，当 pH＞12，溶液中存在形式为 Y^{4-}，图 5-1 绘出不同 pH 值时 EDTA 各种分布形式的比例。

图 5-1　不同 pH 值时 EDTA 各种形式的分配比例

5.2.3　酸效应系数

配位体 Y 和金属离子 M 反应，这个反应是配位反应的主反应，当溶液存

在 H^+，它与 Y 结合成为副反应，降低主反应：

$$M + Y \Longrightarrow MY$$
$$H^+ \Big\Updownarrow$$
$$HY$$
$$H^+ \Big\Updownarrow$$
$$H_2Y$$

当酸度越高，$[H^+]$ 越大，副反应越强，主反应受影响越大。使主反应受影响的程度大小，用副反应系数 α 表示。这种由 H^+ 引起的副反应系数称为酸效应系数，用 $\alpha_{L(H)}$ 表示，L 表示配位体，（H）表示 H^+ 引起的副反应。EDTA 的酸效应系数用 $\alpha_{Y(H)}$ 表示。

$\alpha_{Y(H)}$ 表示 EDTA 的总浓度 c_Y 是 Y 的平衡浓度 $[Y]$ 的倍数，即

$$\alpha_{Y(H)} = \frac{c_Y}{[Y]} \tag{5-3}$$

α 越大，表示 $[Y]$ 越小，副反应越严重。

酸效应系数 $\alpha_{Y(H)}$ 数值随溶液 pH 值而变化，pH 越大，$\alpha_{Y(H)}$ 越小。pH=12 时，$\alpha_{Y(H)}$ 接近 1。表 5-1 列出了不同 pH 下，$\lg\alpha_{Y(H)}$ 值。

表 5-1 不同 pH 下 EDTA 酸效应系数对数值

pH 值	0	1	2	3	4	5	6	7	8	9	10	11	12
$\lg\alpha_{Y(H)}$	21.18	17.20	13.52	10.63	8.04	6.45	4.65	3.32	2.26	1.29	0.45	0.07	0

5.2.4 条件稳定常数

配合物的稳定常数 $K_稳 = \dfrac{[MY]}{[M][Y]}$，由公式（5-3）得 $[Y] = \dfrac{c_Y}{\alpha_{Y(H)}}$ 代入前式中：

$$K_稳 = \frac{[MY]}{[M]c_Y}\alpha_{Y(H)}$$

$$K'_稳 = \frac{[MY]}{[M]c_Y} = \frac{K_稳}{\alpha_{Y(H)}}$$

$$\lg K'_稳 = \lg K_稳 - \lg\alpha_{Y(H)} \tag{5-4}$$

$K'_稳$ 称为配合物的条件稳定常数，它表示在实验的条件下（即 pH 值下）配合物的实际稳定常数。酸度越小，即 pH 值越大，$K'_稳$ 越大，配合物越稳定。

【例 5-1】 计算在 pH＝2 和 pH＝5 条件下，ZnY 的条件稳定常数？

解： Zn^{2+} 和 EDTA 的配合物的 $K_稳$ 值从附录 4 可查得：$lgK_{ZnY}=$ 16.50，由式(5-3) 得：

$$lgK'_稳＝lgK_稳－lg\alpha_{Y(H)}$$

pH＝2 时，$lg\alpha_{Y(H)}=13.5$；pH＝5 时，$lg\alpha_{Y(H)}=6.45$
所以

$$lgK'_稳＝16.50－13.5＝3.0$$
$$lgK'_稳＝16.50－6.45＝10.05$$

5.2.5 EDTA 酸效应曲线

从式(5-2) 得到定量滴定各种金属离子的条件是 $cK_稳 \geqslant 10^6$，如果使用滴定剂浓度 $c=0.01mol \cdot L^{-1}$，则 $K_稳 \geqslant 10^8$，即 $lgK_稳 \geqslant 8$。

考虑到副反应的影响，定量滴定的条件应是 $lgK'_稳 \geqslant 8$。将该条件代入式(5-4) 中，得：

$$lg\alpha_{Y(H)}=lgK_稳－8 \tag{5-5}$$

这就是各种金属离子定量滴定的最高酸度（最小 pH 值）。

【例 5-2】 求用 EDTA 滴定 Ca^{2+} 的最高允许酸度？

解： Ca^{2+} 与 EDTA 配合物的 $lgK_稳 = 10.96$，代入式（5-5）中，得：

$$lg\alpha_{Y(H)}=10.96－8=2.96$$

从表 5-1 查得：pH＝7.3（内插法求得）。

从上面公式可以计算出各种 $K_稳$ 值金属离子滴定的最高酸度，$K_稳$ 值越大，允许的酸度越高（pH 值越小），$K_稳$ 值越小，允许酸度越低（pH 越大）。

把上面得到的各种金属离子定量滴定的允许最高酸度（最小 pH 值）对应 $lgK_稳$（或 $lg\alpha_{Y(H)}$）作图，得到的曲线称为酸效应曲线或林旁曲线，如图 5-2 所示。

酸效应曲线的应用如下。

① 酸效应曲线就是表 5-1 中的数据曲线，所以已知 pH 值可从图中查出 $lg\alpha_{Y(H)}$ 值，若知 $lg\alpha_{Y(H)}$ 值也可查出对应的 pH 值。

② 从曲线上可以查出定量滴定某离子的最高酸度（最小 pH 值），例如，滴定 Fe^{3+} 最小 pH 值为 1。

③ 确定在一定酸度下，哪些离子能定量配位，哪些离子不干扰

配位。例如，pH＝3 时，对应的是 $\lg K_{\text{稳}}=18.5$ 正是 Pd^{2+} 定量滴定的最小 pH 值。显然曲线下方的所有离子都能定量配位滴定，从 18.5 左移 5 个单位即 13.5，$\lg K_{\text{稳}}<13.5$ 的所有离子都不干扰，不能配位滴定；$\lg K_{\text{稳}}$ 值处于 13.5～18.5 之间的离子能部分配位滴定，

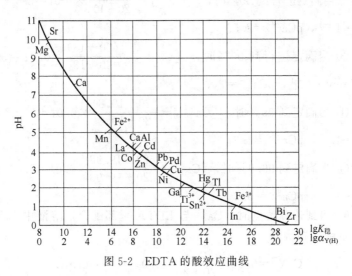

图 5-2　EDTA 的酸效应曲线

有干扰。

④ 当存在干扰离子时，确定被滴定离子的最低酸度（最大 pH 值）。例如，在存在 Pb^{2+} 时滴定 Fe^{3+}，确定其允许最低酸度（最大 pH 值）。$\lg K_{PbY}=18.0$，$\lg K_{FeY}=25.1$，二者相差超过 5，所以当二者浓度相同时，可以确定出 Pb^{2+} 不干扰 Fe^{3+} 定量滴定的最低酸度（最大 pH 值）。即从 18.5 向右移动 5 个单位，即 $\lg K_{\text{稳}}=23.5$ 对应的酸度为 pH＝1.5，这是定量滴定 Fe^{3+}，而 Pb^{2+} 又不干扰的最大 pH 值。

5.3 配位滴定曲线

在配位滴定中，随着滴定剂 EDTA 的滴加，待测金属离子浓度不断变小。用金属离子浓度 [M] 的负对数来表示其浓度大小，$pM=-\lg[M]$，根据 pM 值与对应加入的滴定剂体积值作图，称为配位滴定曲线。

今以 $c(\text{EDTA}) = 0.01\text{mol} \cdot \text{L}^{-1}$ 的 EDTA 来滴定 20.00mL $0.01\text{mol} \cdot \text{L}^{-1}$ 的 Ca^{2+} 为例，讨论其滴定曲线。

① 滴定开始前，溶液中 $[Ca^{2+}] = 0.01\text{mol} \cdot \text{L}^{-1}$，$pCa^{2+} = 2.0$。

② 当滴定进行到 50% 时，$[Ca^{2+}] = \dfrac{(20-10)}{20+10} \times 0.01 = 3.3 \times 10^{-3}$ $\text{mol} \cdot \text{L}^{-1}$，$pCa^{2+} = 2.5$。

③ 当滴定进行到 90% 时，$[Ca^{2+}] = \dfrac{(20-18)}{20+18} \times 0.01 = 5.3 \times 10^{-4}\text{mol} \cdot \text{L}^{-1}$，$pCa^{2+} = 3.3$。

④ 当滴定到 99% 时，$[Ca^{2+}] = \dfrac{(20-19.8)}{20+19.8} \times 0.01 = 5.0 \times 10^{-5}$ $\text{mol} \cdot \text{L}^{-1}$，$pCa^{2+} = 4.3$。

⑤ 当滴定到 99.9% 时，$[Ca^{2+}] = \dfrac{20-19.98}{20+19.98} \times 0.01 = 5.0 \times 10^{-6}$ $\text{mol} \cdot \text{L}^{-1}$，$pCa^{2+} = 5.3$。

⑥ 当到达等量点时，Ca^{2+} 与 EDTA 全部配合，溶液中 Ca^{2+} 全部来自配合物解离

$$[CaY] = 0.01 \times \frac{20.00}{20+20} = 5.0 \times 10^{-3}\text{mol} \cdot \text{L}^{-1}$$

$$[Ca^{2+}] = [Y]$$

$$K_{稳} = \frac{[CaY]}{[Ca^{2+}][Y]} = 9.1 \times 10^{10}$$

$$[Ca^{2+}]^2 = \frac{5.0 \times 10^{-3}}{9.1 \times 10^{10}} = 5.5 \times 10^{-14}$$

$$[Ca^{2+}] = 2.3 \times 10^{-7}$$

$$pCa^{2+} = 6.6$$

⑦ 当滴定到 100.1% 时，$[CaY] = 5.0 \times 10^{-3}\text{mol} \cdot \text{L}^{-1}$

$$[Y] = \frac{20.02-20.00}{20+20.02} \times 0.01 = 5 \times 10^{-6}\text{mol} \cdot \text{L}^{-1}$$

所以

$$[Ca^{2+}] = \frac{5.0 \times 10^{-3}}{9.1 \times 10^{10} \times 5 \times 10^{-6}} = 1.1 \times 10^{-8}\text{mol} \cdot \text{L}^{-1}$$

$$pCa^{2+} = 8.0$$

将上述数据列于表 5-2 中。

表 5-2 用 EDTA $(0.01 \text{mol} \cdot \text{L}^{-1})$ 滴定 20.00mL 0.01mol·L^{-1} Ca^{2+} 的 pCa^{2+}

EDTA 用量		剩余 Ca^{2+} 体积/mL	过量 EDTA 体积/mL	$[Ca^{2+}]$ /(mol·L^{-1})	pCa^{2+}
加入毫升数/mL	滴定/%				
0	0	20.00		0.01	2.0
10.00	50	10.00		3.3×10^{-3}	2.5
18.00	90	2.00		5.3×10^{-4}	3.3
19.80	99	0.20		5.0×10^{-5}	4.3
19.98	99.9	0.02		5.0×10^{-6}	5.3
20.00	100.0	0.00			6.6 ⎫ 突跃
20.02	100.1		0.02	1.1×10^{-8}	8.0 ⎭
20.20	101		0.20	1.1×10^{-9}	9.0

根据表 5-2 的数据绘图，如图 5-3 所示。

从上述滴定过程看，当滴定剂加入质量分数区间为 99.9%～100.1%，pM 的变化范围称为滴定突跃。滴定突跃起点，即等量点前，pM 值主要由 [M] 浓度决定，浓度越高，pM 值越小，起点低；突跃后，即等量点后，[M] 主要由 $K_稳$ 值计算 $\left([M] = \dfrac{[MY]}{K_稳 [Y]}\right)$，$K_稳$ 越大，[M] 越低，pH 值越大，突跃终点越高。

因此，滴定剂和金属离子浓度越大，配合物稳定常数越大，则滴定突跃越大。

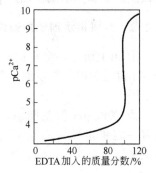

图 5-3 用 0.01mol·L^{-1} EDTA 滴定 0.01mol·L^{-1} Ca^{2+} 的滴定曲线

采用目视法判断终点，一般情况下 $\Delta pM \geqslant 0.3$ 时，可检出。这时 $cK_稳 \geqslant 10^6$，这和从理论上推导的条件 [式(5-2)] 基本吻合。

5.4 金属指示剂

5.4.1 金属指示剂作用原理

在配位滴定中，为了指示滴定终点，常常加入一种指示剂，称为金属指示剂。

金属指示剂（In）本身也是配位剂，故在等量点前，金属指示剂能和待测离子生成有色配合物（MIn）；等量点后，过量的 EDTA（Y）能从该配合物中将金属离子夺出生成配合物（MY），而游离出指示剂（In）。而且金属指示剂（In）本身颜色与金属指示剂和待测离子配合物（MIn）颜色显著不同，从而根据颜色变化来指示终点。因此，金属指示剂本身要有颜色。

等量点前溶液显示指示剂和金属离子生成配合物颜色，等量点后显示指示剂本身颜色。

金属指示剂本身是一种配位剂，故多为有机弱酸或弱碱颜料，它在水溶液中解离状态受溶液 pH 值影响。它只有在某 pH 值范围内，其本身颜色与其和金属离子配合物颜色显著不同时才能使用。因此，应该注意金属指示剂使用的 pH 值范围。

5.4.2 金属指示剂使用条件

① 由上所述，金属指示剂必须使用在一定 pH 值范围。即在这个 pH 值范围内，指示剂本身颜色与指示剂和金属离子配合物颜色显著不同。

② 在该 pH 值范围内，$K'_{MIn} > 10^4$ 即指示剂与金属离子配合物有一定稳定性；而且 $K'_{MIn} < K'_{MY}$，一般情况下应该小 100 倍，即 $\lg K'_{MY} - \lg K'_{MIn} \geq 2$，否则终点后，EDTA（Y）不能从 MIn 中夺取 M。

③ 指示剂要有选择性，减少干扰。

④ 指示剂易溶于水，稳定。

5.4.3 金属指示剂的封闭和僵化

指示剂和金属离子配合物非常稳定，等量点后过量的 EDTA 不能从 MIn 中夺取 M 而游离出 In，使指示剂受到封闭。

封闭有两种情况，一种情况是 $K_{MIn} > K_{MY}$，EDTA 不能置换出指示剂 In；另一种情况是 $K_{MIn} < K_{MY}$，但二者相差不到 100 倍，由于动力学原因，置换速度很慢，颜色变化不可逆，产生封闭现象。

例如，Fe^{3+}、Al^{3+}、Cu^{2+}、Co^{2+}、Ni^{2+} 和铬黑 T 形成配合物的稳定性都超过了和 EDTA 形成配合物的稳定性。因此，当溶液中存在这些离子时，铬黑 T 被封闭，必须加入更强的配位剂，如三乙醇胺、氰化钾等以掩蔽这些干扰离子。三乙醇胺掩蔽 Fe^{3+}、Al^{3+}，氰化钾掩蔽 Cu^{2+}、Co^{2+}、Ni^{2+}。

有时金属离子和指示剂生成的配合物 MIn 水溶性差，滴定终点时置换反应速度很慢，终点不明显，称为指示剂的僵化。加入少量有机溶剂（如乙醇）提高溶解度和加热提高置换反应速率，可以改善指示剂的僵化现象。

5.4.4 主要的金属指示剂

（1）铬黑 T 铬黑 T（简称 EBT）属于偶氮染料，化学名称为 1-(1-羟基-2-萘偶氮基)-6-硝基-2-萘酚-4-磺酸钠，其离解方程式如下：

$$H_2In^- \underset{\text{紫红色}}{\overset{pK_{a2}=6.3}{\rightleftharpoons}} HIn^{2-} \underset{\text{蓝色}}{\overset{pK_{a3}=11.55}{\rightleftharpoons}} In^{3-}_{\text{橙色}}$$

从上面平衡式可以看出，当 pH<6.3 时，显示 H_2In^- 紫红色，当 pH=6.3 时，显示 H_2In^- 和 HIn^{2-} 混合色，当 pH=6.3～11.55 时，显示 HIn^{2-} 蓝色，当 pH>11.55，显示 In^{3-} 的橙色。

铬黑 T 与金属离子 M 的配合物为红色，因此只能使用蓝色的 pH 范围，因为由红变蓝色终点易观察，故铬黑 T 使用的 pH 范围为 7～11。实验证明 pH=9～10.5 范围内颜色变化明显。

Fe^{3+}、Al^{3+}、Cu^{2+}、Co^{2+}、Ni^{2+} 对指示剂有封闭作用。

铬黑 T 用于测定 Mg^{2+}、Zn^{2+}、Cd^{2+}、Pb^{2+}、Hg^{2+} 等离子，使用 pH 值范围 pH=9～10.5，通常使用 pH=10 缓冲液。

铬黑 T 指示剂的配制方法有两种。

① 称 0.2g 铬黑 T 溶于 15mL 三乙醇胺中，加 5mL 乙醇。这种水溶液稳定性差，容易发生聚合，加入三乙醇胺可减缓聚合速度。

② 铬黑 T 与固体干燥 NaCl 按 1∶100 比例混合研磨，密封保存。滴定时，加一小勺（0.1g）指示剂于试样溶液中。

（2）二甲酚橙 二甲酚橙属于三苯甲烷类显色剂，学名为 3,3′-双（二羧甲基氨甲基）邻甲酚磺酞。易溶于水，7 级离解，其中 H_7In 到 H_3In^{4-} 各状态都是黄色，H_2In^{5-} 到 In^{7-} 各状态都是红色，其解离方程式如下：

$$H_3In^{4-} \underset{\text{黄色}}{\overset{pK_a=6.3}{\rightleftharpoons}} H_2In^{5-}_{\text{红色}}$$

从上面平衡式可看出，当 pH＜6.3 时，指示剂显示黄色，当 pH＞6.3 时，指示剂显示红色。因此指示剂应选择 pH≤6 以下使用，使指示剂黄色与指示剂金属离子配合物的红色相区别。

二甲酚橙可用于酸性溶液（pH＜6）中滴定许多金属离子，终点颜色由紫红变为亮黄色。

Al^{3+}、Ti^{4+}、Fe^{3+}、Ni^{2+} 对指示剂有封闭作用。用 F^- 掩蔽 Al^{3+}、Ti^{4+}，抗坏血酸掩蔽 Fe^{3+}，邻二氮菲掩蔽 Ni^{2+}。

二甲酚橙指示剂可配制成 $2g \cdot L^{-1}$ 水溶液使用，有效期 2～3 周。

（3）钙指示剂　钙指示剂也属于偶氮染料，学名为 2-羟基-1-(2-羟基-4-磺酸-1-萘偶氮基)-3-萘甲酸。其离解方程式如下：

$$H_2In^- \underset{pK_{a2}=7.4}{\rightleftharpoons} HIn^{2-} \underset{pK_{a3}=13.5}{\rightleftharpoons} In^{3-}$$
酒红色　　　　　蓝色　　　　　酒红色

因为钙指示剂与金属离子 M 配合物显红色，所以钙指示剂只能在 pH＝12～13 使用，显蓝色。

钙指示剂通常用于 pH＝13 时滴定钙离子（Ca^{2+}），终点颜色变化为红色变为蓝色。

指示剂封闭作用与铬黑 T 相似，掩蔽方法同前面。

钙指示剂和干燥 NaCl 按 1∶100 混合研磨后封闭瓶中备用。

5.5 提高配位滴定的选择性

5.5.1　控制溶液酸度的方法

EDTA 与金属离子 M 的配合物稳定常数不同，通过控制溶液酸度可消除干扰离子 N 的影响。

设待测离子为 M，浓度为 c_M，其条件稳定常数为 K'_{MY}；干扰离子为 N，浓度为 c_N，其条件稳定常数为 K'_{MY}。

根据公式(5-2) 可知，当误差＜0.1%，定量测定 M 离子的条件是 $cK'_{MY}≥10^6$，即 $\lg cK'_{MY}≥6$。

如果要求 N 离子不干扰测定，则 $\dfrac{c_M K'_{MY}}{c_N K'_{NY}}≥10^5$，即 $\lg c_M K'_{MY} - \lg c_N K'_{NY}≥5$。将 $\lg c_M K'_{MY}≥6$ 代入得：$\lg c_N K'_{NY}≤1$。

因此，在配位滴定中能定量测定 M 离子而 N 离子不干扰的条件是：

$$\lg c_M K'_{MY} \geqslant 6, \quad \lg c_N K'_{NY} \leqslant 1 \tag{5-6}$$

通过控制溶液酸度，即确定定量测定 M 离子允许的最高酸度（最小 pH 值），和 N 离子不干扰测定允许的最低酸度（最大 pH 值），这就是控制的 pH 值范围。

【例 5-3】 溶液中 Fe^{3+} 和 Al^{3+}，假定二者浓度相同，要定量地滴定 Fe^{3+} 而 Al^{3+} 不干扰：

已知　　　　$c(Fe^{3+}) = c(Al^{3+}) = 0.01 mol \cdot L^{-1}$

$$\lg K_{FeY} = 25.1, \quad \lg K_{AlY} = 16.1$$

解： $\lg K'_{FeY} = \lg K_{FeY} - \lg \alpha_{Y(H)} = 8 = 25.1 - \lg \alpha_{Y(H)}$

所以　　　　$\lg \alpha_{Y(H)} = 25.1 - 8 = 17.1$　　　pH = 1.0

$\lg c K'_{AlY} \leqslant 1$ 时不干扰，即

$$\lg K'_{AlY} = \lg K_{AlY} - \lg \alpha_{Y(H)} = 3$$

所以　　　　$\lg \alpha_{Y(H)} = 16.1 - 3 = 13.1$　　　pH = 2.2

因此，只要将 pH 控制在 1.0～2.2 可以定量测定 Fe^{3+} 而 Al^{3+} 不干扰。

如果 M 离子和干扰离子 N 浓度不同，就要将浓度考虑进去。例如：$c(Fe^{3+}) = 0.01 mol \cdot L^{-1}$，而 $c(Al^{3+}) = 0.1 mol \cdot L^{-1}$，这时，$Fe^{3+}$ 测定条件不变，Al^{3+} 不干扰条件要变化：对于 Al^{3+} 来说。

将 $c_{Al} = 0.1 mol \cdot L^{-1}$ 代入 $\lg c_{Al} K'_{AlY} \leqslant 1$ 得 $\lg K'_{AlY} \leqslant 2$

则，$\lg K'_{AlY} = \lg K_{AlY} - \lg \alpha_{Y(H)} = 2$

所以 $\lg \alpha_{Y(H)} = 16.1 - 2 = 14.1$，pH = 1.8

这时需要将 pH 值控制在 1.0～1.8，才能定量测定 Fe^{3+} 而 Al^{3+} 不干扰。

5.5.2　加掩蔽剂消除干扰

掩蔽剂是一种配位剂，能与干扰离子生成稳定的配合物，从而消除干扰离子的干扰作用。因此，要求掩蔽剂与干扰离子生成的配合物无色，易溶于水，稳定性要大于干扰离子和 EDTA 生成的配合物的

稳定性；掩蔽剂与待测离子不生成配位化合物。

常用的掩蔽法有配位掩蔽法、氧化还原掩蔽法和沉淀掩蔽法三种。

5.5.2.1 配位掩蔽法

加入掩蔽剂和干扰离子生成配位化合物，降低干扰离子浓度，称为配位掩蔽法。常用的掩蔽剂如下。

(1) 氰化物（CN^-） 在 pH＞8 的溶液中，可掩蔽 Cu^{2+}、Ni^{2+}、Co^{2+}、Cd^{2+}、Zn^{2+}、Ag^+ 等。在存在甲醛或六次甲基四胺时会破坏 CN^- 的掩蔽作用。

氰化物剧毒，遇酸放出毒气 HCN，故不能在酸性溶液中使用。

(2) 氟化物（F^-） 在 pH＝4～6 时能掩蔽 Al^{3+}、Sn^{4+}、Zr^{4+}、Ti^{4+}，在 pH＝10 时能掩蔽 Al^{3+}、Mg^{2+}、Ca^{2+}、Sr^{2+}、Ba^{2+}，能和 Mg^{2+}、Ca^{2+}、Sr^{2+}、Ba^{2+} 生成沉淀，但不妨碍观察终点。

NH_4F 比 NaF 易溶于水，且对 pH 影响不大，用 NH_4F 比 NaF 好。

(3) 三乙醇胺 在碱性溶液中可掩蔽 Fe^{3+}、Al^{3+}、Ti^{4+} 和 Sn^{4+}。使用时，应先在酸性溶液中加入三乙醇胺，然后调节到碱性，否则容易引起 Fe^{3+}、Al^{3+} 水解，再加三乙醇胺也不能掩蔽了。

5.5.2.2 氧化还原掩蔽法

可以将干扰离子氧化和还原，改变价态从而改变 K'_{NY} 数值来消除干扰。例如，Fe^{3+} 的 $lgK_{FeY^-}=25.1$，干扰 Bi^{3+}（$lgK_{BiY^{2-}}=27.9$）的测定，加入抗坏血酸将 Fe^{3+} 还原为 Fe^{2+}（$lgK_{FeY^{2-}}=14.3$）就不干扰了。也可把 Mn^{2+}、Cr^{3+} 等氧化成高价态的酸根，MnO_4^-、$Cr_2O_7^{2-}$ 不与 EDTA 配位，也就不干扰了。

5.5.2.3 沉淀掩蔽法

可以加入沉淀剂，使干扰离子生成沉淀，降低干扰离子浓度，不用分离，可直接进行滴定。例如，测定 Ca^{2+} 时，共存 Mg^{2+} 有干扰。可加入沉淀剂（OH^-），保持 pH＝13，使 $Mg^{2+}+2OH^- \Longrightarrow Mg(OH)_2\downarrow$ 生成沉淀，再用 EDTA 滴定。

5.6 配位滴定的方法和应用

5.6.1　配位滴定方法

5.6.1.1　直接滴定法

是配位滴定的基本方法，把待测溶液调整到适当酸度，加入缓冲溶液和指示剂，用 EDTA 标准溶液直接滴定至终点。采用直接滴定法要求如下。

① 待测离子 M 的 $\lg K'_{MY} c_M \geqslant 6$，且配位反应迅速。

② 有变色敏锐的指示剂，无指示剂封闭现象。

③ 在测定条件下，待测离子 M 无水解、沉淀现象。

直接法操作简单、快速、误差较小。当直接法遇到困难，才采用其他滴定方式。

5.6.1.2　返滴定法

返滴定法，是加入过量 EDTA 标准溶液和金属离子 M 配位，再调节适当酸度，加入缓冲溶液和指示剂，用另一金属标准溶液滴定剩余的 EDTA。根据二者之差计算待测金属离子 M 的含量。

返滴定法主要用于下列情况。

① 直接滴定时无合适指示剂或存在指示剂封闭现象。

② 待测离子 M 和 EDTA 反应很慢。

③ 待测离子在测定条件下水解等影响测定。

返滴定时，要求金属标准溶液和 EDTA 的配合物稳定性小于待测离子和 EDTA 配合物的稳定性。否则，会置换出待测离子造成误差。

5.6.1.3　置换滴定法

置换滴定是置换出金属离子，或置换出 EDTA，然后进行滴定。

（1）置换出金属离子　用待测离子置换出另一配合物中金属离子，然后用 EDTA 滴定，求出待测离子含量。

例如，Ag^+ 与 EDTA 配合物稳定性差，不能满足 $\lg c K'_{AgY} > 6$ 要求，可以把 Ag^+ 加到 $Ni(CN)_4^{2-}$ 配合物中，发生置换反应：

$$Ni(CN)_4^{2-} + 2Ag^+ = 2Ag(CN)_2^- + Ni^{2+}$$

然后，在 pH=10 的溶液中，以紫脲酸铵作指示剂，用 EDTA 滴定，即可求出 Ni^{2+} 的含量，再求出 Ag^+ 量。因为无合适指示剂，可以将 Ba^{2+} 或 Sr^{2+} 加到 Mg-EDTA 配合物溶液中，置换出 Mg^{2+}，再用 EDTA 滴定。

（2）置换出 EDTA　当被测离子 M 和干扰离子共存时，可以用 EDTA 和它们全部配位，再用选择性配位剂 L 将 M 夺出，析出等量的 EDTA，再用金属标准溶液滴定。

例如，Cu^{2+}、Zn^{2+}、Al^{3+} 共存，用 EDTA 全部配位。加入 NH_4F 与 Al^{3+} 配位，析出 EDTA 用 Pb^{2+} 标准溶液滴定求出 Al^{3+} 量；再加入硫脲与 Cu^{2+} 配位，析出 EDTA 用 Pb^{2+} 标准溶液滴定求出 Cu^{2+} 含量。

5.6.1.4　间接滴定法

某些金属或非金属不能用 EDTA 滴定，可采用间接滴定法。

例如，PO_4^{3-} 不能直接滴定，可以定量生成 $MgNH_4PO_4 \cdot 6H_2O$ 沉淀，过滤、洗涤后再用酸溶解。然后用 EDTA 滴定溶解的 Mg^{2+}，间接求出 PO_4^{3-} 含量。

5.6.1.5　连续滴定法

利用控制溶液酸度或掩蔽与解蔽方法，提高配位滴定选择性，可以连续滴定几种离子。

例如，Bi^{3+} 和 Pb^{2+} 测定。首先在 pH=1 时，用 EDTA 滴定 Bi^{3+}；然后调整 pH=5～6，再用 EDTA 滴定 Pb^{2+}。

5.6.2　应用

5.6.2.1　水总硬度的测定

（1）测定原理　在 pH 值为 10.0±0.1 的水溶液中，用铬黑 T 作指示剂，以乙二胺四乙酸二钠盐（EDTA）标准滴定溶液，滴定至蓝色为终点。根据消耗 EDTA 的体积，即可算出硬度值。

（2）试剂与仪器　氨-氯化铵缓冲溶液：称取 67.5g 氯化铵，溶于 570mL 浓氨水中，加入 1g EDTA 二钠镁盐，并用水稀释至 1L；

氢氧化钠溶液：$50g \cdot L^{-1}$；

盐酸溶液：1+1；

三乙醇胺溶液：1+4；

L-半胱氨酸盐酸盐溶液：$10g \cdot L^{-1}$；

乙二胺四乙酸二钠标准滴定溶液：$c(\text{EDTA})$ 约 $0.01\text{mol} \cdot L^{-1}$；

铬黑 T 指示液：$5g \cdot L^{-1}$；

仪器：锥形瓶，滴定管。

（3）测定步骤　取 100mL 水样，于 250mL 锥形瓶中加 5mL 氨-氯化铵缓冲溶液，加 2～3 滴铬黑 T 指示剂，在不断摇动下，用乙二胺四乙酸二钠标准滴定溶液进行滴定，接近终点时应缓慢滴定，溶液由酒红色转为蓝色即为终点。同时做空白试验。

（4）结果计算　硬度含量以浓度 c_1 计，数值以 mmol/L 表示，按下式计算：

$$c_1 = \frac{(V_1 - V_0)c}{V} \times 1000$$

式中　V_1——滴定水样消耗 EDTA 标准滴定溶液体积的数值，mL；

　　　V_0——滴定空白溶液消耗 EDTA 标准滴定溶液体积的数值，mL；

　　　c——EDTA 标准滴定溶液浓度的准确数值，$\text{mol} \cdot L^{-1}$；

　　　V——所取水样体积的数值，mL。

（5）讨论　因为 $\lg K_{\text{MgY}} = 8.7$，$\lg K_{\text{CaY}} = 10.7$ 都大于 8，因此可以直接滴定；但二者之差为 2，小于 5，所以只能滴定合量。

当水样中 Mg^{2+} 量太低时，终点不明显，可以预先加入少量 Mg-EDTA 溶液。

水中杂质 Fe^{3+}、Al^{3+} 用三乙醇胺掩蔽（在酸性条件下加入）；Cu^{2+}、Co^{2+}、Ni^{2+} 用氰化物（CN^-）掩蔽。

滴定在 pH＝10 溶液中进行，pH 值不能太高，否则 Mg^{2+} 会生成 $Mg(OH)_2$ 沉淀而影响滴定。

铁含量大于 $2mg \cdot L^{-1}$、铝含量大于 $2mg \cdot L^{-1}$、铜含量大于 $0.01mg \cdot L^{-1}$、锰含量大于 $0.1mg \cdot L^{-1}$ 对测定有干扰，可在加指示剂前用 2mL L-半胱氨酸盐酸盐溶液和 2mL 三乙醇胺溶液进行联合掩蔽消除干扰。

如果水样混浊，取样前应过滤。

水样酸性或碱性很高时，可用氢氧化钠溶液或盐酸溶液中和后再加缓冲溶液。

碳酸盐硬度很高的水样，在加入缓冲溶液前应先稀释或先加入所需 EDTA 标准溶液量的 80%～90%（记入滴定体积内），否则缓冲溶液加入后，碳酸盐析出，终点拖长。

使用铬黑 T 作指示剂时，硬度测定范围为 0.1～5mmol·L^{-1}，硬度超过 5mmol·L^{-1}时，可适当减少取样体积，稀释到 100mL 后测定；使用酸性铬蓝 K 作指示剂时，硬度测定范围为 1～100μmol·L^{-1}。

5.6.2.2 工业循环冷却水中钙、镁离子的测定

(1) 测定原理 钙离子测定是在 pH 为 12～13 时，以钙-羧酸为指示剂，用 EDTA 标准滴定溶液测定水样中的钙离子含量。滴定时 EDTA 与溶液中游离的钙离子仅应形成配位化合物，溶液颜色变化由紫红色变为亮蓝色时即为终点。

镁离子测定是在 pH 为 10 时，以铬黑 T 为指示剂，用 EDTA 标准滴定溶液测定钙、镁离子合量，溶液颜色由紫红色变为纯蓝色时即为终点，由钙镁合量中减去钙离子含量即为镁离子含量。

(2) 试剂和仪器

硫酸溶液：1+1。

过硫酸钾溶液：40g·L^{-1}，贮存于棕色瓶中（有效期 1 个月）。

三乙醇胺溶液：1+2。

氢氧化钾溶液：200g·L^{-1}。

氨-氯化铵缓冲溶液（甲）：pH=10。

乙二胺四乙酸二钠标准滴定溶液：c(EDTA) 约 0.01mol·L^{-1}。

钙-羧酸指示剂：0.2g 钙-羧酸指示剂 [2-羟基-1-(2-羟基-4-磺基-1-萘偶氮)-3-萘甲酸] 与 100g 氯化钾混合研磨均匀，贮存于磨口瓶中。

铬黑 T 指示液：溶解 0.50g 铬黑 T [1-(1-羟基-2-萘偶氮-6-硝基-萘酚-4-磺酸钠)] 于 85mL 三乙醇胺中，再加入 15mL 乙醇。

仪器：锥形瓶，滴定管。

(3) 测定步骤

钙离子的测定：用移液管移取 50mL 过滤后的水样于 250mL 锥形瓶中，加 1mL 硫酸溶液和 5mL 过硫酸钾溶液，加热煮沸至近干，取下冷却至室温加 50mL 水、3mL 三乙醇胺溶液、7mL 氢氧化钾溶液和约 0.2g 钙-羧酸指示剂，用 EDTA 标准滴定溶液滴定，近终点时速度要缓慢，当溶液颜色由紫红色变为亮蓝色时即为终点。

镁离子的测定：用移液管移取 50mL 过滤后的水样于 250mL 锥

形瓶中，加 1mL 硫酸溶液和 5mL 过硫酸钾溶液加热煮沸至近干，取下冷却至室温，加 50mL 水和 3mL 三乙醇胺溶液。用氢氧化钾溶液调节 pH 近中性，再加 5mL 氨-氯化铵缓冲溶液和 3 滴铬黑 T 指示液，用 EDTA 标准滴定溶液滴定，近终点时速度要缓慢，当溶液颜色由紫红色变为纯蓝色时即为终点。

（4）结果计算　钙离子含量以质量浓度 ρ_1 计，数值以 mg·L^{-1} 表示，按式(5-7) 计算：

$$\rho_1 = \frac{(V_1/1000)cM_1}{V/1000} \times 1000 \tag{5-7}$$

简化为

$$\rho_1 = \frac{cV_1M_1}{V} \times 1000$$

式中　V_1——滴定钙离子时，消耗 EDTA 标准滴定溶液体积的数值，mL；

c——EDTA 标准滴定溶液的浓度的准确数值，mol·L^{-1}；

V——所取水样体积的数值，mL；

M_1——钙的摩尔质量的数值，g·mol^{-1}（$M_1 = 40.08$）。

镁离子含量以质量浓度 ρ_2 计，数值以 mg·L^{-1} 表示，按式(5-8) 计算：

$$\rho_2 = \frac{(V_2/1000 - V_1/1000)cM_2}{V/1000} \times 1000 \tag{5-8}$$

简化为

$$\rho_2 = \frac{(V_2 - V_1)cM_2}{V} \times 1000$$

式中　V_2——滴定钙、镁合量时，消耗 EDTA 标准滴定溶液的体积的数值，mL；

V_1——滴定钙离子含量时，消耗 EDTA 标准滴定溶液的体积的数值，mL；

c——EDTA 标准滴定溶液的浓度的准确数值，mol·L^{-1}；

V——所取水样的体积的数值，mL；

M_2——镁的摩尔质量的数值，g·mol^{-1}（$M_2 = 24.31$）。

（5）讨论　原水中钙、镁离子含量的测定不用加硫酸及过硫酸钾加热煮沸。

三乙醇胺用于消除铁、铝离子对测定的干扰，过硫酸钾用于氧化有机磷系药剂以消除对测定的干扰。

5.6.2.3 铋、铅混合溶液中铋、铅含量连续测定

(1) 测定原理 在混合试样溶液中调节溶液 pH=1.0,以二甲酚橙作指示剂,用 EDTA 滴定 Bi^{3+},终点时溶液由红色变为黄色。

滴定后的溶液,加入六次甲基四胺,调节 pH=5~6,二甲酚橙与 Pb^{2+} 生成紫红色,用 EDTA 标准溶液滴定至亮黄色为终点。

(2) 试剂和仪器

EDTA 标准溶液:$c(EDTA)=0.01mol \cdot L^{-1}$。

六次甲基四胺溶液:$200g \cdot L^{-1}$。

HNO_3 溶液:$c(HNO_3)=0.1mol \cdot L^{-1}$。

二甲酚橙溶液:$2g \cdot L^{-1}$。

仪器:锥形瓶 (250mL),移液管 (10mL),滴定管 (50mL)。

(3) 测定步骤 用移液管移取试液 10.00mL 于锥形瓶中,用 $0.1mol \cdot L^{-1}$ HNO_3 调节溶液 pH=1.0,再多加 10mL HNO_3 溶液、两滴二甲酚橙指示剂,用 EDTA 标准溶液滴定至溶液由紫红变为亮黄为终点,记下消耗体积为 V_1 (mL);再向溶液中滴加六次甲基四胺溶液至溶液呈紫红色,再过量 5mL,此时溶液 pH=5~6,用 EDTA 标准溶液继续滴定至亮黄色为终点,记下消耗体积为 V_2 (mL)(包含 V_1)。

(4) 结果计算 铋离子含量以质量浓度 ρ_1 计,数值以 $g \cdot L^{-1}$ 表示,按式(5-9) 计算;铅离子含量以质量浓度 ρ_2 计,数值以 $g \cdot L^{-1}$ 表示,按式(5-10) 计算:

$$\rho_1 = \frac{cV_1M_1}{1000V} \times 1000 \tag{5-9}$$

简化为

$$\rho_1 = \frac{cV_1M_1}{V}$$

$$\rho_2 = \frac{c(V_2-V_1)M_2}{1000V} \times 1000 \tag{5-10}$$

简化为

$$\rho_2 = \frac{c(V_2-V_1)M_2}{V}$$

式中 V_1——滴定铋时,消耗 EDTA 标准滴定溶液的体积数值,mL;

V_2——滴定铋、铅合量时,消耗 EDTA 标准滴定溶液的体积的数值,mL;

c——EDTA 标准滴定溶液浓度的准确数值,$mol \cdot L^{-1}$;

V——所取水样体积的数值，mL；

M_1——铋的摩尔质量的数值，$g \cdot mol^{-1}$（$M_1 = 209.0$）；

M_2——铅的摩尔质量的数值，$g \cdot mol^{-1}$（$M_2 = 207.2$）。

（5）讨论　$lgK_{BiY} = 28.2$，$lgK_{PbY} = 18.0$，二者之差大于 5，所以可分别连续滴定。滴定 Bi^{3+} 最小 pH 值为 0.7，滴定 Pb^{2+} 最小 pH 值为 3.5，它不干扰 Bi^{3+} 测定的 pH 值为 1.5。所以滴定 Bi^{3+} 时 pH 值不能大于 1.5，不能小于 0.7，故选择 1.0；滴定 Pb^{2+} 的最小 pH 值不能小于 3.5，选择 5～6。

5.6.2.4　工业碳酸钠中氯化物含量的测定——汞量法

（1）方法提要

在微酸性的水或乙醇-水溶液中，用强电离的硝酸汞标准滴定溶液将氯离子转化为弱电离的氯化汞，用二苯偶氮碳酰肼指示剂与过量的 Hg^{2+} 生成紫红色配位化合物来判断终点。

（2）试剂

硝酸溶液：1＋1。

硝酸溶液：1＋7。

氢氧化钠溶液：$40g \cdot L^{-1}$。

硝酸汞标准滴定溶液：$c\left[\dfrac{1}{2}Hg(NO_3)_2 \cdot H_2O\right]$约为 $0.05mol \cdot L^{-1}$。

溴酚蓝指示液：$1g \cdot L^{-1}$。

二苯偶氮碳酰肼指示液：$5g \cdot L^{-1}$。

（3）仪器

滴定管：分度值为 0.02mL 或 0.05mL。

（4）分析步骤

参比溶液的制备：在 250mL 锥形瓶中加入 40mL 水和两滴溴酚蓝指示液。滴加 1＋7 硝酸溶液至溶液由蓝色恰变为黄色，再过量 2～3 滴。加入 1mL 二苯偶氮碳酰肼指示液，用硝酸汞标准滴定溶液滴定至溶液由黄色变为紫红色，记录所用硝酸汞标准滴定溶液的体积。此溶液在使用前制备。

试样的测定：称取约 2g 试样，精确至 0.01g，置于 250mL 锥形瓶中。加 40mL 水溶解试样，加入两滴溴酚蓝指示液，滴加 1＋1 硝酸溶液中和至溶液变黄后，滴加氢氧化钠溶液至试验溶液变蓝，再用 1＋7 硝酸溶液调至溶液恰呈黄色再过量 2～3 滴。加入 1mL 二苯偶氮碳酰肼指示液，用硝酸汞标准滴定溶液滴定至溶液由黄色变为与参比溶液相同的紫红色即为终点。

（5）结果计算　氯化物含量以氯化钠（NaCl）的质量分数 w 计，数值以％表示，按下式计算：

$$w = \frac{c(V-V_0)M}{1000m \times (100\% - w_0)} \times 100\%$$

式中　c——硝酸汞标准滴定溶液浓度的准确数值，$mol \cdot L^{-1}$；

　　　V——滴定中消耗硝酸汞标准滴定溶液的体积的数值，mL；

　　　V_0——参比溶液制备中所消耗硝酸汞标准滴定溶液的体积的数值，mL；

　　　m——试样的质量的数值，g；

　　　w_0——工业碳酸钠烧失量的质量分数的数值，以％表示；

　　　M——氯化钠的摩尔质量的数值，$g \cdot mol^{-1}$（$M = 58.44$）。

（6）注意问题

① 标准滴定溶液浓度的选择（表 5-3）

表 5-3　试样中氯离子含量与对应的标准滴定溶液浓度

试样中氯离子含量/mg	0.01～2	2～25	25～80
标准滴定溶液浓度/(mol · L^{-1})	0.001～0.02	0.02～0.03	0.03～0.1

② 介质　用 $0.02 mol \cdot L^{-1}$ 以下的标准滴定溶液时，应在乙醇-水溶液介质中滴定。

③ 干扰　S^{2-}、SO_3^{2-}、SO_4^{2-}、PO_4^{3-}、$[Fe(CN)_6]^{3-}$，$[Fe(CN)_6]^{4-}$、$S_2O_3^{2-}$、NO_2^-、CNS^-、CN^- 等离子均干扰测定，其限量及消除方法参见 GB/T 3051—2000 附录 B 和附录 C。

④ 废液处理　在碱性介质中，将滴定后的废液用过量的硫化钠沉淀汞，用过氧化氢氧化过量的硫化钠，防止汞以多硫化物的形式溶解。

第6章　沉淀滴定法

沉淀滴定法是以沉淀反应为基础的滴定分析方法。用于沉淀滴定法的沉淀反应应该满足下列条件。

① 沉淀反应按一定化学反应式进行，无副反应，反应完全，溶度积要小。

② 沉淀反应速率快。

③ 有合适的指示剂指示终点。

④ 沉淀无吸附或吸附不影响滴定。

满足上述条件的沉淀反应主要有 Ag^+ 与卤素离子和 CNS^- 生成的沉淀反应，称为银量法。

6.1 沉淀滴定法原理

6.1.1　溶度积原理

当把 AgCl 固体放入水中，固体中 Ag^+ 和 Cl^- 受到极性分子水的吸引离开其表面进入水中，这个过程叫溶解；同时，水中 Ag^+ 和 Cl^- 碰到固体 AgCl 表面被相反电荷吸引，又重新在 AgCl 表面上析出，这个过程叫沉淀（结晶）。开始时，溶解速度大于沉淀速度，平衡时，溶解速度和沉淀速度相等，这时溶液中溶解的 Ag^+ 和 Cl^- 浓度不再增加，形成饱和溶液。

实验证明，当温度不变时，饱和溶液中各离子浓度的乘积是一个常数，称为溶度积常数，一般用 K_{sp} 表示，例如，$K_{sp}(AgCl) = [Ag^+][Cl^-]$。

各种不同难溶化合物其溶度积常数 K_{sp} 也不同，它能表征各种不同难溶化合物的溶解性。

必须指出，溶度积常数是指饱和溶液中各离子浓度乘积等于常数；溶度积常数随温度变化，温度升高，溶度积常数增大；难溶化合物解离的离子系数不是 1 时，系数作离子浓度的指数，比如：

$$Ag_2CrO_4 \rightleftharpoons 2Ag^+ + CrO_4^{2-} \quad K_{sp}(Ag_2CrO_4) = [Ag^+]^2[CrO_4^{2-}]$$

根据溶度积常数可以判断溶液中沉淀的生成和溶解条件。

① 当溶液中各离子浓度乘积大于该化合物的溶度积常数时，溶液中将有沉淀生成，即 $[M^+][A^-] > K_{sp}$。

② 当溶液中各离子浓度的乘积小于该化合物的溶度积常数时，该沉淀将溶解，即 $[M^+][A^-] < K_{sp}$。

③ 当溶液中各离子浓度的乘积等于该化合物的溶度积常数时，该溶液为饱和溶液，即 $[M^+][A^-] = K_{sp}$。

溶度积和溶解度都反映了物质的溶解能力，它们之间可以相互换算。

【例 6-1】 已知 25℃时，$K_{sp}(AgCl) = 1.8 \times 10^{-10}$，求 AgCl 的溶解度？

解： $[Ag^+][Cl^-] = K_{sp} = 1.8 \times 10^{-10}$

所以 $[Ag^+] = [Cl^-] = \sqrt{1.8 \times 10^{-10}} = 1.34 \times 10^{-5} \, mol \cdot L^{-1}$

所以 AgCl 溶解度为 $1.34 \times 10^{-5} \times 143.4 \times \dfrac{100}{1000} = 1.92 \times 10^{-4}$ (g/100mL)。

【例 6-2】 已知 25℃ $Fe(OH)_3$ 的溶解度为 2.03×10^{-9} g/100mL，求 $Fe(OH)_3$ 的溶度积？

解：

$$Fe(OH)_3 \rightleftharpoons Fe^{3+} + 3OH^-$$

从离解方程可以看出 1 个 $Fe(OH)_3$ 分子可以生成 1 个 Fe^{3+} 和 3 个 OH^-。溶解的 $Fe(OH)_3$ 浓度为：

$$\frac{2.03 \times 10^{-9}}{106.87} \times \frac{1000}{100} = 1.9 \times 10^{-10} \, (mol \cdot L^{-1})$$

所以 $[Fe^{3+}] = 1.9 \times 10^{-10} \, mol \cdot L^{-1}$，$[OH^-] = 3 \times 1.9 \times 10^{-10} = 5.7 \times 10^{-10} \, mol \cdot L^{-1}$

所以 $K_{sp}[Fe(OH)_3] = 1.9 \times 10^{-10} \times (5.7 \times 10^{-10})^3 = 3.5 \times 10^{-38}$

【例 6-3】 $c(BaCl_2) = 0.1 mol \cdot L^{-1}$ 溶液和 $c(H_2SO_4) = 0.01 mol \cdot L^{-1}$ 溶液混合，能否生成沉淀？

解： 已知 $K_{sp}(BaSO_4) = 1.1 \times 10^{-10}$，当两溶液等体积混合后，

体积增加 1 倍，浓度降低 1 倍：

$$[Ba^{2+}] = \frac{0.1}{2} = 0.05 \, mol \cdot L^{-1}$$

$$[SO_4^{2-}] = \frac{0.01}{2} = 0.005 \, mol \cdot L^{-1}$$

所以 $[Ba^{2+}][SO_4^{2-}] = 0.05 \times 0.005 = 2.5 \times 10^{-4} > K_{sp}$，故可以生成沉淀。

6.1.2　沉淀滴定的溶度积常数

对于 1∶1 型化合物来说，M^+ 和 A^- 按下式反应：

$$M^+ + A^- \Longrightarrow MA$$

如果被测离子 $[M^+] = c$，当到达等量点时，全部反应生成 MA；平衡时若 MA 在水溶液有 0.1% 离解，则 $[MA] = c - 0.1\%$，$c = 99.9\%c \approx c$，$[M^+] = c \times 0.1\%$，$[A^-] = c \times 0.1\%$，那么，$[M^+][A^-] = c^2 \times 10^{-6}$，即要满足 <0.1% 误差，$K_{sp} \leqslant c^2 \times 10^{-6}$。因此，得到沉淀滴定误差 <0.1% 时，对溶度积常数 K_{sp} 的要求：

$$K_{sp} \leqslant c^2 \times 10^{-6} \tag{6-1}$$

如果被测定的离子浓度 $c = 0.01 \, mol \cdot L^{-1}$ 时，$K_{sp} \leqslant 10^{-10}$；

如果被测定离子浓度 $c = 0.1 \, mol \cdot L^{-1}$ 时，$K_{sp} \leqslant 10^{-8}$。

【例 6-4】 已知 $K_{sp}(AgCl) = 1.8 \times 10^{-10}$，采用沉淀滴定法用 Ag^+ 滴定 $[Cl^-] = 0.1 \, mol \cdot L^{-1}$ 的试样，该方法引起的误差是多少？

解： AgCl 沉淀是 1∶1 型化合，按下式离解：

$$AgCl \Longrightarrow Ag^+ + Cl^-$$

因此反应完全时，AgCl 沉淀本身离解出来的 $[Cl^-]$ 为

$$[Cl^-] = [Ag^+] = \sqrt{K_{sp}} = \sqrt{1.8 \times 10^{-10}} = 1.34 \times 10^{-5} \, mol \cdot L^{-1}$$

因此该方法的相对误差为：

$$E' = \frac{1.34 \times 10^{-5}}{0.1} \times 100\% = 1.3 \times 10^{-2}\% = 0.013\%$$

完全能满足 <0.1% 的要求。

6.1.3　分步沉淀

在几种离子的混合溶液中，加入一种能与各离子生成沉淀的沉淀剂，各个离子按一定顺序沉淀，这种现象称为分级沉淀或分步沉淀。

各种离子的沉淀顺序及沉淀程度都可用溶度积原理计算。

【例 6-5】 在 Cl^- 和 CrO_4^{2-} 的混合溶液中，浓度都为 $0.1mol \cdot L^{-1}$，当滴加 $AgNO_3$ 溶液时，哪种离子先沉淀？当第二种离子开始沉淀时，第一种离子是否沉淀完全？

解： $AgCl \rightleftharpoons Ag^+ + Cl^-$ $\qquad K_{sp} = [Ag^+][Cl^-] = 1.8 \times 10^{-10}$

$Ag_2CrO_4 \rightleftharpoons 2Ag^+ + CrO_4^{2-}$ $\qquad K_{sp} = [Ag^+]^2[CrO_4^{2-}] = 2.0 \times 10^{-12}$

根据溶度积原理，开始生成 $AgCl$ 沉淀和 Ag_2CrO_4 沉淀所需要的 $[Ag^+]$ 分别是：

$$AgCl \text{ 沉淀：} [Ag^+] = \frac{K_{sp}}{[Cl^-]} = \frac{1.8 \times 10^{-10}}{0.1} = 1.8 \times 10^{-9} mol \cdot L^{-1}$$

$$Ag_2CrO_4 \text{ 沉淀：} [Ag^+] = \sqrt{\frac{K_{sp}}{[CrO_4^{2-}]}} = \sqrt{\frac{2.0 \times 10^{-12}}{0.1}} = 4.5 \times 10^{-6} mol \cdot L^{-1}$$

可见，$AgCl$ 需要的 $[Ag^+]$ 小，所以 $AgCl$ 先沉淀。

随着 $AgCl$ 沉淀析出，溶液中 $[Cl^-]$ 不断降低，滴加 $[Ag^+]$ 不断增高，当达到 $[Ag^+] = 45 \times 10^{-6} mol \cdot L^{-1}$ 时，Ag_2CrO_4 开始生成，这时溶液中 $[Cl^-]$ 为：

$$[Cl^-] = \frac{K_{sp}}{[Ag^+]} = \frac{1.8 \times 10^{-10}}{4.5 \times 10^{-6}} = 4 \times 10^{-5} mol \cdot L^{-1}$$

Cl^- 开始浓度为 $0.1mol \cdot L^{-1}$，因此未沉淀的 Cl^- 占的比率为：$\frac{4 \times 10^{-5}}{0.1} \times 100\% = 0.04\%$，可见已基本沉淀完全。

通过上例可以看出，在离子混合溶液中，加入一种能与它们生成难溶化合物的沉淀剂时，所需沉淀剂离子浓度小的先沉淀，大的后沉淀。因此在进行混合离子分析时，可以选择适当的沉淀剂或控制一定的反应条件，让各种离子选择性的分步沉淀，从而达到分离或分别滴定的目的。

6.1.4 沉淀的转化

一种难溶化合物转变为另一种难溶化合物的现象称为沉淀转化。

例如，在含有 $AgCl$ 沉淀的溶液中加入 NH_4CNS，由于 $AgCNS$ 沉淀的溶度积 $K_{sp} = 1.0 \times 10^{-12}$ 小于 $AgCl$ 沉淀的溶度积常数 $K_{sp}(AgCl) = 1.8 \times 10^{-10}$。因此，溶液中 $AgCl$ 解离出来的 Ag^+ 与

CNS⁻ 生成 AgCNS 沉淀。于是溶液中 $[Ag^+]$ 下降，AgCl 沉淀又溶解解离出 Ag^+，又和 CNS⁻ 生成沉淀，所以不断发生下面的转化反应：

$$AgCl + CNS^- \rightleftharpoons AgCNS + Cl^-$$

平衡时，两种沉淀 AgCl 和 AgCNS，三种离子 Ag^+、Cl^- 和 CNS⁻ 同时存在，满足 $K_{sp}(AgCl)$ 和 $K_{sp}(AgCNS)$ 的要求，所以：

$$\frac{[Cl^-]}{[CNS^-]} = \frac{1.8 \times 10^{-10}}{1.0 \times 10^{-12}} = 180$$

上式表示当 $[Cl^-]$ 达到 $[CNS^-]$ 浓度 180 倍时，沉淀不再转化，达到动态平衡。转化现象的存在可能会给滴定带来误差，分析中应注意。

6.1.5　沉淀的吸附

沉淀表面会吸附溶液中的离子而使沉淀颗粒表面带电荷。例如，当用 $AgNO_3$ 标准溶液滴定 Cl^- 时，滴定终点前溶液中 Cl^- 多，沉淀颗粒表面吸附 Cl^- 带负电荷；滴定终点后，溶液中 Ag^+ 多，沉淀颗粒表面吸附 Ag^+ 带正电荷。根据终点前后吸附的离子不同、带电荷不同，可选择吸附指示剂来指示滴定终点。

6.2 沉淀滴定曲线

用 $0.1mol \cdot L^{-1}$ $AgNO_3$ 滴定 $20mL$ $0.1mol \cdot L^{-1}$ NaCl 溶液滴定曲线。

① 滴定开始前，$[Cl^-] = 0.1mol \cdot L^{-1}$

$$pCl = 1.0$$

② 滴定进行到 90%，剩余 $10\%Cl^-$，体积增大约 1 倍

$$[Cl^-] = \frac{0.1 \times 10\%}{2} = 0.005mol \cdot L^{-1}$$

$$pCl = 2.3$$

③ 滴定进行到 99%，剩余 1% Cl^-，体积增大 1 倍

$$[Cl^-] = \frac{0.1 \times 1\%}{2} = 0.0005mol \cdot L^{-1}$$

$$pCl = 3.3$$

④ 滴定进行到 99.9%，剩余 $0.1\%Cl^-$，体积增大 1 倍

$$[Cl^-] = \frac{0.1 \times 0.1\%}{2} = 5 \times 10^{-5}mol \cdot L^{-1}$$

$$pCl=4.3$$

⑤ 滴定进行到 100%

$$[Cl^-]=[Ag^+]=\sqrt{K_{sp}}=\sqrt{1.8\times10^{-10}}=1.34\times10^{-5}\ mol\cdot L^{-1}$$
$$pCl=4.9$$

⑥ 滴定过量 0.1%，$[Ag^+]$ 过量 0.1%，体积增大 1 倍

$$[Ag^+]=\frac{0.1\times0.1\%}{2}=5\times10^{-5}\ mol\cdot L^{-1}$$

$$[Cl^-]=\frac{K_{sp}}{[Ag^+]}=\frac{1.8\times10^{-10}}{5\times10^{-5}}=3.6\times10^{-6}\ mol\cdot L^{-1}$$

$$pCl=5.4$$

⑦ 滴定过量 1%，$[Ag^+]$ 过量 1%，体积增大 1 倍

$$[Ag]^+=\frac{0.1\times1\%}{2}=5\times10^{-4}\ mol\cdot L^{-1}$$

$$[Cl^-]=\frac{K_{sp}}{[Ag^+]}=\frac{1.8\times10^{-10}}{5\times10^{-4}}=3.6\times10^{-7}\ mol\cdot L^{-1}$$

$$pCl=6.4$$

将上述计算数据整理列于表 6-1 中。

表 6-1　 $0.1mol\cdot L^{-1}AgNO_3$ 滴定 20mL $0.1mol\cdot L^{-1}$ NaCl 溶液 pCl 值变化

AgNO₃ 加入量		$[Cl^-]/(mol\cdot L^{-1})$	$pCl=-lg[Cl^-]$
/%	/mL		
0	0	0.1	1.0
90	18	5×10^{-3}	2.3
99	19.8	5×10^{-4}	3.3
99.9	19.98	5×10^{-5}	4.3
100	20.00	1.34×10^{-5}	4.9
100.1	20.02	3.6×10^{-6}	5.4
101	20.20	3.6×10^{-7}	6.4

绘成 pCl 值与滴加标准溶液体积 V 之图，如图 6-1 所示。从图 6-1 可以看出，滴定曲线起始部分比较平缓，被测离子浓度越稀，曲线突跃的起点越高；滴定曲线突跃的后台部分由沉淀的 K_{sp} 决定，K_{sp} 值越小，$[X]$ 越小，pX 值越大，后台部分越大，突跃范围越大。

沉淀滴定曲线和强酸强碱滴定曲线相似。

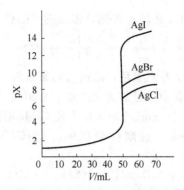

图 6-1　用 $0.1mol \cdot L^{-1} AgNO_3$ 分别滴定 50mL $0.1mol \cdot L^{-1}$
NaCl、NaBr 和 NaI 的滴定曲线

6.3 沉淀滴定方法

沉淀滴定方法是按所采用的指示剂不同来分类的。

6.3.1　莫尔法

莫尔法是以 K_2CrO_4 作为指示剂检测终点的银量法。莫尔法进行滴定的原理如下。

以硝酸银作标准溶液，滴定卤素离子，等量点后过量的 Ag^+ 与 K_2CrO_4 生成砖红色的 Ag_2CrO_4 沉淀来指示终点，涉及的化学反应为：

$$Ag^+ + X^- \rightleftharpoons AgX \downarrow$$

$$2Ag^+ + CrO_4^{2-} \rightleftharpoons Ag_2CrO_4 \downarrow \quad 砖红色$$

由于 Cl^- 沉淀比 CrO_4^{2-} 沉淀所需 Ag^+ 浓度要小得多，根据分步沉淀原理，当滴入 $AgNO_3$ 时，AgCl 先沉淀，随着不断滴入 $AgNO_3$，溶液中 $[Cl^-]$ 越来越小，而 $[Ag^+]$ 不断增大，到达 $[Ag^+]^2[CrO_4^{2-}] \geqslant K_{sp}(Ag_2CrO_4)$ 时，Ag_2CrO_4 开始析出，所以用 $AgNO_3$ 先滴定卤素离子，等量点后才和 CrO_4^{2-} 作用生成砖红色。

（1）指示剂用量　例如，用 $AgNO_3$ 滴定 Cl^- 到达等量点时，溶液中解离出 $[Ag^+]$ 取决于 $K_{sp}(AgCl)$ 大小：

$$[Ag^+] = [Cl^-] = \sqrt{K_{sp}} = \sqrt{1.8 \times 10^{-10}} = 1.34 \times 10^{-5} mol \cdot L^{-1}$$

这时要析出 Ag_2CrO_4 砖红色沉淀，需要的 $[CrO_4^{2-}]$ 为：

$$[CrO_4^{2-}]=\frac{K_{sp}(Ag_2CrO_4)}{[Ag^+]^2}=\frac{2.0\times10^{-12}}{1.8\times10^{-10}}=1.1\times10^{-2}\ (mol\cdot L^{-1})$$

由于 K_2CrO_4 本身显黄色，浓度太高影响终点观察，所以实际上用量比这个理论值要小，通常为 $0.003\sim0.004mol\cdot L^{-1}$，相当于在 100mL 试液中加入 $1\sim2mL$ $50g\cdot L^{-1}$ K_2CrO_4 溶液。

（2）溶液的酸度　在酸性介质中，Ag_2CrO_4 溶解度大，无终点，即

$$Ag_2CrO_4+H^+\Longrightarrow2Ag^++HCrO_4^-$$

所以滴定不能在酸性介质中。如果碱性太强，则有 Ag_2O 析出：

$$2Ag^++2OH^-\Longrightarrow Ag_2O+H_2O$$

所以，莫尔法要求溶液 pH 范围为 $6.5\sim10.5$。

当溶液中有铵盐存在时，要求 pH 范围更窄为 $6.5\sim7.2$。因为溶液 pH 过高，会形成 NH_3，NH_3 和 Ag^+ 生成 $Ag(NH_3)^+$ 和 $Ag(NH_3)_2^+$ 配合物，影响 $AgCl$ 和 Ag_2CrO_4 沉淀。

（3）测定对象和干扰情况　用莫尔法能直接滴定 Cl^-、Br^-，二者共存时只能滴定合量 [因为 $K_{sp}(AgCl)$ 和 $K_{sp}(AgBr)$ 相差不到 10^4 倍]。

不能直接滴定 I^- 和 CNS^-，因为生成的 AgI 和 $AgCNS$ 沉淀强烈吸附，使终点不明显。

不能返滴定，因为加入过量 $AgNO_3$ 后，生成 Ag_2CrO_4 沉淀，在其后用 Cl^- 返滴定时，Ag_2CrO_4 转化为 $AgCl$ 沉淀的速度很慢，终点不明显。

凡是能与 Ag^+ 生成难溶化合物的离子都干扰测定，比如：PO_4^{3-}、AsO_4^{3-}、SO_3^{2-}、S^{2-}、CO_3^{2-}、$C_2O_4^{2-}$ 等。

Ba^{2+} 和 Pb^{2+} 因为能与 CrO_4^{2-} 生成沉淀也干扰测定。

6.3.2　佛尔哈德法

佛尔哈德法是以铁铵矾作指示剂，用 NH_4CNS 滴定 Ag^+，等量点时，CNS^- 和 Fe^{3+} 生成红色配合物来指示终点。其化学反应如下：

$$Ag^++CNS^-\Longrightarrow AgCNS\downarrow\quad 白色\quad K_{sp}=1.0\times10^{-12}$$
$$Fe^{3+}+CNS^-\Longrightarrow Fe(CNS)^{2+}\quad 红色\quad K_稳=138$$

（1）直接滴定法测定 Ag^+

① 溶液酸度一般控制在 $0.1\sim1.0mol \cdot L^{-1}$（$HNO_3$ 介质），如果酸度太低，Fe^{3+} 水解。

② 指示剂用量　等量点时，溶液中 $[CNS^-]$ 主要由 K_{sp} 决定。

$$[CNS^-]=[Ag^+]=\sqrt{K_{sp}}=\sqrt{1.0\times10^{-12}}=10\times10^{-6}mol \cdot L^{-1}$$

此时，要观察到 $Fe(CNS)^{2+}$ 红色，其 $[Fe(CNS)^{2+}]=6\times10^{-6}mol \cdot L^{-1}$，由 $K_{稳}=\dfrac{[Fe(CNS)^{2+}]}{[Fe^{3+}][CNS^-]}$，计算出 $[Fe^{3+}]=\dfrac{6\times10^{-6}}{138\times1\times10^{-6}}=0.043mol \cdot L^{-1}$，因为 Fe^{3+} 本身带黄色，影响观察，所以实际上 $[Fe^{3+}]$ 达 $0.015mol \cdot L^{-1}$ 足够。

滴定时生成 AgCNS 沉淀，强烈吸附 Ag^+，所以应该充分摇动，防止终点提前。

（2）返滴法测定卤素离子　在被测溶液中，加入过量 $AgNO_3$ 标准溶液，卤素离子（例如 Cl^-）与 Ag^+ 反应生成 AgCl 沉淀，再用 CNS^- 标准溶液返滴定剩余 Ag^+，加入铁铵矾作指示剂，终点时生成红色硫氰化铁。

① 溶液的酸度　硝酸介质中，$[H^+]=0.2\sim0.5mol \cdot L^{-1}$（不能用 HCl 和 H_2SO_4，会生成 AgCl 沉淀、Ag_2SO_4 沉淀）。

② 指示剂用量同前。

由 $K_{sp}(AgCNS)=1.0\times10^{-12}<K_{sp}(AgCl)$，因此，当用 NH_4CNS 返滴定时，已生成的 AgCl 可能发生转化：

$$AgCl+CNS^- \Longleftrightarrow AgCNS+Cl^-$$

可以采用如下措施防止沉淀转化。

① 加硝基苯覆盖。返滴定前，加入一定量硝基苯，由于硝基苯密度大于水，沉入溶液底部盖上沉淀。

② 除去 AgCl 沉淀。返滴定前，煮沸使沉淀凝聚，再过滤除去，返滴定滤液。

③ 等量点时轻摇动。等量点前，用力摇动，减少 AgCl 沉淀对 Ag^+ 吸附。等量点时 Ag^+ 被滴定完，再用力摇动会发生沉淀 AgCl 的转化，所以轻摇动，当红色出现不消失即为终点。

一些能与 Ag^+ 生成沉淀的阴离子，如，PO_4^{3-}、AsO_4^{3-}、$C_2O_4^{2-}$、CrO_4^{2-}、S^{2-} 等在强酸介质中不生成沉淀，所以不干扰测定。但在中性介质中，可以用返滴定法来滴定这些离子。

返滴定法可以测 Br^-、I^-，而且不发生沉淀转化。但测定 I^- 时，注意先加 $AgNO_3$，再加指示剂，否则，Fe^{3+} 会氧化 $I^- \rightarrow I_2$，使结果偏低。

6.3.3　吸附指示剂法（法扬司法）

用吸附指示剂进行沉淀滴定的方法，称为法扬司法。

吸附指示剂多为有机弱酸染料，在水溶液中解离出阴离子，带有一定颜色，当它被沉淀吸附之后，其颜色发生变化。利用这一特性，在等量点时，吸附指示剂被吸附或解吸附，颜色发生变化来指示终点。

例如，以荧光黄指示剂为例，用 Ag^+ 滴定 Cl^- 时等量点前后荧光黄变色情况。在等量点前，溶液中有多余 Cl^-，AgCl 沉淀颗粒吸附多余 Cl^- 而使颗粒带负电荷，因此不吸附带负电的荧光黄阴离子显示黄色；等量点后，溶液中 Ag^+ 过剩，AgCl 沉淀颗粒吸附带正电荷的 Ag^+ 而带正电荷，因此吸附带负电荷荧光黄阴离子，使颜色变化为淡红色。

因此，使用吸附指示剂应注意下列问题。

① 吸附发生在沉淀表面，应使颗粒小，沉淀表面积大，增大吸附力。正好等量点时，沉淀颗粒不带电荷，容易凝聚，所以应加糊精保持沉淀胶体状态。

② 浓度不能太稀，否则沉淀太少，吸附能力小，观察终点困难。

③ 避免在阳光下操作。

④ 不同吸附指示剂，由于其 K_a 值不同，解离出的离子所要求的 pH 值不同，因此，一定要注意 pH 值使用范围。

⑤ 吸附指示剂的吸附能力不能太小，也不要过大，否则在等量点前后的吸附或解吸附都困难，使终点不明显。

表 6-2 列出了一些吸附指示剂和性能及使用条件。

表 6-2　某些吸附指示剂应用条件

指示剂	被测离子	滴定剂	滴定条件
荧光黄	Cl^-	Ag^+	pH7～10
二氯荧光黄	Cl^-	Ag^+	pH4～6
曙红	Br^-、I^-、CNS^-	Ag^+	pH2～10
甲基紫	Ag^+	Cl^-	酸性溶液
溴甲酚绿	SCN^-	Ag^+	pH4～5

6.4 沉淀滴定法的应用

6.4.1　纯碱中氯化钠含量的测定

纯碱 Na_2CO_3，相对分子质量 106.0。由于是从食盐中制得，故纯碱中含有少量 NaCl。

（1）测定原理　采用莫尔法，在中性或弱碱性溶液中，以 K_2CrO_4 作指示剂，用 $AgNO_3$ 标准溶液滴定至砖红色为终点。

（2）试剂和仪器

甲基橙指示剂：$1g \cdot L^{-1}$ 乙醇溶液。

碳酸钙：分析纯。

铬酸钾指示剂溶液：$50g \cdot L^{-1}$ 水溶液。

硫酸：$c(H_2SO_4) = 0.1mol \cdot L^{-1}$。

硝酸银标准溶液：$c(AgNO_3) = 0.1mol \cdot L^{-1}$。

仪器：锥形瓶（250mL）、滴定管（酸式茶色 50mL）。

（3）测定步骤　称取 2g 试样（精确至 0.0002g），置于锥形瓶中，加入 50mL 蒸馏水溶解，加一滴甲基橙指示液，用硫酸中和至橙色（pH=4.4），加入少量碳酸钙粉末，加 0.5～1.0mL K_2CrO_4 指示剂，用 $AgNO_3$ 标准溶液滴定至砖红色为终点。

（4）结果计算　氯化钠的含量以质量分数 w 计，数值以％表示，按下式计算：

$$w(NaCl) = \frac{cVM}{1000m} \times 100\%$$

式中　c——硝酸银标准滴定溶液浓度的准确数值，$mol \cdot L^{-1}$；

V——滴定试验溶液所消耗的硝酸银标准滴定溶液的体积的数值，mL；

m——试样质量的数值，g；

M——氯化钠摩尔质量的数值，$g \cdot mol^{-1}$（$M=58.50$）。

（5）讨论　纯碱 Na_2CO_3 水溶液 pH≈12，所以滴定之前先要用酸中和。由于 Ag_2SO_4 的 $K_{sp} = 1.4 \times 10^{-5} \gg K_{sp}(AgCl)$，所以用 H_2SO_4 中和不会影响滴定。加入少量碳酸钙粉末使溶液呈中性或弱碱性。

6.4.2　氢氧化钾中氯化钾的测定

氢氧化钾亦称苛性钾，分子式 KOH，相对分子质量 56.10。工业上用电解法制得，含有氯化钾。采用佛尔哈德返滴定法测定。

(1) 测定原理　在酸性溶液中，加入过量 $AgNO_3$ 标准溶液，以铁铵矾作指示剂，用 NH_4CNS 标准溶液滴定过量 Ag^+，等量点后，生成 $FeCNS^{2+}$ 红色为终点。

(2) 试剂和仪器

硝酸：分析纯，1+1。

硝酸银标准溶液：$c(AgNO_3)=0.1mol \cdot L^{-1}$。

硫氰酸铵标准溶液：$c(NH_4CNS)=0.1mol \cdot L^{-1}$。

铁铵矾溶液 $[FeNH_4(SO_4)_2]$：$80g \cdot L^{-1}$。

硝基苯：分析纯。

仪器：锥形瓶（250mL）。

移液管（50mL）。

滴定管（50mL 茶色）。

(3) 测定步骤　用称量瓶迅速称取 40g 试样（精确至 0.01g）溶于无 CO_2 水中，冷却后定容至 1L 容量瓶中。用移液管吸取 50mL 置于锥形瓶中，加入 10mL (1+1) HNO_3 溶液，煮沸 1~2min，放冷后，加入 10mL $AgNO_3$ 标准溶液，摇匀后，加入 2mL 铁铵矾指示剂和 2mL 硝基苯，用硫氰酸铵标准溶液滴定，近终点轻摇动，至出现红色为终点。

(4) 结果计算　氯化钾的含量以质量分数 w 计，数值以％表示，按下式计算：

$$w(KCl)=\frac{(cV-c_1V_1)M}{1000m \times \dfrac{50.00}{1000}} \times 100\%$$

式中　c——硝酸银标准滴定溶液浓度的准确数值，$mol \cdot L^{-1}$；

　　　V——加入硝酸银标准滴定溶液体积的数值，mL；

　　　c_1——硫氰酸铵标准滴定溶液浓度的准确数值，$mol \cdot L^{-1}$；

　　　V_1——返滴定消耗硫氰酸铵标准滴定溶液体积的数值，mL；

　　　m——试样质量的数值，g；

　　　M——氯化钾摩尔质量的数值，$g \cdot mol^{-1}$（$M=74.55$）。

6.4.3 硝酸银含量测定

硝酸银，分子式 $AgNO_3$，相对分子质量 169.9。硝酸银是无色透明晶体，当有有机物存在时变黑。硝酸银测定采用佛尔哈德法的直接滴定法。

(1) 测定原理 在酸性溶液中，以铁铵矾作指示剂，用硫氰酸钠标准溶液滴定 $AgNO_3$，生成 AgCNS 沉淀，过量的 CNS^- 与 Fe^{3+} 生成红色配合物，到达终点。

(2) 试剂与仪器

铁铵矾指示剂溶液：$80g \cdot L^{-1}$。

硫氰酸钠标准溶液：$c(NaCNS)=0.1mol \cdot L^{-1}$。

硝酸：分析纯，(1+1) 溶液。

仪器：锥形瓶 (250mL)。

滴定管 (50mL)。

(3) 测定步骤 称取 0.5g（准至 0.0002g）试样于锥形瓶中，加 100mL 蒸馏水溶解。加 5mL 硝酸及 1mL 铁铵矾指示剂，不断摇动下用硫氰酸钠标准溶液滴定至红色出现 30s 不消失为终点。

(4) 结果计算 硝酸银的含量以质量分数 w 计，数值以％表示，按下式计算：

$$w(AgNO_3) = \frac{cVM}{1000m} \times 100\%$$

式中 c——硫氰酸钠标准滴定溶液浓度的准确数值，$mol \cdot L^{-1}$；

V——滴定试验溶液所消耗的硫氰酸钠标准滴定溶液体积的数值，mL；

m——试样质量的数值，g；

M——硝酸银摩尔质量的数值，$g \cdot mol^{-1}$ ($M=169.9$)。

(5) 注意事项

① 溶液酸度在 $[H^+]=0.1\sim1.0mol \cdot L^{-1}$，用 HNO_3 调节酸度，因为测定 Ag^+，用盐酸 (HCl) 和硫酸 (H_2SO_4) 调节酸度会生成沉淀。

② 指示液用量不能太多，否则 Fe^{3+} 黄色会影响观察终点（参看前面说明）。

③ 生成 AgCNS 沉淀强烈吸附 Ag^+，会使结果偏低，故应不断摇动进行滴定。

第7章 称量分析法

7.1 沉淀称量法原理

7.1.1 称量分析法及其分类

将被测组分转变为一定形式的化合物后，通过称量该化合物的质量来计算被测组分含量的方法，称为称量分析法。由于被测组分的性质不同，采用的处理方法也不同，因此称量分析法可分为沉淀称量法、气化法、电解法及萃取法等。

（1）沉淀称量法 简称沉淀法，是将被测组分转化为难溶化合物沉淀，经过滤、洗涤、烘干或灼烧，最后称量，根据沉淀的质量计算出被测组分的含量。例如以 $BaSO_4$ 沉淀形式测量 Ba^{2+} 或 SO_4^{2-} 含量；以 H_2SiO_3 形式沉淀，灼烧后以 SiO_2 形式称量，从而测定 Si 的含量。

（2）气化法 通过加热等方法使样品中被测的挥发性组分逸出，根据样品减少的质量计算该组分的含量。当该组分逸出时，选一种吸收剂将它吸收，根据吸收剂增加的质量计算该组分的含量。例如通过加热蒸发来测定样品中的湿存水或结晶水，也可用高氯酸镁等干燥剂吸收水分，通过干燥剂增加的质量计算样品中的水含量。

（3）电解法 此法也可归类至电化学分析法，称为电称量分析法。在电解池的两端加上直流电压，使金属离子在电极上析出，然后称量析出的金属质量，从而计算出样品中该金属的含量。与沉淀称量法不同，这里用的沉淀剂不是化合物，而是电子，金属阳离子得到电子被还原成原子沉积到电解池的阴极上。例如测定溶液中 Cu^{2+} 的含量，可以控制适当的电压，使 Cu 沉积在铂阴极上，洗涤干燥后称量，从而求得样品中 Cu^{2+} 的含量。

（4）萃取法 用有机溶剂将被测组分从样品中萃取出来，然后再把溶剂处理掉，称量萃取物的质量，计算出被测组分的含量。例如测量水中漂浮的油脂等。

上述几种方法都是根据天平称得的质量来计算被测组分含量，分析过程中一般不需要基准物质和玻璃量器，因此测量的准确度比较高。对于高含量的组分，这种测定方法的相对误差一般不大于0.1%。但称量分析法的不足之处是操作烦琐、分析时间长。

由于沉淀称量法应用较广，所以本章主要讨论沉淀称量法。

7.1.2　沉淀式与称量式

在沉淀称量法中，将被测组分沉淀析出的难溶化合物叫沉淀式；烘干或灼烧后称量的形式叫称量式。沉淀式和称量式可以是相同的，也可能是不同的。例如以 $BaSO_4$ 形式测定 Ba^{2+} 或 SO_4^{2-}，沉淀式和称量式是相同的；用沉淀称量法测定 Fe^{3+} 时，沉淀式为 $Fe(OH)_3$，称量式为 Fe_2O_3。

（1）沉淀式　作为沉淀式的化合物应具备以下条件。

① 沉淀的溶解度要小，这样才能保证被测组分沉淀完全，保证由沉淀洗涤造成的损失不致影响分析结果的准确度。溶解度是由溶度积决定的，因此应选择溶度积较小的化合物作为沉淀式。

② 沉淀的结构应便于过滤和洗涤。颗粒较大的晶形沉淀如 $BaSO_4$ 具有较小的表面积，吸附杂质较少，便于洗涤。非晶形沉淀，尤其是胶体沉淀如 $Fe(OH)_3$、$Al(OH)_3$ 等，体积庞大疏松，表面积大，吸附杂质较多，过滤费时间而且不易洗净。因此应选择适当的沉淀条件，使沉淀结构尽可能紧密，易于过滤和洗涤。

③ 沉淀要纯净，即吸附杂质少，这样的沉淀不仅便于洗涤，而且带来的误差也小。

④ 沉淀容易转化为称量式，如 8-羟基喹啉铝盐 $Al(C_9H_6NO)_3$ 在130℃烘干后即可称量，而氢氧化铝 $Al(OH)_3$ 必须在1200℃灼烧才能成为不吸湿的称量式 Al_2O_3，因此测定铝时应选择前一种方法为好。

（2）称量式　作为称量式的化合物应具备以下条件。

① 称量式的组成必须与化学式相符，才能按照化学式计算被测组分的含量。

② 称量式必须十分稳定，不受空气中 O_2、CO_2 及水分的影响。

③ 称量式的相对分子质量要大，被测组分在称量式中所占比例

要小，这样由称量所引起的相对误差较小，准确度较高。

7.1.3 溶度积与溶解度

（1）溶度积的概念　在含有氯离子的溶液中，加入硝酸银溶液，就会生成白色的氯化银沉淀。在氯化银的饱和溶液中，既有氯离子和银离子生成氯化银沉淀的过程，也有氯化银沉淀解离成氯离子和银离子的溶解过程，两个过程达到平衡时的平衡常数即为难溶化合物的溶度积 K_{sp}。

$$AgCl \rightleftharpoons Ag^+ + Cl^-$$
$$K_{sp} = [Ag^+][Cl^-]$$

对于氢氧化镁这样的沉淀，它的溶度积为：

$$Mg(OH)_2 \rightleftharpoons Mg^{2+} + 2OH^-$$
$$K_{sp} = [Mg^{2+}][OH^-]^2$$

难溶化合物溶度积的一般通式为：

$$A_m B_n \rightleftharpoons mA + nB$$
$$K_{sp} = [A]^m[B]^n$$

它表示在难溶电解质的溶液中，各相关离子浓度的乘积在一定温度下是一个常数。这里还应当强调两点。

① 温度改变时，溶度积也改变，多数情况下温度升高，溶度积增大。

② 严格地讲，溶度积应当是各离子活度的乘积。但在难溶电解质溶液中，离子浓度都不大，当其他电解质的离子浓度不太大时，可以用浓度代替活度，这样计算就方便了。

（2）溶度积与溶解度的计算

前面讲过，用浓度代替活度，溶度积与溶解度可以互相换算。

【例 7-1】 25℃时，AgBr 的 $K_{sp} = 5.0 \times 10^{-13}$，求 AgBr 在水中的溶解度。

$$AgBr \rightleftharpoons Ag^+ + Br^-$$

解： $\quad K_{sp} = [Ag^+][Br^-] = 5.0 \times 10^{-13}$

$$[Ag^+] = [Br^-] = 7.07 \times 10^{-7} \text{mol} \cdot L^{-1}$$

已知溴化银的摩尔质量为 $187.8 \text{g} \cdot \text{mol}^{-1}$，换算成溶解度的单位：

$$187.8 \times 7.07 \times 10^{-7} = 1.33 \times 10^{-4} \text{g} \cdot L^{-1}$$

【例 7-2】 25℃时，AgCl 的溶解度为 $1.92 \times 10^{-3} g \cdot L^{-1}$，求该温度下的溶度积 K_{sp}？

解：首先把溶解度的单位换算成物质的量浓度，再求溶度积（$M_{AgCl} = 143.3 g \cdot mol^{-1}$）

$$\frac{1.92 \times 10^{-3}}{143.3} = 1.34 \times 10^{-5} mol \cdot L^{-1}$$

$$K_{sp} = [Ag^+][Cl^-] = (1.34 \times 10^{-5})^2 = 1.80 \times 10^{-10}$$

【例 7-3】 已知 25℃时，Ag_2CrO_4 的 $K_{sp} = 1.1 \times 10^{-12}$，求 Ag_2CrO_4 在水中的溶解度？

解：设 Ag_2CrO_4 在水中的溶解度为 c（$mol \cdot L^{-1}$），

$$Ag_2CrO_4 \Longleftrightarrow 2Ag^+ + CrO_4^{2-}$$

$$K_{sp} = [Ag^+]^2[CrO_4^{2-}]$$

$$[Ag^+] = 2c$$

$$[CrO_4^{2-}] = c$$

$$(2c)^2 c = 4c^3 = 1.1 \times 10^{-12}$$

$$c = 6.5 \times 10^{-5} mol \cdot L^{-1}$$

Ag_2CrO_4 的摩尔质量为 $331.8 g \cdot mol^{-1}$，因此 Ag_2CrO_4 在水中的溶解度是

$$331.8 \times 6.5 \times 10^{-5} = 2.16 \times 10^{-2} g \cdot L^{-1}$$

通过以上 3 个例题的计算，来比较以下三种银盐的溶度积和溶解度：

AgCl　　　　$K_{sp} = 1.8 \times 10^{-10}$　溶解度为 $1.34 \times 10^{-5} mol \cdot L^{-1}$

AgBr　　　　$K_{sp} = 5.0 \times 10^{-13}$　溶解度为 $7.07 \times 10^{-7} mol \cdot L^{-1}$

Ag_2CrO_4　$K_{sp} = 1.1 \times 10^{-12}$　溶解度为 $6.5 \times 10^{-5} mol \cdot L^{-1}$

从上述比较可以看出，同一类型的难溶电解质，如 AgCl 和 AgBr、$BaSO_4$ 和 $BaCO_3$ 等，溶度积大的，溶解度也大。不同类型的难溶电解质如 AgCl 和 Ag_2CrO_4 等，则不能直接由溶度积比较溶解度的大小。

7.1.4　影响溶解度的因素

（1）同离子效应　在难溶化合物的饱和溶液中，加入含有共同离子的强电解质时，难溶化合物的溶解度会降低，这种现象称为同离子效应。例如在 $BaSO_4$ 的饱和溶液中，加入 SO_4^{2-} 溶液，由于溶液中

SO_4^{2-} 浓度增大，使 Ba^{2+} 与 SO_4^{2-} 的离子浓度乘积超过了 $BaSO_4$ 的溶度积，这时就会有 $BaSO_4$ 沉淀析出，直至达到新的平衡。由于沉淀析出，溶液中 Ba^{2+} 浓度比原来降低了，也就是说 $BaSO_4$ 的溶解度降低了。

【例 7-4】 计算在 $200mL$ $BaSO_4$ 饱和溶液中，由于溶解所损失的质量是多少？如果让沉淀剂 SO_4^{2-} 过量 $0.01mol \cdot L^{-1}$，这时溶解损失的质量又是多少？$BaSO_4$ 的摩尔质量 $M = 233.0g \cdot mol^{-1}$。

解：先计算 $BaSO_4$ 的溶解度，$BaSO_4$ 的 $K_{sp} = 1.1 \times 10^{-10}$

$$[Ba^{2+}] = [SO_4^{2-}] = \sqrt{1.1 \times 10^{-10}} = 1.05 \times 10^{-5} \ (mol \cdot L^{-1})$$

再计算溶解损失的质量

$$233.0 \times 1.05 \times 10^{-5} \times \frac{200}{1000} = 4.9 \times 10^{-4} \ (g)$$

当沉淀剂 SO_4^{2-} 过量 $0.01mol \cdot L^{-1}$ 时，溶解度为

$$[Ba^{2+}] = \frac{1.1 \times 10^{-10}}{0.01} = 1.1 \times 10^{-8} \ (mol \cdot L^{-1})$$

这时的溶解损失质量

$$233.0 \times 1.1 \times 10^{-8} \times \frac{200}{1000} = 5.1 \times 10^{-7} \ (g)$$

分析天平的称量误差为 $0.0002g$，即 $2 \times 10^{-4}g$。从上面计算可见，如果沉淀剂不过量，由沉淀溶解引起的损失超过称量误差，不容忽视；如果加入足够过量的沉淀剂，$BaSO_4$ 的溶解度由 1.05×10^{-5} $mol \cdot L^{-1}$ 降至 $1.1 \times 10^{-8}mol \cdot L^{-1}$，沉淀溶解引起的损失远远小于天平的称量误差，这个损失就可以忽略了。

(2) 盐效应 在难溶电解质的饱和溶液中，加入不含有共同离子的强电解质时，难溶电解质的溶解度会增大，这种现象称为盐效应。

溶解度增大的原因，可以用离子间的作用力来解释。例如在 $BaSO_4$ 的饱和溶液中加入 KNO_3。由于强电解质的加入，溶液中 K^+ 和 NO_3^- 浓度增大，正负离子间的作用力也随之增大。K^+ 强烈吸引 SO_4^{2-}，NO_3^- 强烈吸引 Ba^{2+}，使 $BaSO_4$ 溶解趋势增大。同时，Ba^{2+} 和 SO_4^{2-} 分别被相反电荷的 NO_3^- 和 K^+ 包围，影响了 Ba^{2+} 和 SO_4^{2-} 的运动，使它们回到晶体上的趋势减小。因此 $BaSO_4$ 的溶解度增大，直至达到新的平衡。

盐效应在沉淀称量法中是引起沉淀质量损失的原因之一，在实际

工作中应尽量避免不必要的各种电解质存在。

在利用同离子效应降低沉淀溶解度时，还应考虑到盐效应的影响。当沉淀剂过量太多时，盐效应超过了同离子效应，溶解度反而增大。表 7-1 列出 $PbSO_4$ 在 Na_2SO_4 溶液中的溶解度。当溶液中 Na_2SO_4 的浓度增大至 $0.04mol \cdot L^{-1}$ 时，由于同离子效应显著，$PbSO_4$ 的溶解度减小；当 Na_2SO_4 的浓度增大至 $0.1mol \cdot L^{-1}$ 以上时，盐效应增强，$PbSO_4$ 的溶解度又重新增大。

表 7-1　$PbSO_4$ 在 Na_2SO_4 溶液中的溶解度

$Na_2SO_4/(mol \cdot L^{-1})$	0	0.001	0.01	0.02	0.04	0.10	0.20	0.50
$PbSO_4/(\times 10^{-4} mol \cdot L^{-1})$	1.52	0.24	0.16	0.14	0.13	0.16	0.23	0.23

以上讨论的仅是沉淀剂过量的情况。在进行沉淀时，若有浓度较大的其他电解质存在，沉淀本身也不是像 $AgCl$、$BaSO_4$ 这种简单型的化合物，而是由多种离子组成，其中又有带较多电荷的离子，这种情况下盐效应的影响尤其显著。

（3）酸效应　酸度对难溶化合物溶解度的影响称为酸效应。酸效应的发生主要是由于溶液中 H^+ 浓度对弱酸、多元酸或难溶酸电离平衡的影响。

对于强酸盐如 $AgCl$、$BaSO_4$ 等，其溶解度受酸度的影响不大。

对于弱酸盐，其溶解度随酸度的增大而增大。例如草酸钙沉淀在溶液中存在下列平衡：

$$CaC_2O_4 \rightleftharpoons Ca^{2+} + C_2O_4^{2-}$$
$$C_2O_4^{2-} + H^+ \rightleftharpoons HC_2O_4^-$$
$$HC_2O_4^- + H^+ \rightleftharpoons H_2C_2O_4$$

由于草酸是弱酸（$K_1 = 5.9 \times 10^{-2}$，$K_2 = 6.4 \times 10^{-5}$），当溶液中 H^+ 浓度增大时，平衡向右移动生成 $HC_2O_4^-$ 和 $H_2C_2O_4$。因此溶液中 $C_2O_4^{2-}$ 浓度降低，破坏了 CaC_2O_4 沉淀与溶液间的平衡，沉淀就会部分溶解甚至全部溶解。对于这种类型的难溶化合物，应在酸度比较小的条件下进行沉淀。

如果沉淀是弱酸，例如硅酸（$SiO_2 \cdot nH_2O$），易溶于碱，应当在强酸性溶液中进行沉淀。

（4）配位效应　溶液中存在配位剂，能与生成沉淀的离子或沉淀形成配位化合物而使沉淀溶解度增大的现象，称为配位效应。

例如，在含有 AgCl 沉淀的溶液中加入氨水，由于 Ag^+ 与 NH_3 生成 $[Ag(NH_3)_2]^+$ 配位离子，使溶解度增大：

$$AgCl \Longrightarrow Ag^+ + Cl^-$$
$$Ag^+ + 2NH_3 \Longrightarrow [Ag(NH_3)_2]^+$$

AgCl 在 $0.01mol \cdot L^{-1}$ 氨水中的溶解度比在纯水中的溶解度大 40 倍。如果氨水的浓度足够大，则 AgCl 沉淀不能生成。

配位效应对沉淀溶解度的影响与配位剂的浓度及配合物的稳定常数有关。配位剂浓度越大，生成配合物的稳定常数越大，沉淀就越容易溶解。

如果在进行沉淀反应时，沉淀剂本身就是配位剂，应当注意沉淀剂的用量。例如在 Ag^+ 溶液中加入 Cl^- 最初生成 AgCl 沉淀。但若继续加入过量的 Cl^-，则 Cl^- 能与 AgCl 配位形成 $AgCl_2^-$ 和 $AgCl_3^{2-}$ 而使 AgCl 沉淀逐渐溶解。AgCl 在 $0.01mol \cdot L^{-1}$ HCl 溶液中的溶解度比在纯水中的溶解度小，这时同离子效应是主要的。若 Cl^- 浓度增大到 $0.5mol \cdot L^{-1}$，则 AgCl 的溶解度超过纯水中的溶解度，此时配位效应的影响已经超过同离子效应；若氯离子浓度更大，配位效应起主导作用，AgCl 就可能不沉淀。因此在用 Cl^- 沉淀 Ag^+ 时，必须严格控制 Cl^- 浓度。

(5) 影响溶解度的其他因素　除了上述四种主要因素以外，还有一些因素也会影响溶解度。

① 温度　前面已经讲过，温度影响溶度积，因此影响溶解度。同时多数情况下，溶解是一个吸热过程，温度升高时，溶解度增大。

② 溶剂的极性　无机难溶化合物大部分是离子型结构，它们在水中的溶解度要比在有机溶剂中的大，因此在溶解度较大的难溶化合物溶液中加入有机溶剂，它的溶解度就会大大降低。

③ 沉淀的结构与颗粒　对于晶形沉淀，颗粒大的溶解度小，容易过滤，颗粒小的溶解度大，容易穿透滤纸。对于无定形沉淀，经常会形成胶体溶液，不容易过滤，应当尽量避免或采取加热等方法使胶体颗粒转变成大颗粒沉淀。

以上讨论了各种因素对难溶化合物溶解度的影响，在实际工作中要根据具体情况来考虑哪一种因素是主要的。对于没有配位效应的强酸盐沉淀，主要考虑同离子效应和盐效应；对于弱酸盐和难溶酸，应主要考虑酸效应；在有配位反应、尤其是能形成较稳定配合物而沉淀的溶解度又不太小时，应主要考虑配位效应。

7.1.5　沉淀的纯度

当沉淀从溶液中析出时，经常会夹带少量杂质，从而影响分析结果的准确度。影响沉淀纯度的因素主要是共沉淀和后沉淀现象。下面来认识一下共沉淀和后沉淀现象，以便在实际操作中尽量避免。

（1）共沉淀　当沉淀从溶液中析出时，溶液中其他可溶性组分被沉淀带下来混入沉淀中，这种现象称为共沉淀。引起共沉淀现象的原因有以下 3 种。

① 表面吸附　沉淀表面上的离子，由于带有电荷而吸引溶液中的带电离子，带电离子又吸引溶液中带相反电荷的离子，这样沉淀表面就吸附了一层杂质分子。首先吸附的是过量的沉淀剂，其次是与构晶离子生成化合物的溶解度或解离度越小的离子，越容易被吸附，吸附杂质的能力还与离子的价态有关，价态越高的离子吸附能力越强。

吸附杂质的量主要与溶液中杂质的浓度有关，浓度越大，吸附得越多。沉淀的总表面积越大，吸附杂质的量也越大。大颗粒的晶形沉淀，比细小颗粒的沉淀表面积小，因此吸附杂质的量也少。溶液温度升高时，吸附杂质的量也减少。

② 生成混晶　如果杂质离子的半径与构晶离子的半径相近，形成的晶体结构相同，它们很容易生成混晶，如 $BaSO_4$ 和 $PbSO_4$、$AgCl$ 和 $AgBr$。有时晶体结构不同的离子，在一定条件下也能生成异型混晶，如 $BaSO_4$ 和 K_2SO_4、$BaSO_4$ 和 $BaCl_2$ 等。

③ 吸留　在沉淀过程中，如果沉淀剂加入过量，沉淀迅速生成，沉淀微粒表面上吸附的杂质离子来不及离开，就被继续沉积上来的构晶离子包围，这种现象称为吸留或包藏。

（2）后沉淀　一种沉淀在溶液中析出之后，另一种本来难于析出沉淀的组分，在该沉淀表面上继续析出沉淀，这种现象称为后沉淀。例如在含有少量 Mg^{2+} 的 Ca^{2+} 溶液中，用 $C_2O_4^{2-}$ 作沉淀剂，CaC_2O_4 沉淀先析出来，MgC_2O_4 并不沉淀。但放置一段时间后，在 CaC_2O_4 沉淀表面会有 MgC_2O_4 沉淀析出。随着时间的增长，后沉淀的量也会增加。

上面讨论了共沉淀与后沉淀现象，它们二者之间没有本质的差别，也很难完全避免，只能在实际工作中，根据被测组分的性质和共存离子的具体情况，选择适当的沉淀条件，尽量减少由此产生的分析误差。但是在某些条件下，也可以利用共沉淀现象，将微量的被测组分富集在某种沉淀中，然后进行二次沉淀。

7.2 沉淀称量法操作技术

7.2.1 选择沉淀剂

（1）选择沉淀剂的条件 选择合适的沉淀剂是沉淀称量法的关键，理想的沉淀剂应具备以下几个条件。

① 生成沉淀的溶解度要小，沉淀反应才能完全。如沉淀 SO_4^{2-}，SO_4^{2-} 的难溶化合物有 $CaSO_4$、$SrSO_4$、$PbSO_4$ 和 $BaSO_4$ 等，其中 $BaSO_4$ 的溶解度最小，所以通常选择钡盐作沉淀剂。

② 沉淀剂本身溶解度要大，容易在洗涤时除去。

③ 沉淀剂应具有较好的选择性和特效性，在含有多种离子的试液中，它只沉淀某一种离子。

④ 生成的沉淀应具有易于分离和洗涤的良好结构。晶形沉淀带入杂质少，便于过滤和洗涤，因此应选用能形成大颗粒晶形沉淀的沉淀剂。

⑤ 沉淀剂应具有较大的相对分子质量，生成的沉淀式相对分子质量大，转化成称量式的相对分子质量也大，带来的称量误差比较小。

⑥ 沉淀剂应是易挥发或易灼烧除去的物质，即使在洗涤时未除尽，灼烧时也能除尽，不至于影响称量结果。

（2）常用沉淀剂的种类 从以上这些要求看，能满足这些要求的无机试剂不多，有机试剂的种类较多，而且具有其独特的优点，下面分别介绍一些常用的沉淀剂。

① 无机沉淀剂

a. NaOH，能沉淀碱金属以外的大多数金属离子，但选择性不好；而且生成的沉淀多是絮状胶体，不容易过滤、洗涤，真正用于定量分析的并不多。

b. $NH_3 \cdot H_2O$，在 pH＝8～9 时，用氨水可沉淀大部分高价金属离子。用氨水作沉淀剂时，通常加入大量的铵盐，目的是维持溶液的 pH 值，同时由于铵盐是强电解质，能促进胶体的凝聚。

c. H_2S 或 Na_2S，能与许多金属离子生成沉淀，它们的溶度积差别也很大，因此可以控制不同的 pH 值，沉淀不同的金属离子。由于 H_2S 有臭味，有毒性，使用不方便，可以用硫代乙酰胺代替。硫代乙酰胺在酸性溶液中水解生成 H_2S，在碱性溶液中水解生成 $(NH_4)_2S$。由于沉淀剂是在均匀溶液中逐渐产生的，避免了直接加入沉淀剂时的局部过饱和现象，因此得到的沉淀比较纯净，便于过滤和洗涤。

② 有机沉淀剂　有机沉淀剂品种多，性质各异，有些试剂的选择性很高，如丁二酮肟就是镍离子的特效试剂。有机沉淀剂形成的沉淀溶解度一般很小，能使被测离子沉淀完全。有机沉淀剂的分子量较大，由称量引起的相对误差较小。有些有机沉淀剂形成的沉淀组成恒定，不用灼烧，烘干后可直接称量。有机沉淀剂除具备上述优点外，也有一定的局限性。有机沉淀剂本身在水溶液中的溶解度较小，也有些沉淀组成不恒定，还需要灼烧成无机物再称量。常用的有机沉淀剂如下。

a. 8-羟基喹啉，在弱酸性或弱碱性溶液中，可与许多金属离子形成螯合物沉淀，这种沉淀分子量大，组成恒定，洗涤干燥后可直接称量，不必灼烧，多用于测定铝。其缺点是选择性较差，必须用适当的掩蔽剂来消除干扰离子的影响。

b. 丁二酮肟，在氨性溶液中，与 Ni^{2+} 生成鲜红色的螯合物沉淀，沉淀组成恒定，烘干后可直接称量。Fe^{3+}、Al^{3+}、Cr^{3+} 等的干扰，可加入柠檬酸或酒石酸掩蔽。

c. 四苯硼酸钠，它易溶于水，能与 K^+、NH、Rb^+、Cs^+、Tl^+、Ag^+ 等生成离子缔合物沉淀，是钾离子的良好沉淀剂，沉淀组成恒定，烘干后可直接称量。

（3）沉淀剂的用量　沉淀剂的用量是由试液中被测组分的量决定的，而被测组分的量是由称样量和被测组分的大概含量决定的。下面通过例题来计算沉淀剂用量。

【例 7-5】　欲测定试剂 $BaCl_2 \cdot 2H_2O$ 中 Ba 的含量，若称取试样 0.50g，计算需沉淀剂硫酸（$1mol \cdot L^{-1}$ H_2SO_4）多少毫升？

解：　$BaCl_2 \cdot 2H_2O + H_2SO_4 \!\!=\!\!= BaSO_4 + 2HCl + 2H_2O$

$$
\begin{array}{ccc}
244 & & 98 \\
0.50g & & mg
\end{array}
$$

$$m = \frac{98 \times 0.50}{244} = 0.2g$$

$$V = \frac{0.2}{98 \times 1} \times 1000 = 2mL$$

计算得到的是所需沉淀剂的理论量，实际操作时要过量50%~100%，如果沉淀剂是不易挥发的物质，则控制过量20%~30%。如果上例中测定的不是试剂，而是50%左右的工业品，则加入沉淀剂的量要相应减少或增加取样量。

7.2.2 选择称样量

沉淀称量法的取样量要适当，称样太多，生成的沉淀量太大，不仅过滤、洗涤困难，而且费时间；称样量太少，则误差较大，影响分析结果的准确度。对于晶形沉淀，其沉淀称量式的质量在0.5g左右为好；对于非晶形沉淀，沉淀称量式的质量在0.2~0.5g为好。试样的称样量可根据被测组分大概含量和沉淀称量式的摩尔质量估算出来。

【例7-6】 要测定试剂 $BaCl_2 \cdot 2H_2O$ 中 Ba 的含量，要求灼烧后的质量为0.40g，应称取试样多少克？$BaCl_2 \cdot 2H_2O$ 和 $BaSO_4$ 的相对分子质量分别为244和233。

解：
$$BaCl_2 \cdot 2H_2O \Longrightarrow BaSO_4$$

$$\begin{matrix} 244 & \quad & 233 \\ m\,g & \quad & 0.40g \end{matrix}$$

$$m = \frac{0.40 \times 244}{233} = 0.42g$$

如果样品中 Ba 的含量低，要相应地增大取样量。

7.2.3 沉淀的形成

沉淀是沉淀称量法中最重要的操作步骤，应根据沉淀的类型和性质采用不同的沉淀条件。

沉淀所需的试剂溶液，其含量准确至1%就足够了。固体试剂一般只需用台秤称量，液体试剂用量筒量取。

沉淀按其性质不同，可以粗略地分为两大类，一类是晶形沉淀，一类是非晶形沉淀也称无定形沉淀。$BaSO_4$、$MgNH_4PO_4$ 等都是晶形沉淀，离子在晶格内排列规则，颗粒直径大约 $0.1 \sim 1\mu m$。

$Fe(OH)_3$、$Al(OH)_3$ 等是无定形沉淀,离子排列不规则,颗粒直径一般小于 $0.2\mu m$。

沉淀的形状和结构,主要取决于沉淀的本性,但与沉淀的条件也有密切关系。下面分别讨论晶形沉淀与非晶形沉淀的沉淀条件。

(1) 晶形沉淀的沉淀条件

① 在稀溶液中进行沉淀,样品溶液和沉淀剂都应是稀溶液。稀溶液中有利于形成粗大颗粒的结晶,共沉淀现象减少,这样的沉淀也容易过滤和洗涤。

② 在热溶液中进行沉淀,这时沉淀的溶解度较大,溶液的过饱和度相对降低,形成的晶核相对减少,同时热溶液中沉淀吸附的杂质也比较少。

③ 在不断搅拌下慢慢滴加沉淀剂,防止溶液中局部过饱和。

④ 沉淀生成后要进行陈化。沉淀反应完成后,将沉淀连同溶液一起放置一段时间,让小晶粒逐渐溶解,大晶粒继续长大。同时小晶粒吸附的杂质,也会转移至溶液中,使沉淀更纯净了。陈化过程一般需要几个至几十个小时,有时加热和搅拌能加快陈化过程。

(2) 无定形沉淀的沉淀条件　进行无定形沉淀时,关键是破坏胶体溶液,加速沉淀微粒的凝聚,防止胶溶。

① 在浓溶液中进行沉淀,勤搅拌下快加沉淀剂。溶液浓度增大时,离子的水化程度减小,所以在浓溶液中快加沉淀剂时析出的沉淀,含水量较小,结构比较紧密。搅拌能促使沉淀微粒凝聚。

② 在热溶液中进行沉淀,这样能防止形成胶体溶液,减少吸附的杂质。

③ 加入强电解质,防止形成胶体溶液。常用的电解质是易挥发的铵盐,如氯化铵、硝酸铵等。

④ 沉淀完全后用热水稀释。在浓溶液中进行沉淀时,溶液中杂质浓度也大,沉淀吸附的杂质也多,所以在沉淀完成后,立即加入100mL 左右的热水,充分搅拌,使溶液中的杂质浓度降低,沉淀吸附的杂质也相应减少。

⑤趁热过滤,不需要陈化,因为陈化后,吸附的杂质更不易洗涤除去。

(3) 均匀沉淀法　在一般沉淀法中,沉淀剂都是从外部加入的。虽然是在不断搅拌下缓慢加入,但沉淀剂在溶液中局部过浓现象仍然存在。

为了避免这种现象，可采用均匀沉淀法。这种方法不是把沉淀剂直接加入到样品溶液中，而是通过一个化学反应，使溶液中的构晶离子缓慢地、均匀地产生出来，沉淀也在整个溶液中缓慢地、均匀地析出。

例如，用均匀沉淀法测定 Ca^{2+} 时，在 Ca^{2+} 的酸性溶液中加入草酸，由于溶液的酸度较大，没有 CaC_2O_4 沉淀析出。然后在溶液中加入尿素并逐渐加热，加热至 90℃ 左右，尿素水解产生氨：

$$CO(NH_2)_2 + H_2O \xrightarrow{\text{加热}} 2NH_3 + CO_2$$

氨逐渐中和溶液中的酸，$C_2O_4^{2-}$ 浓度逐渐增大，CaC_2O_4 沉淀则缓慢而均匀地析出。这样得到的沉淀颗粒大，吸附杂质少，容易过滤和洗涤。

均匀沉淀法还可用于许多场合，如硫代乙酰胺（CH_3CSNH_2）水解产生硫离子代替硫化氢沉淀金属离子；硫酸二甲酯水解产生 SO_4^{2-}；代替硫酸沉淀 Ba^{2+}、Sr^{2+} 等。

$$CH_3CSNH_2 + H_2O \Longrightarrow CH_3CONH_2 + H_2S$$
$$(CH_3)_2SO_4 + 2H_2O \Longrightarrow 2CH_3OH + SO_4^{2-} + 2H^+$$

7.2.4 沉淀的过滤与洗涤

过滤与洗涤是沉淀称量法中不可缺少的步骤，应当根据沉淀的种类与形状选择适当的过滤方法和洗涤方法。

对于那些需要灼烧的沉淀，应选择玻璃漏斗和无灰滤纸；不需要灼烧的沉淀，应选择玻璃砂漏斗或古氏坩埚。沉淀称量法用的玻璃漏斗，应当是锥角为 60°，上口直径 6～7cm，颈长为 15～20cm，颈的下端磨成 45° 斜面。这样的漏斗能在颈内形成液柱，过滤速度快。玻璃砂漏斗或古氏坩埚的底部都有一层烧结的玻璃砂，玻璃砂的颗粒大小决定了漏斗的孔径大小。通常分为 6 种规格，见表 7-2。

表 7-2　玻璃砂漏斗的规格

坩埚代号	滤板孔径/μm	适用范围
G_1	20～30	滤出大的沉淀物
G_2	10～15	滤出大颗粒沉淀及气体洗涤用
G_3	5～9	用于无定形沉淀
G_4	3～4	用于粗晶形沉淀
G_5	1.5～2.5	用于细晶形沉淀
G_6	1.5 以下	过滤病菌用

　　沉淀称量法用的无灰滤纸，根据滤纸孔隙大小分为三种：滤纸盒上标有蓝道的是快速滤纸，孔隙最大，适用于无定形沉淀，如 $Fe(OH)_3$ 等；标有红道的是慢速滤纸，孔隙最小，适用于细颗粒的晶形沉淀，如 $BaSO_4$；标有白道的是中速滤纸，适用于粗粒及中等颗粒的晶形沉淀，如大多数硫化物、$MgNH_4PO_4$ 等。滤纸的折叠方法如图 7-1 所示。滤纸放入漏斗后，要从洗瓶中吹出水将滤纸润湿，注意除去滤纸与漏斗壁间的空气泡，使漏斗颈充满水柱，这样可以加快过滤速度。

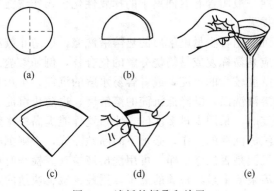

(a)　　　(b)　　　(c)　　　(d)　　　(e)

图 7-1　滤纸的折叠和放置

　　如果用玻璃砂漏斗或古氏坩埚过滤，还需要一套抽滤装置，如图 7-2 所示，一般用水流泵就可以，在水流泵和抽滤瓶间要加一个安全瓶，防止倒吸。

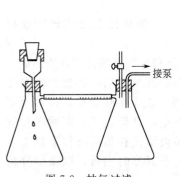

图 7-2　抽气过滤　　　图 7-3　倾斜法过滤　　　图 7-4　沉淀在漏斗中洗涤

过滤沉淀时多采用倾斜法，如图 7-3 所示。

先滤出绝大部分清液，在烧杯中洗涤沉淀数次，将沉淀完全转移至漏斗中，再用洗液洗涤干净，如图 7-4 所示。这步操作选择洗涤液是关键，洗涤液应具备以下特点。

① 易溶解杂质，不溶解沉淀。

② 对沉淀无胶溶或水解作用。

③ 烘干或灼烧沉淀时，易挥发除掉。

④ 不影响滤液的下一步测定。

晶形沉淀一般用含有共同离子的挥发性化合物作洗涤剂，以减少沉淀溶解的损失。

无定形沉淀用含少量电解质的热溶液洗涤，以防止胶溶作用，其中的电解质应是易挥发或易灼烧分解的化合物，例如铵盐。

有些溶解度较大的沉淀，或者容易水解的沉淀，可用含有少量电解质的乙醇溶液洗涤，既降低沉淀的溶解度，也防止沉淀水解。

洗涤沉淀时，采用少量多次的方法，这样能提高洗涤效率。

过滤与洗涤沉淀的操作，必须不间断地完成，否则沉淀干涸后就很难洗净。沉淀是否洗涤干净，可用洗出液检查。检查时接取几滴滤液，选择沉淀杂质中最易检验的离子，用最灵敏、快速的定性反应检查。例如用 $BaCl_2$ 作沉淀剂时，可以用 $AgNO_3$ 溶液检查 Cl^-，如果没有白色的 $AgCl$ 生成，就是洗涤完成了。还可以用 CNS^- 检查 Fe^{3+}、用 Ba^{2+} 检查 SO_4^{2-} 等。

7. 2. 5 沉淀的烘干与灼烧

洗涤后的沉淀要经过烘干与灼烧，目的是让沉淀式转变成称量式。

烘干的目的主要是除去沉淀中的水分和某些易挥发的杂质，烘干温度是 $100 \sim 250℃$。待烘箱升至所需温度并恒定后，将玻璃砂漏斗或古氏坩埚直接放入烘箱，烘 1h 后取出，置于干燥器中，冷却至室温，称量。以后再烘 0.5h，再冷却、称量，直至恒重，即两次称量之差不超过 0.2mg。当然所用的坩埚必须预先在相同条件下烘干至恒重，烘干温度与冷却时间都必须与烘干沉淀时一致，以减少分析误差。

灼烧的温度通常在 $250 \sim 1200℃$ 之间，根据沉淀的性质选择适当的温度，最高温度要比沉淀的分解温度低 100℃。灼烧沉淀应当在瓷坩埚或金属坩埚中进行，坩埚必须预先洗涤干净并灼烧至恒重。将洗涤好的沉淀连同滤纸一起包好，移至准备好的坩埚中。首先在电炉或煤气灯上缓慢加热，以便赶走水分，逐渐升温让滤纸炭化直至全部灰化。但要防止滤纸起火燃烧，以免沉淀损失。灰化后将坩埚移至已经恒温的高温炉中，灼烧至恒重。

沉淀称量法的操作比较烦琐、费时间，最后一步灼烧至恒重也很重要，灼烧温度和冷却时间应当严格控制，否则不易恒重。灼烧后的沉淀很容易吸收水分和二氧化碳，冷却和称量时动作要快速准确。有时由于沉淀洗涤不彻底，灼烧后会显示出杂质的颜色，如本应是白色的硫酸钡沉淀变黄棕色，是由于铁离子没洗净，这就给分析结果带来了误差。

7.3 称量分析法的应用

称量分析法是最古老、最经典的定量分析方法，应用也非常广泛。现在虽然有许多先进的仪器分析方法，但是，诸如灼烧残渣的测定、挥发分的测定、水不溶物的测定、有机溶剂蒸发残渣的测定等，还是要用称量分析法。在介绍应用实例前，先通过例题了解一下分析结果的计算。

7.3.1 分析结果计算

沉淀称量法中，被测组分的含量是根据样品的质量和沉淀称量式的质量计算出来的，计算通式为：

$$w_B = \frac{m_c k}{m} \times 100\%$$

式中 w_B——被测组分的质量分数的数值，%；

m_c——沉淀称量式的质量数值，g；

m——试料的质量数值，g；

k——换算系数，是被测组分摩尔质量与沉淀称量式摩尔质量之比。计算时要注意分子与分母中被测组分的原子或分子数目必须相等。

【例 7-7】 称取工业氯化钡样品 0.4801g，用沉淀称量法分析得

到 $BaSO_4$ 沉淀 0.4578g，求样品中 $BaCl_2$ 的质量分数？

解：

$$BaCl_2 \longrightarrow BaSO_4$$
$$208.3 \longrightarrow 233.4$$

$$w_{BaCl_2} = \frac{0.4578 \times \dfrac{208.3}{233.4}}{0.4801} \times 100\% = 85.11\%$$

【例 7-8】 称取含镁试样 0.3621g，用 $MgNH_4PO_4$ 法将镁沉淀，得到 $Mg_2P_2O_7$ 0.6300g，求样品中 MgO 的质量分数是多少？

解：

$$2MgO \longrightarrow Mg_2P_2O_7$$
$$2 \times 40.32 \longrightarrow 222.6$$

$$w_{MgO} = \frac{0.6300 \times \dfrac{2 \times 40.32}{222.6}}{0.3621} \times 100\% = 63.00\%$$

【例 7-9】 用沉淀称量法测定铁含量，称样 0.1666g，灼烧后得到 Fe_2O_3 0.1370g，求样品中 Fe 的质量分数是多少？若换算为 Fe_3O_4 又是多少？

解：

$$2Fe \longrightarrow Fe_2O_3$$
$$2 \times 55.85 \longrightarrow 159.7$$

$$w_{Fe} = \frac{0.1370 \times \dfrac{2 \times 55.85}{159.7}}{0.1666} \times 100\% = 57.50\%$$

$$2Fe_3O_4 \longrightarrow 3Fe_2O_3$$
$$2 \times 231.5 \longrightarrow 3 \times 159.7$$

$$w_{Fe_3O_4} = \frac{0.1370 \times \dfrac{2 \times 231.5}{3 \times 159.7}}{0.1666} \times 100\% = 79.49\%$$

7.3.2 食盐中硫酸根含量测定

（1）测定原理 样品用水溶解后调至微酸性，加入氯化钡溶液，生成硫酸钡沉淀，过滤洗涤后烘干至恒重，计算硫酸根含量。

（2）仪器和试剂

① 一般实验室仪器。

② 氯化钡溶液：$c(BaCl_2) = 0.02 mol \cdot L^{-1}$。称取 2.4g 氯化钡

溶于 500mL 水中，室温下放置 24h，使用前过滤。

③ 盐酸溶液：$c(HCl)=2mol \cdot L^{-1}$。

④ 甲基红指示剂：$2g \cdot L^{-1}$ 乙醇溶液。

（3）测定步骤

① 称取 25g 食盐样品，准确至 0.001g，置于 400mL 烧杯中，加入 200mL 水并加热溶解，冷却后移入 500mL 容量瓶中，定容。

② 移取 100mL 样品溶液于 400mL 烧杯中，加水 150mL，加入两滴甲基红指示剂，滴加 $2mol \cdot L^{-1}$ 盐酸至溶液刚显红色，加热至近沸，迅速加入 40mL $0.02mol \cdot L^{-1}$ 氯化钡溶液，剧烈搅拌 2～3min。冷却至室温，再加少许氯化钡溶液，检查沉淀是否完全。

③ 用已在 120℃ 烘干至恒重的 G_4 玻璃砂心漏斗抽滤，倾斜法洗涤沉淀，将沉淀全部转移至玻璃砂心漏斗中，继续洗涤至滤液不含氯离子。

④ 砂心漏斗置于 120℃ 烘箱中烘 1h，取出后放入干燥器中冷却至室温后称量，再烘 0.5h，再冷却称量，直至恒重。

（4）结果计算　硫酸根的质量分数 w，数值以 % 表示，按下式计算：

$$w_{SO_4^{2-}} = \frac{(m_1-m_2) \times 0.4116}{m \times \dfrac{100}{500}} \times 100\%$$

式中　m_1——玻璃砂心漏斗加硫酸钡的质量数值，g；

m_2——玻璃砂心漏斗的质量数值，g；

m——试料质量的数值，g；

0.4116——由硫酸钡换算到硫酸根的换算系数。

7.3.3　有机溶剂中蒸发残渣及灼烧残渣的测定

（1）测定原理　试样首先被加热蒸发，剩余的量即是蒸发残渣；然后高温灼烧成灼烧残渣，称量。

（2）仪器与试剂

① 高温炉　650～850℃ 可调。

② 烘箱　200℃ 可调，控温精度 2℃。

③ 恒温水浴　100℃ 可调。

④ 瓷坩埚　容积 50～100mL。

（3）测定步骤　先将瓷坩埚洗净，在110℃烘箱中烘至恒重。移取50mL试样于瓷坩埚中，瓷坩埚置于水浴上，在通风橱内蒸发至干。再将瓷坩埚移入已恒温在110℃的烘箱中，烘 2h，取出冷却称量，直至恒重，其质量为 m_1。若需测定灼烧残渣，再将瓷坩埚置入已恒温在800℃的高温炉中，继续灼烧直至恒重，此时瓷坩埚质量为 m_2。

（4）结果计算　蒸发残渣的质量分数 w_1，数值以％表示，灼烧残渣的质量分数 w_2，数值以％表示，分别按下式计算：

$$w_1 = \frac{m_1 - m_0}{V\rho} \times 100\%$$

$$w_2 = \frac{m_2 - m_0}{V\rho} \times 100\%$$

式中　m_0——瓷坩埚的质量数值，g；

$\quad\quad m_1$——瓷坩埚和蒸发残渣的质量数值，g；

$\quad\quad m_2$——瓷坩埚和灼烧残渣的质量数值，g；

$\quad\quad V$——取样体积的数值，mL；

$\quad\quad \rho$——样品密度的数值，$g \cdot mL^{-1}$。

（5）注意事项　吸取样品的体积，依其所含蒸发残渣或灼烧残渣多少而定，能得到 5～30mg 蒸发残渣或灼烧残渣为好。如残渣量太少，可加大取样量，分几次蒸发。如果还要在灼烧残渣中测定重金属，则灼烧温度应控制在 500～600℃。

7.3.4　钢铁中镍含量的测定

（1）测定原理　在氨性溶液中，Ni^{2+} 可与丁二酮二肟生成鲜红色的沉淀，过滤洗涤，烘干后称量。

$Ni^{2+} + 2C_4H_8N_2O_2 + 2NH_3 \cdot H_2O \Longrightarrow Ni(C_4H_7N_2O_2)_2 + 2NH_4^+ + 2H_2O$

（2）仪器和试剂

① 一般实验室仪器。

② 丁二酮二肟：$10g \cdot L^{-1}$ 乙醇溶液。

③ 酒石酸或柠檬酸。

④ 氨水：质量分数 2％溶液。

（3）测定步骤　称取适量样品（其中含镍为 30～60mg），加酸溶解，如有杂质则过滤。加入酒石酸或柠檬酸，与三价的 Fe、Al、Cr 等络合，以便消除干扰。将溶液加热至 60～70℃，然后加入丁二酮二肟沉淀剂，再滴加氨水调节 pH＝8～9，让沉淀缓慢析出，并在 60～70℃保温 0.5h。沉淀用玻璃砂漏斗过滤，用热水洗涤至无 Cl^-，然后在 120℃烘干至恒重。

（4）结果计算　镍的质量分数 w，数值以％表示，按下式计算：

$$w_{Ni} = \frac{(m_1-m_0)\times0.2033}{m}\times100\%$$

式中　m——试样的质量数值，g；

　　m_0——玻璃砂心漏斗的质量数值，g；

　　m_1——玻璃砂心漏斗加沉淀的质量的数值，g；

　0.2033——由丁二酮二肟镍换算到镍的换算系数。

7.3.5　硫酸铜结晶水的测定

（1）测定原理　将含有结晶水的硫酸铜高温灼烧，恒重后称量，计算出无水硫酸铜的质量和结晶水的质量，折算成含水分子的数目。

（2）仪器和试剂

①天平；②坩埚。

（3）测定步骤　准确称量一干净并灼烧恒重的坩埚（精确至 0.0002g），然后在此坩埚中加入适量的含有结晶水的硫酸铜样品，再次称量。

将装有含有结晶水硫酸铜的坩埚放置在马弗炉里，在 270～300℃下灼烧 40min，取出后放在干燥器内冷却至室温，在天平上称量。

将上面称过质量的坩埚，在 270～300℃下再灼烧 15min，取出后放入干燥器内冷却至室温，然后在分析天平上称其质量，直到两次称量结果之差不大于 0.0005g 为止。

（4）结果计算　结晶水的数目，以 n 表示，按下式计算：

$$n = \frac{(m_1-m_2)Mr_1}{(m_2-m_3)Mr_2}$$

式中　m_1——坩埚与含有结晶水硫酸铜样品的质量数值，g；

　　m_2——灼烧后坩埚与样品的质量数值，g；

　　m_3——干净恒重坩埚的质量数值，g；

　　Mr_1——硫酸铜（$CuSO_4$）的相对分子质量；

　　Mr_2——水的相对分子质量。

仪器分析篇

第8章 电化学分析

8.1 电化学分析导论

8.1.1 电化学分析的特点及分类

基于电化学原理和物质的电化学性质建立起来的分析方法称为电化学分析法。被测物质溶液的各种电化学性质，如电极电位、电流、电量、电导或电阻等，都与溶液的组成和含量有关，因此测定这些电化学参数，就能确定被测组分的含量。

(1) 电化学分析的特点

① 灵敏度高　离子选择电极法的检出限可达 $10^{-7}\,\mathrm{mol \cdot L^{-1}}$，有的电化学分析检出限可达 $10^{-12}\,\mathrm{mol \cdot L^{-1}}$。

② 准确度高　库仑分析的准确度很高，包括常量组分和微量组分的测量。

③ 测量范围宽　从常量到微量都能准确测定，电位分析法和微库仑分析法适用于微量组分测定，电解分析和电容量分析法适用于常量分析。

④ 简便易行　仪器设备比较简单，价格较低廉，操作比较简单，容易实现自动化分析。

⑤ 选择性较差　除离子选择电极法以外，电化学分析法的选择

性较差，影响电化学参数的因素很多，实际操作中必须克服这些因素的影响。

（2）电化学分析的分类 电化学分析种类繁多，通常根据测定的参数名称不同而直接称为电位分析、电导分析、库仑分析、极谱分析等，若把这些分析方法归纳起来，可分为三大类。

① 直接测定法 根据化学反应的电化学参数与溶液组分之间的关系，通过测定这些电化学参数，直接对溶液的组分作定性、定量分析，如直接电位法、直接电导法等。这类方法操作简单快速，缺点是这些电化学参数与溶液组分间的关系随测定条件而改变，因此测定的准确度不高。

② 电容量分析法 这类分析方法与化学容量分析法类似，也是把一种已知浓度的标准溶液滴加到被测溶液中，直到化学反应定量完成，根据消耗标准溶液的量计算出被测组分的量。与化学容量法不同的是不用指示剂指示滴定终点，而是根据溶液中某个电化学参数的突变来指示终点。这类方法包括电位滴定、电导滴定、库仑滴定等，它们的准确度比第一类高，但操作相对麻烦一些。

③ 电称量分析法 主要指电解分析法，通过电极反应将溶液中的被测组分转变成固相，在电极上析出，然后通过称量确定被测组分的含量。这种方法的准确度高，但需要时间较长。

8.1.2 化学电池

电化学分析都离不开化学电池。化学电池是化学能与电能互相转换的装置。将两个电极浸在适当的电解质溶液中，即构成了化学电池。两个电极通常是导电性良好的金属，它们可以相同，也可以不同；电极所接触的电解质溶液可以相同，也可以不同。如果两个电极浸在同一个电解质溶液中，这样构成的电池称为无液体接界电池；如果两个电极分别浸在两种不同的电解质溶液中，这样构成的电池称为有液体接界电池。一个电极和它所接触的电解质溶液构成一个半电池，两个半电池组成一个化学电池，如图 8-1 所示。要使化学电池能正常工作，必须满足三个条件。

① 外电路必须用导线连通。

② 电解质溶液中的离子之间能够互相迁移。

③ 电极与电解质溶液间的界面上发生氧化或还原反应。

因此，在有液体接界的电池中，用盐桥或烧结玻璃将两种电解质溶液分开而又不完全隔绝。这样连接后，电极与电解质溶液间界面上，由氧化还原反应产生电子转移，在外电路中由电子流动传导电流；在电池内部则由带电荷的正负离子迁移来传导电流。

化学电池是电能与化学能互相转换的装置，那么根据转换方式不同可分为两种：原电池和电解池。能借助氧化还原反应将化学能转变成电能的电池称为原电池；而由外部电源提供电能，在电池内部发生化学反应，使电能转变成化学能的电池称为电解池。

(1) 原电池　图 8-1(b) 是典型的铜锌原电池，也叫丹尼耳电池。在这个原电池中，两个电极是铜棒和锌棒，分别浸在 $CuSO_4$ 和 $ZnSO_4$ 溶液中，中间用盐桥（U 形玻璃管中填充饱和 KCl 溶液和琼脂的胶冻）连接，再用导线将两个电极连起来。这时由于锌的氧化还原电位较低，锌电极被氧化成锌离子，同时放出电子；多余的电子沿着导线流到铜电极上，溶液中的铜离子得到电子，被还原成金属铜沉积在铜电极表面。

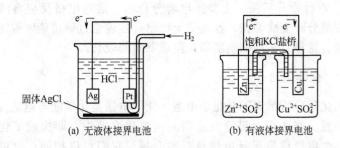

(a) 无液体接界电池　　　　(b) 有液体接界电池

图 8-1　化学电池

锌半电池：　　　　$Zn - 2e^- \Longrightarrow Zn^{2+}$
铜半电池：　　　　$Cu^{2+} + 2e^- \Longrightarrow Cu$
总反应：　　　　　$Zn + Cu^{2+} \Longrightarrow Zn^{2+} + Cu$

随着氧化还原反应的进行，锌半电池中 Zn^{2+} 浓度增加，正电荷过剩；铜半电池中 Cu^{2+} 浓度减少，负电荷过剩。这时盐桥中的 Cl^- 移向锌极，K^+ 移向铜极，平衡过剩的电荷，维持反应继续进行。

电化学中规定：不论在原电池还是在电解池中，发生氧化反应的电极称为阳极，发生还原反应的电极称为阴极。按物理学规定：

电流的方向与电子流动的方向相反，而且总是从电位高的正极流向电位低的负极。因此在这个原电池中，发生氧化反应的锌极是阳极，在外电路中它是负极；发生还原反应的铜极是阴极，在外电路中它是正极。

（2）电解池 电解池与原电池相反，是将电能转化为化学能的装置，即不能自发进行的化学反应，在外加电能的作用下成为可能了。

还以上面的 Cu-Zn 原电池为例。如果把外加电源的正极接到 Cu 极上，负极接到 Zn 极上，只要外接电源的电动势大于原电池的电动势，则电流的方向与原电池的电流方向相反，电极反应也与原电池相反：

锌半电池： $Zn^{2+} + 2e^- \Longrightarrow Zn$

铜半电池： $Cu - 2e^- \Longrightarrow Cu^{2+}$

总反应： $Zn^{2+} + Cu \Longrightarrow Zn + Cu^{2+}$

电解池中的反应是原电池的逆反应，这里 Cu 被氧化是阳极，Zn 被还原是阴极。

便携式氧分析器就是根据原电池设计的。各种蓄电池在工作时都是原电池，而在充电时则变成电解池，因为它们的电极反应是可逆的。干电池的电极反应是不可逆的，所以不能充电，不能反复使用。

8.1.3 电极电位与能斯特方程

（1）电极电位的产生 将一种金属插在它的盐溶液（或水）中，强极性的水分子与金属晶格上的金属离子相互吸引，使一部分金属离子脱离金属表面进入溶液中，当然也有一部分溶液中的离子会再沉积到金属表面上。溶液中金属离子浓度越小，金属离子进入溶液中的速度越快，随着溶液中金属离子浓度增加，溶解速度减小，沉积速度增大，最终达到平衡。电极表面由于失去金属离子而带负电荷，电极附近的溶液由于金属离子而带正电荷，于是构成双电层，金属与溶液界面之间就产生了电位差，这个电位差称为电极电位。

金属与其盐溶液组成的电极，其电极电位高低与金属的活泼性有关。还以铜-锌原电池为例，锌比铜要活泼得多，锌很容易失去电子而带负电荷，因此电位较低；铜不容易失去电子，负电荷很少，因此电位较高。将铜极和锌极用导线连起来组成一个电池，电流自然是从电位高的铜极流向电位低的锌极，电子则从锌极流向铜极。

单个电极的电位无法测量，必须和另一个电极（参比电极）连起来组成电池，测量两个电极间的电位差（电池电动势），只要参比电极的电位已知并且恒定，就可以求出被测电极的电位。实际工作中，人为地规定标准氢电极的电位在任何温度下都是 0V。被测电极与标准氢电极组成电池，测定电池的电动势，即可求出被测电极的电位。

（2）能斯特方程　前面讲过，电极电位主要与金属的活泼性有关，同时也与溶液中离子的浓度、离子的电荷数及溶液温度有关，它们之间的关系用能斯特方程式(8-1)表示。电极平衡时的电极电位以 E 计，数值以 V 表示，按式(8-1)计算：

$$E = E^0 + \frac{RT}{nF} \ln \frac{[氧化态]}{[还原态]} \tag{8-1}$$

式中　E^0——电极的标准电极电位的数值，V；

　　　R——气体常数的数值，$R = 8.314 \text{J} \cdot \text{K}^{-1} \cdot \text{mol}^{-1}$；

　　　T——热力学温度的数值，K；

　　　F——法拉第常数的数值，$F = 96485 \text{C} \cdot \text{mol}^{-1}$；

　　　n——电极反应转移的电荷数；

[氧化态]——平衡时氧化态的活度的数值，$\text{mol} \cdot \text{L}^{-1}$；

[还原态]——平衡时还原态的活度的数值，$\text{mol} \cdot \text{L}^{-1}$。

注：$W(\text{J}) = U(\text{V})I(\text{A})t(\text{s})$；$Q(\text{C}) = I(\text{A})t(\text{s})$

在具体应用能斯特方程时，常用浓度代替活度，用常用对数代替自然对数，在常温（25℃）时，能斯特方程可近似地简化成下式：

$$E = E^0 + \frac{0.059}{n} \lg \frac{[氧化态]}{[还原态]} \tag{8-2}$$

式中，[　]表示反应平衡时，各种反应组分的物质的量浓度。如果反应物为气体，则表示以 101.3kPa 为基准的气体分压。如果反应物不溶于水，而以纯固体或纯液体的形态出现，由于它们的组成不变，可以认为 [　]=1。水或溶剂也经常参加电极反应，但它们的浓度比其他反应物大得多，消耗很小，可以认为浓度没有变化，因此 [　]=1。[　]=1 说明该物质含量多少都不影响电极反应平衡。

（3）影响电极电位的因素　从式(8-1)可以看出，影响电极电位的因素如下。

① 离子的浓度　参加电极反应的离子浓度是影响电极电位的主要因素。例如将锌棒插入 Zn^{2+} 溶液中，则发生电极反应：$Zn^0 = Zn^{2+} + 2e^-$。由于锌棒是固体，所以 $[Zn^0] = 1$，它的电极电位公式可以简化为：

$$E = E^0 + \frac{0.059}{2} \lg[Zn^{2+}]$$

这是一个直线方程，电极电位 E 与离子浓度的对数成线性关系，这就是直接电位法的理论依据。

② 温度的影响　在能斯特方程中，$\dfrac{RT}{nF}$ 项称为能斯特斜率，对于 $n = 1$ 的离子，25℃时斜率为 0.059V。此斜率与温度有关，温度升高时，斜率升高；温度降低时，斜率也降低。因此在测量电位时不能忽视温度的影响。

③ 转移电子数的影响　能斯特斜率也受转移电子数 n 的影响，n 越大，斜率越小。在 25℃，$n = 1$ 时斜率为 0.059V，若 $n = 2$ 时斜率只有 0.030V。因此直接电位法对于测定 $n = 1$ 的离子灵敏度较高，测定高价离子时灵敏度则降低。

8.1.4　电导、电导率、摩尔电导率

（1）电解质溶液的电导　能传导电流的导体有两类：第一类是由于自由电子的移动而导电，如金属等固体导体；第二类是由带电离子的移动而导电，如电解质溶液。

在电解质溶液中，电解质分子电离成带正电荷的阳离子和带负电荷的阴离子。若在电解质溶液中插入两支电极，在外加电场作用下，阴、阳离子就会定向移动，移至带相反电荷的电极，从而产生电流，如图 8-2 所示。在 KCl 溶液中插入两个平板电极，两电极间加上足够大的直流电压 U。在外加电场作用下，带正电荷的 K^+ 向负极移动，带负电荷的 Cl^- 向正极移动，于是形成了电流。电流的大小符合欧姆

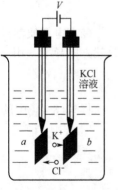

图 8-2　电流在电解质
溶液中的传导

定律。

电流以 I 计算，数值以 A 表示，按式(8-3) 计算

$$I = \frac{U}{R} \tag{8-3}$$

式中　U ——外加电压的数值，V；

　　　　R ——电解质溶液的电阻数值，Ω。

在温度、压力等条件不变时，电解质溶液的电阻不仅取决于溶液的固有导电能力，而且与电极的截面积成反比，与两电极间的距离成正比。

电解质溶液的电阻以 R 计，数值用 Ω 表示，按式(8-4) 计算

$$R = \rho \frac{L}{A} \tag{8-4}$$

式中　L ——电极间的距离数值，cm；

　　　　A ——电极截面积的数值，cm^2；

　　　　ρ ——溶液电阻率的数值，$\Omega \cdot cm$。

溶液导电能力的大小，用电导表示，电导 G 是电阻 R 的倒数。

$$G = \frac{1}{R} = \frac{I}{U} \tag{8-5}$$

电导的单位是西门子，用 S 表示。$1S = 1A/1V$，也就是说，外加 1V 的电压就能产生 1A 的电流，这样的导电能力是 1S，实际应用的单位是：

$$1mS = 10^{-3}S$$

$$1\mu S = 10^{-6}S$$

（2）电解质溶液的电导率　电导是电阻的倒数，因此电阻率的倒数就是电导率，用 κ 表示：

$$\kappa = \frac{1}{\rho} \tag{8-6}$$

将式(8-4) 中的 ρ 代入，得到：

$$\rho = R \frac{A}{L}$$

$$\kappa = \frac{1}{R} \times \frac{L}{A} = G \frac{L}{A}$$

$$G = \kappa \frac{A}{L} \tag{8-7}$$

由式(8-7)可见，电导 G 与电极的截面积 A 成正比，与电极间的距离 L 成反比，电导率 κ 是比例常数，即是截面积为 $1cm^2$ 的两个电极、相距为 $1cm$ 时的电导。换句话说，电导率 κ 是边长为 $1cm$ 的立方体电解质溶液的电导值，单位是 $S \cdot cm^{-1}$，常用的单位是 $\mu S \cdot cm^{-1}$ 或 $mS \cdot cm^{-1}$。它能定量地表征各种不同物质的导电能力。不同类型物质的电导率差别非常大，如金属铜在 $0℃$ 时的电导率为 $6.4 \times 10^5 S \cdot cm^{-1}$，半导体 Si 在 $25℃$ 时的电导率为 $0.01S \cdot cm^{-1}$，而绝缘体玻璃在室温时的电导率只有约 $10^{-14} S \cdot cm^{-1}$。

现在新的国家标准已将电导率的单位统一规定为 $mS \cdot m^{-1}$。新单位和老单位可按下式换算：

$$1\mu S \cdot cm^{-1} = 100\mu S \cdot m^{-1} = 0.1mS \cdot m^{-1}$$

$$1mS \cdot m^{-1} = 0.01mS \cdot cm^{-1} = 10\mu S \cdot cm^{-1}$$

电导与电导率的数值可通过电导池测得。对于一定的电导池装置，电导电极的截面积 A 和电极间的距离 L 是固定不变的，L/A 为常数，称为电导池常数，用 θ 表示，单位是 cm^{-1}。于是式(8-7)可以改写成

$$G = \kappa \frac{1}{\theta}$$

$$\kappa = G\theta \qquad (8-8)$$

当电导池常数 θ 一定时，只要测量出溶液的电导 G，就能求出溶液的电导率 κ。

(3) 摩尔电导、极限摩尔电导　前面讲过，电导率 κ 是每边长 $1cm$ 的正方体电解质溶液的电导，但没有指明电解质溶液的浓度，显然不同浓度的电解质溶液其电导率是不同的。因此需要引进一个新的概念——摩尔电导或叫摩尔电导率，即在距离为 $1cm$ 的两个平板电极间含有 $1mol$ 电解质时的电导，用 λ 表示，单位是 $S \cdot cm^2 \cdot mol^{-1}$。这里摩尔的基本单元是带有单位电荷的离子，如 KCl、$\left(\frac{1}{2}H_2SO_4\right)$ 等。应当指出，电导率与摩尔电导的含义是不同的，电导率是单位体积（$1cm^3$）溶液的电导，摩尔电导是指 $1mol$ 电解质的导电能力。电导率随着浓度的增大而增加，只有当溶液浓度很大时，离子间的引力增大，离子的运动速度受到影响，电导率才稍有下降。摩尔电导是对一定量的电解质而言的，当浓度减小时，摩尔电导反而

增大，这是由于溶液被稀释后电离度增大，参加导电的离子数目增多，所以摩尔电导会增大。

当溶液无限稀释时，离子间的作用力趋近于零，离子移动的速度最快，摩尔电导达到最大值，称为极限摩尔电导或无限稀释时的摩尔电导，用 λ^0 表示。这时溶液的摩尔电导等于溶液中各种离子的摩尔电导之和：

$$\lambda^0 = \lambda^0_+ + \lambda^0_-$$

极限摩尔电导不受共存离子的影响，只取决于离子的性质，是离子的特征数据。表 8-1 列出一些常见离子的极限摩尔电导，根据离子导电能力的大小，可以对电导滴定曲线的形状作出判断（参见本章 8.3.3 节电导滴定法）。

不论是电导率还是摩尔电导率都受温度的影响，随着温度升高，离子移动速度加快，因此测定电导率时都要控制恒定的温度。

表 8-1　常见离子的极限摩尔电导（25℃）　　单位：$S \cdot cm^2 \cdot mol^{-1}$

阳离子	λ^0_+	阴离子	$+\lambda^0_-$
H_3O^+	349.8	OH^-	199.0
Li^+	38.7	Cl^-	76.3
Na^+	50.1	Br^-	78.1
K^+	73.5	I^-	76.8
NH_4^+	73.4	NO_3^-	71.4
Ag^+	61.9	ClO_4^-	67.3
$\frac{1}{2}Mg^{2+}$	53.1	$C_2H_4O_2^-$	40.9
$\frac{1}{2}Ca^{2+}$	59.5	$\frac{1}{2}SO_4^{2-}$	80.0
$\frac{1}{2}Ba^{2+}$	63.6	$\frac{1}{2}CO_3^{2-}$	69.3
$\frac{1}{2}Pb^{2+}$	69.5	$\frac{1}{2}C_2O_4^{2-}$	74.2
$\frac{1}{3}Fe^{3+}$	68.0	$\frac{1}{4}[Fe(CN)_6]^{4-}$	110.5
$\frac{1}{3}La^{3+}$	69.6	$\frac{1}{3}[Fe(CN)_6]^{3-}$	101.0

8.1.5　电解与法拉第定律

（1）电解与分解电位　电解是在外加直流电压作用下，电解质溶液在电极上发生氧化还原反应的过程。能使电解质开始电解所需的最低外加电压称为该电解质的分解电压或分解电位。

（2）法拉第定律　在电解过程中，发生电极反应的物质的量与通过电解池的电量之间的关系用法拉第定律表述。

① 发生电极反应的物质质量与通过电解池的电量成正比，即与电流强度和通电时间的乘积成正比。

② 在各种不同的电解质溶液中，通过相同的电量时，电极上析出的物质的质量与该物质以原子为基本单元的摩尔质量 M_B 成正比，与参加反应的电子数 n 成反比。

经实验确定，在电极上析出 $\left(\dfrac{M_B}{n}\right)$ 的任何物质所需的电量都是 96487C，或近似写成 96500C，这是电化学中常用的一个常数，称为法拉第常数，用 F 表示。

电极上析出物质的质量以 m 计，数值以 g 表示，按式（8-9）计算：

$$m = \frac{M_B Q}{nF} = \frac{M_B I t}{nF} \tag{8-9}$$

式中　M_B——物质摩尔质量的数值，$g \cdot mol^{-1}$；

　　　　Q——通过电解池电量的数值，C；

　　　　F——法拉第常数的数值（1mol 元电荷的电量），$F = 96485C \cdot mol^{-1}$；

　　　　I——电流强度的数值，A；

　　　　t——通电时间的数值，s；

　　　　n——电极反应时一个原子得失的电子数。

式（8-9）就是法拉第定律的数学表达式。

电解消耗的电量 $Q = It$，即 1A 的电流通过电解质溶液 1s 时，其电量为 1C。

由上式可知，只要通过电解池的电流 100% 地用于电极反应，没有副反应及其他漏电现象，就可以根据消耗的电量，计算出电极上发生反应的被测物质的量。这就是库仑分析法的理论基础。

(3) 电流效率 电流效率是用于主反应的电量和通过电解池总电量之比，以 η 计，数值以％表示，按式(8-10) 计算：

$$\eta = \frac{Q'}{Q} \times 100\% = \frac{m'}{m} \times 100\% \tag{8-10}$$

式中 Q'——由电极上析出物质的量换算出的电量的数值，C；

  Q——通过电解池总电量的数值，C；

  m'——电极上实际析出物质的质量的数值，g；

  m——根据通过电解池的总电量换算出应析出物质的质量的数值，g。

实际工作中，由于电解液中存在杂质等多种因素的影响，电流效率很难达到100％。但只要影响因素固定，电流效率也能基本固定，在测定之前用标样校准仪器，就可以保证测定的精度。

8.2 电位分析

8.2.1 直接电位法测定 pH 值

直接电位法是根据指示电极与参比电极间的电位差和被测离子浓度（严格地讲是活度）之间的函数关系，直接测定被测离子浓度的方法。其中应用最广的是用玻璃电极测定溶液 pH 值，也就是测定溶液中 H^+ 浓度。用其他离子选择电极测定各种离子的浓度，也是直接电位法。

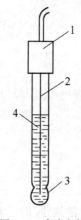

图 8-3 玻璃电极
1—绝缘套；2—
Ag-AgCl 电极；
3—玻璃膜；
4—内部缓冲液

(1) 指示电极 测定溶液 pH 值的指示电极多用玻璃膜电极，它的响应范围宽、线性好、测定精度高，普通的钠玻璃电极在 pH 1～9 时，可测准至 0.01pH 单位。在 pH＞10 时，由于钠差或碱差，测定结果偏低，如果改用锂玻璃电极，可测至 pH 14。玻璃电极的缺点是容易损坏，工业用酸度计上也有用锑电极作指示电极的。

① 玻璃电极的构造 玻璃电极的结构如图 8-3 所示。其下端是球形玻璃膜，厚度为 0.03～0.1mm，玻璃膜的组成大约是 Na_2O 22％、CaO

6%和 SiO₂ 72%（质量分数）。膜内盛有 $0.1mol \cdot L^{-1}$ 的 HCl 作内参比溶液，再插入 Ag-AgCl 作内参比电极。由于玻璃电极的内阻很高，大约在 50~500MΩ，因此电极的引出线都需要高绝缘，采用金属屏蔽导线，以避免周围电磁场的影响。

　　② 玻璃电极的响应原理　玻璃电极在使用前必须在纯水中浸泡 24h 以上，玻璃膜表面吸收水分溶胀而形成很薄的水化层，水化层中的 Na^+ 很容易被 H^+ 取代，因此水化层表面形成一层 H^+ 的离子层，如图 8-4 所示。当玻璃电极再浸入被测样品时，水化层表面的 H^+ 再和样品溶液中的 H^+ 进行离子交

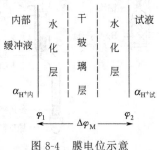

图 8-4　膜电位示意

换，其结果改变了液-固两相界面上的电荷分布，从而产生了电位差。由于内参比电极的电位和内参比溶液中 H^+ 活度是一定的，所以测得的电位差只与样品溶液中 H^+ 活度有关，根据能斯特方程，可用下式表达：

$$E_{膜} = K + 0.059 \lg \alpha_{H}^{+} = K - 0.059 pH \qquad (8-11)$$

　　式中，K 对于确定的玻璃电极来说是个常数，因此在一定温度下，玻璃电极的膜电位与被测溶液的 pH 成线性关系。

　　③ 玻璃电极的不对称电位及钠差　当玻璃膜两侧溶液中的 H^+ 活度完全相同时，按理说应该 $E_{膜} = 0$，但实际上不等于零，还有一定的电位存在，这个电位称为玻璃电极的不对称电位。不对称电位是由于玻璃膜内外表面结构和性质的微小差异造成的，其大小从几个毫伏到几十毫伏不等。电极经过较长时间浸泡后，可使不对称电位达到一个稳定值。

　　用钠玻璃制成的玻璃电极，在 pH=1~9 的溶液中，电极响应正常。在 pH≤1 的溶液中，测得结果会偏高 0.1pH 单位，这种误差称为酸差。在 pH≥10 或 Na^+ 浓度较高的溶液中，测得结果会偏低，这种误差称为钠差或碱差。造成钠差的原因，是由于水中 H^+ 浓度较小，Na^+ 浓度较大，Na^+ 也参加离子交换，交换产生的电位差全部反映在电极电位上。从电极电位上反映出来的 H^+ 活度增加，所以 pH 值就比真实值降低了。这是普通玻璃电极的局限性，用锂玻璃电极可使钠差大大降低，测定范围可达 pH=1~14。

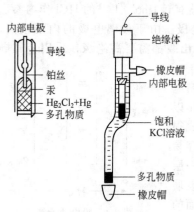

图 8-5　甘汞电极示意

（2）参比电极　对参比电极的要求是结构简单、电位稳定、在测量过程中电位保持恒定。常用的参比电极是甘汞电极和银-氯化银电极。

① 甘汞电极　甘汞电极是由铂丝、金属汞、氯化亚汞（甘汞）和氯化钾溶液组成的，如图 8-5 所示。其电极反应为：

$$Hg_2Cl_2 + 2e^- \rightleftharpoons 2Hg + 2Cl^-$$

从反应式中可以看出，其电极电位与 Cl^- 浓度有关，与溶液的 pH 值无关。实验室中多用饱和甘汞电极，25℃时其电位为 +0.2415V。

② 银-氯化银电极　银-氯化银电极是由镀上一层 AgCl 的银丝浸在 KCl 溶液中组成的，电极反应为：

$$AgCl(s) + e^- \rightleftharpoons Ag + Cl^-$$

其电极电位也与溶液中 Cl^- 浓度有关，在饱和 KCl 溶液中，25℃时其电位为 0.2000V。

（3）复合电极　目前很多 pH 计将指示电极和参比电极组合在一起成为复合电极，其指示电极为 pH 玻璃电极，内、外参比电极都是 Ag-AgCl 电极，如图 8-6 所示。

（4）酸度计的结构与种类　与其他分析仪器相比，酸度计的结构比较简单、小巧。指示电极都用玻璃电极，参比电极都用甘汞电极，便携式酸度计常用复合电极，即两种电极组合在一起，便于携带。酸度计的面板上装有调零、定位、温度补偿等旋钮，有的型号还配有打印机和 R232 等标准接口。

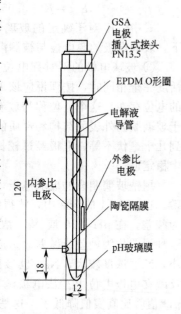

图 8-6　一种复合电极

酸度计的种类，按测量结果显示方式可分为指针式和数字式，按使用方式可分为台式和便携式，此外还有工业酸度计等。

（5）常规酸度计的操作与注意事项

以 PHS-3C 型酸度计为例，说明酸度计的基本操作及注意事项。

① 准备工作 玻璃电极应在蒸馏水中浸泡至少 24h；拔去甘汞电极的橡皮帽和橡皮塞，检查甘汞电极的液面，必要时应补加饱和 KCl 溶液。

② 正确连接电源，送电预热 30min。

③ 拔出玻璃电极插头，按下 mV 按键，调节零点电位器使仪器读数为 0。再插上玻璃电极插头，按下 pH 键，准备进行定位校正。

④ 定位 将玻璃电极插入已知 pH 值的标准缓冲溶液中，温度调节旋钮调至缓冲溶液的温度，用定位旋钮调整仪器读数至标准缓冲溶液的 pH 值。定位以后，定位旋钮就不能再动了。

⑤ 测定 清洗玻璃电极，用滤纸小心吸干，插入被测溶液中。测量被测溶液温度，将温度调节旋钮调至该温度。摇动烧杯，待仪器稳定后即可读数。

⑥ 测定结束后，拔下电源，将电极清洗干净，浸泡在蒸馏水中。

用玻璃电极测量溶液的 pH 值，虽然操作比较简单，但要得到准确无误的结果，还要注意以下几个方面。

① 由于玻璃电极的阻抗非常高，电流非常小，要求仪器有良好的接地和屏蔽。玻璃电极插口必须保持清洁，如有灰尘等杂质可能引起接触不良、读数不稳。

② 玻璃电极易破损，操作中必须小心。放置两年以上的电极有可能玻璃膜老化，出现裂纹，使测定结果不准。

③ 玻璃电极不要接触能腐蚀玻璃的物质如 HF，也不要长时间浸泡在碱性溶液中。

④ 定位调节旋钮是补偿玻璃电极的不对称电位，调整好以后不能再动。定位旋钮不能调节到标准缓冲溶液的 pH 值，可能是玻璃电极的不对称电位太大或标准缓冲溶液的 pH 值不对。

⑤ 定位时用的标准缓冲溶液，其 pH 值应与被测溶液的 pH 值接近，这样可以减少测量误差。为使测量更加可靠，可用两点定位。国家标准局颁发了 6 种 pH 标准缓冲溶液及其在 0～60℃ 的 pH 值，列于表 8-2。

表 8-2　6 种 pH 标准缓冲溶液的 pH 值

温度/℃	0.05mol·L⁻¹ 四草酸氢钾	25℃ 饱和酒石酸氢钾	0.05mol·L⁻¹ 邻苯二甲酸氢钾	0.025mol·L⁻¹ KH₂PO₄ 和 0.025mol·L⁻¹ Na₂HPO₄	0.01mol·L⁻¹ 硼砂	25℃ 饱和 Ca(OH)₂
0	1.668		4.006	6.981	9.458	13.416
5	1.669		3.999	6.949	9.391	13.210
10	1.671		3.996	6.921	9.330	13.011
15	1.673		3.996	6.898	9.276	12.820
20	1.676		3.998	6.879	9.226	12.637
25	1.680	3.559	4.003	6.864	9.182	12.460
30	1.684	3.551	4.010	6.852	9.142	12.292
35	1.688	3.547	4.019	6.844	9.105	12.130
40	1.694	3.547	4.029	6.838	9.072	11.975
50	1.706	3.555	4.055	6.833	9.015	11.697
60	1.721	3.573	4.087	6.837	8.968	11.426

（6）故障检修　当对得到的读数产生怀疑，且排除了参比电极的原因时，应检查电极膜表面是否有裂纹和划痕，若有，电极应报废。用两种 pH 标准缓冲溶液互相校准和测试，如果在 30s 内测试值与标准 pH 值相差 ±0.05 pH 以上，电极应该再生。

再生的方法如下：

a. 将膜浸入 $0.1mol·L^{-1}$ HCl 溶液中 15s，用蒸馏水清洗，然后再浸入 $0.1mol·L^{-1}$ KOH 溶液中 15s，再用蒸馏水清洗，将膜交替浸入两种溶液中数次。

b. 将膜在质量分数为 20% 氟化氢溶液中浸泡整 3min，用蒸馏水彻底清洗电极后浸入浓盐酸中，再用蒸馏水清洗，将电极浸泡在 pH 4 的缓冲溶液中 24h，如果此时响应仍不正常，则此电极应报废。

（7）工业酸度计简介　工业酸度计就是在线 pH 计。工业酸度计由传感器和转换器两部分构成，传感器通常是图 8-6 所示的复合电极，转换器由电子部件组成，其作用是将传感器检测到的信号放大，转换为标准信号输出。

选用工业酸度计时应考虑被测溶液的组成、压力、温度，必要时配备一个样品处理系统消除电极污染或结垢，根据情况在样品处理系统中考虑减压措施、升温或降温措施。

用于不同测量范围的酸度计，不仅液接部件材质不同，电极玻璃成分也不同，低 pH 值的玻璃电极在高 pH 值介质中会产生较大的碱误差，应根据需要，选择 pH 范围在 2～10、2～12、0～14、7～10 和 7～14 中的合适酸度计。

常用的工业酸度计不适合于纯水或超纯水中 pH 值的测定，因为这类水电导率低，缓冲能力差，溶液温度系数大。在线测量 pH 值时，会受到样品流速、空气中 CO_2 气体、液接电位、温度变化等因素的影响，造成测量结果不准。常用的工业酸度计要求被测溶液的电导率应大于 $50\mu S \cdot cm^{-1}$。

(8) 非水溶液中 pH 值的测定　当用水溶液 pH 值标准缓冲溶液对电极进行定位测定非水溶液中的 pH 值时，可能会存在差异，因为试样溶剂的关系，电极液接电位可能很大却无法消除。非水溶液中 pH 值的测定可以采用水溶液的测定方式，但和水溶液测定值没有严格的关系，它通常称为"表观 pH"。

传统 pH 玻璃电极在测量有机相的 pH 值时，经常出现不稳定、漂移、反应慢等现象，可采用有机相 pH 电极测定。有机相 pH 电极采用耐有机溶剂腐蚀的玻璃球泡配方、环形多孔砂芯以及特殊参比体系，但应注意的是必须使用可以电离氢离子的有机溶剂或有一定水溶性或混合的有机相溶液，如醇类、二甲基甲酰胺／二甲基亚砜、丙酮、生物碱类、醇胺类等。

8.2.2　电位滴定

(1) 电位滴定的适用范围　电位滴定法是根据滴定过程中电池电动势的变化来确定滴定终点的，是电容量分析法的一种，电位滴定的基本装置如图 8-7 所示。进行电位滴定时，在被测溶液中插入指示电极和参比电极组成工作电池。随着滴定反应的进行，被测离子浓度不断变化，指示电极电位也相应地变化。在化学计量点时指示电极电位发生突变，因此测量电池电动势的变化就能确定滴定终点。

电位滴定法的适用范围很广，选择适当的指示电极，可应用于各种滴定分析。酸碱滴定用玻璃电极作指示电极，甘汞电极为参比，有些不能在水溶液中滴定的酸或碱，可在非水溶液中进行电位滴定。氧化还原滴定用铂电极作指示电极，甘汞电极为参比。配位滴定用离子选择电极或铂电极，沉淀滴定用银电极等。电位滴定法比普通滴定分析法优越的是不用指示剂确定终点，因此它还适用于有色溶液、浑浊溶液及其他没有适当指示剂的滴定。

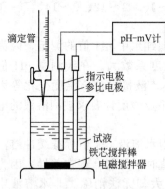

图 8-7 电位滴定基本仪器装置

电位滴定还可以进行连续滴定,如 Cl^-、Br^-、I^- 等离子共存时,用 $AgNO_3$ 电位滴定可连续得到 3 个结果,用指示剂则无法完成。

电位滴定法的准确度、精度都比直接电位法高。如果用手工滴定,比较费时,速度慢。如果用自动电位滴定仪,就非常方便,还可以由微机控制,实现分析自动化。

(2) 电位滴定终点的判断方法
电位滴定判断终点的方法有 3 种,即 E-V 曲线法、一级微商法和二级微商法。此外还有一种“死停”终点法。下面以 $0.1mol \cdot L^{-1}$ $AgNO_3$ 标准溶液滴定 NaCl 溶液为例,说明前 3 种方法的应用。滴定时得到的数据列于表 8-3。

表 8-3 $0.1mol \cdot L^{-1}$ $AgNO_3$ 标准溶液滴定 NaCl 溶液的数据

加入 $AgNO_3$ 溶液体积 V/mL	测得电位 E/V	一次微商 $\dfrac{\Delta E}{\Delta V}$/(V/mL)	二次微商 $\dfrac{\Delta^2 E}{\Delta V^2}$/(V/mL²)
5.00	0.062		
15.00	0.085	0.002	
20.00	0.107	0.004	
22.00	0.123	0.008	
23.00	0.138	0.015	
23.50	0.146	0.016	
23.80	0.161	0.050	
24.00	0.174	0.065	
24.10	0.183	0.09	
24.20	0.194	0.11	2.8
24.30	0.233	0.39	4.4
24.40	0.316	0.83	−5.9
24.50	0.340	0.24	−1.3
24.60	0.351	0.11	−0.4
24.70	0.358	0.07	
25.00	0.373	0.05	
25.50	0.385	0.024	
26.00	0.396	0.022	
28.00	0.426	0.015	

① E-V 曲线法 以测得电位 E 为纵坐标,滴定剂体积 V 为横坐

标，绘制 E-V 曲线（即滴定曲线）
如图 8-8 所示。曲线上拐点对应的
体积即是滴定终点。对于滴定突跃
较小的反应，用此法确定终点比较
困难。

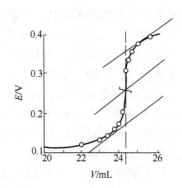

图 8-8 E-V 曲线

② 一级微商法 一级微商即
电位随滴定体积的变化率（dE/dV）。由于滴定体积不是连续变化
的，因此用差商 $\Delta E/\Delta V$ 来估计
dE/dV 值，分别计算滴定过程中
每两组数据之间的变化率。以滴定
体积 V 为横坐标，以变化率为纵
坐标，绘制一级微商曲线如图 8-9
所示。曲线两侧外延的交点处一级
微商量大，此点所对应的体积即是
滴定终点。

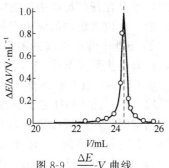

图 8-9 $\dfrac{\Delta E}{\Delta V}$-$V$ 曲线

③ 二级微商法 一级微商曲
线的最高点，它的二级微商等于
零，因此绘制二级微商曲线，找出
二级微商等于零时的体积即是滴定
终点，如图 8-10 所示。二级微商
法也可以不绘图，只需要终点前
后两个二级微商，用内插法求出
二级微商等于零时的体积。从表
8-3 查出，对应于 24.30mL 时，
二级微商等于 + 4.4，对应于
24.40mL 时，二级微商等于 −
5.9，滴定终点体积为：

$$V = \left(24.30 + 0.10 \times \frac{4.4}{4.4 + 5.9}\right)$$
$$= 24.34 \text{mL}$$

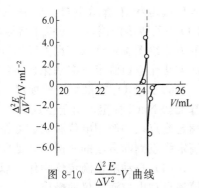

图 8-10 $\dfrac{\Delta^2 E}{\Delta V^2}$-$V$ 曲线

④ 死停终点法 这是电位滴定法的一种特例，现以 $Na_2S_2O_3$ 滴
定 I_2 的反应为例说明。在 I_2 的溶液中插入两支相同的铂电极，两电

极间加上一个微小的电压，就能引起电解反应，接正端的电极上发生 I^- 氧化反应，接负端的电极上发生 I_2 的还原反应，此时溶液中有电流通过，电流表的指针有指示。等量点时，I_2 已反应完，不能再进行电解反应；稍微过量的 $S_2O_3^{2-}$ 与反应生成的 $S_4O_6^{2-}$ 在此微小的电压下不能进行电解反应，因此电流表的指针永远地停在零点。若用 I_2 标准溶液滴定 $Na_2S_2O_3$ 溶液，则等量点前没有电流通过，等量点后溶液中出现了过量的 I_2，可以进行电解反应，溶液中有电流通过，电流表的指针立即发生偏转。

在上例中，I_2/I^- 这种能在微小电压下发生电解反应的电对称为可逆电对，$S_4O_6^{2-}/S_2O_3^{2-}$ 这种不能在微小电压下发生电解反应的电对称为不可逆电对，因此死停终点法必须在有可逆电对参加反应时才能用，不是在任何反应中都能应用的。

(3) 电位滴定法的应用实例

① 工业辛醇中羰基的测定　工业辛醇（2-乙基己醇）中所含的羰基化合物主要是异辛醛（2-乙基己醛）、辛烯醛（2-乙基己烯醛）、2-乙基丁醛等，在加热回流条件下与盐酸羟胺反应，生成醛肟和等物质量的盐酸，用 KOH-乙醇标准溶液进行电位滴定。

测定时先在回流冷凝器的锥形瓶中加入 10.00mL 盐酸羟胺溶液（10g·L^{-1} 乙醇溶液），再加入 30mL 辛醇样品和 10mL 无水乙醇，置于沸水浴上回流 30min。冷却后将样品转移至烧杯中，并用 125mL 无水乙醇分数次洗涤冷凝器和锥形瓶，一起并入烧杯中。插入玻璃电极作指示电极，甘汞电极为参比电极，在磁力搅拌下用 KOH-乙醇溶液滴定。可以用普通酸度计进行手动滴定，按前面介绍的方法绘图确定终点；也可以用自动电位滴定仪进行自动滴定。按同样方法作空白滴定，羰基化合物含量以 2-乙基己醛计。

② $AgNO_3$ 标准溶液的标定　沉淀滴定法的 $AgNO_3$ 标准溶液用基准物 NaCl 标定，由于生成大量的 AgCl 沉淀，影响用指示剂判断滴定终点，如改用电位滴定，可保证标定的准确度。前一节介绍电位滴定终点判断方法的实例，就是标定 $AgNO_3$ 标准溶液的数据。

(4) 自动电位滴定仪操作　以瑞士万通 794 型电位滴定仪为例，简述自动电位滴定仪的操作。

根据预测试内容，通过键盘输入必要的信息，从而实现操作和计算自动化。

① 装吸液管　贮液瓶中装好标准滴定溶液，通过 DOS 操作吸液洗管。

② 选择滴定方式　如通过〈mode〉选择 DET，然后再用〈select〉选择被测量，如 pH。

③ 通过〈user meth〉下拉菜单选择已储存的方法。

④ 输入计算公式，对公式中字母赋值。

⑤ 将盛有一定量样品的烧杯放在搅拌器上，烧杯内放入滴定管和复合玻璃电极。开启搅拌器，并调整好搅拌速度，按〈start〉开始滴定。达到等当点时，反应自动停止，屏幕显示计算结果。

8.2.3　离子选择电极

离子选择电极是电化学敏感体，它的电位与溶液中给定离子活度的对数成线性关系。它不同于原电池和电解池的电极，这里不包含氧化还原体系。也就是说，离子选择电极的电位不是由氧化或还原反应产生的，而是由一个敏感膜产生的，因此离子选择电极又称为"膜电极"。

（1）离子选择电极的种类　离子选择电极的种类繁多，根据膜的特性可分为以下几类。

$$
离子选择电极
\begin{cases}
原电极
\begin{cases}
晶体膜电极
\begin{cases}
均相膜电极 \\
非均相膜电极
\end{cases} \\
非晶体膜电极
\begin{cases}
刚性基质电极 \\
流动载体电极
\end{cases}
\end{cases} \\
敏化电极
\begin{cases}
气敏电极 \\
酶电极
\end{cases}
\end{cases}
$$

① 原电极　活性膜直接与被测溶液接触的离子选择电极。其中晶体膜电极的活性膜是由难溶盐的单晶、多晶或混晶制成的，如氟离子选择电极是由氟化镧单晶制成的，氯离子选择电极是由 AgCl 和 Ag_2S 混合压制而成的。非晶体膜电极中刚性基质电极的代表是玻璃电极，钙离子选择电极则是流动载体电极的代表。

② 敏化电极　也是由原电极装配而成的，通过某种界面的敏化反应，将被测物质转化为原电极能响应的离子。氨电极是气敏电极的代表，尿素电极是酶电极的代表。

（2）离子选择电极的特点

① 响应特性　离子选择电极的电位符合能斯特方程，即电极电

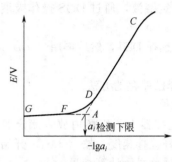

图 8-11　电极校准曲线

位与溶液中被测离子活度的对数成线性关系，如图 8-11 所示。直线下端所对应的活度，即是离子选择电极的检测下限，也就是它的灵敏度。影响离子选择电极灵敏度的因素很多，最主要的是电活性物质在溶液中的溶解度，沉淀型膜电极的灵敏度取决于成膜沉淀的溶度积。例如由 AgCl 压制成的 Cl^- 选择电极，其 $K_{sp}=1\times10^{-10}$，该电极对 Cl^- 的检测下限是 $1\times10^{-5}\,mol\cdot L^{-1}$。想办法降低沉淀的溶解度，能降低检测下限。

② 选择系数与选择比　一种离子选择电极的敏感膜，对溶液中的多种离子同时产生不同程度的响应，即对各种离子有不同的选择性。离子选择电极的选择性用选择系数或选择比表示。选择系数 K_{ij} 是在其他条件相同时，产生相同电位的被测离子活度 a_i 与干扰离子活度 a_j 之比，显然选择系数 K_{ij} 越小，电极的选择性越好。选择比是选择系数的倒数，可以理解为同样活度的被测离子和干扰离子所产生的电位之比，选择比越大，电极的选择性越好。但选择系数和选择比不是固定不变的常数，由具体条件来确定。

③ 温度的影响　温度影响能斯特方程的斜率，同时温度也影响离子的活度，因此温度对离子选择电极的影响不能忽视，测定过程中要保持温度恒定。

（3）离子选择电极的应用　氟离子选择电极的氟化镧（LaF_3）单晶膜对氟离子产生选择性的对数响应，氟电极和饱和甘汞电极在被测试液中，电位差可随溶液中氟离子活度的变化而改变，电位变化规律符合能斯特方程式 $E=E^0-\dfrac{2.303RT}{F}\lg c_F$。

E 与 $\lg c_F$ 呈线性关系，$2.303RT/F$ 为该直线的斜率（25℃时为 59.16）。

在水溶液中，易与氟离子形成配位化合物的三价铁（Fe^{3+}）、三价铝（Al^{3+}）及硅酸根（SiO_3^{2-}）等离子干扰氟离子测定，其他常见离子对氟离子测定无影响。测量溶液的酸度为 pH 5～6 时，用总离子强度缓冲液消除干扰离子及酸度的影响。

离子选择电极法直接测量饮用水中的氟离子，测定下限为 $2\mu g$；测定饲料中氟离子，测定下限为 $0.80\mu g$。

测量离子选择电极的电位时，可用离子活度计或精密酸度计。

8.3 电导分析

电导分析法是通过测量溶液电导值来测定被测物质含量的方法。电导分析法可分为两类：直接电导法和电导滴定法。直接根据溶液电导的大小测定被测物质含量称为直接电导法；根据滴定过程中溶液电导的变化确定滴定终点，然后根据消耗标准溶液的体积和浓度计算被测物质含量，称为电导滴定法。前者简便快速，但由于共存离子的影响，所以准确度不高；后者的准确度较高。

8.3.1　电导仪

电导是电阻的倒数，测量溶液的电导实际就是测量溶液的电阻。但测量溶液的电阻不能像测量金属导体电阻那样用万用表测量，因为万用表用的是直流电源，直流电源通过溶液时，会在电极表面产生电极反应或浓差极化，给电阻测量带来很大误差，因此必须用专门设计的电导仪测量。

（1）电导池与电导电极　用来测量溶液电导的电极称为电导电极，把两个电极固定起来就构成电导池。电导电极与电导池是电导仪的心脏部分，必须满足下列条件。

① 两个电极要平行。

② 两个电极的面积要相等。

③ 两个电极要牢固地固定，即电极间的距离要固定。

电导电极一般用铂制成，电极表面通常镀上一层颗粒极细的铂黑，目的是增大电极与溶液的接触面积，降低电流密度，减少极化现象，提高测量的准确度和精密度。如果使用过程中发现铂黑脱落，要重新电镀。铂黑对溶液中的离子有吸附作用，因此测量电导率小的稀溶液时，要用不镀铂黑的光亮铂电极。

前面讲过，电极的距离与面积之比称为电导池常数。通常一台电导仪都配有池常数分别为 0.1、1.0 和 10 的三种电导池，以适应不同电导率的测量。

(2) 电导仪的结构与种类 电导仪由测量电源、电导池、放大器和显示器组成。

电导仪的型号很多，梅特勒电导仪 SevenEasy 的技术参数列于表 8-4。此台仪器的特点是既可以测定电导率，也可以测定总盐含量。

表 8-4 梅特勒电导仪 SevenEasy 的技术参数

参　数	性　能
电导率测量范围	$0.01\mu S \cdot cm^{-1} \sim 500mS \cdot cm^{-1}$
电导率分辨率	$0.01\mu S \cdot cm^{-1} \sim 500mS \cdot cm^{-1}$ 自动可变
电导率精度	$< 0.5\%$
(非)线性温度校正	有
标准溶液	1 点($84\mu S \cdot cm^{-1}$,$1413\mu S \cdot cm^{-1}$,$12.88mS \cdot cm^{-1}$)
TDS(总盐含量)测量范围	$0.0mg \cdot L^{-1} \sim 500g \cdot L^{-1}$
TDS 分辨率	自动可变
TDS 精度	$<0.5\%$ 量程
电阻测量范围	$0.00\Omega \cdot cm \sim 20M\Omega \cdot cm$
温度测量范围温度补偿	$-5.0 \sim 105℃$ 自动/手动
分辨率	$0.1℃$
相对精度	$<0.5℃$

8.3.2 直接电导分析法

(1) 水质纯度测定 水的电导率与水中溶解的各种电解质总量有关，因此测定水的电导率能反映水的纯度。用蒸馏法或离子交换法制得的纯水，所含的导电性杂质很少，电导率很低，所以 GB/T 6682—2008 中规定了一、二、三级实验室用水的电导率分别不得大于 $0.01mS \cdot m^{-1}$，$0.10mS \cdot m^{-1}$ 和 $0.50mS \cdot m^{-1}$。一级水和二级水的电导率必须在制备装置的出口"在线"测定，否则水一经贮存，由于容器中可溶成分的溶解，或吸收空气中 CO_2 等杂质，就会引起电导率改变。用蒸馏法制备的水，由于水与空气直接接触，电导率也会增加。

(2) 水的电导率与含盐量之间的关系 水的纯度是指高纯水中溶解离子的含量，即其含盐量，高纯水中的含盐量一般是通过测定电导率来间接地表示。对于同一种水，在 25℃ 时，其电导率与含盐量大致成正比关系，比例关系为：

$$1\mu S \cdot cm^{-1}(电导率) = (0.55 \sim 0.90)mg \cdot L^{-1}(含盐量)$$

通常在 pH 值 5～9 范围内，天然水的电导率与水溶液中的含盐量之比大约为 1∶(0.6～0.8)。一般锅炉水，如将电导率最大的 OH^- 中和成中性盐，则锅炉水的电导率与含盐量之比为 1∶(0.5～0.6)。

8.3.3 电导滴定法

在容量滴定过程中，化学反应常引起溶液电导率的变化，利用滴定溶液电导率的变化来确定滴定终点的方法称为电导滴定法。电导滴定法主要用于酸碱滴定测量中。酸碱滴定中滴定剂的浓度可低至 $0.0001mol \cdot L^{-1}$，在最佳条件下终点的相对误差约为 0.5%，与经典的滴定方法相比，它不用指示剂，因此可用于很稀的溶液、带色的溶液、浑浊的溶液以及其他没有恰当指示剂的场合。

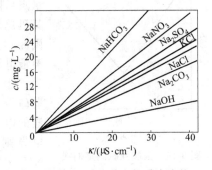

图 8-12 20℃时几种电解质溶液的电导率与浓度的关系曲线（在低浓度范围内）

在应用电导滴定法时，要注意三点：一是滴定剂的浓度不要太小，避免滴定后体积增大引起误差；其次注意滴定过程中的温度变化，最好不要超过 1℃；第三要注意测量溶液浓度范围。

(1) 溶液浓度变化对电导测量的影响

图 8-12 和图 8-13 表明，在低浓度时，电导率和浓度之间成正比关系，这是因为溶液浓度低时，溶液中的离子少，溶质的电离度随浓度的增加而增大，因而导电能力将成比例增大。高浓度溶液中存在的大量离子，将抑制溶质的离解，同时同性离

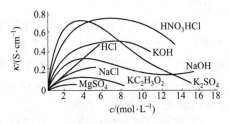

图 8-13 20℃时几种电解质溶液的电导率与浓度的关系曲线（浓度变化范围大）

子相斥、异性离子相吸的作用随浓度的增加而增大，使得溶液的导电性能变差，电导率随之下降。

中间浓度范围不成线性关系，只能测量低浓度和高浓度的电解质溶液。

(2) 电导滴定的几种类型

① 强酸强碱的滴定　不论是强酸滴定强碱，还是强碱滴定强酸，都是 H^+ 和 OH^- 反应生成水。从表 8-3 可以看出，这是两种导电能力最强的离子，等量点前由于 H^+ 或 OH^- 不断减少，电导也不断减少；等量点后随着 OH^- 或 H^+ 的过量，电导又迅速增加，滴定曲线呈 V 字形，如图 8-14 所示。两条直线相交的点，即溶液电导最低的点就是滴定终点。

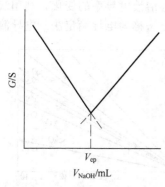

图 8-14　强酸强碱滴定曲线

② 弱酸、弱碱的滴定　用弱酸、弱碱滴定强碱、强酸时，等量点前溶液的电导迅速减少，等量点后溶液的电导则变化不大，图 8-15 中（a）为 $NH_3 \cdot H_2O$ 滴定 HCl 的滴定曲线。反过来，如果用强碱、强酸滴定弱酸、弱碱，等量点前溶液的电导变化不大，等量点后由于强电解质的过量，溶液的电导迅速增加，滴定曲线的形状相反，图 8-15 中（b）为 NaOH 滴定 CH_3COOH 的滴定曲线。

③ 多元酸或混合酸的滴定　两种酸只要它们的电离常数相差 10 倍以上，就能用电导滴定法分别测定。如 HCl 与 HAc 混合样品，用 NaOH 滴定，滴定曲线有两个交点，第一个是 HCl 的滴定终点，第二个是 HAc 的滴定终点，见图 8-15 中的（c）。多元酸或混合碱、多元碱的滴定，道理是一样的。

④ 沉淀滴定与配位滴定　沉淀滴定与配位滴定都可以用电导滴定法确定滴定终点。配位滴定时不要加缓冲溶液，因为缓冲溶液浓度大，使溶液的电导变化不明显。

(3) 电导滴定法测定溶液中硫酸盐含量

① 测定原理　称取适量的含有硫酸盐的样品溶液，用过量的钡离子沉淀其中的硫酸根离子，而过量的钡离子用硫酸锂标准滴定溶液

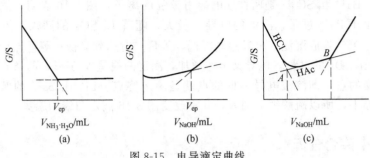

图 8-15　电导滴定曲线

按电导滴定法来测定。

② 测定步骤　称取适量的含有硫酸盐的样品溶液（约 50mL，或补加水约至 50mL），放入一个 250mL 的烧杯中，加入 100mL 体积分数 95% 的乙醇和 10mL [$c(\mathrm{HCl})=1\mathrm{mmol \cdot L^{-1}}$] 的盐酸，并准确加入 [$c(\mathrm{BaCl_2 \cdot 2H_2O})=5\mathrm{mmol \cdot L^{-1}}$] 氯化钡溶液 2.0mL。

将烧杯放入恒温水浴中，水浴温度为 25℃±0.5℃ 或在比较稳定的室温下，将电导仪的电极插入试液中，用一支玻璃棒或搅拌装置以均匀速度搅拌试液，待温度稳定后，利用微量滴定管每次加入 0.2mL [$c(\mathrm{Li_2SO_4 \cdot H_2O})=5\mathrm{mmol \cdot L^{-1}}$] 硫酸锂标准滴定溶液。在每次加入硫酸锂后，待电导两次指示数达到恒定值时进行记录，重复地加入标准液并读取相应的电导率数值，直至加入硫酸锂的总体积达到 3.5～4.0mL 为止。如果使用自动电导滴定仪，硫酸锂标准滴定溶液的滴加速率应控制在 0.2mL·min⁻¹。为了保证硫酸根沉淀完全，在滴定开始要有足够过量的钡离子。

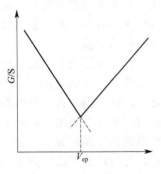

硫酸锂标准滴定溶液消耗的体积

图 8-16　硫酸盐电导滴定曲线

以加入硫酸锂标准滴定溶液的毫升数为横坐标，溶液的电导率为纵坐标，对测试结果进行作图。通过各点画直线，并形成一个 V 形，在两条直线的交叉点读出等当点消耗硫酸锂标准滴定溶液的体积，如图 8-16 所示，从而计算出硫酸盐的含量。

Ba^{2+} 和 SO_4^{2-} 是两种导电能力较强的离子，图 8-16 表明，滴定前由于 Ba^{2+} 过量，溶液的电导比较大，随着 Li_2SO_4 的滴入，Ba^{2+} 与 SO_4^{2-} 生成沉淀，电导逐渐降低，等量点时达到最低；等量点后随着 Li_2SO_4 的过量，电导又迅速增加，滴定曲线呈 V 字形，两条直线相交的点，即溶液电导最低的点就是滴定终点。Li^+ 比 Ba^{2+} 的摩尔电导小，所以硫酸锂的加入，并不改变图 8-16 滴定曲线的趋势。

8.4 库仑分析

8.4.1 库仑分析法的分类及特点

库仑分析法的实质是电极上的电解反应，其理论基础是法拉第定律。库仑分析法可分为三类。

(1) 恒电位库仑分析　也叫控制电位库仑分析法，是在控制电位电解方法基础上发展起来的。由于各种离子的分解电位不同，可以控制适当的电位，让某种离子在电极上析出。直接称量铂阴极上析出金属的方法是电重量分析，通过测量流过电解池电量来求得被测金属量的方法是库仑分析法。此方法多用于金属分析。

(2) 恒电流库仑分析法　也叫控制电流库仑分析法或库仑滴定法。它不是让被测物质直接在电极上起反应，而是通过恒定的电流电解产生一种滴定剂与被测物质定量反应，通过测量消耗的电量来求得被测物质含量。

(3) 微库仑分析法　这是一种以先进的电子技术为前提的新的库仑分析法。在滴定池中，用一对指示电极测量滴定剂离子浓度的变化，用这个信号去控制电解池的工作电压和电流，这样就可根据被测物质的量来调节电解池的工作电压和电流。在分析过程中，工作电位和电流都不是恒定的，因此也称为动态库仑法。此法多用于微量分析，是应用最广泛的库仑分析法，本节所介绍的内容都是微库仑分析法。

库仑分析法的最大特点是准确度高，这是由两个因素决定的：第一，库仑分析法是通过测量流过电解池的电量来计算被测物质含量，用电子仪器测量电量能达到很高的准确度，比用眼睛测量标准溶液体积要准确得多；第二，库仑分析法不用标准溶液，可根据法拉第定律计算被测物质含量，因此准确度高。此外，库仑分析法还具有灵敏度高、分析速度快、应用范围广等优点。

8.4.2 微库仑分析仪

（1）微库仑分析仪的工作原理 微库仑分析仪的核心部分是滴定池（电解池）和库仑放大器，其工作原理如图 8-17 所示。滴定池中有两对电极：一对指示电极，

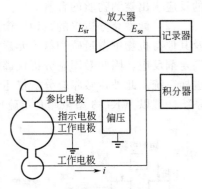

图 8-17 微库仑分析仪工作原理

一对电解电极。指示电极的电位由电解液中滴定剂离子的浓度决定，指示电极与参比电极间有盐桥隔开。当电解池中没有被测物质时，电解液中滴定剂离子浓度一定，指示电极与参比电极间有一个稳定的信号电压，这时外加一个数值相等、方向相反的偏压与它抵消。这样库仑放大器的输入信号为零，输出也是零，电解电极间没有电流通过，微库仑分析仪处于平衡状态。

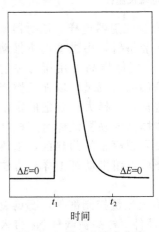

图 8-18 微库仑滴定曲线

当被测物质进入滴定池并与滴定剂反应后，滴定剂离子浓度发生变化，指示电极电位也发生变化，于是库仑放大器有了输入信号。此信号经放大后控制电解电极，电解池中有电流通过，在电解电极上产生滴定剂离子。指示电极与库仑放大器组成闭环控制系统。被测物质浓度越高，滴定剂离子浓度降低越多，库仑放大器的输入信号就越大，因此输出信号也大，电解电流也大，产生滴定剂离子的速度也就越快。这样的过程一直持续到被测物质反应终了，滴定剂离子浓度恢复到原有水平，电解过程自动停止。在整个分析过程中，电解电流是随时间而变化的，如图 8-18 所示，用电子仪器在 t_1 与 t_2 间把电流对时间积分，就得到通过电解池的电量，也就是电生滴定剂消耗的电量。再根据被测物质与滴定剂

的反应求出被测物质的含量。

(2) 微库仑分析仪的结构 微库仑分析仪主要用于测定石油制品及其他有机物中微量硫和氯等元素分析，这些被测元素都不能直接与滴定剂反应，因此微库仑分析仪都配备了样品转化装置和与其配套的进样系统。此外，微库仑分析仪还包括滴定池、控制系统和记录显示系统。现以 WKL-3 型微库仑定硫仪为例（图 8-19）加以说明。

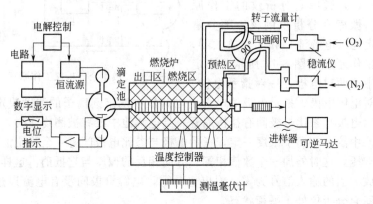

图 8-19 WKL-3 型微库仑定硫仪流程

① 进样系统 对于液体样品，多用微量注射器进样。注射器放在固定的支架上，针头穿过硅橡胶垫进入裂解管，由微型电机推动匀速进样，进样速度为每秒 $0.1\sim1.0\mu L$。气体样品可用压力注射器进样，但速度不宜太快，同时保持较高的氧气流量，以保证燃烧完全。气体样品也可以用专门的六通阀进样，选择大小合适的定量管，样品可由载气直接带入裂解管。固体样品或黏稠液体可用样品舟进样。称量好的样品置于样品舟中，放入裂解管的预热区，预热后用特制的推动杆推至高温燃烧区，燃烧后再用推动杆把样品舟拉回来。

② 样品转化系统 这里包括气体管路及流量控制部件，石英裂解管，给裂解管加热的管式炉及温度控制部件。样品被载气 N_2 带入裂解管，在裂解管中转化的方式有两种。

a. 氧化法 样品与 O_2 混合并燃烧，碳和氢转化成 CO_2 和 H_2O，硫转化成 SO_2 和 SO_3，氮转化成 NO 和 NO_2，氯转化成 HCl，磷转化成 P_2O_5。

b. 还原法 样品与 H_2 一起通过裂解管中镍或铂催化剂被还原，碳、氢和氧转化成 CH_4 和 H_2O，硫转化成 H_2S，卤素转化成 HX，氮转化成 NH_3 和 HCN，磷转化成 PH_3。此法生成的 H_2S、HX、NH_3 等在滴定时互相干扰，必须想办法消除，因此还原法的应用受到限制。

裂解管由管式炉分三段加热。预热区的温度较低，样品在这里气化并与载气充分混合；燃烧区温度最高，保证样品完全燃烧；出口区温度降低，降温后进入滴定池。

③ 滴定池 滴定池通常由玻璃制成，为了提高灵敏度和响应速度，池体积都做得很小。滴定池底部有引入裂解气体的喷嘴，喷嘴的构造能使裂解气体变成小气泡，再加上磁力搅拌器的作用，裂解气体能快速充分地被电解液吸收，并与滴定剂反应。滴定池顶部装有四支电极，还有注入样品和更换电解液的孔。通常把参比电极和电解电极对中的辅助电极放在滴定池的侧臂，通过多孔陶瓷或毛细管与池体相连，这样既可以减小池体积，又能避免电极间的干扰。

④ 控制系统 控制系统主要是指微库仑放大器，它的工作原理前面已介绍过。微库仑放大器是一个电压放大器，放大倍数在几十至几千倍之间，可调。指示电极对的信号与外加反向偏压串联后加到放大器的输入端，放大器的输出信号加到电解电极上，控制电解电流。同时放大器的输出信号也输出到记录显示系统。

⑤ 记录显示系统 放大器的输出信号可以由记录仪绘成电流-时间曲线，也可以由积分仪进行面积积分，积分结果以数字显示出来。显示的数字可以是电量，也可以直接显示被测组分的质量。

8.4.3 库仑分析法的应用

（1）氧化微库仑法测定有机物中微量硫

① 测定原理 样品注入裂解管中，与氧气混合并燃烧，有机硫转化成 SO_2 被载气带入滴定池，与滴定剂 I_3^- 反应：

$$SO_2 + I_3^- + H_2O \longrightarrow SO_3 + 3I^- + 2H^+$$

消耗的滴定剂由电解电极的阳极氧化反应产生：

$$3I^- - 2e \longrightarrow I_3^-$$

根据电解消耗的电量即可求出样品中硫的含量。但是有机硫燃烧

时除生成 SO_2 外，还生成一部分 SO_3，而 SO_3 是不能被 I_3^- 滴定的，因此有机硫转化成 SO_2 的转化率达不到 100%，不能直接由法拉第定律来计算硫含量，应当用标准样品测定硫的转化率。

② 试剂与溶液

a. 电解液为质量分数 $0.05\%KI+0.04\%$ 乙酸溶液。称取 $0.5g$ 碘化钾于 $1000mL$ 茶色容量瓶中，加少量蒸馏水溶解后，用移液管加入 $4mL$ 质量分数为 10% 的乙酸溶液，用蒸馏水稀释至刻度。保存在阴凉处，使用期为 1 个月。

b. 有机硫标准溶液　用 $1mL$ 注射器减量法称取噻吩 $0.1850g$，放入已盛有 $80mL$ 正庚烷的 $100mL$ 容量瓶中，用正庚烷稀释至刻度，含硫量为 $698.5ng \cdot \mu L^{-1}$。

③ 测定转化率　按说明书要求正确开启仪器，调节载气 N_2 流速为 $160mL \cdot min^{-1}$，反应气 O_2 流速为 $40mL \cdot min^{-1}$；调节炉温预热区 $420℃$，燃烧区 $730℃$，出口区 $630℃$。在电解池中注入电解液，调节搅拌速度，等待仪器稳定。用 $10\mu L$ 注射器吸取约 $8\mu L$ 标准样品溶液，记下读数 V_1，进样后记下读数 V_2。待仪器稳定后记下读数 m（ng），按下式计算硫的回收率 r：

$$r = \frac{m}{\rho(V_1 - V_2)} \times 100\% \qquad (8\text{-}12)$$

式中　m ——微库仑仪读数的数值，ng；

　　　ρ ——标准样品质量浓度的数值，$ng \cdot \mu L^{-1}$；

$V_1 - V_2$ ——进标准样品体积的数值，μL。

每个标准样品要测定 5 次，取算术平均值作为回收率，正常的回收率应在 $75\% \sim 95\%$ 之间。

④ 样品测定　对于液体样品，与测定回收率的操作相同，读取微库仑仪读数后，硫的质量分数以 w 计，数值以 $\%$ 表示，按式（8-13）计算：

$$w = \frac{m \times 10^{-3}}{V \rho r} \times 100\% \qquad (8\text{-}13)$$

式中　m ——微库仑仪读数的数值，ng；

　　　V ——进样体积的数值，μL；

　　　ρ ——样品密度的数值，$mg \cdot \mu L^{-1}$；

　　　r ——硫的回收率的数值，$\%$。

如果是气体样品，可以用 5mL 注射器进样，其余操作相同。样品也应测定 5 次，取算术平均值作为结果。

⑤ 注意事项　用此方法测定硫，要严格控制操作条件，避免操作条件变化引起测定结果波动。为保证测定结果稳定可靠，要经常用标准样品进行校正。

(2) 微量水的测定

① 测定原理　微库仑法测定微量水，与容量分析法一样，用的是卡尔费休试剂。其反应本质与硫的测定相同，碘氧化 SO_2 时需要有水定量参加反应。测定 SO_2 时以水为溶剂，测定微量水时以甲醇、吡啶等有机试剂为溶剂。在这里，甲醇、吡啶不只是溶剂，还能与反应产物结合，使反应更完全，避免副反应产生：

$$I_2 + SO_2 + 2H_2O \Longrightarrow 2HI + H_2SO_4$$

上述反应是可逆反应，为了向右反应，需加入碱中和生成的 H_2SO_4，一般可采用吡啶，其反应如下：

$$C_5H_5N \cdot I_2 + C_5H_5N \cdot SO_2 + C_5H_5N + H_2O \Longrightarrow 2\,C_5H_5\overset{H}{\underset{I}{N}} + C_5H_5\overset{SO_2}{\underset{O}{N}}$$

生成的 $C_5H_5\overset{SO_2}{\underset{O}{N}}$ 能与 H_2O 反应干扰测定，但当有甲醇存在时，防止其副反应：

$$C_5H_5\overset{SO_2}{\underset{O}{N}} + CH_3OH \Longrightarrow C_5H_5\overset{H}{\underset{SO_4 \cdot CH_3}{N}}$$

消耗的 I_2 由 I^- 阳极氧化产生：

$$2I^- - 2e = I_2$$

由反应方程式可以看出，1mol 水消耗 2mol 电子，根据法拉第定律可以计算出 1mg 水需要消耗 10722mC 的电量，每 1mC 的电量相当于 $0.0932\mu g$ 的水，$1\mu C$ 的电量相当于 0.0932ng 的水，因此根据消耗的电量可直接计算出水的量。

② 仪器与试剂　不管什么型号的仪器，其滴定池的构造基本如图 8-20 所示。滴定池侧面有硅胶垫密封的进样口，上面有硅胶干燥管，底部有搅拌子。指示电极为一对铂网，对于有隔膜再生电极，阴极室与阳极室用玻璃砂芯隔开。

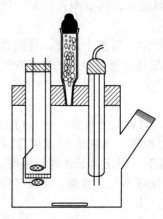

图 8-20　WS-5 型水分
测定仪滴定池

滴定池中的电解液，一般由仪器厂配套提供，各厂家的配方也不完全相同。根据分析的对象不同，所用溶剂的种类和配比也不完全相同。

无隔膜再生电极是大多数应用的最佳选择，只需一种试剂；带隔膜的再生电极需要两种试剂，阴极液加入再生电极，阳极液加入滴定池，阳极液面高出阴极液面 1~2mm。

③ 预干燥　预干燥即干燥滴定池。干燥过程中，次级反应以及环境水分的渗透会消耗一定量的碘。该消耗称为飘移。飘移作为开始和停止的判据，也作为结果的校正。漂移值越小，越稳定，说明干燥条件越好。

无隔膜再生电极干燥时间大约 30min，隔膜再生电极的滴定池的干燥时间大约需 2h。

④ 样品测定　液体样品可用微量注射器吸取适量样品，含水量最好在 10~500μg，小心注入滴定池中，滴定自动进行。滴定结束后，读取显示的数值即是样品中含水的微克数，然后根据进样量计算样品的含水量。

如果是气体样品，也可以用适当大小的注射器进样；气体量大时，可用调节阀和流量计，控制流量在 500mL·min^{-1}以内。

⑤ 注意事项

a. 无隔膜再生电极特别适合于污染非常大的样品，使用快捷，通常更换电解质溶液时，无需特别清洗。

b. 使用隔膜再生电极的情况：

样品含有酮和醛类时，需要在隔膜再生电极（阴极室）充入醛、酮类专用试剂；若试剂的电导率低时，须加入氯仿时以及为了痕量分析获得最佳准确度时，都需使用隔膜再生电极。

c. 挥发性或低黏度样品取样前应当冷冻，避免取样损失。

d. 高黏度样品可以加热，降低黏度。注射器也必须加热。或者用合适的溶剂稀释也可，但应注意扣除溶剂的水分空白。

e. 糊状物和润滑膏状物可以用没针头的注射器注射样品。可以通过进样口进样。

f. 固体样品应用溶剂溶解，变成溶液后测量，并扣除溶剂空白。

g. 如果固体样品需要直接放在滴定池中，应该用无隔膜再生电极，可以从进样口加入样品，但应注意样品中的水分应完全释放、样品不与卡尔费休试剂发生反应，样品不会附着在电极表面、不会损坏再生电极和指示电极。

第9章　紫外-可见分光光度分析法

9.1 紫外-可见分光光度分析法原理

紫外-可见分光光度法是利用物质的分子对 $200\sim800nm$ 光的吸收特性进行分析测定的方法。

紫外-可见分光光度分析法的应用非常广泛，因为它具有以下特点。

① 灵敏度高，测定下限可达 10^{-8}。

② 选择性好，可在多种组分共存的溶液中，不经分离而测定某种欲测定的组分。

③ 通用性强，用途广泛。大部分无机元素都可用分光光度分析法测定，许多有机化合物的官能团，以及某些平衡常数、配位数等，也可用分光光度分析法测定。

④ 设备和操作简单，分析速度快。

⑤ 准确度较好，通常相对误差为 $2\%\sim5\%$，适用于微量组分的测定。

9.1.1 物质对光的吸收

(1) 光的颜色与波长　光是一种电磁辐射，在同一介质中直线传播，而且具有恒定的速度。光具有一定的波长和频率，人们眼睛能感觉到的光是可见光，它只是电磁辐射中的一小部分。各种颜色光的近似波长范围列于表 9-1。

(2) 光的色散与互补　当一束白光通过光学棱镜时，即可得到不同颜色的谱带也叫光谱，这种现象叫光的色散。白光经色散后成为红、橙、黄、绿、青、蓝、紫等七色光，说明白光是由这 7 种颜色的光按一定比例混合而成的，所以叫复合光。将白光中不同颜色的光彼此分开，即可得到不同波长的单色光。如果只把白光中某一颜色的光分离出去，剩余的各种波长的光将不再是白光，而是呈现一定的颜色，这两种颜色称为"互补色"。例如在白光中分出蓝光，剩余的混合光呈黄色，因此黄色是蓝色的互补色，蓝色也是黄色的互补色。换句话说，若两种适当颜色的光，按一定的强度比例混合后能得到白光，这两种颜色的光称为互补色光。这种色光的互补关系见表 9-1。

表 9-1　可见光中各种吸收光颜色、波长与物质颜色之间的关系

吸收波长/nm	吸收的颜色	互补色	吸收波长/nm	吸收的颜色	互补色
200～400	近紫外		570～590	黄	蓝
400～450	紫	黄绿	590～620	橙	绿蓝
450～495	蓝	黄	620～750	红	蓝绿
495～570	绿	紫			

（3）物质的颜色　物质呈现的颜色与光有密切的关系。物质所以呈现不同的颜色，是由于物质对不同波长的光具有不同程度的透射或反射。当白光照射到不透明的物质时，某些波长的光被吸收，其余波长的光被反射，人们看到的是物质所反射的光的颜色。由于色光的互补，所以物质呈现出所吸收光的互补色。例如某物质吸收黄色光，则呈现蓝色；若吸收绿色光则呈现紫色；若吸收所有波长的光则呈现黑色，若全部反射所有波长的光则呈现白色。对于那些透明物质，除了某些波长被吸收外，其余波长的光都透过介质，同样由于色光的互补，也呈现出与吸收波长互补的颜色。例如，高锰酸钾稀溶液呈紫红色，是由于它吸收 500～550nm 的绿光，所以呈现出绿光的互补光紫红色。

（4）物质对光的吸收曲线　物质对光的选择吸收特性可以用吸收曲线来描绘。让不同波长的光通过一定浓度的溶液，分别测出各个波长的吸光度。以波长 λ（nm）为横坐标，吸光度 A 为纵坐标绘图，即可得到一条吸收曲线。曲线上有吸收峰，吸收峰最高处对应的波长称最大吸收波长，用 λ_{max} 表示。

对于可见分光光度计而言，测定的是有色溶液。图 9-1 是 $KMnO_4$ 溶液的吸收曲线，该曲线最大吸收波长对应的颜色就是物质吸收光的颜色。$KMnO_4$ 溶液的最大吸收波长在 525nm，正是绿光的波长，因此 $KMnO_4$ 溶液吸收绿光，透过紫光，呈现紫红色。比较不同浓度 $KMnO_4$ 溶液的吸收曲线就会发现，它们的形状相似；最大吸

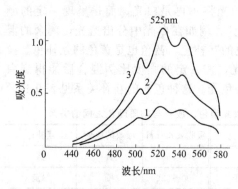

图 9-1 KMnO₄ 溶液的吸收曲线

$1-c(KMnO_4)=1.56\times10^{-4}\,mol\cdot L^{-1}$；
$2-c(KMnO_4)=3.12\times10^{-4}\,mol\cdot L^{-1}$；
$3-c(KMnO_4)=4.68\times10^{-4}\,mol\cdot L^{-1}$

收波长的位置不变，只是吸收峰的高度随浓度增大而增大。

对于紫外分光光度计而言，测定的是在紫外光区有吸收的物质，主要是含有共价键的不饱和基团，如 $C=C$、共轭双键、芳环、 $C\equiv C$、$N=N$、$C=S$、NO_2、NO_3、$COOH$、$CONH_2$、$C=O$ 等。图 9-2 为苯的紫外吸收曲线。

（5）吸收曲线与物质结构　比较不同物质的吸收曲线，就会发现这些曲线的形状、吸收峰的位置和强度都不相同，这是由物质的分子结构决定的。分子外层的价电子处于不同的能级状态，价电子在不同能级间跃迁时需要能量，这能量正好相当于可见和近紫外光辐射所具有的能量。分子结构不同，价电子跃迁时吸收的能量也不同，因此吸收曲线中最大吸收波长的位置不同。如饱和的醛酮等羰基化合物，在 270~300nm 有一个特征吸收峰，苯类及其衍生物在 230~270nm 有一个特征吸收带，其中心在 254nm。由此可见，吸收峰的位置和形状对各种物质来讲是特征的，可作为定性鉴定的依据；而吸收峰的强度大小又与物

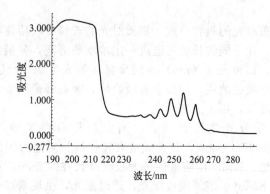

图 9-2　苯（约 $900\mu g\cdot g^{-1}$）的紫外吸收曲线

质的浓度有关,浓度越大吸收峰越强,因此可作为定量分析的依据。

9.1.2 光吸收定律

(1) 光吸收定律 当一束平行的单色光通过一均匀的有色溶液时,光的一部分被吸收池表面反射回来,一部分被溶液吸收,一部分透过溶液(图 9-3),如果入射光强度为 I_0,吸收光强度为 I_a,透射光强度为 I_t,反射光强度为 I_r,它们之间的关系为:

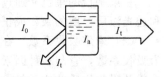

图 9-3 溶液与光的作用示意图

$$I_0 = I_a + I_t + I_r$$

在分光光度分析法中,都是采用同样材质的吸收池,反射光强度基本不变,其影响可以互相抵消,于是上式可简化为:

$$I_0 = I_a + I_t$$

透射光强度 I_t 与入射光强度 I_0 之比称为透光率(也称透射比),用 T 表示:

$$T = \frac{I_t}{I_0}$$

通常用百分数表示透光率,即:

$$T' = \frac{I_t}{I_0} \times 100\% \tag{9-1}$$

溶液的透光率越大,说明溶液对光的吸收越小;相反透光率越小,则溶液对光的吸收越大。溶液对光的吸收程度,与溶液浓度、液层厚度以及入射光波长等因素有关。如果保持入射光波长不变,溶液对光的吸收程度则与溶液浓度和液层厚度有关。光吸收定律具体表达了它们之间的关系,其数学表达式如下:

$$\lg \frac{I_0}{I_t} = Kcb \tag{9-2}$$

式中 K——比例常数的数值;

c——溶液浓度的数值;

b——液层厚度的数值。

$\lg \dfrac{I_0}{I_t}$——透光率的负对数,表示溶液对光的吸收程度,称为吸光度。

如果用 A 表示吸光度,则:

$$A = -\lg T = \lg \frac{I_0}{I_t} \qquad (9\text{-}3)$$

于是公式(9-2)可简化为：

$$A = Kcb \qquad (9\text{-}4)$$

一束平行的单色光通过一均匀溶液时，溶液的吸光度与溶液浓度和透光液层厚度的乘积成正比，这就是朗伯-比尔定律。

(2) 摩尔吸收系数　在光吸收定律的表达式中，比例常数 K 称为吸收系数，它与多种因素有关，包括入射光波长、溶液温度、溶剂性质及吸收物质的性质等。如果上述因素中除吸收物质外，其他因素都固定不变，则 K 值只与吸收物质的性质有关，可作为该物质吸光能力大小的表征。实际上温度的影响不大，可以忽略，入射光波长也是固定的，多用吸光物质的最大吸收波长，因此当溶液浓度和透光液层厚度都为 1 时，溶液的吸光度 A 即为 K 值。由于使用的单位不同，K 有不同的表示方法。当溶液浓度以 mol·L^{-1} 为单位，透光液层厚度以 cm 为单位时，K 称为"摩尔吸收系数"，用 ε 表示。这时光吸收定律应表示为：

$$A = \varepsilon cb \qquad (9\text{-}5)$$

式中　ε——摩尔吸收系数的数值，L·mol^{-1}·cm^{-1}；

　　　　c——溶液浓度的数值，mol·L^{-1}；

　　　　b——液层厚度的数值，cm。

摩尔吸收系数 ε 的物理意义是：溶液浓度为 1mol·L^{-1}，透光液层厚度为 1cm 时该物质的吸光度，其单位是 L·mol^{-1}·cm^{-1}。

对于同一种化合物，在不同的波长下有不同的摩尔吸收系数，在最大吸收波长处，摩尔吸收系数最大，说明对该波长的光吸收能力最强。在最大吸收波长处进行分光光度测定，灵敏度也最高。

(3) 光吸收定律的适用范围　根据光吸收定律，溶液的吸光度 A 应当与溶液浓度呈线性关系，但在实践中常发现有偏离吸收定律的情况，从而引起误差。这是由于光吸收定律有一定的适用范围，超出了适用范围，就会引起误差。

① 光吸收定律只适用于单色光，但各种分光光度计提供的入射光都是具有一定宽度的光谱带，这就使溶液对光的吸收行为偏离了吸收定律，产生误差。因此要求分光光度计提供的单色光纯度越高越好，光谱带的宽度越窄越好。

② 光吸收定律只适用于稀溶液，当溶液浓度较高时，就会偏离光吸收定律。遇到这种情况时，应设法降低溶液浓度，使其回复到线性范围内工作。通常只有在溶液浓度小于 $0.01 mol \cdot L^{-1}$ 的稀溶液中朗伯-比尔定律才能成立。

③ 光吸收定律只适用于透明溶液，不适用于乳浊液和悬浊液。乳浊液和悬浊液中悬浮的颗粒对光有散射作用，光吸收定律只讨论溶液对光的吸收和透射，不包括散射光，因此这样的溶液不符合光吸收定律。

④ 光吸收定律也适用于那些彼此不相互作用的多组分溶液，它们的吸光度具有加和性，即：

$$A(总) = A_1 + A_2 + \cdots + A_n$$
$$= K_1 c_1 b + K_2 c_2 b + \cdots + K_n c_n b \tag{9-6}$$

式中字母的下脚标代表各个组分。这种吸光度的加和性，在测定多组分共存的溶液时，要充分考虑到共存组分的影响。

⑤ 有色化合物在溶液中受酸度、温度、溶剂等的影响，可能发生水解、沉淀、缔合等化学反应，从而影响有色化合物对光的吸收，因此在测定过程中要严格控制显色反应条件，以减少测定误差。

9.2 紫外-可见分光光度计结构

9.2.1　基本结构

紫外-可见分光光度计基本结构都是由光源、单色器、吸收池、检测器和信号显示及数据处理等 5 个部分组成。

(1) 光源　光源的作用是提供符合要求的入射光。光源必须有足够的输出功率和稳定性。

对于可见分光光度计，用的光源是钨丝白炽灯。它的波长范围是 $320 \sim 2500 nm$，足够作可见光的光源。白炽灯的发光强度和稳定性与供电电压有密切关系。只要增加供电电压，就能增大发光强度；只要保证电源的电压稳定，就能提供稳定的发光强度。钨丝白炽灯的缺点是寿命短。

对于紫外-可见分光光度计，除了由钨丝白炽灯提供可见光外，还用氢灯或氘灯提供紫外部分的光源，波长范围是 $200 \sim 350 nm$。它们是氢气的辉光放电灯，氘灯的发光强度比氢灯要高 2~3 倍，寿命也比较长。为保证发光强度稳定，也要用稳压电源供电。

目视比色法中，以太阳光为光源。

（2）单色器　单色器的作用是把光源发出的连续光谱分解成各种波长的单色光，并能准确方便地取出所需要的波长。

单色器是由色散元件、狭缝和透镜系统组成的。能把复合光变成各种波长单色光的器件称为色散元件。狭缝和透镜系统的作用是调节光的强度，控制光的方向并取出所需波长的单色光。

经典的单色器是用棱镜作色散元件，它是根据光的折射现象进行分光的。工作原理如图 9-4 所示。光源发出的光经透镜聚焦在入射狭缝上，进入单色器后由棱镜分光，再由平面反射镜反射至出射狭缝。棱镜由玻璃或石英制成，玻璃棱镜只适用于可见光范围，紫外区必须用石英棱镜。

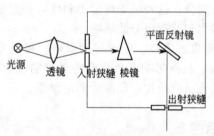

光源　透镜　入射狭缝　棱镜　平面反射镜　出射狭缝

图 9-4　棱镜单色器示意

棱镜的材料对不同波长的光具有不同的折射率，波长短的光折射率大，波长长的光折射率小。因此，平行光经色散后就按波长顺序分解为不同波长的光。调整棱镜和平面反射镜的位置，让所需波长的光通过狭缝。狭缝的宽度也是可调的，通过它可调节光的强度和谱带宽度。棱镜单色器的分光能力较差，加上手工调节，波长的重复性也比较差。

目前的单色器用光栅作色散元件。光栅是在玻璃表面刻上等宽度等间隔的平行条痕，每毫米的刻痕多达上千条。一束平行光照射到光栅上，由于光栅的衍射作用，反射出来的光就按波长顺序分开了。光栅的刻痕越多，对光的分辨率越高，现在可达到 $\pm 0.2nm$。只要设定好所需的波长，微机会自动转换光栅，调整到所需的波长。

（3）吸收池　盛装被测溶液的吸收池由透明的材料制成。它有两个互相平行而且距离一定的透光平面，侧面和底面是毛玻璃。可见光区用的吸收池，其透光面是光学玻璃；紫外区用的吸收池，其透光面是石英玻璃，因为普通玻璃吸收紫外线。

吸收池是单色器与信号接收器之间光路的连接部分。它的作用是让单色器出来的单色光全部进入被测溶液，并且从被测溶液出来的光全部进入检测器。

吸收池有 0.5cm、1.0cm、2.0cm、3.0cm、4.0cm 和 5.0cm 几种规格，根据被测溶液颜色深浅选择吸收池，尽量把吸光度调整到 0.2～0.7。

（4）检测器　检测器就是光电转换器。光电转换器的响应必须是定量的；对光线波长的响应范围要宽；响应的灵敏度要高，速度要快；而且稳定性要好。能满足上述要求的光电转换器有多种，下面分别介绍几种常用的光电转换器。

① 光电池　某些半导体材料在光的照射下会产生光电流，光电流的大小与光强度成正比，利用这种特性可制成光电池，应用最广的是硒光电池。硒光电池的波长响应范围是 400～700nm，适于作可见光的信号接收器。硒光电池产生的光电流为 $10～100\mu A$，可直接用检流计测量，不需要放大器，也不需要外加电源，简单方便。缺点是容易产生疲劳现象，不能长时间连续工作。

② 光电管　光电管是一个真空二极管，其阳极为金属丝，阴极为半导体材料，两极间加有直流电压。当光线照射到阴极上时，阴极表面放出电子，在电场作用下流向阳极形成光电流。光电流的大小在一定条件下与光强度成正比。光电管的阴极材料不同，其响应的波长范围也不同。光电管的响应灵敏度和波长范围都比光电池优越。

③ 光电倍增管　光电倍增管相当于一个多阴极的光电管，如图 9-5 所示。光线先照射到第一阴极，阴极表面放出电子。这些电子在电场作用下射向第二阴极，并放出二次电子。经过几次这样的电子发射，光电流就被放大了许多倍。因此光电倍增管的灵敏度很高，适用于微弱光强度的测量。

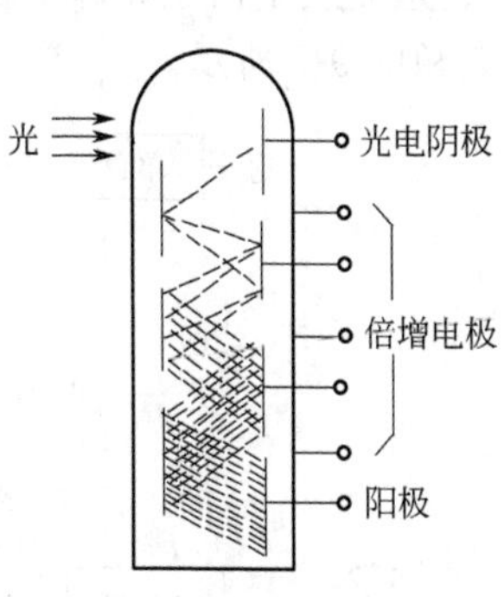

图 9-5　光电倍增管工作原理示意

④ 光导管与二极管阵列　光导管即光电二极管，有光照射时二极管导通，没有光照射时不能导通。二极管阵列就是在 190～1100nm 的波长范围内，一个挨一个地排列几百

个或上千个光电二极管，这样不仅扩大了光电管的响应范围，而且，在先进电子技术的配合下，可以瞬时完成被测组分吸收光谱的扫描，给未知物定性提供了方便条件。如 Agilent 8453 紫外-可见分光光度计二极管阵列检测器使用 1024 个光电二极管作接收器，具有快速光谱采集速度、非凡的可靠性和近乎绝对的波长重复性。该仪器对整个光谱快照的时间仅需 0.1s。

（5）信号显示及数据处理　由检测器将光信号转换为电信号后，可用检流计、微安表、记录仪、数字显示器或阴极射线显示器显示和记录测定结果。现在仪器可用微机控制，可以绘制谱图，打印数据及数据处理报告，而且仪器操作也可在微机上进行。

9.2.2　紫外-可见分光光度计类型

紫外-可见分光光度计类型包括：单光束分光光度计、双光束分光光度计、双波长分光光度计、多通道分光光度计和探头式分光光度计。

（1）单光束分光光度计　单光束分光光度计是最简单的，即选择一束光先后通过参比溶液和样品溶液，然后分别测定吸光度。它的缺点是由于光源不稳会带来测定误差。

（2）双光束分光光度计　双光束分光光度计是把一束光分成两束，同时通过参比溶液和样品溶液，然后同时测定吸光度。它的最大优点是克服了由于光源不稳带来的测定误差。这两种仪器的原理如图9-6 和图 9-7 所示。

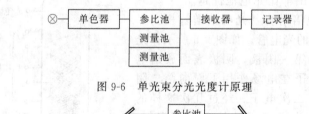

图 9-6　单光束分光光度计原理

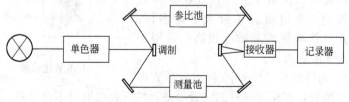

图 9-7　双光束分光光度计原理

（3）双波长分光光度计　双波长分光光度计是把光源发出的光用两个单色器调制成两束不同波长的光，经过切光器使其交替通过样品溶液，再由接收器分别接收，通过电子系统可直接显示两个波长下吸光度的差值（图9-8）。它的优点是消除了由于人工配制的空白溶液和样品溶液本底之间的差别而引起的测量误差，另外还能测量混色溶液，如果样品中含有两种不同颜色的被测组分，可以选择不同的波长分别测定而不必分离。

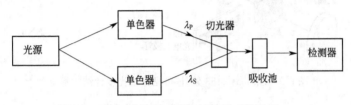

图 9-8　双波长分光光度计光路系统示意

根据朗伯-比尔定律，

$$A_P = \varepsilon_P cb \qquad A_S = \varepsilon_S cb$$
$$\Delta A = (\varepsilon_P - \varepsilon_S)cb \tag{9-7}$$

对于同一待测溶液，在光程不变的情况下，式(9-7)可简化成

$$\Delta A = Kc \tag{9-8}$$

式(9-8)说明，待测溶液在 λ_P 和 λ_S 两个波长处测定的吸光度差 ΔA 与试样中待测物质的浓度成正比，这是双波长法的定量公式。

（4）光学多通道分光光度计　光学多通道分光光度计的光源钨灯或氘灯发射的复合光先通过样品池后再经全息光栅色散，色散后的单色光由光电二极管阵列中的光电二极管接收。这种类型的分光光度计可在极短的时间内给出整个光谱的全部信息。如 Agilent 8453 紫外-可见分光光度计。

Agilent 8453 紫外-可见分光光度计，采用氘、钨双灯设计，二极管阵列检测器，波长范围 190～1100nm，快速光谱扫描可获得全光谱信息，适用于样品鉴定和纯度验证，高通量光路，高灵敏度。见图9-9、图9-10。

其特点如下：

① 耐用　仅遮板是移动部件，仪器移动位置后可以不用重新校

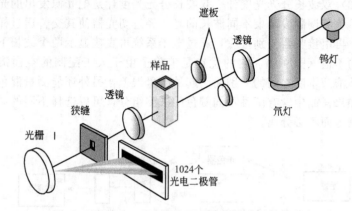

图 9-9 Agilent 8453 紫外-可见分光光度计结构示意

图 9-10 Agilent 8453
紫外-可见分光光度计外观

准,因而,仪器非常坚固耐用。

② 快速 该仪器对整个光谱快照的时间仅需 0.1s。

③ 全光谱 光电二极管阵列方法保存了全部的光谱,以备将来参照。当查找杂质或者寻找样品中快速变化的动力学时,保存全光谱是非常有用的。

④ 维护少 一般只需要更换灯,不需要做其他任何维护。

⑤ 开放式采样室 仪器将光栅置于灯的另一侧,杂散光不会产生扫描式仪器固有的问题。

⑥ 更高的效率 吸收池可以直接移入移出样品架,而不必开关样品室。

⑦ 简化的操作 仪器附件并不受密闭室狭小空间的限制,它可以移动到其他地方操作。

⑧ 结果改善 不必担心遮板是否完全关闭,因而确保结果始终一致。

(5)探头式分光光度计 探头式分光光度计中探头是由两根相互隔离的光导纤维组成。钨灯发射的光由其中一根光纤传导至试样溶液,再经反射镜反射后,由另一根光纤传导,通过干涉滤光片后,由光敏器件接收转变为电信号。此类仪器不需要吸收池，直接将探头插入样品溶液中，在原位测定，不受外界光线的影响。

9.3 显色反应

9.3.1　显色反应简介

许多对可见光吸收很小，或者对可见光不产生吸收的物质，不适合直接用可见分光光度法测定。但可以通过适当的化学处理，使该物质转变成对可见光有较强吸收的化合物。这种将无色的被测组分转变成有色物质的化学处理过程称为"显色过程"；所发生的化学反应称为"显色反应"；所用试剂称为"显色剂"。显色反应可简单表示为：

$$M \quad + \quad R \quad \longrightarrow \quad MR$$
（被测物质）（显色剂） （有色化合物）

显色反应可以是氧化还原反应，也可以是配位反应，或是兼有上述两种反应。其中配位反应最重要，应用也最普遍。例如 Mn^{2+} 无色，不能直接用分光光度法测定，将它氧化成 MnO_4^- 则显紫红色，非常适合用分光光度法测定。又如 Fe^{2+} 呈很淡的绿色，将它氧化成 Fe^{3+} 并与 CNS^- 反应生成深红色的配位离子，可提高测定灵敏度。

9.3.2　显色剂

（1）显色剂的条件

显色剂在可见分光光度分析中具有非常重要的作用，因此显色剂应满足下列条件。

① 显色灵敏度要高，即要求显色剂与被测组分形成配合物的 ε 要大，ε 越大则测定灵敏度越高。

② 显色剂与被测组分形成配合物要稳定，即配合物的稳定常数要大。因为稳定常数越大，配位反应进行得越完全，受干扰离子的影响也小，因此测定的准确度越高。显色条件应易于控制，以便得到良好重现性的结果。

③ 显色剂与被测组分形成配合物组成要恒定。有些显色剂能与被测离子形成多种不同组成的配合物，如 Fe^{3+} 与 CNS^- 形成的配合

物 $Fe(CNS)_n$，其配位数 $n=1\sim 6$。由于配合物的组成不同，它们的最大吸收波长不同，摩尔吸收系数也不同。如果在这种情况下进行分光光度测定，测得的吸光度与被测离子浓度之间不遵守光吸收定律，给测定带来严重误差。在实际工作中应尽量避免使用这样的显色剂，如果必须使用的话，要严格控制显色反应条件，使生成的配合物具有恒定的组成。

④ 显色剂的选择性要好，使得干扰元素少，简化操作手续，提高测定的准确度。

⑤ 显色剂的颜色与生成的配合物颜色之间要有足够大的差别，即显色剂与有色配合物的对照性要好，二者之间的最大吸收波长 λ_{max} 的差别要在 60nm 以上，差值越大则显色剂颜色引起的干扰越小。

⑥ 显色剂与生成的配合物要易溶于水。

（2）常用的显色剂

① 无机显色剂　无机显色剂生成的配合物多数组成不恒定，反应的灵敏度不高，因此应用得不多。常用的无机显色剂列于表 9-2。

表 9-2　常用的无机显色剂

显色剂	测定元素	测定条件		配合物组成和颜色		测定波长/nm
硫氰酸盐	Fe	$0.1\sim 0.8 mol \cdot L^{-1}$	HNO_3	$Fe(SCN)_5^{2-}$	红	480
	Mo	$1.5\sim 2 mol \cdot L^{-1}$	H_2SO_4	$MoO(SCN)_5^{2-}$	橙	460
	W	$1.5\sim 2 mol \cdot L^{-1}$	H_2SO_4	$WO(SCN)_4^-$	黄	405
	Nb	$3\sim 4 mol \cdot L^{-1}$	HCl	$NbO(SCN)_4^-$	黄	420
钼酸铵	Si	$0.15\sim 0.3 mol \cdot L^{-1}$	H_2SO_4	$H_4SiO_4 \cdot 10MoO_3 \cdot Mo_2O_5$	蓝	$670\sim 820$
	P	$0.5 mol \cdot L^{-1}$	H_2SO_4	$H_3PO_4 \cdot 10MoO_3 \cdot Mo_2O_5$	蓝	$670\sim 820$
	V	$1 mol \cdot L^{-1}$	HNO_3	$P_2O_5 \cdot V_2O_5 \cdot 22MoO_2 \cdot nH_2O$	黄	420
过氧化氢	Ti	$1\sim 2 mol \cdot L^{-1}$	H_2SO_4	$TiO(H_2O_2)^{2+}$	黄	420

② 有机显色剂　有机显色剂的灵敏度和选择性都比较高，因此应用广泛，品种也较多，常用的有如下几种：

a. 磺基水杨酸　用于 Fe^{3+}、Be^{2+}、Ti^{4+}、Co^{2+} 等的测定，可用于酸性（pH=4.5），也可用于碱性（pH=8.5）和氨性溶液中。

b. 邻二氮杂菲（1,10-菲啰啉）　在 pH=2~9 的溶液中，与 Fe^{2+} 生成红色配合物，灵敏度高，选择性也好，是测定微量铁的特效试剂。

c. 丁二酮肟　是测定微量镍的特效试剂。

d. 二苯硫腙（双硫腙）　用于 Pb 等重金属离子的测定。试剂本身不溶于水，它与金属离子的配合物也不溶于水，必须用有机溶剂萃取，同时达到分离富集的目的，提高测定的灵敏度。

9.3.3　影响显色反应的因素

（1）显色剂的用量　根据化学平衡原理，为使显色反应进行完全，必须加入过量的显色剂，但不是过量越多越好。显色剂过量的多少主要由生成配合物的稳定性决定。当配合物的稳定性比较好（$K_稳$ 大于 10^5）时，显色剂只要过量 $30\% \sim 50\%$ 即可；配合物的稳定性较差时，显色剂要多加，一般可过量 10 倍。

考虑显色剂的用量时，还应考虑显色剂本身的颜色。显色剂本身最好是无色的，这时对生成的有色配合物的吸光度测定无影响。

如果显色剂颜色与配合物颜色的对比度不大时，过量的显色剂显然是有害的，这时应严格控制显色剂的用量。另外，如果显色剂与被测离子能分级形成不同配位数的多种配合物时，更要严格控制显色剂的用量。

在实际工作中，主要是通过实验来确定显色剂的用量。首先固定被测离子浓度和其他条件，取几份溶液分别加入不同量的显色剂，分别测定吸光度，然后绘制吸光度与显色剂用量的曲线，吸光度大而且呈现平坦的区域，即是适宜的显色剂用量范围。

（2）溶液的酸度　酸度对显色反应的影响很大，而且是多方面的。

① 对被测离子有效浓度的影响　许多金属离子特别是高价重金属离子，当溶液的 pH 值较高时容易发生水解反应，生成氢氧化物沉淀，降低了有效浓度，使显色反应进行不完全，甚至完全不能显色。遇到这种情况，要控制溶液的酸度防止水解。

② 对显色剂的影响　有机显色剂大都是弱酸或弱碱，它们的解离度由溶液的 pH 值决定。有机弱酸在 pH 较高时能完全解离，显色反应能进行完全；在 pH 较低时不能完全解离，显色剂的有效浓度降低，对显色反应不利。另外，有些显色剂同时也是酸碱指示剂，在不同的 pH 值下，解离成不同的离子，显示不同的颜色。例如 PAR 在

pH 2～4 时显黄色，pH 4～7 时为橙色，pH≥10 时为红色，它与许多金属离子形成的配合物也是红色，因此用 PAR 作显色剂，应在 pH 2～4 时进行。

③ 对配合物组成的影响　有的显色剂与同一种被测离子能形成多种配合物，在不同的 pH 值下，配合物的组成不同，颜色也不同。如水杨酸与 Fe^{3+} 的反应：

$$pH\ 2～3 \quad [FeSal]^+ \qquad 红紫色$$
$$pH\ 4～9 \quad [Fe(Sal)_2]^- \qquad 红棕色$$
$$pH≥9 \quad [Fe(Sal)_3]^{3-} \qquad 黄色$$

在实际工作中，根据主要影响因素通过实验确定 pH 值。其方法是保持其他实验条件不变，分别测量不同 pH 值条件下显色溶液和空白溶液相对于纯溶剂的吸光度，显色溶液和空白溶液吸光度之差呈现最大而平坦的区域，即该显色反应最适宜的 pH 值范围。控制溶液酸度的有效方法是用合适的缓冲溶液。

（3）显色温度　温度是影响化学反应的重要因素之一，因此也影响显色反应。大多数显色反应在室温下完成，但有些反应必须在较高温度下才能完成，也有些有色配合物在较高温度下容易分解。因此，对每个具体的反应，要通过条件试验来确定最佳的反应温度。

另外，由于温度对光的吸收和颜色的深浅都有影响，因此在绘制标准曲线和样品测定时要保持温度一致。

（4）显色时间与稳定时间　从加入试剂到显色反应完成所需的时间称为显色时间，显色后有色配合物能保持稳定的时间称为稳定时间。显色时间是由显色反应本身决定的，而且与温度有很大关系；稳定时间是由有色配合物的稳定性决定的。各种有色配合物的显色时间和稳定时间相差很大，如硅钼杂多酸在室温需 20～30min 完成，在沸水浴中只需 30s，生成的硅钼蓝可稳定数十小时，而钨与对苯二酚的有色配合物只能稳定 20min。测定吸光度时应当在充分显色后的稳定时间内进行。最佳时间还是要通过试验来求得，根据试验数据绘制吸光度与时间的曲线，从曲线上找出测定吸光度的最佳时间。

（5）溶剂　溶剂有时会对显色反应产生影响。溶剂不同可能使显色化合物的颜色不同；在水溶液中加入有机溶剂，可以降低配合物的离解度，使测定灵敏度提高。如水中挥发酚的测定，以水为溶剂，直接显色测定的波长为 510nm，测定范围为 0.04～2.50mg·L^{-1}，而在水溶液中显色后，再用氯仿萃取，测定的波长为 460nm，测定范围为 $0.001 \sim 0.04 \text{mg} \cdot \text{L}^{-1}$。加入有机溶剂也可能加快显色反应速率，如用氯磺酚 S 测定铌，在水溶液中显色需要几个小时，加入乙醇后，只需 40min 就可显色完全。

（6）干扰离子的影响及消除方法　分光光度法中干扰离子的影响有多种：干扰离子本身有颜色，如 Fe^{3+}、Cu^{2+} 等颜色较深，影响被测离子测定；虽然干扰离子本身无色，但能与显色剂生成稳定配合物，即使生成物无色，也会降低显色剂浓度；干扰离子与被测离子能形成稳定的配合物或沉淀时，也影响被测离子测定。

为消除干扰离子的影响，可采取下面几种方法。

① 控制溶液酸度　溶液的酸度是影响显色反应的重要因素，有干扰离子存在时，通过控制溶液的酸度，让被测离子与显色剂的反应进行完全，而干扰离子与显色剂的反应不能进行。用双硫腙测定 Hg^{2+} 时，Cu^{2+}、Co^{2+}、Ni^{2+}、Zn^{2+}、pb^{2+} 等都干扰，如果在稀酸介质 $\left[c\left(\dfrac{1}{2} H_2SO_4 \right) = 0.5 \text{mol} \cdot \text{L}^{-1} \right]$ 中，上述干扰离子都不能与双硫腙反应，只有 Hg^{2+} 能反应，于是消除了干扰。

② 加入掩蔽剂与干扰离子形成更稳定的化合物，使干扰离子不再产生干扰。例如用双硫腙测定 Hg^{2+} 时，在稀 H_2SO_4 中仍不能消除 Ag^+ 和大量 Bi^{3+} 的干扰，这时可加入 KCNS 掩蔽 Ag^+，加入 EDTA 掩蔽 Bi^{3+}，从而达到消除干扰的目的。

③ 利用氧化还原反应改变干扰离子的价态以消除干扰。用铬天青 S 测定 Al^{3+} 时，Fe^{3+} 有干扰，加入抗坏血酸将 Fe^{3+} 还原为 Fe^{2+} 后即可消除干扰。

④ 利用参比溶液消除某些有色干扰离子的影响。用铬天青 S 测定钢中的 Al^{3+} 时，Ni^{2+}、Cr^{3+} 等有色离子都有干扰，为此取一定量的试样溶液，加入少量 NH_4F，与 Al^{3+} 生成 AlF_6^{3-} 配合物而掩蔽了 Al^{3+}。然后加入显色剂和其他试剂，让干扰离子显色，以此作为参比溶液，这样便消除了 Ni^{2+} 和 Cr^{3+} 的干扰，也消除了显色剂本身颜色的影响。

⑤ 选择适当的波长以消除干扰。通常把测定波长选在最大吸收波长处，但有时为了消除干扰，把测定波长移至次要的吸收峰，这样虽然测定灵敏度低些，但却可以消除某些干扰离子的影响。

⑥ 采用适当的分离方法。如果没有消除干扰的恰当方法，可以采用沉淀、萃取等分离方法。这些方法操作比较麻烦，但可以消除干扰离子的影响。

9.4 分光光度分析的定量方法

9.4.1 选择最佳工作条件

在进行定量分析之前，应选择好工作条件，包括以下几个方面。

(1) 选择测定波长 被测组分显色后，应扫描它的吸收曲线。通常，在没有明显干扰的情况下，选择最大吸收波长为测定波长，因为这时测定的灵敏度最高。如果最大吸收波长处有明显的干扰离子的吸收，可以选择次要的吸收峰作为测定波长，以减少干扰离子的影响。

(2) 调整吸光度 不同的吸光度读数给测定结果带来不同的相对误差，对普及型和中等性能的分光光度计，已经证明吸光度在 0.2～0.7 时，测定的相对误差较小，吸光度等于 0.434 时，测定的相对误差最小。改变稀释倍数，改变取样量或选择不同光程的吸收池，都能够调整吸光度达到合适的范围。

(3) 选择参比溶液 参比溶液是用来调节吸光度零点的，因此选择恰当的参比溶液是非常重要的。

① 如果样品中不含其他有色干扰离子时，不论显色剂是否有色，都可用不加样品的试剂空白作参比溶液，这样的参比溶液可消除显色剂和其他试剂的影响。

② 如果样品中含有有色干扰离子，而显色剂本身无色，可用不加显色剂的样品溶液作参比溶液，这样可以消除样品中干扰离子的影响。

③ 如果样品中含有有色干扰离子，显色剂本身也有色时，可在一份样品溶液中加入适当的掩蔽剂，将被测组分掩蔽起来，然后加入显色剂和其他试剂，以此作为参比溶液。对于比较复杂的样品，可以消除样品本底的影响。

9.4.2 目视比色法

目视比色法是分光光度法的一个特例，是不分光的光度测定法。

它的光源是太阳光或普通灯光，没有单色器，信号接收器是人的眼睛，不需要其他的光电器件。因此目视比色法简单方便，适用于准确度要求不高的测定，如有机液体色度（铂钴色号）的测定。

目视比色法所用的主要设备是比色管及比色管架。首先配制一系列标准样品于一组比色管中，被测样品也装在同样的比色管中，从比色管架的反光镜中观察颜色的深浅。当样品溶液与标准样品的吸光度相等时，即

$$A_s = \varepsilon c_s b_s$$
$$A_x = \varepsilon c_x b_x$$

由于比色管相同，所以 $b_s = b_x$。当 $A_s = A_x$ 时，$c_s = c_x$。

应用目视比色法时要注意以下几点。

① 目视比色法的光源是太阳光，在夜间或光源不足时，要用日光灯而不用白炽灯，因为白炽灯的光中黄光较多，观察颜色时会引起误差。

② 比色管的质量也很重要，使用前要严格挑选。要求每组比色管的材质相同，即玻璃的颜色相同；几何尺寸要一致，即保证光程 b_s 与 b_x 相等。

③ 目视比色法的误差较大，为减少误差，可在样品含量附近多配几个标准样品，间隔小些，这样可提高测定的准确度。

④ 目视比色法只限于样品与标准样品同色系的测定。

9.4.3　标准曲线法

（1）标准曲线法简介　标准曲线法适用于大量重复性的样品分析，是控制分析中应用最多的方法。根据光吸收定律 $A = \varepsilon cb$，对于一种有色化合物，ε 是一个定值，若把光程 b 也固定，那么吸光度 A 就和溶液的浓度 c 或质量 m 成正比，也就是说吸光度 A 和浓度 c 或质量 m 成线性关系。选择配制一系列适当浓度的标准溶液，显色后分别测定其吸光度，把吸光度 A 对浓度 c 或质量 m 作图，即得标准曲线，然后将被测组分在同样条件下显色，测得吸光度后在标准曲线上查得被测组分的浓度或质量。

（2）计算机 Excel 表格绘制标准曲线　用计算机 Excel 表格绘制标准曲线比较简单，见示意图 9-11。

① 计算机绘制标准曲线的具体步骤：

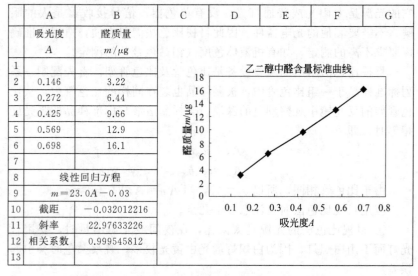

	A	B	C	D	E	F	G
	吸光度 A	醛质量 m/μg					
1							
2	0.146	3.22					
3	0.272	6.44					
4	0.425	9.66					
5	0.569	12.9					
6	0.698	16.1					
7							
8	线性回归方程						
9	$m = 23.0A - 0.03$						
10	截距	−0.032012216					
11	斜率	22.97633226					
12	相关系数	0.999545812					
13							

图 9-11　Excel 绘制标准曲线示意

　　a. 打开 Excel 表格软件，输入吸光度和浓度 c 或质量数值 m。

　　b. 插入图表，选择 XY 散点图-折线散点图。

　　c. 选择数据区域（将输入的吸光度和浓度或质量两列选上，包括标题）。

　　d. 随后显示曲线，按照引导（执行下一步操作），分别标识标题、X 轴 Y 轴题目，最后点击完成。

　　e. 在形成的图上点击鼠标右键，显示下拉菜单，如图表区格式、图表类型、源数据、图表选项……，可对曲线图进行修改。

　　② 计算线性回归方程的具体步骤：

　　a. 点击函数 f_X 或者插入函数 f_X。

　　b. 在随后显示的画面中"或选择的类别"框内选择"统计"。

　　c. 在"统计"显示的下拉菜单中选择"Intercept（截距）"，按"确定"，然后在出现的页面上分别输入 Y 轴和 X 轴的数值（选择相应的数据列），直接显示出方程的截距数值，再按"确定"后结束此操作。

　　d. 在"统计"显示的下拉菜单中分别选择"Slope（斜率）和 Correl（相关系数）"，然后同 c 操作，可获得斜率和相关系数的数值。

　　e. 根据截距和斜率写出线性回归方程。

　　f. 根据相关系数数值判定线性是否符合要求。

（3）标准曲线应用注意事项

① 标准曲线绘制好后，如果分光光度计性能不稳，将使标准曲线发生变化，产生误差。为避免这种误差，最好在测定样品同时绘制标准曲线，至少应不定期地校正几个点，如果校正的点与标准曲线相差较大，应查找原因并重作曲线。当绘制标准曲线的条件发生变化时，如更换试剂、吸收池或光源灯等，都可能引起标准曲线的变化，都应及时校正标准曲线。

② 光吸收定律只适用于稀溶液，标准曲线只在一定浓度范围内呈直线，所以标准曲线不能随意延长。如果试样的浓度超出了标准曲线的范围，应采用稀释的方法，不能随意更换吸收池，因为不相匹配的吸收池也会带来误差。

③ 正常情况下标准曲线应是一条通过原点的直线。若标准曲线不通过原点，通常是由于标样与参比溶液的组成不同，即背景对光的吸收不同造成的。为避免这种现象，应选择与标样组成相近的参比溶液。同样道理，在测定组成比较复杂的样品时，最好用经过处理后不含被测组分的试样作参比溶液，以减少测定误差。

④ 对普及型和中等性能的分光光度计，$T=0.368$（$A=0.434$）时，测量的相对误差最小。一般控制标准曲线的吸光度在 $0.2\sim0.7$，减少测量误差。对于较先进的紫外-可见分光光度计，$T=0.135$（$A=0.86$）时，测量的相对误差最小，一般控制吸光度在 $0.1\sim2.0$。但目前标准方法中标准曲线吸光度的上限都是按普及型和中等性能的分光光度计考虑。

9.4.4　直接比较法

直接比较法的实质也是标准曲线法，是一种简化的标准曲线法。配一个已知被测组分浓度为 c_s 的标样，测其吸光度为 A_s，在同样条件下再测未知样品的吸光度为 A_x，通过计算求出未知样品的浓度 c_x

$$A_s=\varepsilon c_s b$$

$$A_x=\varepsilon c_x b$$

由于溶液性质相同，吸收池厚度一样，所以 $A_s/A_x=c_s/c_x$，由此可计算出样品的浓度 c_x：

$$c_x=\frac{c_s}{A_s}A_x \tag{9-9}$$

此方法简化了绘制标准曲线的程序，适用于个别样品的测定。操作时应注意配制标样的浓度要接近被测样品的浓度，这样能减少测量误差。其余的注意事项与标准曲线法相同。

9.4.5 标准加入法

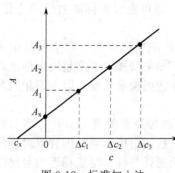

标准加入法也是标准曲线法的一种特殊应用。选择适当的显色条件，先测定浓度为 c_x 的未知样品吸光度 A_x，再向未知样品中加入一定量的标样，配制成浓度为 $c_x + \Delta c_1$、$c_x + \Delta c_2$ 等一系列样品，显色后再测定吸光度为 A_1，$A_2 \cdots$，最后在坐标纸上画图，以吸光度 A 为纵坐标，以浓度 c 为横坐标，分别画出 Δc_1、Δc_2 所对应的 A_1、A_2 等各点，连成直线后延长，与横轴的交点 c_x 就是未知样品的浓度 c_x，见图

图 9-12 标准加入法

9-12。应用标准加入法时要注意加入的标样浓度要适当，使画出的曲线保持适当的角度，浓度过大或过小都会带来测量误差。

这种方法操作比较麻烦，不适于作系列样品分析，但它适用于组成比较复杂、干扰因素较多而又不太清楚的样品，因为它能消除背景的影响。

9.4.6 分析结果的计算

分光光度分析的计算都是围绕光吸收定律进行的，下面通过几个例题来说明。

【例 9-1】 某有色溶液在3.0cm 的吸收池中测得透光率为 40%，求吸收池厚度为 2.0cm 时的透光率和吸光度各为多少？

解：根据式(9-3)，在吸收池为 3.0cm 时：

$$A = -\lg T = -\lg \frac{40}{100} = -(\lg 40 - \lg 100)$$

$$= \lg 100 - \lg 40 = 2 - 1.602 = 0.398$$

再根据式(9-5)，$A = \varepsilon c b$。当 ε 与 c 一定时，吸光度 A 与吸收池厚度 b 成正比，即 $A_1/A_2 = b_1/b_2$。这里 $A_1 = 0.398$，$b_1 = 3.0\mathrm{cm}$，当 $b_2 = 2.0\mathrm{cm}$，则

$$A_2 = \frac{b_2}{b_1} A_1 = \frac{2.0}{3.0} \times 0.398 = 0.265$$

$$\lg T = -A = 0.265$$
$$T = 0.54 = 54\%$$

【例 9-2】　用1,10-菲啰啉法测定铁，已知显色液中 Fe^{2+} 的含量为 $0.50\mu g \cdot mL^{-1}$，用 2.0cm 的吸收池，在波长 500nm 测得吸光度为 0.205，计算 Fe^{2+}-1,10-菲啰啉配合物的摩尔吸收系数（已知 $1mol Fe^{2+}$ 生成 1mol Fe^{2+}-1,10-菲啰啉配合物）。

解：根据公式(9-5) $A = \varepsilon cb$

$$\varepsilon = A/cb$$

根据定义，Fe^{2+} 的浓度应用 $mol \cdot L^{-1}$ 表示，因此需要换算

$$c(Fe) = \frac{0.50 \times 10^{-6}}{55.85} \times 1000 = 8.95 \times 10^{-6} \ (mol \cdot L^{-1})$$

根据题意，Fe^{2+} 的浓度就是 Fe^{2+}-1,10-菲啰啉配合物的浓度，因此

$$\varepsilon = \frac{0.205}{8.95 \times 10^{-6} \times 2.0} = 1.1 \times 10^4 \ (L \cdot mol^{-1} \cdot cm^{-1})$$

【例 9-3】　用分光光度法测定水中微量铁，取 $3.0\mu g \cdot mL^{-1}$ 的铁标准液 10.00mL，显色后稀释至 50.00mL，测得吸光度 $A_s = 0.460$。另取水样 25.00mL，显色后也稀释至 50.00mL，测得吸光度 $A_x = 0.410$，求水样中铁质量浓度（$mg \cdot L^{-1}$）？

解：先计算出 50.00mL 标准显色液中铁的质量浓度 ρ_s：

$$\rho_s = \frac{3.0 \times 10.00}{50.00} = 0.60 \ (\mu g \cdot mL^{-1})$$

参照式(9-9)，求出样品显色液中铁的质量浓度 ρ_1：

$$\rho_1 = \frac{\rho_s}{A_s} A_x = \frac{0.410}{0.460} \times 0.60 = 0.53 \ (\mu g \cdot mL^{-1})$$

这里求出的 ρ_1 是 50.00mL 显色液中铁的质量浓度，还要求出水样中的质量浓度 ρ_2：

$$\rho_2 = \frac{0.53 \times 50.00}{25.00} = 1.06 = 1.1 \ (mg \cdot L^{-1})$$

【例 9-4】　某一 Ni 质量分数为0.12%的样品，用丁二酮肟法测定。已知丁二酮肟-Ni 的摩尔吸收系数 $\varepsilon = 1.3 \times 10^4$，若配制 100mL 的试样，在波长 470nm 处，用 1.0cm 的吸收池测定，计算测量的相对误差最小时，应取试样多少克？[$M(Ni) = 58.70g \cdot mol^{-1}$]

解：测量的相对误差最小时，吸光度 $A = 0.436$，根据光吸收定律 $A = \varepsilon cb$，由此可求出测量误差最小时的浓度：

$$c=\frac{A}{\varepsilon b}=\frac{0.436}{1.3\times10^4\times1.0}=3.3\times10^{-5} \text{ (mol·L}^{-1})$$

这是 100mL 样品溶液中 Ni 的浓度，那么 100mL 样品溶液中 Ni 的质量 m_1：

$$m_1=3.3\times10^{-5}\times\frac{100}{1000}\times58.70=1.94\times10^{-4} \text{ (g)}$$

换算成样品的质量 m_2：

$$m_2=1.94\times10^{-4}\times\frac{100}{0.12}=0.16 \text{ (g)}$$

9.5 分光光度分析法的应用

分光光度分析法由于它具有灵敏度高、准确度好、操作简便、不需要昂贵的大型仪器等优点，所以它的应用范围非常广泛，在石油化工、医药、环保等各领域都有广泛的应用。

9.5.1 紫外-可见分光光度法通则（参照 GB/T 9721—2006）

（1）方法原理　溶液中待测物分子中的价电子能够选择性地吸收紫外或可见光，从基态跃迁到激发态，形成紫外可见吸收光谱，根据紫外可见吸收光谱中的吸收峰和摩尔吸收系数，进行定性分析。

从光源辐射出的光，经过波长选择器成为单色光，当单色光通过待测溶液时，被溶液中具有一定特征吸收的化合物吸收，吸光度与待测物浓度的关系符合朗伯-比尔定律，见式（9-10）：

$$A=\lg\frac{\Phi_0}{\Phi_{tr}}=Kbc \qquad (9\text{-}10)$$

式中　A——吸光度的数值；

　　Φ_0——入射辐射［光］通量的数值，lm；

　　Φ_{tr}——透射辐射［光］通量的数值，lm；

　　K——线性吸收系数的数值；

　　b——光程的数值，cm；

　　c——溶液中待测物浓度的数值；

［K 的单位取决于 c 的单位，见式（9-11）和式（9-12）解释］。

当光程 b 与吸收系数 K 一定时，吸光度 A 与溶液中待测物浓度 c 成正比，因此利用此定律可进行定量分析。

式(9-10)　与式(9-3)和式(9-4) 意义相同。

（2）试剂

① 水　校正仪器时配制溶液的水应符合 GB/T 6682 中二级水的规格。检验样品时所用的水，根据产品标准的要求选用 GB/T 6682 中二级水或三级水。

② 有机溶剂　根据产品标准的要求选择适宜溶剂，并检查所用溶剂在测定波长附近是否符合要求，不得有干扰吸收。

检定方法：用厚度为 1.0cm 石英吸收池，以空气为参比，在规定波长下测定有机溶剂的吸光度，不同波长下对吸光度的要求应符合表 9-3 中的规定。

表 9-3　不同波长下对吸光度的要求

波长范围/nm	吸光度 A	波长范围/nm	吸光度 A
220～240	<0.4	251～300	<0.1
241～250	<0.2	300 以上	<0.05

③ 缓冲溶液　按产品标准规定配制，当在紫外光区测定时，所用试剂应无干扰吸收。

④ 标准样品溶液　按产品标准中规定，与待测样品溶液同时配制。

⑤ 仪器　依据样品的测定要求，应选用符合 JJG 178 规定的单波长单光束或单波长双光束的紫外、可见分光光度计。

（3）测定

① 测定条件的选择

a. 光源。根据测定的波长选择光源，测定波长为 200～350nm 时，用氢灯（或氘灯）；测定波长为 350～850nm 时，用钨灯（或碘钨灯）。

b. 狭缝宽度。根据待测物的类别及检测要求选择适宜的狭缝宽度。在保持入射光和透射光狭缝宽度一致的情况下，调节狭缝宽度。狭缝宽度的选择，应以减少狭缝宽度对待测物的吸光度不再增加为准。通常测定时选用狭缝宽度为 1nm。

c. 测定的波长。在制定产品标准时，根据待测物吸收峰的位置确定测定波长，通常是在吸收度最大的波长范围内选择，若最大吸收峰很尖锐或有其他吸收峰干扰时，可选择吸收曲线中的其他波长。

d. 吸收池。按照使用要求，可依据 JJG 178 中"吸收池的配套性"的规定（配套使用的石英吸收池在 220nm，玻璃吸收池在

440nm 透射比之差应小于等于 0.5%）用吸收池，也可应用具有 GBW 13304 标准物质证书的石英吸收池。

吸收池材质可根据测定的波长进行选择，测定波长为 200～350nm 时用石英吸收池，测定波长为 350～850nm 时用玻璃或石英吸收池。

使用吸收池时应注意，若样品溶液含有易挥发的有机溶剂、酸、碱时，应加盖，防止挥发，测定强腐蚀性溶液时。应尽快测定，测定后迅速洗涤吸收池。

e. 样品溶液。按产品标准规定配制，该溶液应均匀和非散射性，即：不能有气泡和悬浮等影响光线吸收的物质存在。

f. 吸光度的读数范围。为了减少测定的误差，在测定样品主体含量、摩尔吸收系数或质量吸收系数时，吸光度读数一般应在 0.2～0.7，在制定产品标准时，可适当调节溶液的浓度或改变吸收池厚度，使溶液的吸光度值在此范围内。

g. 其他仪器条件。按照测定方法要求及仪器说明书的规定条件进行操作。

② 测定方法

a. 吸收曲线法。使用自动记录型仪器时，可自动扫描绘出吸收曲线。

使用非自动记录型仪器时，在规定的波长范围时，每隔 5～10nm 测定一次吸光度，在吸收峰附近时，应每隔 1～2nm 测定一次，以波长为横坐标，相应的吸光度为纵坐标，绘制吸收曲线。

此方法可适用于定性分析、最大吸收波长的测定。

b. 标准曲线法。按产品标准的规定配制四个以上浓度成适当比例的标准溶液，以空白溶液（或溶剂）为参比溶液，同时用空白溶液（或溶剂）的吸光度进行校正。在规定波长下，分别测定吸光度。以标准溶液浓度 c 为横坐标，相应的吸光度 A 为纵坐标，绘制标准曲线，同时配制适当浓度的样品溶液，在上述条件下测定吸光度，并在标准曲线上查出待测物浓度，待测物的浓度应在标准曲线范围内。该溶液浓度也可根据测定的吸光度用回归方程法计算。此方法适用于杂质含量的测定（图 9-13）。

c. 分光光度法含量测定。按产品标准给出的方法测定。特效试剂可在规定条件下与被测物生成有色配位化合物，测定其溶液的吸光

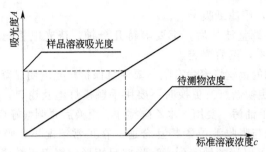

图 9-13 标准曲线法

度，按标准中给出的换算系数计算含量，也可用标准样品对照法进行计算；某些酸碱指示剂可采用柱层析法将杂质分离后测主体溶液的吸光度，用标准对照法计算含量。

d. 摩尔吸收系数测定。按产品标准的规定条件测定。

摩尔吸收系数 ε，数值以 L·moL^{-1}·cm^{-1} 表示，按式(9-11) 计算：

$$\varepsilon = \frac{A}{cb} \tag{9-11}$$

式中 A——吸光度的数值；

c——被测物的物质的量浓度的数值，mol·L^{-1}；

b——光程（即吸收池厚度）的数值，cm。

e. 灵敏度测定。按产品标准规定条件测定。灵敏度可用摩尔吸收系数表示。

f. 质量吸收系数测定。按产品标准的规定条件测定。

质量吸收系数 a，数值以 L·g^{-1}·cm^{-1} 表示，按式(9-12) 计算：

$$a = \frac{A}{b\rho} \tag{9-12}$$

式中 A——吸光度的数值；

ρ——被测物的质量浓度的数值，g·L^{-1}；

b——光程（即吸收池厚度）的数值，cm。

9.5.2 分光光度法应用注意的问题

（1）分光光度计的日常维护

① 放置分光光度计的仪器室要防尘、防震，避免阳光直射。室内的相对湿度不要超过 70%，仪器内的干燥硅胶要及时更换。

② 每次操作结束后，都要仔细检查样品室，如有溶液溅出，必

须清洗干净，用滤纸吸干。

③ 每次调整波长后，都要等待几分钟，待光电管稳定后，再用空白溶液调零，然后测定。

④ 光源的钨丝灯寿命有限，要注意保护。亮度明显降低或不稳定时，要及时更换新灯。更换时不要用手触摸灯泡及窗口，防止沾上油污，如果沾上油污，要用无水乙醇擦净。更换后要调整好灯丝的位置。

⑤ 灯光与吸收池位置相互合适。在正常情况下，吸收池位置放一张白纸，可以清楚地看到光斑形状呈矩形，属于正常情况。

⑥ 在停止工作期间，主机试样室内应放入袋装或筒装硅胶干燥剂。用防尘罩罩住整个仪器，并在防尘罩内放数袋防潮硅胶。

⑦ 仪器在操作中，狭缝的宽度应从小逐渐开大。若狭缝过大，由于进入光电管的光能量强度过大，将会使放大器输出信号达到饱和，以至数字显示出溢出（即数字闪烁或显示 1 不变）。

⑧ 为了延长光源使用寿命，在不用时不要开光源灯；光电转换元件不能长时间曝光，应避免强光照射或受潮积尘。

⑨ 仪器狭缝宽度的选择：狭缝的宽度会直接影响到测定的灵敏度和校准曲线的线性范围。狭缝宽度过大时，入射光的单色光降低，校准曲线偏离比耳定律，灵敏度降低；狭缝宽度过窄时，光强变弱。对于大部分被测试液，可以使用 2nm 缝宽。

（2）样品测定时注意问题

① 必须正确使用吸收池，保护吸收池光学面。

a. 在紫外区应该使用石英吸收池。用空气调零测吸收池的吸光度，如果吸光度超过 1，则吸收池用错。

b. 吸收池具有方向性，使用时要注意，仔细观察吸收池上方应有一个箭头标志，代表入射光方向。

c. 吸收池应选择配对，否则要引入测定误差。在规定波长下两个吸收池的透光率相差小于 0.5% 的吸收池作配对，在必要的情况时，须在最终测量扣除吸收池间的误差修正值。

d. 吸收池要清洗干净，透光面不能用手摸，同时避免硬的物品将其划伤。可用稀盐酸清洗后，再用 1+1 的酒精与乙醚清洗晾干，或者用 10% 的盐酸溶液浸泡，然后用无水乙醇冲洗 2～3 次。

e. 在测定时或改测其他样品时，应用待测溶液冲洗吸收池 3～4 次，用干净绸布或擦镜纸擦净吸收池的透光面至不留斑痕（切忌把透光面磨损)。

② 在规定的吸收峰波长±2nm 以内测试几个点的吸光度，以核对试样溶液的吸收峰波长位置是否正确。

③ 样品集中测量，避免开机次数，可延长光源寿命。

④ 在紫外区测定，对溶剂的要求见表 9-3。

⑤ 空白溶液与试样溶液必须澄清，不得浑浊。如有浑浊，应预先过滤，并弃去初滤液。

⑥ 标准溶液现用现配，不使用过期标准液。

⑦ 若峰出现很多"毛刺"，可能是扫描速度过快，浓度过高或者狭缝过小。

⑧ 一般试样溶液的吸光度应控制在 0.2～0.7 之间。

9.5.3　紫外分光光度法应用

紫外分光光度法可用来定性鉴定和进行结构分析。作为定性手段，紫外光谱的信息量比较少，但它可以提供化合物骨架结构，如共轭烯烃、不饱和醛酮、芳环和稠环等；作为定量分析时，无需加显色剂，测量简单方便，灵敏度高，准确度高。

(1) 获知结构信息

根据紫外-可见吸收光谱可以得到如下信息。

① 在 200～800nm 范围内没有吸收带，说明此化合物是脂肪烃、脂环烃或它们的衍生物（氯化物、醇、醚、羧酸等），也可能是单烯或孤立多烯等。

② 在 220～250nm 范围内有强吸收带（$\varepsilon \geqslant 10000$），说明有共轭的两个不饱和键存在。

③ 芳香族化合物一般都有 3 个吸收峰：分别是 $\lambda_{max}=184$nm（E_1 带，$\varepsilon=60000$），$\lambda_{max}=204$nm（E_2 带，$\varepsilon=6900$），$\lambda_{max}=255$nm（B 带，$\varepsilon=230$）。B 带谱带较宽且含多重峰或精细结构，该吸收带是芳香族的特征谱带。当使用极性溶剂时，精细结构常常看不到。

稠环芳烃，随着苯环数目的增多，E_1、E_2 和 B 三个吸收带向长波方向移动。换言之，若在大于 300nm 光区有高强度吸收，且具有明显的精细结构，说明有稠环芳烃、稠环杂芳烃或其衍生物存在。

【例 9-5】　图 9-14 是被污染的己烷，请解释产生紫外吸收的物质是什么。

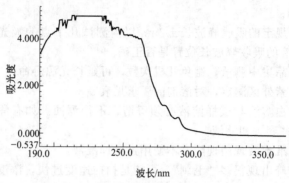

图 9-14　被污染的己烷的紫外吸收光谱

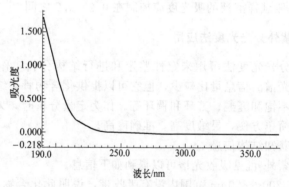

图 9-15　己烷的紫外吸收光谱

根据上述理论，纯己烷在 200～800nm 范围内不应产生吸收。图 9-15 所示的是含量为 83.1% 的工业己烷，详细成分分析见表 9-4。虽然己烷的质量分数仅为 83.1%，但其余的杂质都是烷烃，所以在 230nm 以上范围内并无吸收带，200～230nm 的吸收可能是微量杂质所致，而成分分析未检出。

表 9-4　对应于图 9-15 己烷的成分分析结果

组分	质量分数/%	组分	质量分数/%
丙烷	0.005	3-甲基戊烷	4.7
异丁烷	0.002	正己烷	83.1
丁烷	0.003	甲基环戊烷	11.3
2-甲基丁烷	0.008	环己烷	0.16
戊烷	0.013	3-甲基己烷	0.002
2,2-二甲基丁烷	0.006	C7 烷烃	0.001
2-甲基戊烷	0.66		

图 9-14 表明在 200～300nm 范围内吸收强度很大，应该存在共轭双键化合物或苯系物存在。用气相色谱-质谱联用仪定性，气相色谱面积归一化法定量，得到表 9-5 的结果。表 9-5 的结果证实了苯系物（苯、甲苯、乙苯、二甲苯、苯乙烯）的存在。

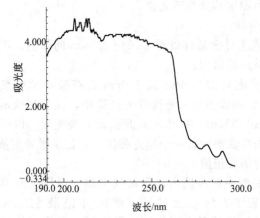

图 9-16 苯系物的紫外吸收光谱

参照被污染己烷中苯系物含量所配制的已知含量苯系物（表9-6）测得的紫外吸收光谱见图 9-16。图 9-16 谱图的形状与图 9-14 非常接近，可以认为图 9-14 紫外吸收峰来自于苯系物（苯、甲苯、乙苯、二甲苯、苯乙烯）等杂质。

表 9-5　对应于图 9-14 己烷的成分分析结果

组　　分	质量分数/%	组　　分	质量分数/%
正己烷	79.5	甲基环戊烷	7.1
正辛烷＋甲基乙基环戊烷	3.7	间二甲苯	0.011
2-甲基戊烷＋2,3-二甲基丁烷	1.3	3-甲基戊烷	7.0
苯	0.078	苯乙烯	0.014
甲苯	0.049	对二甲苯	0.004
乙苯	0.005		

表 9-6　对应于图 9-16 苯系物的组成含量

组分	质量分数/%	组分	质量分数/%
苯	0.063	苯乙烯	0.014
甲苯	0.042		

注：用己烷配制，并以同样的己烷为参比。

（2）工业用乙二醇紫外透光率的测定

① 方法概要　将试样置于 5.0cm 或 1.0cm 吸收池中，以水为参比，测定其在 220nm、275nm 和 350nm 处的吸光度。计算得到在 1.0cm 光程下试样的紫外透光率。必要时，可通入氮气脱除试样中的溶解氧，再测定其紫外透光率。

② 分析步骤

a. 调节光度计至最佳设置，采用 2.0nm 的带宽，因为带宽太小会引起基线噪声的增大。

b. 在两个配对的 5.0cm 或 1.0cm 石英吸收池中装入参比水 *（见表 9-7）。将吸收池放入光度计的池架中，注意吸收池的方向，并测定在 220nm、275nm 和 350nm 波长处的吸光度。以吸光度值较高的吸收池作为样品池，另一个作为参比池，记录吸光度值作为在不同波长处吸收池的校正值。

c. 将样品池中的水倒出，用氮气干燥。在样品池中装入待测试样，以符合表 9-7 的水为参比，测定并记录 220nm、275nm 和 350nm 波长处试样的吸光度值。注意池架中吸收池的方向与配对测试中一致。进行每套测定时应更换参比池中的水。

表 9-7　参比水的吸光度指标 （1.0cm 吸收池）

波长/nm		300	254	210	200
吸光度	≤	0.005	0.005	0.010	0.010

③ 结果计算

a. 使用 5.0cm 吸收池时，按式(9-13) 计算 1.0cm 光程下试样在各波长处的净吸光度 A_λ：

$$A_\lambda = \frac{A_s - A_c}{5} \tag{9-13}$$

式中　　A_s——在相关波长处测定的试样的吸光度；

A_c——在相关波长处吸收池的吸光度校正值。

如使用 1.0cm 吸收池，按式(9-14) 计算试样在各波长处的净吸光度 A_λ。

$$A_\lambda = A_s - A_c \tag{9-14}$$

b. 按式(9-15) 计算 1.0cm 光程下试样在各波长处的透光率 T_λ，

数值以百分数表示。

$$T_\lambda = 10^{(2-A_\lambda)} \qquad\qquad (9\text{-}15)$$

④ 参比水的吸光度指标和测试方法

a. 参比水的吸光度指标（1.0cm 吸收池）

b. 水的吸光度测试方法。将待测水样分别注入 1.0cm 石英吸收池中，在 200～300nm 波长范围内自动校正光度计基线。将样品池换成 2.0cm 的石英吸收池，分别在 300nm、254nm、210nm 和 200nm 波长处，以 1.0cm 吸收池中水样为参比，测定 2.0cm 吸收池中水样的吸光度。

⑤ 仪器的准备

a. 紫外分光光度计的要求。双光束，测定波长 200～400nm。在 220nm 处，带宽不大于 2.0nm，波长准确度为 ±0.5nm，波长重复性为 ±0.3nm。透光率大于 50%，透光率准确度为 ±0.5%。在 220nm 处杂散光不大于 0.1%。配备 5.0cm±0.01cm 或 1.0cm± 0.01cm 配对的石英吸收池。

b. 波长的准确度。使用 $1mg \cdot L^{-1}$ 萘溶液（溶解 1mg 萘于 1000mL 光谱纯异辛烷中），检验光度计在 220nm 处的波长准确度。以光谱纯异辛烷为参比，用 10mm 吸收池测定萘的最大吸收波长，测定值应在 220.6nm±0.3nm 范围内，否则应在低于此测定值 0.6nm 的波长处测定乙二醇试样的吸光度。

c. 透光率准确度。用重铬酸钾标准溶液（质量分数为 0.6%）或标准吸光度滤光片，检验光度计透光率准确度。

d. 杂散光。用 $10g \cdot L^{-1}$ 碘化钾溶液（溶解 10g 碘化钾于 1L 水中）或杂散光滤片测定光度计在 220nm 处的透光率（即杂散光）。

e. 玻璃器皿。使用盐酸-水-甲醇溶液（1+3+4，体积比）或铬酸洗液，彻底清洗吸收池及其他玻璃器皿。

⑥ 注意事项

a. 乙二醇的吸光度在 220nm 附近变化较大，因此应确保光度计在 220nm 处波长的准确性。

b. 乙二醇在远紫外区 180nm 处有一吸收峰。当试样中有溶解氧（空气）时，溶解氧与乙二醇发生缔合，导致乙二醇的吸收峰向长波方向转移，并使乙二醇在 220nm 处的透光率降低。向试样中通入氮气可排除溶解氧对 220nm 处乙二醇透光率的影响。

(3) 水中硝酸盐氮的测定　水中硝酸盐氮的测定原理是利用硝酸根离子在 220nm 波长处的吸收而定量测定硝酸盐氮。溶解的有机物在 220nm 处也会有吸收。而硝酸根离子在 275nm 处没有吸收。因此在 275nm 处做另一次测量，以校正硝酸盐氮值。

计算公式为 $A = A_{220} - A_{275}$

220nm 波长下测得的是硝酸盐氮和有机物的合量，即 $A_{220} = A_{硝酸盐氮} + A_{有机物(220)}$，通过实验确定另一波长 275nm，此波长下只有有机物有吸收而且其吸收强度应等于 220nm 下有机物的吸收强度，即 $A_{275} = A_{有机物(275)} = A_{有机物(220)}$，这样才能利用 $A = A_{220} - A_{275}$ 计算得到硝酸盐氮值。

SL 84—1994《硝酸盐氮的测定》标准中采用絮凝共沉淀和大孔中性吸附树脂进行处理，以除去水样中大部分常见有机物、浊度和 Fe^{3+}、Cr^{3+}，以硝酸钾为标样绘制标准曲线，分别测定 220nm 和 275nm 吸光度，从而测得硝酸盐氮的质量浓度。

9.5.4　可见分光光度法的应用

可见分光光度法主要用于定量分析，金属（主要用于测定过渡元素，碱金属和碱土金属的测定由于缺少合适的显色剂而很少用）、非金属元素和有机物都是测定的对象。

(1) 1,10-菲啰啉法测定水中微量铁

① 测定原理　用抗坏血酸将试液中的 Fe^{3+} 还原成 Fe^{2+}。在 pH 值为 2～9 时，Fe^{2+} 与 1,10-菲啰啉生成橙红色配位化合物，在分光光度计最大吸收波长 510nm 处测定吸光度。在特定的条件下，配位化合物在 pH 4～6 时测定。

② 试剂和溶液　盐酸，180g·L^{-1} 溶液；氨水，85g·L^{-1} 溶液；乙酸-乙酸钠缓冲溶液，在 20℃ 时 pH＝4.5；抗坏血酸，100g·L^{-1} 溶液；1,10-菲罗啉：1g·L^{-1} 溶液。

铁标准溶液配制［1mL 标准溶液中含有 0.200mg 的铁（Fe）］：

a. 准确称取 1.727g 十二水硫酸铁铵［$NH_4Fe(SO_4)_2 \cdot 12H_2O$］，精确至 0.001g，用约 200mL 水溶解，定量转移至 1000mL 容量瓶中，加 20mL 硫酸溶液（1+1），稀释至刻度并混匀。

b. 称取 0.200g 纯铁丝（质量分数为 99.9%），精确至 0.001g，放入 100mL 烧杯中，加 10mL 浓盐酸（$\rho = 1.19$g·mL^{-1}）。缓慢加热至

完全溶解，冷却，定量转移至 1000mL 容量瓶中，稀释至刻度混匀。

移取 50.0mL 0.200mg·mL^{-1} 铁标准溶液至 500mL 容量瓶中，稀释至刻度并混匀。1mL 该标准溶液中含有 20μg 的铁（Fe）该溶液现用现配。

③ 测定步骤

a. 绘制标准曲线

对于铁含量在 10～100μg 的试液，在 7 个 100mL 容量瓶中，分别加入含 Fe^{2+} 20μg·mL^{-1} 的标准溶液 0.00mL、0.50mL、1.00mL、2.00mL、3.00mL、4.00mL 和 5.00mL。每个容量瓶用水稀释至大约 60mL，用 180g·L^{-1} 的盐酸溶液调至 pH 为 2（用精密 pH 试纸检查）。加 1mL 100g·L^{-1} 抗坏血酸溶液，然后加 20mL pH＝4.5 的乙酸-乙酸钠缓冲溶液和 10mL 1g·L^{-1} 1,10-菲啰啉溶液，用水稀释至刻度，摇匀。放置不少于 15min。

选择 4cm 或 5cm 的吸收池，在最大吸收波长（约 510nm）处，以水为参比，将分光光度计的吸光度调整到零，进行吸光度测量。

从每个标准比色液的吸光度中减去试剂空白试液的吸光度，以每 100mL 含 Fe 量（mg）为横坐标，对应的吸光度为纵坐标，绘制标准曲线。

b. 总铁离子含量的测定

取一定量的试液，其中铁含量在 60mL 不超过 100μg，另取同样体积的试剂空白溶液，必要时加水至 60mL，用 85g·L^{-1} 氨水溶液或 180g·L^{-1} 盐酸溶液调至 pH 为 2，用精密 pH 试纸检查。将试液定量转移至 100mL 容量瓶内，加 1mL 100g·L^{-1} 抗坏血酸溶液，然后加 20mL pH＝4.5 的乙酸-乙酸钠缓冲溶液和 10mL 1g·L^{-1} 1,10-菲啰啉溶液，用水稀释至刻度，摇匀。放置不少于 15min。

在与标准曲线相同的条件下测定吸光度，从标准曲线上查出铁离子的质量。根据样品的称样量或移取的体积计算试样中铁离子的含量。

④ 影响测定的因素

a. 试样溶液不用抗坏血酸还原，测定结果为亚铁离子的含量，因为 1,10-菲啰啉只能与亚铁离子反应。

b. 1,10-菲啰啉测定亚铁是一个通用方法，可用于测定许多化工产品中的铁含量，只是对不同的产品要用不同的前处理方法。处理方法是否恰当、处理过程中是否有损失，都会影响测定结果的准确性。

如测定固体或液体烧碱中的铁含量时，样品溶解后，以对硝基酚为指示剂，用 $6\,mol \cdot L^{-1}$ HCl 中和至黄色消失（pH＝5～6），再过量 2mL，然后用抗坏血酸还原，1,10-菲啰啉显色。测定碳酸钠中的铁含量时，同样也要预先中和。

测定有机液体中的铁含量时，通常是把有机液体蒸发后，用盐酸溶解残渣，然后加抗坏血酸还原，1,10-菲啰啉显色。醋酸和醋酸酐中的铁也是如此测定的。

对于固体有机产品，通常将样品灼烧灰化，这时有机物都转变成水和二氧化碳跑掉，铁则转化成氧化铁留在灰分中。灰分用盐酸溶解后，再用抗坏血酸还原，1,10-菲啰啉显色。

1,10-菲啰啉法测定亚铁的选择性也很好，只有 Ru^{2+}、Os^{2+}、Cu^+ 能与试剂显色，Ag^+、Hg^{2+} 能与试剂生成沉淀，其余常见离子都不干扰。如试验溶液中存在柠檬酸根、酒石酸根、砷酸根或大于 100mg 的磷酸根，显色速度变慢。

（2）4-氨基安替比林法测定水中挥发性酚

① 方法原理　用蒸馏法使挥发性酚类化合物蒸馏出，并与干扰物质和固定剂分离。由于酚类化合物的挥发速度是随馏出液体积而变化，因此，馏出液体积必须与试样体积相等。

被蒸馏出的酚类化合物，于 pH 10.0±0.2 介质中，在铁氰化钾存在下，与 4-氨基安替比林反应生成橙红色的安替比林染料。

显色后，在 30min 内，于 510nm 波长测定吸光度。

② 试剂和材料

a. 缓冲溶液：pH＝10.7。称取 20g 氯化铵（NH_4Cl）溶于 100mL 密度为 $0.90\,g \cdot mL^{-1}$ 的氨水（$NH_3 \cdot H_2O$）中，密塞，置冰箱中保存。为避免氨的挥发所引起 pH 值的改变，应注意在低温下保存，且取用后立即加塞盖严，并根据使用情况适量配制。

b. 4-氨基安替比林溶液：ρ(4-氨基安替比林)＝$20\,g \cdot L^{-1}$ 称取 2g 4-氨基安替比林溶于水中，溶解后移入 100mL 容量瓶中，用水稀释至标线，收集滤液后置冰箱中冷藏，可保存 7 天。

c. 铁氰化钾溶液：ρ($K_3[Fe(CN)_6]$)＝$80\,g \cdot L^{-1}$。称取 8g 铁氰化钾溶于水中，溶解后移入 100mL 容量瓶中，用水稀释至标线。置冰箱内冷藏，可保存一周。

d. 酚标准贮备液：ρ(C_6H_5OH)≈$1.00\,g \cdot L^{-1}$。称取 1.00g 精

制苯酚，溶解于无酚水，移入 1000mL 容量瓶中，用无酚水稀释至标线，并进行标定。置冰箱内冷藏，可稳定保存一个月。

酚标准中间液：$\rho(C_6H_5OH) = 10.0 \text{mg} \cdot L^{-1}$。取适量酚标准贮备液用无酚水稀释至 100mL 容量瓶中，使用时当天配制。

③ 操作步骤

a. 预蒸馏。取 250mL 样品移入 500mL 全玻璃蒸馏器中，加 25mL 无酚水，加数粒玻璃珠以防暴沸，再加数滴 $0.5 \text{g} \cdot L^{-1}$ 甲基橙指示液，若试样未显橙红色，则需继续补加 1+9 磷酸溶液。

连接冷凝器，加热蒸馏，收集馏出液 250mL 至容量瓶中。

蒸馏过程中，若发现甲基橙红色退去，应在蒸馏结束后，放冷，再加 1 滴 $0.5 \text{g} \cdot L^{-1}$ 甲基橙指示液。若发现蒸馏后残液不呈酸性，则应重新取样，增加 1+9 磷酸溶液加入量，进行蒸馏。

注 1. 每次试验前后，应清洗整个蒸馏设备。

2. 不得用橡胶塞、橡胶管连接蒸馏瓶及冷凝器，以防止对测定产生干扰。

b. 显色。分取馏出液 50mL 加入 50mL 比色管中，加 0.5 mL pH=10.7 缓冲溶液，混匀，此时 pH 值为 10.0 ± 0.2，加 1.0mL $20 \text{g} \cdot L^{-1}$ 4-氨基安替比林溶液，混匀，再加 1.0mL $80 \text{g} \cdot L^{-1}$ 铁氰化钾溶液，充分混匀后，密塞，放置 10min。

于 510nm 波长，用光程为 20mm 的比色皿，以无酚水为参比，于 30min 内测定溶液的吸光度值。

c. 空白试验。用无酚水代替试样，与试样同时测定。

d. 校准。于一组 8 支 50mL 比色管中，分别加入 0.00mL、0.50mL、1.00mL、3.00mL、5.00mL、7.00mL、10.00mL 和 12.50mL 质量浓度为 10.0mg·L^{-1} 酚标准中间液，加无酚水至标线。按上述步骤进行测定。

由校准系列测得的吸光度值减去零浓度管的吸光度值，绘制吸光度值对酚含量（mg）的曲线，校准曲线回归方程相关系数应达到 0.999 以上。

④ 结果计算　试样中挥发酚的含量（以苯酚计）以质量浓度 ρ 计，以 mg·L^{-1} 表示，按式(9-16)计算：

$$\rho = \left[\frac{A_s - A_b - a}{bV} \right] \times 1000 \tag{9-16}$$

式中　A_s——试样的吸光度的数值；

　　　A_b——空白试验的吸光度的数值。

　　　a——校准曲线截距的数值；

　　　b——校准曲线斜率的数值，mg^{-1}。

　　　V——试样体积的数值，mL。

当计算结果小于 $1mg \cdot L^{-1}$ 时，保留到小数点后 3 位；大于等于 $1mg \cdot L^{-1}$ 时，保留三位有效数字。

⑤ 质量保证和质量控制　每批样品应带一个中间校核点，中间校核点测定值和校准曲线相应点质量浓度的相对误差不超过 10%。

⑥ 影响测定的因素

a. 溶液 pH 值对测定的影响很大，当 pH≤7.4 时，两个分子的 4-氨基安替比林缩合成红色的安替比林染料，使空白值增加。在 pH=9.0～10.7 时，酚与 4-氨基安替比林生成物的颜色最深，所以测定时控制 pH=9.8～10.2。

b. 在测定过程中，加试剂的顺序不能颠倒，而且每加一种试剂后都要混匀。因为加缓冲溶液是使酚解离，解离后与 4-氨基安替比林发生缩合反应，最后在氧化剂铁氰化钾存在下，氧化成醌型结构而显色。

c. 生成的红色染料在水中大约稳定 30min，测定时应注意掌握时间。

d. 此法测定酚时，芳香胺干扰测定，其他的氧化剂、还原剂如硫离子、亚铁离子等都干扰测定。

e. 水样中含酚小于 $0.05mg \cdot L^{-1}$ 时，可增大取样体积，显色后用氯仿萃取。酚与 4-氨基安替比林生成的红色染料在氯仿中的最大吸收波长是 460nm，能稳定 4h。酚标准溶液要稀释 10 倍，显色后用氯仿萃取，然后在氯仿中重新绘制标准曲线。

f. 精制苯酚：取苯酚（C_6H_5OH）于具有空气冷凝管的蒸馏瓶中，加热蒸馏，收集 182～184℃的馏出部分，馏分冷却后应为无色晶体，贮于棕色瓶中，于冷暗处密闭保存。酚贮备溶液的浓度容易变化，可用溴化法进行标定。

g. 无酚水：ⅰ. 于每升水中加入 0.2g 经 200℃活化 30min 的活性炭粉末，充分振摇后，放置过夜，用双层中速滤纸过滤。ⅱ. 加氢氧化钠使水呈强碱性，并加入高锰酸钾至溶液呈紫红色，移入全玻璃蒸馏器中加热蒸馏，集取馏出液备用。无酚水应贮于玻璃瓶中，取用时，应避免与橡胶制品（橡皮塞或乳胶管等）接触。

第10章　气相色谱分析法

10.1 气相色谱法基本理论

　　色谱法是一种分离技术，特别适合多组分的分离，是应用最广的一种分离方法。气相色谱法是以气体为流动相的色谱法。它是由惰性气体将气化后的试样带入加热的色谱柱内，并携带分子与固定相反复多次作用，达到分离，随后用合适的检测器对分离后的组分进行定性和定量分析。

10.1.1　分析流程

　　图 10-1 为双柱双气路色谱流程示意，任何色谱仪都必须具备以下几个部分。

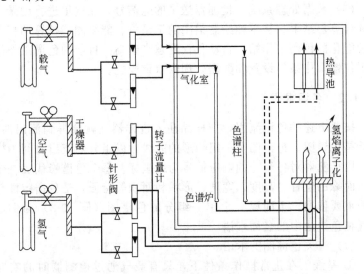

图 10-1　双柱双气路色谱流程

（1）气路系统　气路系统包括载气和辅助气体的管路，压力调节及流量控制部件。样品由载气携带通过整个分析流程，辅助气主要是火焰离子化检测器用的氢气和助燃空气，因此要求气体管路应密闭，压力控制要稳定，流量控制要准确。

（2）进样系统　进样系统包括气化室、温度控制部件、进样阀及自动进样器等。气化室保持一定的温度，保证样品能瞬间气化。为避免高温下金属表面的催化作用，气化室中通常插入一根石英玻璃衬管。如果用毛细管柱，气化室还应具有分流和清洗部件。

（3）分离系统　这是色谱仪的心脏，包括色谱柱和能够准确控制温度的柱箱。色谱柱中装有固定相，载气携带样品在色谱柱中进行分离。如果整个分析过程中柱箱保持恒定的温度，称为恒温色谱；如果柱箱以一定的速度升温，称为程序升温色谱，如果分离组成复杂的样品，可以进行多阶的程序升温。

（4）检测系统　包括各种检测器及其供电、控温部件。载气携带分离后的各组分进入检测器，在这里被测组分的浓度或质量信号转变成易于测量的电信号，如电流、电压等，送到数据处理系统。检测器的种类很多，性能各异，应根据被测组分的性质选择适当的检测器。

（5）数据处理系统　检测器送来的电信号，在这里进行记录、显示并计算出结果。从单纯绘制谱图的记录仪、能绘图能计算的积分仪到智能化的色谱工作站，自动化程度越来越高。目前的色谱工作站承担了仪器操作条件设置和数据处理的双重职能。

10.1.2　名词术语

按照上述的色谱流程，把样品注入进样器，就会得到流出曲线，也就是色谱图。色谱图是一组峰形的曲线，以组分的流出时间为横坐标，以检测器对各组分的响应信号为纵坐标。每个色谱峰代表一个组分，而峰的位置、高度、宽度、形状和面积等特征，是色谱定性与定量的重要依据。下面以一个单一组分的色谱图（图10-2）为例，说明气相色谱法中的名词术语。

（1）有关色谱图的术语

① 基线　在正常操作条件下，只有载气通过检测器时的响应信号曲线。

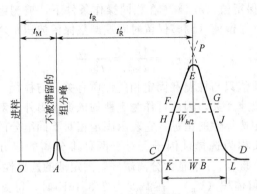

图 10-2　典型色谱峰

② 峰底　峰的起点与终点之间的连线，图中的 CD 段。

③ 峰高（h）　从峰的最大值到峰底的距离，图中的 BE 段。

④ 峰宽（W）　在峰两侧拐点处（F，G）作切线，与峰底相交的两点间距离，图中的 KL 段，也称为峰底宽。

⑤ 半高峰宽（$W_{h/2}$）在峰高的中点处作平行于峰底的直线，与峰两侧相交的两点间的距离，图中的 HJ 段。

⑥ 峰面积（A）　峰与峰底之间围成的面积。

（2）色谱定性的参数

① 保留时间（t_R）　组分从进样到出现峰最大值的时间，即保留在色谱柱中的时间，单位是 min 或 s。

② 死时间（t_M）　不被固定相保留的组分的保留时间，单位是 min 或 s。

③ 调整保留时间（$t_{R'}$）　减去死时间的保留时间。

$$t_R' = t_R - t_M$$

④ 保留体积（V_R）　组分从进样到出现峰最大值时所需的载气体积，单位是 mL。

$$V_R = t_R F_c$$

式中　F_c——柱温下的载气平均流速的数值，$mL \cdot min^{-1}$。

⑤ 死体积（V_M）　不被固定相保留组分的保留体积。

⑥ 调整保留体积（V_R'）　减去死体积的保留体积。

$$V_R' = V_R - V_M$$

⑦ 相对保留值（$r_{i,s}$）　在相同操作条件下，被测组分 i 与参比组分 s 的调整保留值（调整保留时间或调整保留体积）之比。

$$r_{i,s} = \frac{t'_{R(i)}}{t'_{R(s)}} = \frac{V'_{R(i)}}{t'_{R(s)}} \qquad (10\text{-}1)$$

相对保留值只与柱温和固定相的性质有关，与柱径、柱长、装填密度及载气流速无关，因此可作为定性的依据。另外相对保留值可作为衡量固定相选择性的指标，它表示固定相对不同组分的选择性保留能力，因此又称为选择性因子。对于两种难分离的组分，$r_{i,s} = 1.0$ 时两个峰完全重合，$r_{i,s}$ 越大分离越好，固定液的选择性越好。

⑧ 比保留体积（V_g）　在温度为 273.16K 时，每克固定液的净保留体积，其单位是毫升每克（mL·g^{-1}），按式(10-2) 计算：

$$V_g = \frac{273}{T_c} \times \frac{V_N}{m_L} \qquad (10\text{-}2)$$

式中　T_c——柱温的数值，K；

m_L——固定液质量的数值，g；

V_N——经压力修正的调整保留体积的数值，mL。

⑨ 保留指数（I）　定性指标的一种参数，通常以色谱图上位于待测组分两侧（n 和 $n+1$）的相邻正构烷烃的保留值为基准，用对数内插法求得。每个正构烷烃的保留指数规定为其碳原子数乘以 100。任一被测组分 i 的保留指数 I 可按式(10-3) 计算：

$$I = 100 \left[n + \frac{\lg t'_{R(i)} - \lg t'_{R(n)}}{\lg t'_{R(n+1)} - \lg t'_{R(n)}} \right] \qquad (10\text{-}3)$$

10.2 气相色谱分离原理

样品各组分在色谱柱中进行分离，按其原理可分为两种：气-固吸附原理和气-液分配原理。色谱柱的分离效率可用塔板理论和速率理论来解释，根据这些理论可以选择最佳的分离条件。

10.2.1 气-固吸附原理

气-固色谱所用的固定相多是多孔的吸附剂，由于各组分在吸附剂上吸附与脱附的能力不同，从而达到分离的目的。图 10-3 为分离过程的示意。

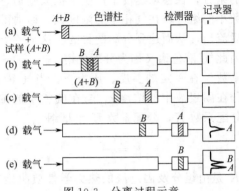

图 10-3　分离过程示意

样品中的各组分被载气带入柱头时，立即被吸附剂吸附。载气不断流过吸附剂时，已吸附的组分又被洗脱下来，称为脱附。脱附的组分随着载气继续前进，又可被前面的吸附剂吸附。随着载气的流动，被测组分在吸附剂表面进行反复多次的吸附与脱附过程。由于各组分的性质不同，吸附能力也不同。吸附能力较差的组分容易脱附，因此逐渐走在前面；吸附能力强的组分，不容易脱附，在吸附剂中被保留的时间长些，因此逐渐走在后面。经过一定时间，即通过一定量载气后，样品中的各组分就能彼此分离，按一定顺序流出色谱柱。

10.2.2　气-液分配原理

气-液色谱的固定相是多孔的载体和涂在上面的固定液，固定液多是高沸点液体，对样品中的各组分有溶解作用。气-液色谱即是根据各组分在固定液中溶解能力的差别进行分离的。

（1）气-液色谱的分离过程　载气携带样品中的各组分进入色谱柱时，立刻接触到固定液，产生溶解作用。由于各组分的物理化学性质不同，在固定液中的溶解度也不相同。溶解度大的组分在液相中的浓度大，而在气相中的浓度小，即挥发度小；反之溶解度小的组分，在液相中的浓度小，在气相中的浓度大，即挥发度大。也就是说，各组分在气-液两相间的分配能力不同，它们具有不同的分配系数。随着载气的流动，各组分不断地在固定液中溶解，同时也不断地被解吸出来，即在气-液两相间进行反复多次分配。这样就使那些分配系数只有微小差别的组分，在移动速度上产生了很大差别。溶解度小的组分，即分配系数小的组分，在气相中的浓度大，移动得快，先从柱中流出；反之则后流出，从而达到分离的目的。这是一个物质在两相间分配的过程，因此气-液色谱又称为分配色谱。

（2）分配系数　在一定的温度、压力下，当气-液两相间达到分配平衡时，组分在固定液中的浓度 c_L 与在气相中的浓度 c_G 之比为一常数，称为分配系数 K，分配系数 K 无量纲。

$$K = \frac{c_L}{c_G} \tag{10-4}$$

分配系数 K 是由组分及固定液的热力学性质决定的。在一定温度下，每个组分对某一固定液都有一个固定的分配系数，它只随柱温和压力的变化而变化，与柱中气相和液相的体积无关。

分配系数 K 还能反映出固定液的选择性。在某一固定液上，如果两个组分的分配系数完全相同，说明固定液对这两个组分没有选择性，两个组分的色谱峰必然重合。如果两个组分的分配系数相差越大，说明固定液的选择性越好，两个组分的色谱峰就分离得越远。分配系数小的先出峰，分配系数大的后出峰。

（3）分配比　分配比也称为容量因子。在一定温度、压力下，当气-液两相间达到分配平衡时，组分在固定液中与载气中的质量之比，用 K' 表示。K' 也是无量纲的。与分配系数一样，容量因子也能表征色谱柱对组分的保留能力，K' 值越小，保留时间越短；K' 值越大，则保留时间越长。

（4）相比率　色谱柱中气相与液相体积之比称为相比率，用 β 表示。

$$\beta = \frac{V_G}{V_L} \tag{10-5}$$

相比率与色谱柱类型及柱结构有关，一般填充柱的 β 值为 6～35，毛细柱的 β 值为 50～1500。

10.2.3　塔板理论

塔板理论是 1941 年由詹姆斯和马丁提出的。由于样品中的各组分是在色谱柱中得到分离，因此把色谱柱比作一个蒸馏塔，根据热力学的气-液平衡原理，按照蒸馏的数学模型描述色谱柱的分离过程，计算出一根色谱柱相当于多少块理论塔板及每块塔板的高度，依此来定量地描述色谱柱的分离效能。

(1) 理论塔板数 n 与理论塔板高度 H　　理论塔板数可根据组分的保留时间和峰宽来计算：

$$n = 5.54 \left(\frac{t_R}{W_{h/2}} \right)^2 = 16 \left(\frac{t_R}{W} \right)^2 \tag{10-6}$$

式中，n 为理论塔板数；W 和 $W_{h/2}$ 分别为峰底宽和半高峰宽。由于半高峰宽更容易测量，所以应用较多。计算时要注意，保留时间与峰宽必须用同一个单位，计算结果 n 是无量纲的。理论塔板数越多，说明柱效能越高，分离效果越好。

理论塔板高度即相当于一个理论塔板的色谱柱长，单位是 cm 或 mm。如果色谱柱长度为 L，则

$$H = \frac{L}{n} \text{ 或 } n = \frac{L}{H} \tag{10-7}$$

从式(10-6) 和式(10-7) 可以看出，当组分的保留时间 t_R 一定时，峰宽 W 和 $W_{h/2}$ 越窄的塔板数 n 越多，塔板高度 H 越小，则柱效越高。

(2) 有效塔板数 $n_{有效}$ 与有效塔板高度 $H_{有效}$　　在实际应用中经常发现，计算出的理论塔板数很大，但实际分离效能并不很高，这是由于计算时没有考虑死时间 t_M 和死体积 V_M 的影响。如果扣除死时间，用调整保留时间来计算，就得到有效塔板数和有效塔板高度，计算公式如下：

$$n_{有效} = 5.54 \left(\frac{t'_R}{W_{h/2}} \right)^2 = 16 \left(\frac{t'_R}{W} \right)^2 \tag{10-8}$$

$$H_{有效} = \frac{L}{n_{有效}} \text{ 或 } n_{有效} = \frac{L}{H_{有效}} \tag{10-9}$$

【例 10-1】　有一柱长 $L = 200\text{cm}$，死时间 $t_M = 0.28\text{min}$，某组分的保留时间 $t_R = 4.20\text{min}$，半高峰宽 $W_{h/2} = 0.30\text{min}$，计算 n、$n_{有效}$、H 和 $H_{有效}$ 各是多少？

解：根据公式

$$n = 5.54 \times \left(\frac{4.20}{0.30} \right)^2 = 1086$$

$$H = \frac{200}{1086} = 0.18 \text{ (cm)}$$

$$n_{有效}=5.54\times\left(\frac{4.20-0.28}{0.30}\right)^2=946$$

$$H_{有效}=\frac{200}{946}=0.21\ (\text{cm})$$

如果在另一根 200cm 的色谱柱上,组分的保留时间不变,只是半峰宽变为 0.20min,则 $n=2443$,$n_{有效}=2128$,$H=0.08$cm,$H_{有效}=0.09$cm,塔板数增加了一倍多,塔板高度减少了一半还多,显然这根色谱柱的分离效能比前者高多了。

塔板理论从热力学角度,用气-液平衡观点解释了色谱分离过程,给出了评价柱效能的理论塔板数公式,简单直观,而且能定量。但塔板理论不能解释影响理论塔板数的原因,也不能解释色谱峰变宽使柱效下降的原因,因此又提出速率理论来弥补塔板理论的不足。

10.2.4 速率理论

速率理论是 1956 年由范第姆特提出的。他在塔板理论的基础上,研究了影响塔板高度的动力学因素,指出了塔板高度 H 与载气线速度 u 的关系,并归纳成速率理论方程式,也称范第姆特方程:

$$H=A+\frac{B}{u}+Cu \tag{10-10}$$

式中,A 为涡流扩散系数;B 为分子扩散系数;C 为传质阻力系数;u 为载气的平均线速度,$\text{cm}\cdot\text{s}^{-1}$。由此可见,塔板高度也即色谱峰展宽受到上述三个动力学因素的影响,下面分别介绍它们的意义。

(1)涡流扩散项 A 在填充色谱柱中,被测组分分子随着载气在柱中流动,碰到填充物颗粒时会不断改变流动方向,使被测组分分子在载气中形成紊乱的涡流。由于填充物颗粒大小不同,填充密度也不均匀,使被测组分分子通过填充柱的路径长短不同。因此,同一组分的不同分子在填充柱内停留的时间不同,到达柱子出口的时间有先有后,造成了色谱峰变宽,使分离效能降低。

涡流扩散系数 A 与填充物颗粒大小及填充的均匀性有关。使用较小颗粒的填充物,能减小涡流扩散系数,提高柱效。对于空心毛细管柱,由于没有填充物,不存在涡流扩散现象,所以 $A=0$。

(2)分子扩散项 B/u 样品在气化室中瞬间气化,气化后的样品像"塞子"一样被带入色谱柱,在塞子的前后都是不含样品的载气，于是形成了浓度梯度，样品分子从高浓度向低浓度处扩散，这种扩散沿着色谱柱的纵向进行，结果使色谱峰变宽，分离效率下降。

为了减少分子扩散项的影响，应采用较大的载气流速、较低的柱温，因为柱温低时分子的扩散速度较慢；另外选择相对分子质量较大的载气，也能减少样品分子扩散的速度。

（3）传质阻力项 Cu 物质系数由于浓度不均匀而发生的物质迁移过程称为传质，影响此过程进行速度的阻力称为传质阻力。在气液色谱柱中，样品分子在载气中的浓度很大，而未接触样品的固定液中的浓度为 0。这里的传质过程包括两个部分：样品分子从载气向固定液表面的迁移；样品分子从固定液表面进入固定液内部，达到分配平衡后再返回到固定液表面。因此传质阻力项也包含两部分：前者称气相传质阻力，后者称液相传质阻力。当固定液含量较高、液膜较厚时，液相传质阻力起主要作用；当固定液含量较低、载气的线速度较大时，气相传质阻力起主要作用。

总之，速率理论从动力学角度，定性地研究了影响理论塔板高度的诸多因素，包括涡流扩散、分子扩散、气相和液相传质阻力等，速率理论方程式可以指导人们选择最佳操作条件，达到最好的分离效果。

10.2.5 分离度

塔板高度能反映柱效能的高低，但不能反映柱的选择性，即反映不出对难分离物质对的分离情况，因此必须引入一个新的概念：分离度。它既能反映柱效能，又能反映柱的选择性，是一个综合性指标。

（1）分离度的定义   分离度是指两个相邻色谱峰的分离程度，用两个组分保留值之差与其平均峰宽之比来表示，符号为 R：

$$R = \frac{t_{R(2)} - t_{R(1)}}{\frac{1}{2}(W_1 + W_2)} = \frac{2[t_{R(2)} - t_{R(1)}]}{W_1 + W_2} \tag{10-11}$$

当峰形不对称或部分重叠时，测量峰底宽比较困难，可用半峰宽代替：

$$R = \frac{t_{R(2)} - t_{R(1)}}{W_{\frac{1}{2}h(1)} + W_{\frac{1}{2}h(2)}} \tag{10-12}$$

计算时要把保留时间与峰宽换算成同一个单位。分离度的示意见

图 10-4。

由上述公式和示意可知，两个峰的保留时间相差越大（固定相的选择性好），峰宽越窄（柱效能高），则分离度越好。对于对称的峰形，当 $R=1.0$ 时，两个峰的分离程度可达 98 %，当 $R=1.5$ 时，两个峰的分离程度可达 99.7%，因此可用 $R=1.5$ 来作为相邻两个峰完全分离的标志。

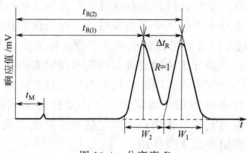

图 10-4 分离度 R

（2）分离度与其他参数的关系 前面讲过，衡量柱效能的指标是有效塔板数 $n_{有效}$，塔板数越多，说明组分在柱中进行分配平衡的次数越多，越有利于分离。但各组分能否得到分离，不能完全取决于分配平衡次数的多少，而是取决于各组分在固定相中分配系数的差异。因此不能把塔板数看作能否实现分离的依据，应当以选择性作为能否实现分离的依据。所谓选择性即难分离物质对的相对保留值 $r_{i,s}$，相对保留值越大，两个组分分离得越好，但不能反映出柱效的高低。分离度 R 是色谱柱的总分离效能指标，可以判断难分离物质对在色谱柱中的分离情况，能反映柱效能和选择性影响的总和。因此，可以将分离度 R、柱效能 $n_{有效}$ 和选择性 $r_{i,s}$ 联系起来，得到下面的公式：

$$n_{有效}=16R^2\left(\frac{r_{i,s}}{r_{i,s}-1}\right)^2 \tag{10-13}$$

再根据公式(10-9)，可以求出达到某一分离度所需的色谱柱长：

$$L=16R^2\left(\frac{r_{i,s}}{r_{i,s}-1}\right)^2 H_{有效}=n_{有效}H_{有效} \tag{10-14}$$

另外，如果在柱长 L_1 时，得到的分离度为 R_1，若此分离度不理想，还可以求出分离度为 R_2 时的柱长 L_2。由于色谱柱是一样的，因此有效塔板高度和相对保留值也是一样的，根据公式(10-14)可得到下面的公式：

$$\frac{L_1}{L_2}=\frac{R_1^2}{R_2^2}或\frac{R_1}{R_2}=\sqrt{\frac{L_1}{L_2}}$$ (10-15)

【例 10-2】　分析某样品时，两种组分的调整保留时间分别为 3.20min 和 4.00min，柱的有效塔板高度为 0.1cm，要在一根色谱柱上完全分离（$R=1.5$），求有效塔板数和柱长是多少？

解：根据式(10-1)、式(10-13) 和式(10-14)

$$r_{i,s}=\frac{t'_{R(i)}}{t'_{R(s)}}=\frac{4.00}{3.20}=1.25$$

$$n_{有效}=16\times1.5^2\left(\frac{1.25}{1.25-1}\right)^2=900$$

$$L=900\times0.1（cm）=90（cm）=0.9（m）$$

【例 10-3】　在一根 2.0m 的色谱柱上，组分甲的保留距离为 3.25cm，组分乙的保留距离为 4.00cm，半峰宽分别是 0.30cm 和 0.40cm，求两个峰的分离度 $R=$？若想获得 $R=1.5$ 的分离度，需要的柱长是多少？

解：根据式(10-12) 和式(10-15)

$$R=\frac{4.00-3.25}{0.30+0.40}=1.07$$

$$L_2=\frac{R_2^2}{R_1^2}L_1=\frac{1.5^2}{1.07^2}\times2.0=3.9（m）$$

10.3 样品的进样与气化

要想获得良好的色谱分析结果，首先必须把样品定量地引入进样器，并使之瞬间气化。固体样品需用合适的溶剂溶解变成液体后进样，液体样品直接进样或适当稀释后进样，气体则是直接进样。

进样方式有手工进样和自动进样。手工进样即用注射器进样，液体样品用微量注射器，进样量通常为 0.5～5μL；气体样品用玻璃或塑料注射器，进样量一般为 0.1～5mL。手工进样的优点是简单方便，但要求操作技术熟练，否则进样误差较大，重复性不好。自动进样方式有两种：六通阀和全自动进样器。气体样品用六通阀和定量管进样，定量管的体积有0.5μL、1μL、3mL 等几种，进样量由定量管的体积决定，因此进样误差小，重复性大大提高。液体样品用全自动进样器。微量注射器进样的精度约为 2%；定量管进样的精度约为 0.5%。

10.3.1 气化室

（1）气化室的结构　气化室的作用是使液体样品瞬间气化，因此对气化室的结构有严格的要求。

① 气化室应有较大的热容量，通常用金属块作加热体，升温速度快，一般仪器的气化室可升温至 350～400℃。有些仪器的气化室还可以进行程序升温。

② 气化室的闪蒸室容积应适当，小是为了保持气化效率，大是适应样品注入后的突然蒸发和膨胀（$1\mu L$ 甲醇甚至可以产生 $0.31mL$ 蒸气）。

③ 气化室的死体积要足够小，死体积太大时峰形不好，太小时会引起压力波动，一般仪器的死体积为 $0.2～1mL$。

④ 气化室的内壁应具有惰性，对样品中的各组分不吸附，在高温下也不能对样品的分解起催化作用，因此气化室中通常插入一根石英玻璃管。最基本的气化室结构如图 10-5 所示。

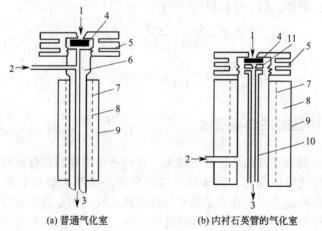

(a) 普通气化室　　　　　(b) 内衬石英管的气化室

图 10-5　气化室结构

1—进样口；2—载气入口；3—载气和样品气出口（至色谱柱）；4—硅橡胶垫；

5—螺帽；6—气化室体；7—电热丝；8—保温材料；

9—保温外壳；10—石英管；11——金属垫片

⑤ 载气一般从气化室的下部进入，通过石英管外部预热后，从

顶部进入石英管，将气化的样品带入色谱柱。对于毛细管柱进样口，还必须有分流气出口和隔垫清洗气出口。

（2）隔垫和衬管　隔垫是注射器进样的入口，隔垫材质一般为硅橡胶。在高温状态下，硅橡胶可能发生降解或分解，为了避免降解或分解的产物进入色谱柱，要对隔垫进行吹扫。

气化室内部插入的石英管即衬管。由于进样方式的不同，衬管型号有多种，如图 10-6 所示。

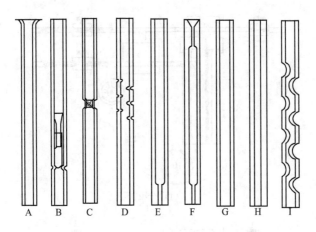

图 10-6　常用 GC 进样口衬管的结构

A—用于填充柱进样口；B～G—用于毛细管柱分流进样；
G 和 H—用于不分流进样；G，H 和 I—用于程序升温气化进样口

衬管容积一般与样品中溶剂气化后的体积相当，常用溶剂气化后体积膨胀 150～500 倍。衬管容积的设计既要避免气化样品的"溢出"，也要避免样品初始谱带变宽。

不挥发的组分会滞留在衬管中，衬管起到保护色谱柱的作用；但残留太多，则要清洗或更换，否则将影响分析结果。

衬管中的石英玻璃棉可减小分流歧视，增大与样品的接触面积，加速样品气化，也可以截留隔垫的碎渣。

10.3.2　直接进样

对于填充柱和大口径毛细柱而言，进样方式是直接进样。所有气化的样品都被载气带入色谱柱。因填充柱和大口径毛细柱容量比较

大，所以只要能满足分离，该方式定量准确度比较高。如果样品热稳定性差，最好采用玻璃柱。玻璃柱入口端留一段空管，以防气化温度高导致固定相挥发或分解而流失，金属柱则是用一衬管连接。进样速度对填充柱影响不大，大口径毛细柱的进样速度应慢一些。

10.3.3 分流与不分流进样

（1）分流式进样　如图 10-7(a) 所示。由于毛细管柱的容量有

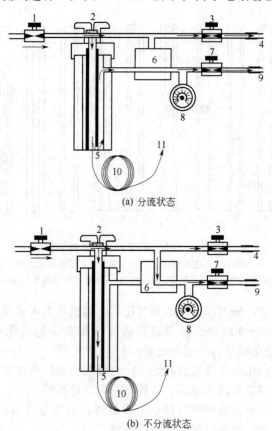

(a) 分流状态

(b) 不分流状态

图 10-7　仪器分流/不分流进样口原理示意

1—总流量控制阀；2—进样口；3—隔垫吹扫气调节阀；4—隔垫吹扫气出口；
5—分流器；6—分流/不分流电磁阀；7—柱前压调节阀；
8—柱前压表；9—分流出口；10—色谱柱；11—接检测器

限，绝大多数情况都用分流式进样口。进入气化室的载气与气化的样品混合后，绝大部分经分流口放出，只有一小部分进入毛细管柱。分流气流量与柱后载气流量之比称为分流比，分流比通常为(50～100)∶1。采用大分流比可以避免色谱柱超载，但分流比太大时，一些微量组分可能检测不出。另外，由于样品中各组分沸点与极性的差异，使各组分气化的程度和扩散速度不完全相同，因此导致柱内组分与样品组成不完全相同，这就是所谓的分流歧视效应。分流比越大，这种效应越明显，因此分流比也不宜过大。实际工作中可通过试验来选择适当的分流比。分流进样的速度越快越好，一是防止不均匀气化；二是保持窄的初始谱带宽度。

(2) 不分流式进样　如图 10-7(b) 所示。这种进样口的结构与分流式进样口完全一样，只是操作方法不同。它是针对分流式进样口的缺点而提出的，并不是完全不分流，只是开始进样的瞬间不分流，这个瞬间一般为 30～80s。进样前先关闭分流阀，使气化后的样品大部分进入色谱柱中，这样能提高分析的灵敏度，又能消除分流歧视效应。然后再打开分流阀，将多余的溶剂和载气放空。

不分流式进样口的操作比较麻烦，要通过试验确定恰当的不分流时间，同时对载气流速的控制、溶剂的极性以及毛细管柱的初始柱温都有严格的要求，因此应用不太普遍。

(3) 大体积进样　气相色谱分析一般进样量为 1～2μL。如果大量溶剂进入毛细管柱，会导致谱带增宽、峰形歧变以及色谱柱的损坏。随着技术的发展，大体积进样现已成为可能，据报道，最多可直接进样 25～250μL。大体积进样使毛细管柱检测灵敏度明显提高，痕量组分的浓缩步骤可以简化或省略。

大体积进样是利用一个保留间隙柱，在溶剂进入色谱柱分离前将大量溶剂与溶质分开，除去大量溶剂后的样品进入色谱柱。

保留间隙柱是一根去活性的、未涂渍固定液的毛细管柱，安在分析柱和进样口之间。大量溶剂进入后，溶质在保留间隙柱内无保留，溶剂溢流处于保留间隙柱内，溶质随着溶剂的蒸发被浓缩。通过时间程序控制一个切换阀，使溶剂从保留间隙柱蒸发而排放（开阀），在溶剂完全挥发前关闭阀，使残留溶剂和溶质进入分析柱分析。

10.3.4 冷柱头进样与程序升温进样

（1）冷柱头进样 冷柱头进样是将样品直接注入处于室温或更低温度下的色谱柱头，然后逐步升温使样品组分依次气化，通过色谱柱进行分离。其工作原理如图 10-8 所示。冷柱头进样具有以下特点。

① 样品直接进入色谱柱，进样过程中不会气化，因此消除了进样口的歧视效应。

② 样品不接触气化室的内壁，也不经受高温，因此避免了样品的分解，特别适用于分析受热不稳定的化合物。

③ 由于样品在柱头气化，所以样品容易污染柱头，同时也存在记忆效应。

④ 这种进样口不仅有加热装置，还有控制低温的冷冻装置，所以结构复杂，操作也比较复杂。

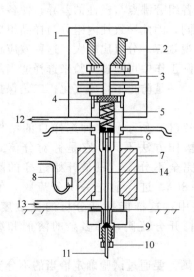

图 10-8 冷柱头进样口的结构示意
1—冷却风扇；2—导针装置；
3—散热片；4—隔垫；5—弹簧；
6—插件；7—加热块；8—冷冻液配件；
9—石墨垫；10—毛细管柱固定螺母；
11—毛细管柱；12—隔垫吹扫气出口；
13—载气入口；14—样品进入色谱柱位置

（2）程序升温进样器 程序升温进样器是把样品注射到处于低温的进样口衬管内，然后按设定好的程序升温，使样品中的各组分逐渐气化。它是把分流与不分流进样器和冷柱头进样器结合在一起，充分发挥各进样器的优点，克服缺点，是一种最为通用的进样器。缺点是结构比较复杂，对操作技术要求得更高，价格也比较贵一些。

10.3.5 阀进样

进样阀即通常所说的六通阀，通过阀体和定量管把样品引入色谱柱。图 10-9 是气体进样阀的结构。图 10-9（a）为取样位置，这时载气通过阀直接进入色谱柱，样品气通过定量管后排除，等于对定量管进行充分地置换。将阀芯旋转 60° 成为进样位置，这时样品气通过阀体直接排除，载气则通过定量管将样品带入色谱柱。液体样品进样阀与气体进样阀相似，只是在样品出口上加一个限流器，保持一定的压力，保证进样前的样品为液态。液体样品进样的体积非常小，不能用连在外部的定量管，而是用刻在阀芯上的定量槽来定量，体积不超过 5μL。

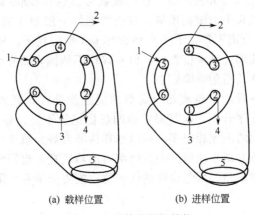

(a) 载样位置 (b) 进样位置

图 10-9 气体进样阀结构

1—载气入口；2—接色谱柱；3—样品注入口；
4—放空；5—样品定量管

气体进样阀要求控制较高的温度，以防止样品冷凝。为保持阀体温度，可以把进样阀安装在柱箱内。安装在柱箱外的进样阀需要单独加热及控温。液体进样阀通常不需要加热及控温。

阀进样通常适用于填充柱分析，因样品的转移需要较大的载气流速携带；若连接毛细柱，进样阀接在进样口之前，载气总流量应大于 20mL·min^{-1}，然后通过调节分流比来控制进入色谱柱的样品量。阀进样的初始样品谱带较宽，应选择适当的色谱柱、柱温以及衬管的形状（直通衬管为佳）。

10.4 色谱柱

气相色谱用的色谱柱包括填充柱和毛细管柱。色谱柱中装填的固定相分为两种：气-固色谱固定相和气-液色谱固定相，前者是固体吸附剂，后者是固定液涂敷在载体表面上或毛细管内壁上。柱材料有不锈钢、铜、玻璃和熔融石英。

10.4.1 填充柱

填充柱的形状可以是螺旋形和 U 形，螺旋形最常用。填充柱直（内）径多为 2mm、3mm 或 4mm，长度 2～6m。好的填充柱塔板数为每米 1000 块，3m 长的螺旋柱塔板数可以达到 3000 块。填充柱的分辨率随着柱长平方根而增加。柱长的选择一般为 3 的倍数，如 1m 或 3m。如果分离不好，下一步将选择 6m 长的柱子。柱材质常用不锈钢、铜、玻璃。玻璃惰性好，但易碎；不锈钢表面有活性点，易引起极性化合物的吸附或降解。

填充柱一般用于组成相对简单的混合物分离，且多采用恒温分析，不适于程序升温，因其固定相的热稳定性不好，导致基线漂移。填充柱可选用的固定相很多，所以选择性非常好。填充柱适用于所有气体，特别适合制备色谱。但其色谱峰的峰较宽，也即组成峰的分子有较大的标准偏差。因色谱峰的峰较宽，痕量分析有局限，而且分析速度较慢。

10.4.2 毛细柱

（1）标准毛细管柱　毛细管柱细长，内径 1mm 以下，长度为几十米，甚至超过百米，多数为空心的，所以也称开口柱或空心柱。与经典的填充柱比较，它的柱效高，柱的容量小，分析速度快，应用范围广。

毛细管柱现在应用最多的是熔融石英毛细管柱。它的机械强度好，柔韧性也好，表面惰性吸附和催化活性小，涂渍出来的柱效高。

毛细管柱习惯上是指开口柱，如壁涂毛细管柱（WCOT）和多孔层毛细管柱（PLOT）。壁涂毛细管柱是将固定液直接涂在毛细管内壁上；多孔层毛细管柱是先在毛细管内壁上附着一层多孔固体，然后再涂渍固定液。

商品毛细管柱都是交联键合柱。交联即在引发剂作用下，让固定液分子间发生交联反应，形成共价键如 Si—O—Si、Si—C—C—Si 等，使固定液形成一层高分子薄膜，坚固耐久，不易流失。键合则是固定液分子与载体间进行反应，形成化学键，这样的固定液不是附着在载体表面，而是与载体结合在一起。这种键合固定相的液膜厚度均匀牢固，分离效率高，耐热温度高，固定液不易流失。例如，交联键合的 HP- INNOWax（聚乙二醇 20M）比同类固定相 PEG-20M 最高使用温度高 40～60℃。

毛细管柱的色谱峰尖锐，锐峰相对宽峰分离要好，因而毛细管柱对样品组分选择性的要求比填充柱低；峰尖锐，单位时间内传递给检测器的浓度就高，灵敏度也就高。

（2）大孔径毛细管柱　大孔径毛细管柱内径为 0.53mm，柱长 15～30m，涂渍的液膜较厚（1～5μm），柱容量较大，其性能介于毛细管柱和填充柱之间，可直接进样，代替填充柱使用。大孔径毛细管柱兼顾了填充柱的高容量和毛细柱的高柱效，而且分析快速、操作方便。另外，由于吸附作用小，峰对称性好。键合的大孔径毛细管柱可承纳所有常用溶剂，但水除外，因水将导致固定相水解，而使柱失效。

（3）小孔径毛细管柱　小孔径短柱，薄液膜，氢气为载气，允许载气流速更快、压力更大、检测器响应时间更短，从而允许分析时间更快，如 C_9 到 C_{17} 的分析，所用的色谱柱为 5m × 0.32mm，0.25μm，初温 60℃，升温速率为 19.2℃·s^{-1}，在 10s 内完成分离，而用常规的毛细柱色谱分析时间至少需要 10min，见图 10-10。

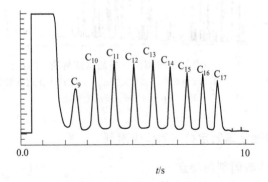

图 10-10　C_9 到 C_{17} 的快速分析

（4）集束毛细管柱　由许多支很小内径的毛细管柱组成的毛细管束，容量大，分析速度快，适用于工业分析。

图 10-11 展示了三代色谱柱的分离效能。

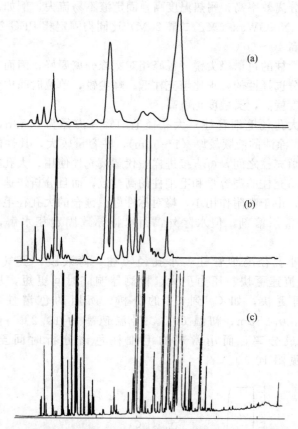

图 10-11　三代色谱柱分离同一样品（薄荷油）的色谱图
(a) 6.4mm×1.8m 填充柱；(b) 0.76mm×152m 不锈钢毛细柱；
(c) 0.25mm×50mg 玻璃毛细柱

10.4.3　气固色谱固定相（固体吸附剂）

（1）固体吸附剂的特点

① 固体吸附剂具有很大的比表面积，通常大于 $200m^2 \cdot g^{-1}$，各种化合物在固体吸附剂上都有较长的保留时间，因此不适合分析高沸点样品，特别适合于分析永久气体和低级烃类。

② 固体吸附剂的热稳定性好，不流失。但高温下固体吸附剂具

有催化活性，因此不适于在高温下使用。

③ 色谱峰容易拖尾，组分的保留值随含量而改变，含量高时保留值拖后。由于固体吸附剂表面不均匀，不同厂家、不同批次的产品，其色谱性能也不完全一致。

（2）固体吸附剂的分类　主要的固体吸附剂有活性炭、氧化铝、硅胶、分子筛、高分子多孔小球。

① 活性炭类　属于非极性吸附剂，石墨化炭黑是常用的一种。石墨化炭黑是活性炭在惰性气体中经 $2500 \sim 3000$℃ 高温灼烧而成，它具有较高的比表面积和均匀的非极性表面，用它分析极性化合物时峰不拖尾，也适合分析空间异构体。

② 氧化铝　属于中等极性的吸附剂，其热稳定性和机械强度都很好，特别适合于分析低级烃类，常用来分析 $C_1 \sim C_4$ 烃类及异构体。

③ 硅胶　硅胶是氢键型强极性吸附剂，其分离效能取决于它的含水量和表面的孔径。它适合于分析永久气体和低级烃类，尤其是对 CO_2 有很强的吸附能力，可以将 CO_2 与 H_2、O_2、N_2、CO、CH_4 等分开。

④ 分子筛　分子筛是人工合成的硅铝酸的钠盐或钙盐，是强极性的特殊吸附剂。分子筛根据组成和孔径大小分为 3A、4A、5A 和 13X 等 4 种类型。不同类型的分子筛吸附性能也不同，如表 10-1 所示。

表 10-1　分子筛的型号及吸附性能

型号	化学组成	孔径/nm	可吸附的物质
3A	$K_2O \cdot Al_2O_3 \cdot 2SiO_2$	0.3	永久气体，H_2O
4A	$Na_2O \cdot Al_2O_3 \cdot 2SiO_2$	0.4	永久气体，惰性气体，H_2，O_2，N_2，CO，CO_2，H_2O，CH_4，NH_3，H_2S，CS_2，乙烷，乙烯，乙炔，甲醇，氯甲烷等
5A	$CaO \cdot Al_2O_3 \cdot 2SiO_2$	0.5	C_3、C_4 以上正构烷烯烃，C_2H_5Cl，C_2H_5OH，$C_2H_5NH_2$，CH_2Cl_2，CH_2Br_2 以及能被 4A 分子筛吸附的物质
13X	$Na_2O \cdot Al_2O_3 \cdot 3SiO_2$	1.0	异构烷烯烃，异构醇类，$CHCl_3$，CCl_4，苯类，噻吩，吡啶以及能被 5A 分子筛吸附的物质

分子筛对极性分子和极化率大的分子吸附能力强，对不饱和烃有较大的亲和力，在 4A 分子筛上吸附能力的顺序为：

$$O_2 < N_2 < CH_4 < CO < C_2H_6 < C_2H_4 < CO_2 < C_2H_2$$

分子筛对能形成氢键的化合物有很强的吸附能力，对 H_2O、CO_2、NO_2 都有不可逆的吸附作用，使用时要特别注意。

分子筛在使用前一定要活化，在 550℃ 下干燥 2h。分子筛吸收水分后会失去活性，再加热活化后可以继续使用。

⑤ 高分子多孔小球　高分子多孔小球简称 GDX，是由苯乙烯和二乙烯基苯等经乳液聚合成的交联共聚物，具有吸附剂和固定液的双重性能，是分析有机物中微量水的理想固定相。还可以分析气体及低沸点化合物。

10.4.4　气液色谱固定相 (载体和固定液)

（1）载体

① 气-液色谱用的载体应具备以下特点。

a. 多孔性，比表面积大，能涂渍一定量的固定液。

b. 表面惰性，无吸附性，不与被测组分起反应。

c. 颗粒均匀，机械强度好，装填后的透气性好，柱子的阻力小。

d. 热稳定性好，在使用温度下不分解，不变形，无催化活性。

② 载体可分为硅藻土类和非硅藻土类，其中硅藻土类是最常用的。

硅藻土类载体又分为红色载体和白色载体。红色载体比表面积大，孔径小，机械强度好，液相载荷量大，缺点是有活性吸附中心，不适于分析极性化合物。白色载体比表面积略小，孔径稍大，机械强度和液相载荷量都小，优点是活性吸附中心较弱，惰性较好，适于分析极性化合物。

非硅藻土类载体包括氟担体和玻璃微珠等。氟担体主要是聚四氟乙烯和聚三氟氯乙烯，它们的特点是比表面积小，表面惰性，耐腐蚀，适于分析强极性化合物和腐蚀性气体。玻璃微珠的比表面积小，液相载荷量小，柱效低，但热稳定性好，机械强度好。

③ 载体的改性处理 硅藻土类载体的表面存在硅醇基（Si—OH）和硅醚基（Si—O—Si），因此硅藻土的表面存在吸附点或活性点。由于硅藻土表面不是完全惰性的，造成色谱峰拖尾，保留值变化，甚至发生催化作用。为消除硅藻土载体表面的活性点，可以采用酸洗、碱洗、硅烷化、釉化、加入减尾剂等方法。

a. 酸洗。用 $6\,mol \cdot L^{-1}$ 的盐酸处理载体，消除表面的碱性吸附点及金属铁等杂质。

b. 碱洗。用质量分数为 5%～10%的 KOH 甲醇溶液处理载体，消除表面的酸性吸附点。

c. 硅烷化。用二甲基二氯硅烷处理载体，与载体表面的硅羟基反应，以消除氢键。

d. 釉化。载体先用 $Na_2CO_3\text{-}K_2CO_3$ 溶液浸泡，烘干后再高温煅烧，载体表面形成一层类似玻璃的釉质。这样处理后的载体表面吸附小，强度大，液相载荷量小，分析极性化合物不拖尾，但分析非极性化合物时柱效不高。

e. 加入减尾剂。分析酸性物质时，在固定液中加入少量阴离子型减尾剂，如对苯二酚、磷酸等。

（2）固定液

① 固定液的特性 固定液是气液色谱柱的核心，对样品的分离起决定作用，因此固定液必须具备下列特性。

a. 在工作温度下为液体，具有很高的沸点，避免固定液流失。

b. 具有较高的热稳定性和化学稳定性，不与样品、载体、载气发生反应。

c. 在工作温度下的黏度要低，对载体有很好的浸渍能力，在载体表面形成均匀的液膜。

d. 对所分离的物质具有很好的选择性，如丁烯的正、异、反、顺等异构体都能分开。

② 固定液的分类 固定液通常按其极性大小来分类。将角鲨烷的极性定为 0，β,β'-氧二丙腈的极性定为 100，依此为标准求出各种固定液的相对极性。中间分为 5 级，用＋1～＋5 表示极性逐渐增强。表 10-2 列出各类具有代表性的固定液。

填充柱使用的固定液种类很多，因为填充柱的柱效低，不得不依靠选用不同的固定相来达到分离的目的。

表 10-2　常用固定液

分类	名称	最高温度/℃	常用溶剂	相对极性	分析对象
非极性	角鲨烷	140	乙醚	0	C8 以下的烃类
	硅橡胶 (如 SE-30、E-301)	300	氯仿	+1	各类高沸点有机物
中等极性	癸二酸二辛酯	120	甲醇、乙醚	+2	烃、醇、醛、酮、酸、酯等含氧有机物
极性	磷酸三苯酯	130	甲醇、乙醚	+3	芳烃、酚类异构体、卤代物
	有机皂土-34	200	甲苯	+4	芳烃,特别对二甲苯异构体有很高的选择性
强极性	β,β'-氧二丙腈	100	甲醇、丙酮	+5	低级烃、芳烃、含氧有机物
氢键型	聚乙二醇 400	100	乙醇、氯仿	+4	醇、醛、酯、腈、芳烃等极性化合物
	聚乙二醇 20M	250	乙醇、氯仿	+4	醇、醛、酯、腈、芳烃等极性化合物

　　用于毛细柱的是交联键合固定液,柱效高,而且可以通过高温老化或注入溶剂的方式清洗,因而寿命较长。毛细柱使用的固定相以聚甲基硅氧烷系列为主,如 OV-101(聚甲基硅氧烷)、HP-5(5%聚苯基甲基硅氧烷)、OV-17(50%聚苯基甲基硅氧烷) 等等,随着苯基等极性强的官能团分数的增加,固定相的极性和选择性也增加。OV-101为非极性、OV-17 为中等极性。三氟丙基也可以与聚甲基硅氧烷键合(OV-225),极性则更强。聚乙二醇 20M 极性固定相也是常用的。表 10-3 为毛细柱常用的固定相。

表 10-3　毛细柱常用的固定相

固定液结构式	固定液	极性	用途	最高使用温度/℃
$\left[\ O-\underset{CH_3}{\overset{CH_3}{Si}}\ \right]_n$	100%二甲基聚硅氧烷	非极性	通用型烃类、多环芳烃、胺类等	320
$\left[\ O-\underset{}{\overset{}{Si}}\ \right]_{x\%}\left[\ O-\underset{CH_3}{\overset{CH_3}{Si}}\ \right]_{100-x\%}$	二苯基-二甲基聚硅氧烷	5%苯基低极性 35%、50%中等极性	通用型	320~370

续表

固定液结构式	固定液	极性	用途	最高使用温度/℃
$\left[O-\underset{\substack{\text{Ph}}}{\overset{\substack{(CH_2)_3CN}}{Si}}\right]_{14\%}\left[O-\underset{\substack{CH_3}}{\overset{\substack{CH_3}}{Si}}\right]_{86\%}$	14%氰丙基苯基-86%二甲基聚硅氧烷	中等极性	有机氯	280
$\left[O-\underset{\substack{(CH_2)_3CN}}{\overset{\substack{(CH_2)_3CN}}{Si}}\right]_{80\%}\left[O-\underset{\substack{Ph}}{\overset{\substack{(CH_2)_3CN}}{Si}}\right]_{20\%}$	80%双氰丙基-20%氰丙基苯基聚硅氧烷	极性	自由酸、脂肪饱和酸、醇类。避免极性溶剂水和甲醇	275
$\left[O-\underset{\substack{R_2}}{\overset{\substack{R_1}}{Si}}-C_6H_4-\underset{\substack{R_4}}{\overset{\substack{R_3}}{Si}}\right]_n$	二烷基硅苯基二烷基聚硅氧烷(芳撑)	同上改变R基,极性也随之改变	高温低流失	300~350
$\left[O-CH_2CH_2\right]_n$	聚乙二醇	极性	醇、醛、酮,芳香烃异构体,如二甲苯	250

③ 固定相的选择　　选择固定相主要根据相似相溶原理,即选择的固定相应与样品组分性质相似,包括官能团、化学键、极性等。这样的固定相与样品分子间的作用力大,溶解度大,分配系数也大,保留时间长,容易分离;相反,如果性质不相似,则作用力小,分配系数也小,保留时间短,不容易分离。

分析非极性组分时,应选择非极性固定相,非极性组分按沸点顺序出峰,有机同系物按碳数顺序出峰。如果样品中同时含有极性和非极性组分,则沸点相同的极性组分先出峰。

分析中等极性组分时,选择中等极性固定相,各组分按沸点顺序出峰。如果样品中同时含有极性和非极性组分,则沸点相同的非极性组分先出峰。

分析强极性组分时，选择强极性固定相，各组分按极性顺序出峰，极性小的先流出，极性大的后出峰。如果样品中同时含有极性和非极性组分，则非极性组分先出峰。

如果分析醇、酸等易形成氢键的组分时，应选择氢键型固定相，这时分子间的作用力是氢键力，各组分按形成氢键的能力顺序出峰，能力小的先流出，能力大的后流出。

10.4.5 填充柱的制备

（1）固定液涂渍 将固定液溶于溶剂中，使其成为均匀相溶液。将载体浸泡在溶液中（必要时加热回流）轻轻搅拌或摇匀。勿使载体粉碎，置通风橱内，于红外灯下使溶剂挥发、干燥。

固定液的质量分数以 w 计，数值以％表示，按下式计算：

$$w = \frac{m_1}{m_1 + m_2} \times 100\%$$

式中 m_1——固定液质量的数值，g；

m_2——载体质量的数值，g。

所需载体的量以 m_2 计，数值以 g 表示，按下式计算

$$m_2 = \pi r^2 l \rho$$

式中 r——色谱柱内半径的数值，m；

l——色谱柱长度的数值，cm；

ρ——载体的表观密度的数值，$g \cdot cm^{-3}$。

称量时可比计算量增加 20％，为涂渍过程中的破碎和损失留有余地。

（2）空柱预处理 首先除去柱内的机械杂质，用硝酸溶液（质量分数为 10％）洗涤，用水洗涤至中性，再用氢氧化钠溶液（100g·L^{-1}）洗涤，最后用水洗涤至中性，烘干。

（3）色谱柱填充 将预处理过的空柱一端用玻璃纤维和铜丝网塞紧，接真空泵减压抽空；另一端加入固定相，同时处以适度的振动。使载体均匀紧密地装入色谱柱内。装毕，取下柱子，塞好玻璃棉，将柱子两端封好备用，做好入口和出口的标记，通常入口接进样口，出口接检测器。

（4）色谱柱老化 老化色谱柱时先将柱子的入口接到进样器上，

出口不接检测器，通氮气缓缓升温，在较低的温度下加热 1～2h，温度升至低于固定液最高使用温度之下 20～30℃后保持 4h 以上（温度切不可过高，以防流失）。老化的后期将柱子出口接到检测器上，直到基线平稳为止。老化完毕后应在载气中逐渐降温。老化的目的是除去残留的溶剂、水分和低沸点杂质；同时也使固定液在载体表面上形成均匀的膜。

10.5 检测器

检测器是一个能检测载气中的组分及其变化的装置。气相色谱检测器品种较多，表 10-4 列出了几种具有代表性的检测器。

表 10-4 常用气相色谱检测器的分类

检测方法	工作原理	检测器名称	检测器符号	应用范围
物理常数法	热导率差异	热导检测器	TCD	所有化合物
	密度差异	气体密度天平	GDB	所有化合物
气相电离法	火焰电离	氢焰检测器	FID	有机物
	热表面电离	氮磷检测器	NPD	氮、磷化合物
	化学电离	电子捕获检测器	ECD	电负性强的化合物
	光电离	光电离检测器	PID	所有化合物
光度法	原子发射	原子发射检测器	AED	多元素（也有选择性）
	分子发射	火焰光度检测器	FPD	硫、磷化合物
	分子吸收	紫外检测器	UVD	有紫外吸收的化合物
电化学法	电导变化	电导检测器	ELCD	卤素、硫、氮化合物
质谱法	电离,质量色散	质量选择检测器	MSD	所有化合物

10.5.1 检测器的性能指标

（1）噪声与漂移 一个好的检测器，当没有样品组分、只有载气通过时，它的基线应当是稳定平直的。由于各种原因引起的基线波动称为噪声，噪声一般用 10～15min 内基线的波动范围来表示，单位是 mV(或 μV,或 pA)。

基线随时间单方向地缓慢变化称为基线漂移，通常用每小时基线的变化来表示，单位是 mV·h^{-1}。

噪声与漂移是衡量检测器性能的一个指标，越小越好。影响噪声与漂移的因素，除检测器性能外，还与许多操作条件有关，控制好操作条件，能减少噪声与漂移。

(2) 灵敏度与检测限　灵敏度是衡量检测器性能的重要指标。当一定浓度或一定量的样品进入检测器后，产生一定的响应信号。

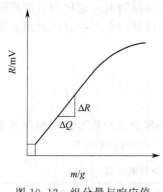

如果将响应信号 R 对进入检测器的样品量 m 作图，得到如图 10-12 所示的响应曲线，曲线上直线部分的斜率 S 即是检测器的灵敏度，ΔR 为被测组分改变 Δm 单位时响应的信号变化量。

$$S = \frac{\Delta R}{\Delta m}$$

图 10-12　组分量与响应值

① 浓度型检测器的灵敏度

$$S = \frac{AC_1C_2F}{m} \qquad (10\text{-}16)$$

式中　A——样品峰面积的数值，cm^2；

　　　C_1——记录器灵敏度的数值，$mV \cdot cm^{-1}$；

　　　C_2——记录器纸速倒数的数值，$min \cdot cm^{-1}$；

　　　m——进入检测器试样质量的数值，mg；

　　　F——换算至检测器温度下载气流速的数值，$mL \cdot min^{-1}$。

计算得到灵敏度 S 的单位是 $mV \cdot mL \cdot mg^{-1}$，即每毫升载气中含有 1mg 样品时所产生的毫伏量。

使用积分仪，计算灵敏度可用式(10-17)：

$$S = \frac{A}{1000} \times \frac{F}{60} \times \frac{1}{m} \qquad (10\text{-}17)$$

式中　A——峰面积的数值，$\mu V \cdot s$，除以 1000 变成 $mV \cdot s$；

　　　F——载气流速的数值，$mL \cdot min^{-1}$，除以 60 变成 $mL \cdot s^{-1}$；

　　　m——进入检测器试样质量的数值，mg。

注：现在的色谱仪绝大多数配置积分仪或工作站，峰面积的表示单位常用 $\mu V \cdot s$ 或 $pA \cdot s$，记录仪表示的 cm^2 已经很少使用，在随后的章节中除非特别注明，否则都以 $\mu V \cdot s$ 或 $pA \cdot s$ 表示。

② 质量型检测器的灵敏度　质量型检测器的灵敏度用 S_t 表示。

$$S_t = \frac{60AC_1C_2}{m} \qquad (10\text{-}18)$$

式中符号的意义与式(10-16) 相同，m 的单位是克（g），S_t 的单位是 $mV \cdot s \cdot g^{-1}$，即每秒有 1g 样品通过检测器时产生信号的毫伏。如果使用积分仪，可按下式计算：

$$S_t = \frac{A}{1000m} \tag{10-19}$$

式中　A——峰面积的数值，$\mu V \cdot s$，除以 1000 变成 $mV \cdot s$；

　　　m——进入检测器的试样质量的数值，g。

③ 检测限　在计算灵敏度时，没有考虑噪声的大小，这是不准确的，因为噪声达到一定程度就会掩盖检测器对组分的响应信号，即噪声限制了检测器的检测下限，因此把产生二倍噪声信号时单位体积载气中样品的浓度或单位时间内进入检测器的样品量称为检测下限。

检测限以 D 计，浓度型检测器的数值以 $mg \cdot mL^{-1}$ 表示；质量型检测器的数值以 $g \cdot s^{-1}$ 表示，按式(10-20) 计算：

$$D = \frac{2R_N}{S} \tag{10-20}$$

式中　R_N——噪声的数值，mV；

　　　S——检测器灵敏度的数值，浓度型检测器的单位是 $mV \cdot mL \cdot mg^{-1}$，质量型检测器的单位是 $mV \cdot s \cdot g^{-1}$。

灵敏度与检测限是两个从不同角度表示检测器对样品敏感程度的指标，灵敏度越高，检测限越低，检测器的性能越好。习惯上浓度型检测器用灵敏度表示，如热导检测器的 $S \geqslant 1000 mV \cdot mL \cdot mg^{-1}$；质量型检测器用检测限表示，氢焰检测器的检测限（也称敏感度）$D \leqslant 10^{-10} g \cdot s^{-1}$。

（3）选择性　检测器的选择性可用两类化合物的响应值之比来表示。如果此比值小于 10，即该检测器对各类化合物都有差不多的响应，称为通用型检测器，如 TCD、PID、MSD 等。如果此比值大于 10，说明该检测器对某类化合物有选择性响应，称为选择性检测器如 ECD、FPD 等。在选择性检测器中，有些检测器的比值大于 1000，则称为专用型检测器，如 FPD 可称为磷、硫的专用型检测器。正确选择检测器，可减少干扰，避免麻烦的前处理程序，缩短分析时间。

（4）线性范围　准确地定量分析取决于样品量与检测器响应值之间良好的线性关系。检测器的线性范围是指呈线性时，样品的最大量与最小量之比。检测器的线性范围宽，说明不论是大量组分还是微量组分，检测器都能准确、定量地测定出来。一般来说，热导检测器的线性范围为 10^4，氢焰检测器的线性范围宽，可达 10^7。

（5）响应时间　检测器的响应时间用检测器的时间常数表示。从组分进入检测器到响应出 63％ 的信号所需的时间，称为检测器的时间常数，通常为几十至几百毫秒。检测器的死体积小，检测电路反应灵敏，时间常数就小。检测器的时间常数越小，响应越快，对峰形的失真越少，这点对毛细管柱等快速色谱分析非常重要。

10.5.2　热导检测器

热导检测器（TCD）是通用型检测器。它对所有物质都有响应，应用范围广；结构简单，性能稳定可靠；价格低廉，经久耐用；属于非破坏性检测器，可与其他检测器串联使用。热导检测器不仅用于填充柱，也能用于毛细管柱。热导检测器测定最低丙烷的检测限可达 $400\text{pg} \cdot \text{mL}^{-1}$，线性范围为 10^5。

热导检测器采用单一气源载气，可用的载气有 H_2、N_2、He 或 Ar。

（1）热导检测器的结构　热导检测器是由镶在热导池中的热丝（多为铼-钨丝）和测量电路（惠斯通电桥）组成。

（2）热导检测器的工作原理　热导检测器测定纯载气和从色谱柱洗脱出的载气加组分的热导率差。热导池中的热丝通电流后发热，热量通过载气向池壁传导，同时也被载气带走，产生的热量与带走的热量相等时，热丝的温度稳定，电阻值也稳定，热导池处于平衡状态。当样品组分随载气进入测量池时，由于样品组分的热导率比载气小，热传导的能力差，使热丝的温度升高，电阻增大，因此惠斯通电桥失去平衡，产生了输出信号。

表 10-5 列出几种常见化合物的热导率（热传导系数）。由表可见，热导率最大的是 H_2 和 He，其余物质的热导率都小很多。因此用热导检测器时，最好用 H_2 或 He 作载气，这时载气与样品组分间热导率的差值大，热导池的响应灵敏度高。N_2 的热导率比 H_2 低很多，用 N_2 作载气时，由于载气与样品组分热导率的差值小，所以热导池的响应灵敏度低，而且样品中的 H_2 会出反峰。

表 10-5　常见化合物的热导率

单位：$\times 10^{-5} W \cdot m^{-1} \cdot K^{-1}$

化 合 物	0℃	100℃	化 合 物	0℃	100℃
空气	0.24	0.32	CO_2	0.15	0.22
H_2	1.75	2.24	CH_4	0.30	0.46
He	1.46	1.75	C_2H_6	0.18	0.31
N_2	0.24	0.32	C_3H_8	0.15	0.26
O_2	0.25	0.32	甲醇	0.14	0.23
Ar	0.17	0.22	丙酮	0.10	0.18
CO	0.24	0.30	氯仿	0.07	0.11

（3）影响热导池灵敏度的因素

① 桥电流　热导池灵敏度与桥电流的三次方呈正比，增加桥电流可以迅速提高灵敏度。但桥电流增加后，会使噪声增大，基线不稳，而且热丝易氧化烧断，因此桥电流不能随意增大。通常用 H_2 或 He 作载气时，桥电流可选 150～200mA；用 N_2 或 Ar 作载气时，桥电流应选 80～120mA。在满足灵敏度的要求时，尽量选择较低的桥电流，这时噪声低，热丝的使用寿命长。

需要注意的是在某些气相色谱仪上没有桥电流设置，如 Agilent 7890。

② 载气的热导率、纯度及流速　载气与样品组分的热导率相差越大，灵敏度越高，因此用 H_2 或 He 作载气，灵敏度最高；N_2 作载气时灵敏度低，有些组分出反峰，一般不用 N_2。测定 H_2 时要用 N_2 或 Ar，不要用 He，因为 He 与 H_2 的热导率相近，灵敏度低。载气的纯度也影响检测器的灵敏度和稳定性，高纯氢的灵敏度比普通氢要高，H_2 中的微量 O_2 和 H_2O 可用 105 催化剂除去。载气流速要保持稳定，流速波动能使噪声增大。在满足分离要求的前提下，载气流速尽量小些，因为峰面积与载气流速成反比；但流速太低时响应速度慢，一般普通热导池的流速不要小于 20mL·min^{-1}，微型热导池不要小于 10m·min^{-1}。

③ 热丝的阻值及电阻温度系数　热导检测器的灵敏度正比于热丝的电阻值和电阻的温度系数。钨丝的电阻值和温度系数都很高，所以都用钨丝作热丝。近年发展起来的铼-钨丝，可制成电阻为 100Ω 的热丝，不仅灵敏度高，而且抗氧化性更好，寿命更长。

④ 几何因素　池常数 K 与热导池的几何形状有关，热丝体积

大，池腔体积小，则灵敏度高。

⑤ 池体温度 热丝与池体间的温度差越大，热导池的灵敏度越高。要使温度差增大，一是提高热丝温度；二是降低池体温度。热丝的温度由桥电流决定，但桥电流不能随意提高，否则噪声大，热丝寿命短。池体温度即检测室温度也不能太低，否则样品组分在热导池中冷凝，污染检测器。通常池体温度应高于样品组分的沸点，但也不要太高，池体温度过高时灵敏度降低。

（4）热导检测器操作注意事项

① 开机时一定要先送载气，后给桥电流。送载气时要缓慢，防止载气流速过大损坏热丝；载气稳定 10min，将气路中的空气置换干净后，再送桥电流，防止热丝氧化。关机时要先关桥电流，待热丝冷却后再关载气。

② 检测器的池体积应与使用的色谱柱相匹配，用毛细柱时池体积应小于 $30\mu L$，填充柱时为 $2.5mL$。

③ 载气必须纯化，否则其中的痕量氧气可能会使热丝表面生成氧化物使得热丝对热导率变化的敏感能力降低，从而导致检测灵敏度降低。

④ 根据载气种类和检测室温度，正确选择桥电流，防止烧断热丝。

⑤ 更换进样口胶垫、更换载气钢瓶或色谱柱时，一定要关闭桥电流。

⑥ 检测室温度应比柱温高 $20\sim30℃$，防止样品组分在热导池中冷凝。

⑦ 注意控制检测室温度和载气流速稳定，温度和流量波动将增大噪声和漂移。

⑧ 热导检测器在低含量范围线性较好，在高含量范围较差。

⑨ 发现热导池性能变坏时，可用适当的溶剂小心清洗，用载气吹干后再用。

10.5.3 氢焰检测器

氢焰检测器（FID）也叫氢火焰离子化检测器，是破坏性的质量流速型检测器。它对几乎所有的有机物都有响应，特别是对烃类的灵敏度特别高，检测限可达 $10^{-12}g\cdot s^{-1}$，线性范围广，可达 10^7，死体积小，响应速度快，结构简单，操作方便，应用范围广。

氢焰检测器需要三个气源，载气、燃烧气、助燃气，通常分别为 N_2(He)、H_2 和空气。

(1) 氢焰检测器的结构 氢焰检测器的结构见图 10-13。氢焰检测器的传感器是电离室。电离室通常用不锈钢作外壳，将喷嘴、点火线圈、极化极和收集极密封在里面，底部有进气口，顶部有出气口。携带样品组分的载气在喷嘴与 H_2 混合，在氢火焰中燃烧并电离，收集极收集这微弱的电流，放大后记录下来就是色谱峰。

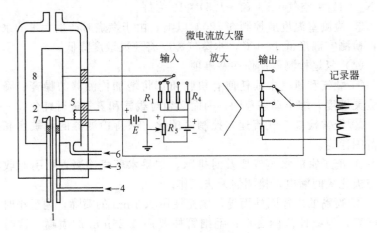

图 10-13 FID 系统示意

1—毛细管柱；2—喷嘴；3—氢气入口；4—尾收气入口
5—点火灯丝；6—空气入口；7—极化极；8—收集极

(2) 氢焰检测器的工作原理 氢焰检测器的响应机理是化学电离。含碳的有机物在氢气火焰中先裂解成自由基，自由基与 O_2 发生氧化反应生成 CHO^+，CHO^+ 与火焰中的大量水蒸气发生反应，产生 H_3O^+。化学电离产生的正、负离子（H_3O^+、CHO^+ 和电子）在电场作用下形成微弱的离子流，被收集极接收即是色谱信号。多数收集极接极化电压的负极，接收正离子。如果给收集极加上相反的电压，也可以收集带相反电荷的离子。

氢焰检测器的响应与进入火焰中—CH_2 基团数目成比例，对连接羟基和氨基的碳原子的响应较低，对全氧化的碳如羰基或羧基（和硫代类似物）和醚基无响应，对水不响应使得 FID 特别适合于水中微量有机物的分析。

（3）影响灵敏度的因素

① 喷嘴内径小时灵敏度高。收集极与极化极间的距离、极化电压也影响 FID 检测器灵敏度。

② 三气配比影响灵敏度，尤其是 N_2 与 H_2 的比值对灵敏度的影响很大。当氮氢比为 1 时，灵敏度最高，但此时线性范围比较窄；当氮氢比小于 1 时，线性范围变宽。空气是助燃气，空气流量小时供氧不足，灵敏度低；流量过大时，火焰不稳，噪声大。三气配比通常控制 N_2：H_2：空气＝1：$(1\sim1.5)$：10 为好。

③ 检测室温度应控制在 120℃以上。由于燃烧时产生大量的水蒸气，检测室温度低于 80℃，水蒸气冷凝将使灵敏度降低。

（4）氢焰检测器操作注意事项

① 载气和氢气中的任何有机物质都将增加检测器的噪音、降低检测灵敏度，缩小动态范围，因而必须对载气和氢气进行纯化。

② 经常检查三气流速，控制好配比，保持检测器的灵敏度和线性范围稳定。

③ 离子室的水蒸气要及时排除，如果水蒸气冷凝，可引起收集极与极化极间漏电，检测器无法工作。

④ 喷嘴的内径因柱而异，填充柱用 0.5mm 的喷嘴，内径小时灵敏度高，但线性范围变窄；毛细管柱要用 0.25mm 的喷嘴，这时灵敏度高，响应速度快，峰形不失真。

⑤ 毛细管柱应伸至距 FID 喷嘴几毫米，但不能伸到火焰中，伸入检测器中毛细管柱的位置应严格按仪器说明书操作。

⑥ 离子室内的喷嘴、收集极要定期清洗，防止污染和堵塞。

⑦ 防止氢气泄漏，如氢气漏进柱箱中，可能引起爆炸，要特别小心。检测室温度稳定后，开氢气立即点火；平时经常检查防止熄火；不用时及时关闭氢气阀门。

10.5.4　电子捕获检测器

电子捕获检测器（ECD）只对亲电子物质有响应，如卤代烃，含 N、O、S 等杂原子的化合物。它对能俘获电子的化合物有很高的灵敏度，而对其他化合物的灵敏度则很低。ECD 是高灵敏度、高选择性的浓度型检测器，应用于环境污染监测、痕量农药的检测等。它的缺点是线性范围比较窄，通常只有 $10^2\sim10^4$。

微池电子捕获检测器测定林丹最低检测限小于 $6fg \cdot mL^{-1}$，线性范围为 5×10^4。

（1）电子捕获检测器的结构　电子捕获检测器主要由电离室和测量线路组成。电离室中有放射源和一对电极。现在最常用的放射源是镍（63）。电子捕获检测器的结构如图 10-14 所示。

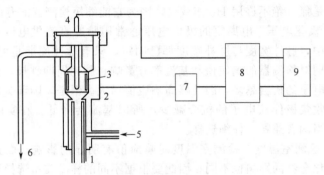

图 10-14　ECD 系统示意

1—色谱柱；2—阴极；3—放射源；4—阳极；5—吹扫气；6—气体出口；
7—直流或脉冲电源；8—微电流放大器；9—记录器或数据处理系统

（2）电子捕获检测器的工作原理　电子捕获检测器的响应机理与 FID 一样是气体电离型，但电离的能源不同，FID 的能源是高温火焰，ECD 的能源是放射源的 β 射线。

在 ECD 的离子室中，放射源不断放出一定能量的电子。含 5%～10% 甲烷的氩气加入柱流出物中。高能电子轰击载气 N_2 产生正离子、自由基和热电子的等离子体。施加于两个电极之间的电压差能够收集热电子。当只有载气流过时，产生的电流是基线信号称为基流 I_o。当具有电负性的样品分子进入离子室，它们将俘获电子形成负离子，由于电子被样品分子俘获，收集极的电流减少至 I_e。

样品分子形成的负离子，立即与载气电离成的正离子复合成中性分子，排出离子室外。基流减少的量（$I_o - I_e$）即是检测器的响应信号，此信号的大小正比于离子室中样品分子的浓度。与 FID 不同，FID 测定增加的电流，ECD 测定减少的电流，它应当出反峰，只是通过改变极性使之成为正峰。

（3）影响检测器灵敏度的因素

① 载气种类及纯度　H_2、He、N_2、Ar 都可用作电子捕获检测

器的载气，用得最多的是 N_2，而且必须用高纯的，若载气中含有微量 O_2、H_2O 等杂质，它们能大量俘获电子，使基流大大降低，从而降低了检测器的灵敏度。除 N_2 以外，纯 Ar 和纯 He 不适于作载气，因为纯 Ar 和纯 He 在电离室中易形成亚稳态分子，使峰形异常，所以加入 5% 的 CH_4，可以获得良好的灵敏度和稳定性。如果电离室的放射源是氚，绝不许用 H_2 作载气，因为它能缩短检测器的寿命。

② 极化电压 电离室的极化电压通常用脉冲直流供电。一般的色谱仪中，脉冲宽度与脉冲幅度都已固定，只有脉冲周期是可调的。脉冲周期对检测器的响应值和基流都有影响。脉冲周期越长，样品分子俘获电子的机会越多，因此峰高响应值增大。但是，随着脉冲周期延长，收集极俘获电子的机会减少，所以基流会降低。在实际工作中，应当两者兼顾，仔细选择。

③ 检测室温度 检测室温度对响应值有明显的影响，而且对不同类型化合物的影响也不同，因此要根据不同的样品类型选择适当的温度。对检测室的控温精度要求也比较高，温度波动应小于 $\pm(0.1\sim0.3℃)$。

（4）电子捕获检测器操作注意事项

① 必须用高纯气体。载气和补充气中残留的氧气和水分必须严格去除。

② 色谱柱要用低配比的耐高温固定相或键合固定相，用较低的柱温，尽量防止固定液流失。固定液流失将使基流降低，尤其是含卤素原子较多的固定液，影响更大。同样道理，气路中不许使用聚四氟乙烯管线。

③ 为使检测器的基流稳定，通常在高于使用温度 $30\sim50℃$ 的柱温下，通高纯 N_2 烘烤检测器，直到基流稳定。

④ 电子捕获检测器的线性范围比较小，要注意选择进样量。通常希望产生的峰高不超过基流的 30%。如果样品浓度高时，应适当稀释后再进样。

⑤ 电子捕获检测器的选择性非常高，其选择性可用相对电子捕获系数表示。如果以氯苯的相对电子捕获系数为 1.0，则脂肪烃、苯的系数最小（0.01）；苯乙酮的系数为 10.0；氯仿的系数为 1000；四氯化碳的系数为 10000。相对电子捕获系数相差非常大，在分析不同类型的样品时，要选择恰当的定量方法，准确测定各组分间的相对校

正因子。

10.5.5　火焰光度检测器

　　火焰光度检测器（FPD）是高灵敏度、高选择性的检测器，是破坏性的质量型检测器，专门用于含磷、硫化合物的检测。它的优点是灵敏度高（S：1×10^{-11} g·s^{-1}；P：1×10^{-12} g·s^{-1}），多用于环境监测和残留农药的分析；缺点是线性范围窄，而且对硫是非线性响应。

　　火焰光度检测器 FPD 使用载气、补充气，载气一般用 H_2，补充气为氢气和空气。

　　（1）火焰光度检测器的结构　火焰光度检测器的结构分为两部分：燃烧室和光电系统，如图 10-15 所示。燃烧室的喷嘴是两个同轴的圆孔，载气携带样品与空气混合后从内孔喷出，过量氢从环形的外孔喷出。样品组分燃烧后发出特定波长的光，透过石英窗和滤光片，照射到光电倍增管的阴极。经过多个倍增电极能将微弱的光电流放大 $10^5\sim10^6$ 倍，此电流再经放大器放大，即可送到记录器或显示器。

　　图 10-15 为最基本的单焰型结构，也有双火焰型和脉冲火焰型，后两种形式的燃烧室使检测器的灵敏度和选择性都有很大提高。

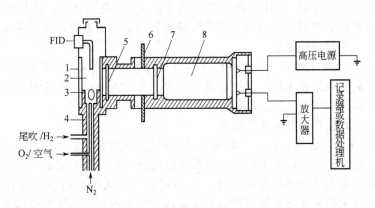

图 10-15　FPD 系统示意

1—石英管；2—发光室；3—遮光罩；4—燃烧器；5—石英窗；
6—散热片；7—滤光片；8—光电倍增管

　　（2）火焰光度检测器的工作原理　当含硫化合物进入富氢火焰

中，首先被分解还原成 H_2S，H_2S 进一步分解成 S_2，在火焰外层形成激发态的 S_2^*，S_2^* 再回到基态 S_2 时发出 $320\sim480nm$ 的光，最大吸收波长为 $394nm$。含磷化合物在火焰中分解并激发形成 HPO^* 基团，激发态的 HPO^* 再回到基态时发出 $480\sim580nm$ 的光，最大吸收波长为 $526nm$。

有机物中的 C、H 在火焰中也能发光，波长为 $390\sim520nm$。光电倍增管对上述范围的光都能接收。为了消除干扰，测定硫时用 $394nm$ 滤光片，测定磷时用 $526nm$ 滤光片，滤光片的谱带宽度通常是 $10nm$，这样即可滤除背景光的干扰。

火焰光度检测器的响应特性与其他检测器不同：峰高响应与进入火焰中磷化合物的量成正比；与火焰中硫化合物量的平方成正比。

(3) 影响灵敏度的因素　火焰光度检测器对硫是非线性响应，对磷是线性响应，因此各种因素对检测器灵敏度的影响比较复杂。同时检测器的结构不同，如单火焰、双火焰和脉冲火焰，其响应特性也不同，各种因素对各种类型检测器的影响也不同。因此对影响检测器灵敏度的因素不能一概而论，下面简单讨论一下影响灵敏度的因素。

① 载气的种类　N_2、H_2、He 都可以作载气，实验表明 H_2 最好，He 其次，N_2 最差。

② O_2 与 H_2 之比　即空气中的 O_2 与 H_2 流速之比，此比值对灵敏度的影响很大，而且不同类型检测器的影响也不同，应当通过实验来选择最佳的比值。

③ 检测室温度　检测室温度对测磷影响不大，对测硫影响较大。温度高时灵敏度下降，温度较低时响应的灵敏度提高；但检测室温度不能低于 $100℃$，防止水蒸气冷凝。

(4) 操作条件及注意事项

① 当不含硫、磷化合物与含硫、磷化合物同时进入燃烧室，经常会出现硫磷响应值下降或完全消失的现象，称为猝灭现象。它的实质是激发态分子 S_2^* 失去活性。这种现象在单火焰燃烧室中比较常见，双火焰和脉冲火焰燃烧室基本能避免猝灭现象。如果改善分离条件，让含硫组分与其他组分分开，用单火焰燃烧室也能避免猝灭现象。

② 由于 FPD 对硫是非线性响应，而且不同类型化合物的摩尔响应值或质量响应值也不同，因此测定硫时应当用与被测组分相同的标

样，在相同的条件下测定，以减少测定误差。

③ 载气和补充气中的二氧化碳和有机杂质质量分数必须小于 0.001%，二氧化碳猝灭效应非常强。

10.5.6 其他检测器

(1) 化学发光检测器 化学发光检测器基于特定的氧化还原反应的化学发光进行测试，包括硫化学发光检测器（SCD）和氮化学发光检测器（NCD），二者分别对含硫和含氮化合物具有最高的灵敏度和选择性。化学发光检测器对样品的大量基质没有响应，选择性非常强。

硫化学发光检测方法是将样品中的所有硫元素氧化成 SO，SO 与臭氧发生反应生成激发态的二氧化硫 SO_2^*，发射强的蓝光。将该信号与其他辐射相分离，并利用光电倍增管检测，检测限小于 $0.5pg \cdot s^{-1}$，线性范围大于 10^4。

高温化学发光检测氮方法：从色谱柱流出的成分被高温（1000℃）氧化。所有含氮的化合物转变为 NO，生成的气体经干燥后与臭氧在反应室混合反应，生成激发态的二氧化氮 NO_2^*，由化学反应放射的光通过光电倍增管来检测。测定氮（N）检测限小于 $3pg \cdot s^{-1}$，线性范围大于 10^4。

(2) 原子发射光谱检测器 原子发射光谱检测器（AED）采用微波等离子体技术对色谱柱的流出物进行检测，它是一种多元素检测器，原则上可以测定除载气以外的所有元素。能够检测在真空 UV、UV-VIS 和近红外光谱区域具有原子发射线的元素。

(3) 质谱检测器 样品分子在离子源内被电离成各种离子，这些离子在质量分析器中按质荷比 m/z（离子质量与所带电荷之比）分离，然后被质量检测器接收并记录下来，得到一个按离子质荷比顺序排列的谱图，称为质谱图。质谱图的横坐标是离子质荷比 m/z，当离子的电荷数为 1 时，即是该离子的质量数；纵坐标是响应强度，用相对丰度表示，即该离子的相对含量。从质谱图上能得到许多有关定性的信息：根据分子离子峰可以确定化合物的分子量；根据碎片离子可以推断组成化合物的各基团；根据同位素的相对丰度比可以推断化合物的元素组成等。因此质谱是定性的有力手段，也可以利用外标法进行定量。

10.6 色谱定性方法

一个复杂的样品，通过色谱柱后，分离成一系列色谱峰。色谱定性就是要确定每个色谱峰代表什么物质。色谱定性的基本方法是利用保留值定性，即相同的物质在相同的色谱条件下应该有相同的保留值。但是，在相同的色谱条件下具有相同保留值的两个物质不一定是同一物质。因此，色谱定性一般要用几种方法互相对照，才能获得准确可靠的结果。

10.6.1 影响保留值的因素

能否准确测定保留值是正确定性的关键。以下几方面的因素将影响保留值测定。

(1) 载气纯度的影响 载气中如果含水或氧，也会改变固定液的状态，使保留值发生变化。载气中水分使得亲水性组分在亲水性固定液聚乙二醇上的保留值增加，疏水性组分保留值变小；但载气中水分对疏水性固定液的保留值没有影响。载气中含氧量高时，组分的保留值会受到影响，这是因为固定液被氧化的缘故。

(2) 柱温和载气流速的影响 柱温和载气流速对保留值的影响非常大，用保留值定性时必须控制稳定的柱温和稳定的载气流速。

(3) 进样量的影响 如果被测组分的峰形是对称的，那么进样量对保留值没有影响；若峰形不是对称的，则保留值受进样量影响。拖尾峰进样量大时保留值会提前；而前伸峰进样量大时保留值会拖后。

(4) 载体的影响 载体表面应当是惰性的，但实际上载体表面都有一定的吸附能力，即使涂上固定液也不能完全覆盖，暴露在气相中的载体表面对被测组分也有一定的吸附作用。不同的载体具有不同的吸附能力，即使同一组分、同一固定液，在不同的载体上测得保留值也有所不同。

(5) 固定液的影响 不同厂家生产的同一型号固定液，或同一厂家生产的不同批号固定液，其纯度和性能也不完全相同，使被测组分的保留值也有变化。

10.6.2 保留值定性

保留值是组分在固定相中各保留参数的总称,包括保留时间、保留体积、记录纸上的保留距离以及由此计算出来的相对保留值、保留指数、比保留体积等。这些保留值都与组分的化学结构、物理化学性质有关,在一定条件下,可以通过这些保留值来定性。

(1) 用标准样品对照   如果有足够的标准样品时,用保留值定性是最简单的,通常有两种方法。

① 直接比较相对保留值   在稳定的色谱条件下,进一针标准样品,记下保留时间,与相同条件下未知组分的保留时间直接比较。由于色谱条件不可能一成不变,所以应找一个参照物,比较它们的相对保留值,相对保留值只与柱温和固定相有关,这样可以避免由色谱条件变化引起的误差。

② 加入标准样品   在含有未知组分的样品中加入少量标准样品,如果未知组分的峰高增加,保留时间与峰形不变,可以初步确定未知组分与标准样品是同一物质。这种方法也能避免色谱条件变化而引起的误差。

(2) 用保留指数定性   保留指数是世界上公认的定性指标,它的计算方法见本章 10.1 节。保留指数只与固定相性质和柱温有关,与色谱条件无关,而且不同实验室间测定结果的重现性好,精度可达 ±0.1 指数单位,因此定性的可靠性较高。保留指数定性的缺点是文献值有限,一些多官能团化合物和结构比较复杂的天然产物的数据很难查到。

用保留指数定性时,应首先了解被测组分是哪一类化合物,然后从文献上查找分析该类化合物的固定相和柱温。需要强调的是,一定要用文献上给出的色谱条件来分析未知物,并计算保留指数,再与文献值比较,给出定性结果。如果分析条件不同,就不能比较。

(3) 用碳数及沸点规律作图

① 碳数规律   同系物间,在一定温度下,调整保留值的对数与该分子中的碳数成线性关系,如图 10-16 所示。利用碳数规律,可以在已知同系物中几个组分保留值的情况下,推测出同系物中其他组分的保留值,然后与未知组分的保留值比较定性。应用碳数规律时,应首先判断未知组分的类型,才能寻找适当的同系物。在寻找同系物时要注意,碳数太小或太大时,都可能偏离直线,应选择碳

数大小适中的同系物作图。

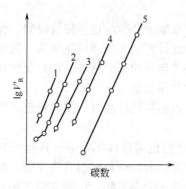

图 10-16　碳数规律

1—烷烃；2—醇类；3—甲酸酯类；

4—乙酸酯类；5—甲基酮类

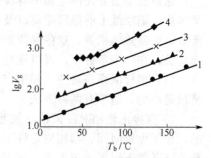

图 10-17　比保留体积对数与沸点关系

1—n-烷；2—醚类；

3—醛类；4—n-伯醇

② 沸点规律　同族具有相同碳原子数的碳链异构体，它们的调整保留值的对数与沸点成线性关系，同系物间比保留体积的对数与其沸点也成线性关系，如图 10-17 所示。沸点规律的应用方法及注意事项与碳数规律相同。

(4) 双柱或多柱定性　在一根色谱柱上比较保留值，经常会遇到色谱峰重叠，即两个组分的保留值完全相同，使定性结果不准确。因此必须用两种或两种以上不同极性的色谱柱定性，才能保证定性结果的准确性。

10.6.3　联机定性

保留值定性需要已知的标样，而且很多物质的保留值十分接近，因而保留值定性常常受到限制。质谱仪、红外光谱仪对于有机化合物的鉴别能力很强，因而把色谱的分离能力与定性功能强大的质谱仪、红外光谱仪结合起来，为结构复杂的化合物定性创造了方便条件。另外，也可以利用两个检测器的联合运用或两台仪器的联合运用。

(1) 色谱-质谱联机（GC/MS）　质谱（MS）是色谱（GC）的检测器。GC/MS 可以给出总离子流色谱图，并给出离子流色谱图上的每一个峰的质谱图，将样品每个组分（峰）的质谱图与计算机谱库中的标准谱图比对，从而提供该峰（组分）的分子结构信息。

GC/MS 的总离子流色谱图与常规色谱图类似，而且如果使用相同的色谱柱，GC/MS 的峰序与 GC/FID 等其他检测器的峰序是一致的。GC/MS 计算机检索定性的结果也有出错的时候，必要时，可以参照 GS/MS 的定性结果，找到标样，在常规气相色谱仪上，或直接在 GC/MS 上，再利用保留值定性，加以确认。

(2) 色谱-红外联机（GC/FTIR） 红外光谱即红外区的分子吸收光谱。化合物的分子是由原子组成的，原子之间存在各种形式的振动和转动，各种振动都需要吸收能量，即吸收一定波长的电磁波。红外光谱法是光源发出的红外光通过样品，样品分子的各种振动吸收不同波长的光，吸收后的光通过单色器分光后，被检测器接收，记录下不同波长的吸收曲线，即红外光谱图。曲线的横坐标是波长 2.5～50μm，通常用波数 4000cm^{-1} 至 200cm^{-1} 表示。曲线的纵坐标是吸收峰的强度，用透光率（%）表示。每种基团都有特征的吸收波长，因此每种化合物都有自己的红外光谱图。根据吸收峰的波长和相对强度，可以判断分子中的各类基团，从而确定其分子结构。

色谱-红外联机（GC/FTIR），同时接常规气相色谱的检测器。GC/FTIR 得到的是 X 轴为波数、Y 轴为吸光度、Z 轴为时间的三维谱图。根据气相色谱检测器得到的色谱图中某一峰的保留时间，从三维谱图中调出该保留时间相应的红外吸收光谱图（波数-吸光度图），解吸该红外吸收光谱图，可以获知此色谱峰的分子结构。

(3) 与选择性检测器联用 一些检测器具有很好的选择性其至专用性，通过这些选择性检测器，能确定被测组分的类型。如果被测组分在 ECD 上的响应值比 TCD 大许多倍，可以肯定被测组分是含有电负性原子的化合物。如果再用 FPD 检测器，在测硫的波长（λ=394nm）有明显的响应，那么被测组分应当是含硫的化合物。

(4) 气相色谱和液相色谱的联合运用 如果可能，同一个被测组分，可以分别在气相色谱和液相色谱仪上进行分析，分别利用标样定性，如甲酸，若两台仪器保留时间分别都吻合，则可以断定被测组分应该与标样的组分相同。

10.6.4 整体定性

整体定性方法是在相同的色谱条件下，测定两个不同的样品，对色谱图进行比较，根据两组色谱图形状（峰的位置和峰的强度）以及保留时间判断两种样品是否来自同一本体。此种定性方法不是具体定出某一组分,而是判断其中一个样品组分是否来源于另一个样品。这种方法常常用于污染源的追踪。在不具备其他定性条件下,采用此方法可以解决实际中的一些问题。

10.6.5 色谱定性实例

色谱本身不是有效的定性手段,但却是定性工作中不可缺少的部分。重要的是扬长避短,发挥高效分离的作用,将各种定性方法互相结合,融会贯通,具体问题具体分析,总能找到解决问题的办法,达到定性鉴定的目的。

(1) 丁醇残液中缩醛的色谱定性 在乙醛缩合法生产丁醇的残液中,经常有一个含量较大、沸点也比较高的未知组分。可以色谱法为主,配合红外光谱和化学反应,对它进行定性。

① 由于未知组分的沸点较高(出峰位置在辛烯醛与辛醇之间),先通过简单蒸馏将其浓度提高,再进行色谱制备,得到含量为 99% 的样品。

② 作红外扫描,从谱图看,没有—OH 基、$C=O$ 和 $C=C$,却有一组手指状的四重峰,这是缩醛类的特征。可以确定被测组分是缩醛,但不能确定是哪一种缩醛,因为找不到完全吻合的标准谱图。

③ 缩醛能被酸分解,将蒸馏后的残液加盐酸并加热,再作色谱分析,结果是未知组分的峰明显减小甚至消失,而丁醇和丁醛的峰明显增大,因此确定未知组分是丁醇与丁醛的缩醛。

④ 将丁醇与丁醛混合,加点 $CaCl_2$ 作催化剂,加热后出现未知组分峰。将此混合物再经过简单蒸馏、色谱制备、红外扫描,得到的谱图与残液中未知组分的谱图完全吻合,可以确定残液中未知组分是二丁醇缩丁醛。

(2) 非汞催化剂合成氯乙烯中杂质的定性 经典的合成氯乙烯方法是以 $HgCl_2$ 为催化剂,C_2H_2 与 HCl 直接加成。在用非汞催化剂合成氯乙烯时,反应尾气冷凝后,在色谱上出 9 个峰。参考汞法的资料,用纯品定出 6 个组分,还有 3 个未知组分,编号为 5、6、7,下面对这 3 个组分进行定性。

① 在色谱柱前串联一根 $HgSO_4$ 柱,6、7 号峰消失,说明它们含有双键;5 号峰不变,说明它是饱和的。

② 用小的玻璃填料塔分馏,分别收集馏分。5 号峰:57~59℃;

6 号峰：59～60℃；7 号峰：78～82℃。

③ 色谱制备纯样品，然后红外扫描，查标准谱图。结果 5 号峰为 1,1-二氯乙烷；6 号峰为顺式二氯乙烯；7 号峰没有查到标准谱图。

④ 再作质谱图，分子离子峰为 140、142、144，相对丰度比为 3:4:1；碎片峰有 79、81，相对丰度比为 1:1；105、107，相对丰度比也是 1:1；还有 61、63，相对丰度比是 3:1。根据自然界中 Cl 与 Br 的天然同位素相对丰度比可以确定，7 号峰是 1-溴氯乙烯。

10.7 色谱定量方法

色谱定量分析是以色谱峰为基础的，在特定条件下，检测器的响应值（色谱峰高或峰面积）与被测组分的含量成正比。

10.7.1　定量分析的基础

（1）峰纯度　用气相色谱法对某个组分定量前，首先要确定与该组分相关的色谱峰是否是合峰，只有确认是单一组分的色谱峰，才能得到准确的定量结果。

为了保证峰的纯度，必须使待测样品中的所有组分都完全分离开。对于一个未知样品，用单一的色谱条件很难确保色谱峰的纯度。目前对于气相色谱分析而言，鉴别峰纯度的方法主要是改变色谱条件，采用两种不同极性的色谱柱或者采用两种不同的检测器。如果是纯峰，则不同色谱条件下的定量结果应该具有可比性。鉴别气相色谱峰纯度的另一种方法是利用质谱检测器，在要鉴别色谱峰的峰前沿、峰顶和峰尾部各选一点，如果显示的离子碎片峰相同，则表明该色谱峰纯度很高；否则表明是两种以上组分的合峰。

（2）峰面积法和峰高法的选择　在气相色谱定量分析中，归一化法最好用峰面积法，内标法、外标法、标准加入法则取决于峰面积和峰高测量的准确性，而峰面积和峰高测量的准确性则取决于色谱峰的分离程度。

在色谱峰分离较好，峰形对称，峰面积可以准确测量时，宜用峰面积法定量；反之，峰面积测量引起的误差较大，应该采用峰高法定量。峰形较窄时峰高定量要比峰面积定量准确，峰形较宽时则应选用峰面积法定量。

10.7.2 校正因子与响应值

（1）校正因子 同一种物质在不同类型的检测器上有不同的响应值，而不同的物质在同一种检测器上的响应值也不同。在一定条件下，被测组分的量 m_i 与峰面积 A_i 成正比：

$$m_i = f_i A_i \quad 或 \quad f_i = \frac{m_i}{A_i} \qquad (10\text{-}21)$$

式中的比例常数 f_i 即是校正因子，其物理意义是单位峰面积所代表的 i 组分的量，是一个与 i 组分的物理化学性质和检测器性质有关的常数。

根据式(10-21)计算出来的校正因子称为绝对校正因子，它只适用于这一个检测器，由于检测器灵敏度和操作条件的变化，绝对校正因子也有变化，使它的应用受到很大限制，因此提出了相对校正因子的概念。

相对校正因子是某组分 i 与基准物质 s 的绝对校正因子之比，以 f 表示。数值按式(10-22)计算：

$$f = \frac{f_i}{f_s} = \frac{m_i A_s}{m_s A_i} \qquad (10\text{-}22)$$

式中 A_s——基准物质峰面积的数值；

m_i——组分 i 质量的数值，g；

A_i——组分 i 峰面积的数值；

m_s——基准物质质量的数值，g。

上式表示的是相对质量校正因子，是最常用的。

（2）响应值 响应值是被测组分通过检测器时产生的响应信号强度（峰高或峰面积），可以用来表示检测器的灵敏度。显然，响应值与校正因子是互为倒数的关系。与校正因子一样，响应值也有绝对响应值和相对响应值；根据被测组分量的单位不同，响应值也分为质量响应值和摩尔响应值。在实际工作中，还是校正因子应用得较多。

① 绝对响应值 S_i 是绝对校正因子的倒数，表示单位量被测组分通过检测器时产生的信号强度，也称为绝对灵敏度。

② 相对响应值 S 被测组分 i 与基准物质 s 的绝对响应值之比，S_m 表示相对质量响应因子：

$$S = \frac{S_i}{S_s} = \frac{f_s}{f_i} = \frac{1}{f} \tag{10-23}$$

$$S_m = \frac{1}{f_m} = \frac{A_i m_s}{A_s m_i} \tag{10-24}$$

同理，相对摩尔响应因子按式(10-27) 计算

$$S_M = \frac{1}{f_M} = \frac{A_i m_s M_i}{A_s m_i M_s} = S_m \frac{M_i}{M_s} \tag{10-25}$$

式中　A_s, m_i, A_i, m_s——同式(10-22)；

　　　　M_i——组分 i 摩尔质量的数值，$g \cdot mol^{-1}$；

　　　　M_s——基准物质摩尔质量的数值，$g \cdot mol^{-1}$。

10. 7. 3　归一化法

把所有出峰的组分含量之和按 100% 计的定量方法称为归一化法。用归一化法定量时要用峰面积，不适合用峰高。归一化法的优点是：分析结果不受进样量影响，不必严格控制进样量；色谱操作条件的变化对分析结果影响不大；适合各组分全分析。

归一化法测定组分的质量分数以 w_i 计，数值以% 表示，按式(10-26) 计算：

$$w_i = \frac{f_i A_i}{\sum (f_i A_i)} \times 100\% \quad (i = 1, 2, 3, \cdots, n) \tag{10-26}$$

式中　f_i——组分 i 校正因子的数值；

　　　　A_i——组分 i 峰面积的数值。

当被测组分间的校正因子很接近时可以不加校正因子，直接将各组分的峰面积归一化。

如果已知样品中某个组分不出峰，而且通过其他方法测出此组分的含量为 w_j，可以从 100% 中扣除此组分含量，然后按式(10-27) 进行归一化法计算：

$$w_i = \frac{f_i A_i}{\sum f_i A_i} \times (100\% - w_j) \tag{10-27}$$

应用归一化法的要求是：色谱图中所显示的色谱峰不能有平头峰和畸变峰，进样量应在检测器的线性范围内，所有组分在试验条件下应全部流出，并在检测器上均能产生信号的样品，各组分分离良好，各组分的校正因子已知，仪器的衰减比值应严格标定。

10. 7. 4 外标法

（1）外标法 也称直接比较法或单点校正法。即配制一个与被测组分含量接近的标样，进相同体积的标样和样品后，直接比较样品和标样中被测组分的峰面积。由于进样量相同，校正因子相同，所以峰面积之比等于其含量之比。外标法测定组分的质量分数以 w_i 计，数值以％表示，按式（10-28）计算：

$$w_i = w_s \times \frac{A_i}{A_s} \tag{10-28}$$

式中　w_s——标样组分的质量分数的数值，％；

　　　A_i——待测组分 i 的峰面积的数值；

　　　A_s——标样组分的峰面积的数值。

外标法要求：外标溶液采用称量法（精确至 0.0002g）配制，其含量应与待测组分含量接近；进样量应在检测器的线性范围内，不同含量组分的响应成线性关系；待测组分在试验条件下应全部流出；同一样品需重复试验；色谱操作条件严格不变，进样量要准确一致。

（2）无标样的外标法 同系物的相对校正因子相近，所以在无法获得待测组分标样时，在误差允许的情况下可以用同系物的其他组分代替标样。例如，在 FID 检测器上，C_8 芳烃的相对校正因子比较接近，见表 10-6。

表 10-6　C_8 芳烃相对校正因子

组　　分	乙　苯	对 二 甲 苯	间 二 甲 苯	邻 二 甲 苯
相对校正因子	0.97	1.00	0.96	0.98

如果用乙苯为标样，按照外标法测定间二甲苯含量，则由于标样带来的固有误差为＋1％，若以对二甲苯为标样，按照外标法测定间二甲苯含量，则为＋4％的误差。在测定低含量组分时，标样固有的误差小于 10％时，对测定结果的影响可以忽略，如用己烷为标样，测定质量分数为 5×10^{-6} 的 2-甲基-2-丁烯。

（3）工作曲线法 用被测组分的纯品配制成一系列不同含量的标准样品，在与样品测定相同的色谱条件下，定量进样，测量各标样中被测组分的峰面积 A，以峰面积对被测组分的含量作图，得到工作曲线。工作曲线法定量操作简单方便，特别适用于大量的同类样品分析，如化工生产的控制分析。缺点是每次分析的操作条件和进样量要严格一致，否则将引起误差。当更换色谱柱或操作条件变化时，要重作工作曲线。

目前在实际分析中很少使用工作曲线法，不过，绘制工作曲线可以确定实际分析的线性范围，对外标法的运用有一定的参考价值。

10.7.5 内标法

选择适当的内标物，定量加入到样品中，根据内标物与被测组分的峰面积和内标物的量，计算出被测组分的含量。

(1) 内标法要求 内标物应当是样品中没有的组分，内标物与样品应完全互溶，并不产生化学反应；内标物不应含有干扰分析的杂质；内标物的保留值应接近被测物的保留值，不得搭肩或严重拖尾，所在区域内不得有其他杂质峰；内标物配样量应接近或稍大于所测组分的量；进样量应在检测器的线性范围内，待测组分在试验条件下应全部流出。

(2) 内标法操作 在一个小瓶中先称样品 $m(g)$，再根据被测组分的含量加内标物 $m_0(g)$，混合后进样，测量内标物和被测组分的峰面积，它们的质量之比等于校正后的峰面积之比。内标法测定组分的质量分数以 w_i 计，数值以％表示，按式(10-29) 计算：

$$w_i = \frac{m_s A_i f_{i,s}}{m A_s} \times 100\% \qquad (10\text{-}29)$$

式中 m_s——加入内标物质量的数值，g；

     A_i——组分 i 峰面积的数值；

     $f_{i,s}$——组分 i 与内标物相比校正因子的数值；

     m——样品质量的数值，g。

     A_s——内标物峰面积的数值。

内标法的优缺点 内标法的优点是进样量不需要严格一致，色谱操作条件的变化对分析结果影响不大；适用于测定样品中的一两个组分，定量的准确度和精密度较高。缺点是需要两次称量，操作比较麻烦。

10.7.6 标准加入法 (叠加法)

当采用内标法或外标法定量时，如果无合适的内标物或溶剂，可采用标准加入法。标准加入法是将被测组分的纯品当作内标物加入到样品中，在相同条件下作两次色谱分析，根据纯品的加入量和两次峰面积的差可以计算出样品中被测组分的含量。

标准加入法要求进样量应在检测器的线性范围内，待测组分在试验条件下应全部流出；同一样品需重复试验。

标准加入法测定组分的质量分数以 w_i 计，数值以％表示，按式（10-30）计算：

$$w_i = \frac{m_i A_i A_j'}{m(A_i' A_j - A_i A_j')} \times 100\% \qquad (10\text{-}30)$$

式中　m_i——加入组分 i 质量的数值，g；

　　　A_i——样品中组分 i 峰面积的数值；

　　　A_j'—— m 样品中加入 m_i 组分后，邻近组分 j 峰面积的数值；

　　　m——样品质量的数值，g。

　　　A_i'—— m 样品中加入 m_i 组分后，组分 i 峰面积的数值；

　　　A_j——样品中组分 i 邻近组分 j 峰面积的数值。

10.8 气相色谱分析条件的选择

气相色谱分析条件选择的最佳方法是查找相关的应用示例，在他人经验的基础上，根据现有的条件进行适当的调整或优化。

（1）载气及其流速　从速率理论（参见 10.2.4）可知，载气及其流速是影响柱效能的主要因素。对于一定的色谱柱，调节不同的载气流速，测得一系列塔板高度，用塔板高度 H 对载气流速 u 作图，得到图 10-18 的 H-u 曲线。曲线的最低点塔板高度 H 最小，柱效能最高，这点所对应的流速即是载气的最佳流速。因为 H-u 曲线的最佳流速附近比较平坦，设置载气流速略高于最佳流速时，可以缩短分析时间，但对柱效影响不大。

从图 10-18 可见，当载气流速较小时，分子扩散项 B/u 起主要作用，使色谱峰变宽，柱效能下降。这时应采用相对分子质量较大的 N_2、Ar 等作载气，以减少组分分子在载气中的扩散，有利于提高柱效能。当载气流速较大时，传质阻力项 Cu 起主要作用，这时应采用相对分子质量较小的 H_2、He 等作载气，以减少气相传质阻力，提高柱效。

除了电子捕获检测器和氮磷检测器用氮气作载气外，毛细管柱色谱推荐用氢气或氦气作载气。尽管习惯上，氢焰检测器用氮气作载气，但如果是恒温操作，氢气或氦气作载气更佳，而且氢气作载气还可以节省一个氮气气源；程序升温用氢焰检测器时，氢气流量的改变可能影响检测器的响应，所以不提倡用氢气作载气。用氢气或氦气作载气

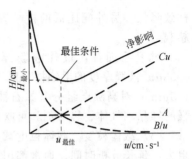

图 10-18　各项因素对板高 H 的影响

的优点是可以缩短分析时间，而且，氢气有能力减少痕量的氧气（氮气和氩气可以累积痕量的氧气），使柱寿命延长。

（2）色谱柱的选择　分离度增加与柱长的平方根成正比，增加柱长可以提高分离度，但长柱将增加柱入口压力和分析时间。柱的内径增大时，由于增加了涡流扩散的路径，使柱效下降，即较小直径的色谱柱有利于增加分离度，但同样导致分析时间的延长。

选择色谱柱的原则是在满足分离的前提下使用最短的色谱柱。如果样品组成很简单，或沸点较高，宜使用较短的柱。如果分析较复杂的样品，用 30m 的毛细柱为好，柱内径一般选择 0.25mm 或 0.32mm。对于填充柱而言，通常用 1～3m 的柱子，内径为 3～4mm。现在的气相色谱分析趋向于用毛细柱代替填充柱。

（3）固定相的选择　固定相选择的原则是，应使其对两个最难分离的组分之间具有最大的选择性。选择与样品极性相似的固定相。如果样品中各组分的极性不同，则选择中等极性的固定相。通常 5％苯基的聚甲基硅氧烷（如 HP-5）毛细管柱是首选。如果再备有聚甲基硅氧烷（如 HP-1、OV-101）、聚三氟丙基甲基硅氧烷（如 OV-225）、FFAP 和聚乙二醇（如 Carbowax），则可以满足绝大部分的气相色谱分析任务。

（4）固定液配比　固定液配比较高时，液膜厚度大，传质阻力也大，不利于分离，因此通常采用较低的配比。对于填充柱，以表面积大的硅藻土类为载体，固定液配比可高些，但不要超过 30％；表面积小的氟担体，固定液配比应小于 10％。固定液配比太小时，不能保证所有载体表面被涂覆，溶质在裸露的载体颗粒的吸附作用将会使

柱效降低。另外配比低的柱子容易超载，控制适当的进样量，避免超载。

对于毛细柱，最佳液膜厚度约在 $0.25 \sim 1\mu m$，初选时可用 $0.33\mu m$ 液膜厚度的毛细柱。对于大口径柱，标准液膜厚度为 $1\mu m$ 或 $1.5\mu m$；对高沸点组分（如石油石蜡）使用薄液膜柱；对挥发性很强的样品（气体、轻溶剂和可吹扫的组分）用厚液膜柱。

（5）载体粒度 载体粒度减小，柱效会提高，同时也增加了柱的阻力，延长分析时间。通常都用 60~80 目或 80~100 目的载体。

（6）温度的控制 气相色谱分析温度控制涉及柱温、气化温度和检测器温度。

柱温不必超过样品的沸点，就能保持样品以气态被分析。柱温低，可以增加样品与固定相的接触，从而获得较好的分离。提高柱温可以缩短分析时间；但却降低了固定液的选择性，使分离度下降。另一方面，提高柱温可以加快分子的传质速度，减少传质阻力，有利于提高柱效；但提高柱温也加快了分子的纵向扩散，使柱效降低。固定液的负载量越小，柱温要求越低，通常毛细柱的柱温比填充柱低。

在实际工作中，要综合考虑各因素的影响，通常按下列原则选择柱温。

① 柱温不能高于固定液的最高使用温度，避免固定液的流失；有些高温固定液还有最低使用温度，也不能低于这个温度，否则分离效果不好。

② 尽量选择较低的柱温，并选择较低的固定液配比，既能保证分离效果又能缩短分析时间。

③ 通常柱温可以比样品中各组分的平均沸点低 20~30℃，甚至可以低 100℃。

④ 对于组分多、沸点范围宽的样品，应当采用程序升温的方法。程序升温中，初始温度应低于样品中最低沸点组分的沸点温度，然后按设置的升温速率升温。一般规则是，温度增加 20~30℃，保留时间减半，最终柱温应接近于最后流出溶质的沸点，但不应超过固定相的使用温度上限。可以先试验 $5℃ \cdot min^{-1}$ 的升温速率，然后适当调整。

⑤ 气化室温度取决于样品的挥发性、沸点、稳定性及样品量等因素。气化温度一般相当于或高于样品的沸点，以保证样品瞬间气化，减小初始谱带宽度。气化温度过高会造成热稳定性差的组分分

解。只要样品不分解，气化温度适当高些对分析有利。进样量大时，气化温度应适当提高。进样量小时，气化温度低于样品的沸点，样品也可以气化。

⑥ 检测器的温度要足够高，以使柱流出物不发生冷凝；同时符合各类检测器的性质。

（7）进样量　进样量太大时，容易超出色谱柱的负荷，使柱效下降，峰形变坏；还可能超出检测器的线性范围，造成定量误差。进样量太少时，可能使微量组分检测不出来。因此进样量应控制在检测器的线性范围之内。液体样品通常进 $0.5\sim5\mu L$，气体样品通常进 $0.1\sim5mL$。

（8）检测器　根据待测样品与待测组分的性质选用检测器。例如，欲测定水中微量苯应该选用氢焰检测器 FID，因为 FID 对水没有响应，对有机物苯测定灵敏度高；欲测定苯中微量水应该选用热导检测器 TCD，因 TCD 是通用检测器对水有响应；欲测定甲醛，则应选用热导检测器，因氢焰检测器对其检测灵敏度非常低；如果以定性为主要目的，建议用质谱检测器，即气相色谱/质谱联用仪。

（9）定量方法　当待测组分含量高于 80% 时，应采用面积归一化法，但要注意样品的特性，如是否存在不出峰的重组分、是否需要代入校正因子；或者以外标法测定杂质含量，然后扣除杂质含量的方法。当待测组分含量低于 10% 时，可以用外标法或内标法。

10.9 气相色谱分析的样品处理技术

10.9.1　蒸馏

（1）简单蒸馏　蒸馏是分离不同沸点的液体组分的常用方法，主要用于不同沸点组分的分离。简单蒸馏中，物质放在蒸馏烧瓶中，加热沸腾，随后将蒸气持续不断地移走，然后收集。气相色谱法主要是通过蒸馏把低沸点的组分蒸馏出来与高沸点的组分分离以免高沸点的组分在色谱中难气化残留在柱中影响柱效。

例如，聚丙烯腈中残留丙烯腈、丙烯酸酯和二甲基亚砜的测定，可以用蒸馏的方法将丙烯腈、丙烯酸酯和二甲基亚砜蒸馏出来，与聚合物分离，取馏出液进行色谱分析。

（2）微蒸馏　当水溶液中易挥发的有机物含量低时，常常采用微蒸馏的方法利用水蒸气将其提取出来。与直接进样相比浓缩倍数可达70～230倍（取决于被分析的物质），需要的样品体积仅为10～40mL，馏出液的体积为0.1～0.2mL，蒸馏时间约为5min。用气相色谱氢焰离子化检测器检测时，检测限最低可达$2\mu g \cdot L^{-1}$。

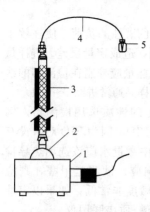

图 10-19　微蒸馏装置
1—加热器；2—蒸馏瓶；
3—精馏柱；4—空气冷
凝管；5—微型收集瓶

微蒸馏装置如图 10-19 所示，蒸馏瓶体积为 100mL，也可用小体积的蒸馏瓶。最简单的微蒸馏装置可以省略精馏柱。冷凝管可以用 Teflon 管或不锈钢管，收集瓶底部最好为细管，并标有 0.1mL、0.2mL刻度。

微蒸馏一般收集馏出液的前 $100\mu L$，因为在流出的初期水溶性有机化合物的浓度最高。在微蒸馏时为提高检测灵敏度，常常在水溶液中加入无机盐以降低有机物在水中的溶解度，常用盐为氯化钠。

利用此方法分析水溶液中的甲醇、丙醇、丁醇、乙腈、丙腈、丙烯醛、丙烯腈、乙酸乙酯，浓缩倍数最小的为丙烯醛 68倍，最大的为丙醇和丁醇 230 倍（收集前100μL 馏出液），检出限最低为丁醇 $2\mu g \cdot L^{-1}$，最高为丙烯醛$11\mu g \cdot L^{-1}$。

10.9.2　溶剂萃取

溶剂萃取是采用与水不相溶的有机溶剂，利用水中有机组分在水相和有机相中溶解度的不同而进行的分离方法。常用的有机溶剂萃取剂有乙酸乙酯、乙醚、丁醇等。用这些萃取剂经过数次萃取可使有机物提取效率达 90％以上。溶剂萃取时常常存在乳化现象，在水相中加些盐或加些酸等放置时间长一些，可破乳，必要时，经过足够的无水硫酸钠（吸水）过滤，即可。溶剂萃取不仅有分离作用，微量组分的浓缩富集也常常采用溶剂萃取的方法。

10.9.3　顶空分析

顶空分析是将样品置于一定空间的密闭容器中，在一定的压力下，在恒定加热温度下，在一定时间内气液（气固）两相达平衡后，直接取气相进行色谱分析。它是测定固体或液体中易挥发组分的一种理想方法，不仅排除了基体对色谱分析的干扰，也大大提高了痕量有机物气相色谱分析的检测灵敏度。

顶空分析器如图 10-20 所示。

手动取样时，用注射器直接穿过橡皮瓶盖，取瓶内的液上气体作 GC 进样分析。

影响顶空分析灵敏度的因素有恒温温度、平衡时间、密封瓶的容积、样品体积、无机盐的种类和用量、背景情况等。顶空分析温度越高灵敏度越高；平衡时间越长，灵敏度越高，恒温下达到一定时间后，则灵敏度基本不变。密封瓶和样品的体积是相对的，互相制约；无机盐起着盐析的作用，在水相中加入盐，可降低有机物在水相中的溶解度，提高其在气相中的含量，通常选用氯化钠，根据具体的体系也可用其他的盐类，如 $MgSO_4$、$KHSO_4$、K_2CO_3 等。

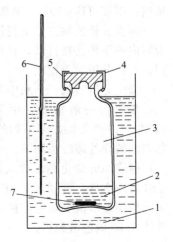

图 10-20　顶空分析器
1—恒温水浴；2—样品；3—容器；
4—橡胶隔垫；5—螺帽；
6—温度计；7—电磁搅拌

一般情况下，在恒温前需注入一定量的纯净气体，以保证瓶内为正压状态，否则瓶内可能为负压，无法取出液上气体样品。如果注入纯净气体，达到平衡后，无法取出液上气体，则表明样品瓶已漏气。

对于沸点大于 150℃ 的组分顶空分析的灵敏度与直接进样相比提高不大，对于沸点较低且不溶于水的易挥发组分，用顶空方法处理样品，然后注入气相色谱分析，其最低检测质量浓度可低 1～2 个数量级。例如，水中的苯（沸点 78℃）直接进样（1μL）分析最低检测质量浓度一般为 0.5mg·L⁻¹，用顶空取样分析（进样 1mL）最低检测质量浓度可达 0.02mg·L⁻¹；水中邻二甲苯（沸点 144℃），直接进样（1μL）分析与顶空取样分析（进样 1mL 时）最低检测质量浓度差别不是很明显。

顶空分析手动进样一般采用恒温水浴控制温度，温度常常控制在

40℃以下，因为温度太高，注射器取出液上气体后，未来得及注入色谱仪中，气体就已冷凝成液体。

传统的顶空分析对于强极性的、易溶于水的组分（如酚类、羧酸、醇）灵敏度低于直接进样的色谱分析。但是将这类组分的溶液体系温度升高至溶剂沸点以上，其检测限可达 $\mu g \cdot L^{-1}$，称之为高温顶空，温度可达 150℃。高温顶空分析则需用自动顶空取样。

顶空分析的缺点是重复性较差，同一瓶中不能连续多次取样，因为瓶内的平衡已被打破，且样品的背景值影响较大，背景不同结果不同，定量分析误差较大。

顶空分析实例——水中苯系物的分析

苯系物一般指苯、甲苯、乙苯、二甲苯、苯乙烯等。GB/T 11890—1989《水质 苯系物的测定 气相色谱法》中苯系物顶空气相色谱法的预处理方法如下：

称取 20g 氯化钠，放入 100mL 注射器中，加入 40mL 水样，排出针筒内空气，再吸入 40mL 氮气，然后将注射器用胶帽封号，置于康氏振荡器水槽中固定，在 35℃恒温下振荡 5min，抽取液上空间的气体 5mL 做色谱分析。

10.9.4 吹扫捕集

吹扫捕集技术是将样品放在密封的玻璃容器中，样品被通过的高纯氦气或氮气吹扫，挥发性的组分从样品中吹出，进入吸附管被捕获，吸附管中装有合适的吸附剂，如 Tenax。吹扫捕集多用于液体样品，如饮用水、污水等，采用此技术的目的是有效收集挥发性有机物，其浓缩倍数可达 500～1000 倍。

吸附剂中捕获的物质被加热，释放出样品，然后用 GC 载气反吹进到 GC 柱上，直接用 GC 分析，这是联机操作。另一种方式是用合适的溶剂将吸附剂中捕获的物质洗脱下来，必要时进行浓缩，然后再用常规的气相色谱法进行分析。

10.9.5 热解

将自身不挥发或不溶解的大分子加热使之产生挥发性组分，如聚合物、橡胶、有机金属化合物等，形成的挥发性组分直接进入色谱柱，或者用合适的溶剂吸收再注入色谱柱，进行分析。

对于聚合物而言，加热裂解后的成分都有规律可循，一般都生成其单体，如聚甲基丙烯酸甲酯，裂解时单体产率大于 90%，因而可根据裂解的组分推测聚合物的结构。例如，某一白色粉末物质，经红外光谱分析确认为甲基丙烯酸酯与苯乙烯的共聚物，但甲基丙烯酸酯的具体结构是什么无法确定。将样品放在一小的试管中，在酒精灯上加热，加热产生的挥发性组分用乙醇吸收，吸收液用 GC/MS 分析，得知挥发性组分为羟基甲基丙烯酸酯和苯乙烯，由此推测共聚物是聚羟基甲基丙烯酸酯和聚苯乙烯。

热解产物可以用质谱定性，也可用单体标样定性。单体是聚合物的主要特征峰，如氯乙烯-醋酸乙烯共聚物的特征峰是 HCl 和醋酸峰，ABS 树脂的特征峰是丙烯腈、丁二烯和苯乙烯峰。

在一般的气相色谱仪的进样部位加一个热裂解器，可以将热解与气相色谱合二为一，热解后的组分直接进入色谱柱，避免了溶液吸收的步骤。

热解温度影响裂解的产物组成。温度过低，裂解慢，产物峰少，特征峰不明显；温度过高，非特征峰增多，重现性差。温度的控制在裂解色谱仪上可以很好地控制，包括裂解时间。

10.10 气相色谱法的应用

气相色谱法应用于石油化工、环境、食品、医药等很多领域，是不可缺少的分析检测手段。气相色谱法可以测定很多化合物，但待测化合物必须在测定温度下（一般低于 350℃）易挥发并且受热稳定。气相色谱法适用于所有的气体，大多数非离子化的、最大到含 25 个碳的有机分子，以及很多有机金属化合物（金属离子的挥发性衍生物）。

10.10.1 气相色谱法通则

参照《化学试剂　气相色谱法通则》GB/T 9722—2006，简要介绍用气相色谱分析样品时对仪器的要求和分析方法。

（1）试剂及材料　标准样品　其色谱法主体的质量分数不得低于 99.9%。

氢气和氮气：其体积分数不低于 99.8%。使用前需用脱水装置、硅胶、分子筛或活性炭等进行净化处理。

空气：应无腐蚀性杂质。使用前进行脱油、脱水处理。

(2) 仪器

一般规定：气相色谱仪性能除专门指定条款外，应符合 JJG 700—1999 中 2.1.1 的要求。

仪器组成：气相色谱仪由气路系统、进样系统、色谱柱、电气系统、检测系统、记录器或数据处理系统组成。

整机稳定性：以氢气为载气（用热导检测器时）或氮气为载气（用火焰离子化检测器时），采用邻苯二甲酸二壬酯（质量分数为20%）涂于白色硅藻土载体（0.18～0.25mm）上为固定相，柱长为2m，柱温为 80℃，适当选择载气流速，仪器的灵敏度应接近整机灵敏度的要求。10min 内仪器基线漂移值不得大于满量程的 1%。

整机灵敏度：

① 热导检测器　以苯为样品，试验条件同"整机稳定性"。灵敏度以 S 计，数值以毫伏毫升每毫克（mV·mL·mg^{-1}）表示，灵敏度应不小于 1000mV·mL·mg^{-1}，按下式（10-31）计算：

$$S = \frac{AF_c}{m} \tag{10-31}$$

式中　A——苯峰面积的算术平均值，mV·min；

　　　F_c——校正后的载气流速的数值，mL·min^{-1}；

　　　m——苯进样量的数值，mg。

用记录器记录峰面积时，苯峰的半高峰宽应不大于 5mm，峰高不低于记录器满量程的 60%，式（10-31）中的峰面积 A，按式（10-32）计算：

$$A = 1.065C_1C_2A_0K \tag{10-32}$$

式中　A——苯峰面积的算术平均值，mV·min；

　　　C_1——记录仪灵敏度的数值，mV·cm^{-1}；

　　　C_2——记录器纸速倒数的数值，min·cm^{-1}；

　　　A_0——实测峰面积的算术平均值，cm^2；

　　　K——衰减倍数。

② 火焰离子化检测器　以苯为样品，试验条件同"整机稳定性"。灵敏度以检测限 D 计，数值以克每秒（g·s^{-1}）表示，检测限应不大于 5×10^{-10} g·s^{-1}，按式（10-33）计算：

$$D=\frac{2Nm}{A} \qquad (10\text{-}33)$$

式中　N——基线噪音的数值，mV；

m——苯进样量的数值，g；

A——苯峰面积的算术平均值，mV·s。

定量重复性　以苯为样品，试验条件同"整机稳定性"。进样量恒定。仪器稳定后连续进样 11 次，相对标准偏差按 JJG 700—1999 中 4.10 的规定计算。

(3) 试验条件的选择　根据产品和待测组分的特性及规格要求，按下述规定的内容选择最佳条件。

① 检测器　热导检测器或火焰离子化检测器。

② 载气　载气种类、流速。

③ 色谱柱　色谱柱（填充、毛细管）、柱长、内径。

④ 固定液　固定液种类、载体、固定液质量分数、固定液膜厚度。

⑤ 温度　柱温度、气化温度、检测器温度；

⑥ 分离度　根据方法精密度和准确度的要求，规定被测组分与其难分离物质的分离度（保留两位有效数字）。

⑦ 不对称因子　根据方法精密度和准确度的要求，规定主峰的不对称因子，不对称因子以 f 表示，数值按式(10-34) 计算（保留两位有效数字）：

$$f=\frac{2\,\overline{AB}}{\overline{AC}} \qquad (10\text{-}34)$$

式中　$\overline{AB}$——图 10-21 所示线段长度的数值，mm；

$\overline{AC}$——图 10-21 所示线段长度的数值，mm。

⑧ 有效板高　在满足分离度和不对称因子要求的基础上，规定色谱柱有效板高，有效板高以 H_{eff} 计，数值以毫米（mm）表示，按式(10-8) 和式(10-9) 计算（保留两位有效数字）。

⑨ 相对保留值　应控制在具有线性响应范围内，各杂质峰和内标物在该进样量时应记录清楚。当采用归一化法时，主体峰高（或衰减后）应在记录仪上占满标度 70% 以上。

⑩ 桥流、分流比、尾吹等其他仪器条件。

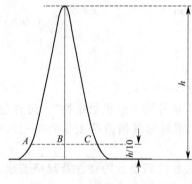

图 10-21　不对称因子的图解

⑪ 定量方法。

注：难分离物质对的分离及相对主体的保留值可根据需要确定。载气流速、柱温度、气化温度、分流比和尾吹及进样量条件，在操作时可根据具体仪器性能作适当调整。

（4）操作方法

色谱柱：根据需要选择填充柱或毛细管柱。填充柱可自行配制，毛细管柱可依据样品性质选用合适用途的商品柱。

载气流速测定：将皂膜流量计接在载气出口处，测定载气流速以毫升每分（mL·min^{-1}）或者厘米每秒（cm·s^{-1}）表示。

进样方法：用清洁干净的注射器（或其他进样装置）抽取样品三次，排空样品后，抽取规定量样品，迅速插入气化室。

峰面积计算：峰高及半高峰宽可采用精度为 0.02mm 的测量工具分别测量，峰面积以 A 计，峰面积等于峰高 h 乘以半高峰宽 $W_{h/2}$。也可以测量峰高作为定量的基础。峰面积或峰高的数值也可由数据处理系统直接给出。

特殊峰形的处理分别见图 10-22(a)、(b) 和 (c)。

主峰前伸线或拖尾线上的微量杂质蜂。可按图 10-22(c) 处理。

（5）定量方法

校正因子：本标准采用组分 i 相对主体的质量校正因子。列入技术指标的单项组分不论质量分数高低均采用校正因子。被测组分中，碳数比较接近的同系物或热导率差异较小的物质，可视具体情况是否加校正因子。

定量方法可以采用归一化法、内标法、外标法、叠加法，每种方法的特点如前所述。

（6）方法误差

① 精密度　同一样品测定不少于 12 次。取置信度 95%，进行数据分析及取舍，精密度以相对标准偏差 R_{SD} 计，数值以% 表示，按式（10-35）计算：

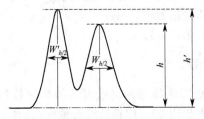

（a）相邻两组分分离超过小
峰峰高 1/2 时

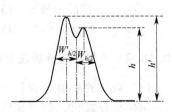

（b）相邻两组分分离未超
过小峰峰高 1/2 时

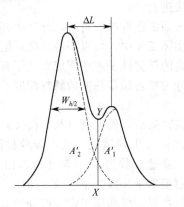

（c）两峰重叠、峰高差别较大时峰面积的校正

图 10-22　特殊峰形的处理

$$R_{SD} = \sqrt{\frac{\sum\limits_{i=1}^{n} (w_i - \overline{w})^2}{(n-1)}} \times \frac{1}{\overline{w}} \times 100\% \quad (i=1,2,3,\cdots,n) \quad (10\text{-}35)$$

式中　w_i——第 i 次测量的质量分数的数值，%；

　　　$\overline{w}$——n 次进样的质量分数算术平均值，%；

　　　n——测定次数的数值；

　　　i——进样序号的数值。

②　准确度　准确度以 i 组分回收率 r 计，数值以%表示，按式(10-36)计算：

$$r = \frac{m_2 - m_1}{m_0} \times 100\% \qquad (10\text{-}36)$$

式中　　m_2——样品中加入 i 组分后，检出 i 组分质量的数值，mg；

　　　　m_1——样品中检出 i 组分质量的数值，mg；

　　　　m_0——加入 i 组分质量的数值，mg。

10.10.2　气相色谱分析注意的问题

（1）载气的质量　载气的质量影响检测的灵敏度，如热导检测器，用体积分数 99.999% 超纯氢气比用 99% 的普通气灵敏度高6%～13%。载气中含有水和氧将影响保留值。严重地，载气中杂质将会产生噪音，使分析无法进行。

（2）色谱柱　一般依据标准分析时，标准中都会详细叙述色谱柱的有关规定。但在实际工作中，可以不必完全局限于标准的规定，只要能将待测组分分离的任何柱子或任何成套柱子都可，但选择的色谱柱必须具有如此的分辨率：微量峰前的峰谷深度不能低于微量峰峰高的 50%。

色谱柱使用一段时间后，固定液（相）会失效，原来分离很好的组分可能分不开，甚至发生峰错位；也有导致检测限增大的，如苯酚，在旧的色谱柱上质量分数为 10^{-4} 时才能检出，而换成一根同样的新柱子则可以检测到质量分数为 10^{-5} 的苯酚。

气相色谱分析的柱温一般都低于待测组分的沸点，或者，样品中某些组分在设置的柱温下不出峰，再或者，某些极性组分有吸附，因而样品分析完毕，应适当提高柱温消除柱内残留的组分，必要时，用合适的溶剂（进样）"冲洗"柱中残留物（仅限于键合固定相）。如果不能恢复柱性能，就截去毛细柱入口端的几厘米。

（3）色谱条件　根据具体情况适当调整载气流速、温度、气比等条件。

（4）标样与样品同时分析　由于仪器的稳定性原因，不同时间测定的结果有可能不能吻合，所以最好是标样与样品同时分析，即标样与样品分析间隔时间不可太长。

（5）极性组分的吸附和拖尾

毛细管气相色谱目前多用弹性熔融石英毛细管柱，在石英表面上存在硅醇基和硅氧桥，它是吸附性的活性基团，很容易对极性化合物产生吸附作用，例如气相色谱分析二甲基亚砜 $[(CH_3)_2SO]$ 时，峰拖尾，重现性差。遇到这种情况，相似相溶的原则需要灵活运用，对于极性组分的分析，如果分离不是问题，建议采用非极性固定相。

(6) 保留时间的确定　如前所述，保留时间的数值与一些因素有关。此外还需要注意的是，同一组分的气体和液体的保留时间有可能不同，例如，在盛装丙酮的试剂瓶内取丙酮液体上方的丙酮气体进样，与直接取丙酮液体进样，保留时间不一致。丙酮气体的保留时间要小于丙酮液体。

(7) 检测器温度　对于氢火焰离子化检测器，一般地，检测器温度只要大于100℃即可，但对于特定的仪器，如 Agilent GC 仪，检测器温度最好大于 200℃，因为 Agilent GC 仪的 FID 检测器控温部分在仪器上方，设定温度和实际温度有差异，低于 150℃时，检测器内部将积水。

(8) 纯组分峰分裂　在分析高浓度组分时，可能会出现峰分裂的现象，原因在于进样口和进样技术。样品蒸气从进样口到色谱柱初始峰宽，那么在谱图上会体现出峰变宽，甚至出现分裂峰，即一个组分不是正常的一个峰，而是两个峰尖的分裂峰。

减小进样量、提高载气流速、增大分流比，可以改善这种现象。另外，选择与待测组分沸点相近的溶剂，如分析 C_{11}，辛烷作溶剂则比己烷峰要窄。在进样口和色谱柱之间连接一段空管，可以有效地减小初始谱带宽度，从而消除分裂峰。这个空管称为保留间隙管，长度一般为 0.5m。

(9) 标样的配制　直接用标准物质做标样是最佳的选择。也可用纯试剂或购置的有保证的标样，但在稀释配制标样时，配制第二个、第三个以及其他低含量的标样时不要用第一个样品稀释。

测定微量组分时，必须准确配制标样，否则对结果影响很大。

(10) 进样技术　对于沸程比较宽的样品组成，取样、进样要快，拔针要慢，以防拔针时易挥发的组分已经气化，但还没有进入柱子而跑出来，产生误差。

(11) 色谱仪质量控制　对使用的色谱仪，通过对照样品或标准物质定期检查仪器的性能、定期检验检测器的响应因子，以及时发现检测器响应的下降、峰的展宽或保留时间的波动。

(12) 水溶液样品分析　根据气相色谱的观点，水不是一种理想的溶剂。因为，水有较大的膨胀体积，对于大多数固定相而言，润湿性和溶解性较差，而且对固定相会造成化学损害。另外也会对检测器产生影响。

1μL 水受热汽化的膨胀体积为 1010μL，而气相色谱仪的气化室的体积通常设计成 200～900μL，因而水汽会膨胀到衬垫外，称为反冲。

因为水的润湿性差，且沸点较高，所以一部分水将作为液体通过色谱柱，溶解度高的溶质则表现出峰变宽，严重时，甚至峰分叉。柱头进样时，在水塞的带动下，非挥发性组分，如盐类被更深地带入色谱柱中，给色谱柱的污染造成了严重的潜在危险。

水有时会熄灭氢焰检测器的火焰，尤其是气体流量设置不当时。电子捕获检测器对水蒸气也非常敏感，水的存在将导致检测灵敏度降低。

色谱学者对以上问题进行了探讨，首先解决了反冲的问题。另外大量实验证明，选择合适的色谱柱，色谱分析可以用水为溶剂。但是，初始柱温是关键。与低柱温相比初始柱温等于或高于水的沸点时，得到的色谱图较好（拖尾较小）。对于大多数色谱柱，只要是交联和键合的固定相，进水样分析不会对色谱柱造成明显的损害。未交联和键合的固定相仍然不适合于水溶液样品的分析。

但应注意的问题是：在低柱温下，注入水样分析后，应提高柱温老化色谱柱，特别是极性柱。如果在低于 80℃ 的柱温分析水样，建议定期把柱温升高至 200℃ 以上烘烤色谱柱。用水清洗色谱柱时，也仅限于非极性柱；水清洗极性柱则会造成明显的固定相流失。这是因为水可以渗透进极性固定相内部，由于水解而使柱壁的键合裂开。极性柱分析水样（进样 1μL 时），固定相也会流失，但与清洗水的进样量（3mL）相比，可以忽略不计。

10.10.3 应用实例

（1）毛细色谱法测定苯乙烯纯度

① 方法简介　苯乙烯是合成橡胶工业的重要原料，其中的主要杂质是苯和烷基苯的异构体。这些杂质很难分离，因此选择毛细管柱分离。由于合成橡胶对原料质量的要求很高，苯乙烯的纯度在 99% 以上，不适于用归一化法，所以选择内标法定量。用正庚烷作内标，配标样测定各杂质组分的相对质量校正因子，求出各杂质组分的含量，从 100 中扣除杂质的含量，即是苯乙烯的纯度。

② 色谱操作条件

色谱仪：配置 FID 检测器的毛细管色谱仪，在进样量不超过色谱柱允许负荷量的条件下，对最后流出的含量为 $10mg \cdot kg^{-1}$ 的杂质，其峰高至少应大于仪器噪声的 4 倍。

色谱柱：FFAP $50m \times 0.22mm$ ID. $0.33\mu m$ 弹性石英毛细管柱；

柱温：100℃；检测室：150~200℃；气化室：250~300℃；

载气：N_2，$0.5mL \cdot min^{-1}$；补充气：N_2，$30mL \cdot min^{-1}$；

燃气：H_2，$30mL \cdot min^{-1}$；助燃气：$400mL \cdot min^{-1}$；

进样量：$0.1\mu L$；分流比：100 : 1。

③ 测定校正因子　在 100mL 容量瓶中先加入大约 75mL 苯乙烯，再准确称取各种杂质的纯品（准确至 0.0001g），使各种杂质的总量不要超过 0.5g，然后用微量注射器加入 $50\mu L$ 内标物正庚烷，最后用苯乙烯稀释至刻度。正庚烷密度为 $0.684g \cdot cm^{-1}$，苯乙烯密度为 $0.906g \cdot cm^{-1}$，此标样中苯乙烯的质量分数为 99.5%，正庚烷的质量分数为 0.0377%。

待上述色谱操作条件稳定后，进 $0.1\mu L$ 标样，记录色谱图和峰面积，以内标物为参比，各组分的相对质量校正因子以 f_i 计，按下式计算：

$$f_i = \frac{A_s w_i}{A_i w_s}$$

式中　A_s——内标物的峰面积数值；

　　　A_i——组分 i 的峰面积的数值；

　　　w_s——内标物的质量分数的数值，%；

　　　w_i——组分 i 的质量分数的数值，%。

④ 样品测定　在 100mL 容量瓶中加入 75mL 样品，用微量注射器加入 $50\mu L$ 正庚烷，再用样品稀释至刻度，混匀。进 $0.1\mu L$ 上述样品，记录色谱图和峰面积，如图 10-23 所示。各组分的质量分数以 w_i 计，数值以%表示，按下式计算：

$$w_i = \frac{f_i A_i}{A_s} w_s$$

式中　f_i——杂质组分 i 校正因子的数值；

　　　A_i——杂质组分 i 的峰面积数值；

A_s——内标物的峰面积数值;

w_s——内标物的质量分数数值,%。

苯乙烯的质量分数为 $w = 100\% - \sum w_i$

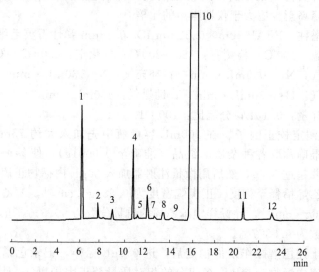

图 10-23　苯乙烯及主要在 FFAP 毛细柱上的典型色谱图

1—正庚烷;2—苯;3—甲苯;4—乙苯;5—间、对二甲苯;6—异丙苯;7—邻二甲苯;8—正丙苯;9—间、对甲乙苯;10—苯乙烯;11—α-甲基苯乙烯;12—苯乙炔

(2)天然气组成全分析

① 方法简介　天然气是有机合成工业的重要原料,是一种组分多、沸点范围宽的混合物,检测依据的标准是 GB/T 13610—2014《天然气的组成分析 气相色谱法》。具有代表性的气体样品和已知组成的标准气,在同样的操作条件下,用气相色谱法进行分离。样品中许多重尾组分可以在某个时间通过改变流过柱子载气的方向获得一组峰。由标准气的组成值,通过对比峰高或峰面积,计算获得样品的相应组成(图 10-24)。

② 氢、氦含量的测定

色谱仪:配 TCD 检测器和气体进样六通阀;色谱柱:13X 分子筛;柱长:2m;柱温:50℃;载气:氩气,40mL/min;

③ 其他组分含量的测定

色谱柱 1:Squalance,Chromosorb PAW,80～100 目,柱长 3m;

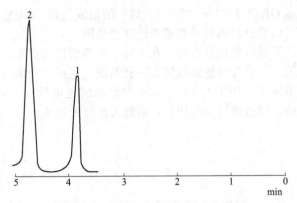

图 10-24　天然气中氢和氦分离色谱图

1—氦；2—氢

色谱柱 2：Porapak，N，80~100 目，柱长 2m；

色谱柱 3：5A 分子筛，80~100 目，柱长 2m。

见图 10-25。

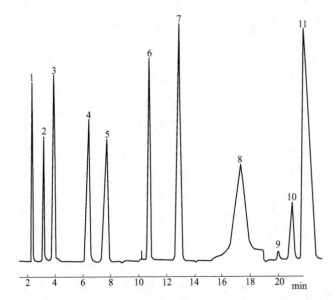

图 10-25　天然气典型色谱图（多柱联用）

1—丙烷；2—异丁烷；3—正丁烷；4—异戊烷；5—正戊烷；6—二氧化碳；

7—乙烷；8—己烷及更重组分；9—氧；10—氮；11—甲烷

上述是 GB/T 13610—2014《天然气的组成分析 气相色谱法》给出的天然气组成分析的简单色谱条件和色谱图。

目前，天然气组成分析可以在一台气相色谱仪上实现，称为天然气分析系统。一台气相色谱仪装有三套系统，包括三个检测器和多根柱子（可不同于 GB/T 13610—2014 中给出的色谱柱），一次进样分成三个流路，经过适当的阀切换，测得天然气的组成。

第11章　液相色谱分析法

11.1 液相色谱法概述

液相色谱是流动相为液体的色谱分析法。它与气相色谱一样是21世纪初由俄国植物学家茨维特首先提出并命名的，他用来分离植物色素的流动相就是液体石油醚，而不是气体，所以实际上液相色谱的出现比气相色谱还要早。但是，这种古典的液相色谱柱效低，速度慢，发展一直比较缓慢，没有得到充分的应用。后来应用气相色谱的理论作指导，研制出细颗粒、高效能的固定相，提高了输液泵的压力，以及小体积、高灵敏度检测器的应用，大大提高了液相色谱的分离效率和分析速度，而且实现了在线检测。这种现代的液相色谱称为高压液相色谱或高效液相色谱，简写为 HPLC。现在液相色谱已成为许多科学研究和日常分析的重要手段。

11.1.1 液相色谱法分类

随着液相色谱技术的飞速发展，它的种类不断增多，分类方法也有多种，这里仅介绍常见的几种分类法。

① 按固定相存在的形状分类，可分为柱色谱法和平面色谱法。前者包括填充柱和开管柱，后者包括纸上色谱和薄层色谱。

② 按样品在两相间的分离机理，可分为吸附色谱、分配色谱、离子交换色谱、凝胶渗透色谱、离子对色谱等。

③ 按固定相与流动相极性的相对强弱，可分为正相色谱和反相色谱。固定相的极性大于流动相的极性时，称为正相色谱；反之，流动相的极性大于固定相的极性时，称为反相色谱。按照这种分类方法，前面讲过的吸附色谱又可分为正相吸附色谱和反相吸附色谱；分配色谱可分为正相分配色谱和反相分配色谱。在实际应用中，绝大多数都属于反相色谱。

11.1.2　液相色谱法的特点

　　液相色谱法是整个色谱分析法的一个分支，它具有色谱法的共同特点；但与气相色谱法相比，它还具有以下特点。

　　① 应用范围更广泛　气相色谱只适用于沸点低于350℃、相对分子质量低于1000、热稳定性好又能够气化的组分；液相色谱则能适用于高沸点、大分子、热稳定性差的组分，使色谱分析法的应用范围更加广泛。

　　② 液相色谱的柱效高，理论塔板数每米可达3万块，所以缩短了柱长，一般的柱子是10～30cm，最短的只有3cm，从而加快了分析速度。

　　③ 液相色谱通常在室温下操作，样品不需要气化，不需要预先处理，操作简单方便。

　　④ 液相色谱除用于分析外，还可用来制备纯品。选择适当的溶剂，收集流出液，再通过蒸发等方法除去溶剂，即可得到纯品。

　　⑤ 与气相色谱法相比，它的柱子非常昂贵，而且不容易制备。另外，液相色谱检测器的灵敏度较低，紫外检测器和示差折光检测器是液相色谱常用的检测器，其灵敏度不如气相色谱的氢焰检测器。

11.1.3　液相色谱法的分析流程

　　高效液相色谱法的流程如图11-1所示。溶剂也就是流动相贮存在溶剂槽1中，由输液泵2加压，泵的压力和流量由控制单元控制，压力表3指示泵的出口压力。样品用注射器加至进样器7，由流动相带入色谱柱8中，分离后的组分进入检测器9，给出的信号再送到数据处理装置11，最后得到与气相色谱完全一样的谱图。

11.1.4　液相色谱法的名词术语

　　由上述流程可见，液相色谱的流程、谱图和气相色谱基本相同，因此气相色谱所用的名词术语，如基线、峰高、半峰宽、峰面积、保留时间、死时间、死体积、分离度等也完全适用于液相色谱。

　　液相色谱与气相色谱的最大差别是流动相不同。气相色谱的流动相是载气，载气是高纯度的惰性气体。液相色谱的流动相是载液，载液可以是单一组成的溶剂，也可以是二元乃至三元的混合溶剂。载气

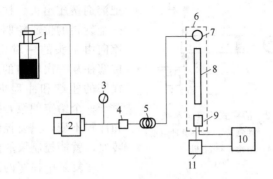

图 11-1　高效液相色谱仪

1—流动相贮罐；2—泵；3—压力表；4—过滤器；5—脉冲阻尼；6—恒温箱；

7—进样器；8—色谱柱；9—检测器；10—记录仪；11—数据处理器

只有有限的几种，而溶剂则有许多种，再加上混合溶剂，可供选择的余地就更多了。在一个分析周期内，溶剂的组成和配比保持不变的叫等度洗脱；溶剂的组成和配比按一定方式变化的叫梯度洗脱。梯度洗脱类似于气相色谱的程序升温，目的是改善分离效果。

11.2 液相色谱的分析系统

高效液相色谱分析系统是由输液系统、进样器、色谱柱、检测器及数据处理装置等组成。

11.2.1　输液系统

输液系统的作用是向色谱柱提供压力高、流速稳定的流动相。输液系统通常由输液泵、溶剂贮槽、过滤器、梯度洗脱控制器等组成。

（1）输液泵　输液泵是液相色谱的重要部件，因此对泵的性能有很高的要求：泵的输出压力要达到 $40\sim50\mathrm{MPa}$；流量可调而且稳定，重复性好；材质要耐溶剂腐蚀；泵的死体积要小。按泵的工作方式可分成两大类：恒压泵和恒流泵。恒压泵的出口压力是恒定的，流速由色谱柱的阻力决定。恒流泵输出的流量是恒定的，柱前的压力由柱后的阻力决定。这类泵的种类较多，主要有往复泵和螺旋柱塞泵。

① 往复泵　这是目前应用最多的泵型，其结构示意如图 11-2 所示。当泵的柱塞向左移动时，将溶剂吸入泵中，柱塞向右移动时，再

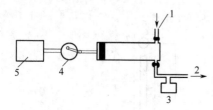

图 11-2　活塞式往复泵示意
1—溶剂；2—到色谱柱；3—脉冲阻尼；
4—凸轮；5—电机

把溶剂挤压出去。柱塞的移动由一个旋转的偏心轮驱动。溶剂的流向由泵头的一对止逆阀控制。柱塞往复一次输出的液体量，由柱塞的粗细和冲程决定。因此，对于一个给定的泵，柱塞的粗细和冲程不变，只要控制偏心轮的转速，就能控制泵的流量。

往复泵中柱塞的材质和加工精度都要求很高，通常用红宝石做柱塞，止逆阀的芯子也用红宝石做。往复泵的优点是流量恒定，更换溶剂方便，适于作梯度洗脱；缺点主要是输出的压力和流量有波动。

② 累积型往复泵　这种泵有两个泵头，其结构见示意图 11-3。两个泵头串联起来，第一个泵头的排液腔体积是第二个泵头排液腔的 2 倍。两个活塞的运动周期相同，但方向相反。当第一个活塞排液时，第二个活塞在吸液，第一个活塞排液的 50% 进入色谱柱，另外 50% 进入第二个活塞排液腔。当第一个泵头吸液时，第二个泵头再把 50% 的液体排出，因此能得到比较平稳的流量。

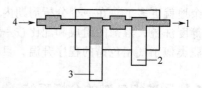

图 11-3　累积型往复泵示意
1—高压流动相出口；2—二级活塞；
3—一级活塞；4—流动相

③ 螺旋柱塞泵　也称注射泵，其结构示意见图 11-4。这里的柱塞是由电机通过旋转的螺杆带动的。泵的内腔较大，可以一次吸入几百毫升溶剂，调节电机

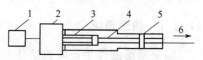

图 11-4　注射泵示意
1—电机；2—涡轮；3—螺旋；4—螺杆；
5—活塞；6—到色谱柱

的转速，柱塞将溶剂匀速压出。它的主要优点是流量没有波动，缺点是泵的加工要求非常精细，成本高。

（2）贮液槽与过滤器　实验室用液相色谱仪的贮液槽，多是玻璃或聚四氟乙烯试剂瓶。溶剂使用前要用适当的方法进行脱气，除去溶剂中溶解的气体。溶剂瓶中插入聚四氟乙烯软管与泵的入口相连，软

管的入口连有过滤器，过滤器通常是一个多孔的不锈钢圆柱体，它的作用是除去溶剂中的机械杂质，保护泵体不被磨损。有些商品仪器的贮液槽中还配有浸入式加热器、温度传感器和搅拌子。

（3）梯度洗脱控制器　如果样品是一个组成复杂的混合物，用单一的溶剂或固定组成的混合溶剂很难达到满意的分离。为此，在一个样品的分析周期内，不断改变混合溶剂的组成，以改变溶剂的选择性，即改变了被测组分的容量因子，能够达到满意的分离。这种溶剂组成随时间呈周期性变化的洗脱过程叫梯度洗脱。梯度洗脱通常有两种方式：低压梯度和高压梯度。低压梯度是用定量泵把几种溶剂加到混合器中，在常压下混合后，用一个输液泵加压后供给色谱柱。这种方法的优点是简单方便，只用一个泵，成本低；缺点是溶剂浓度变化的速度慢，而且不易重复。高压梯度是几种溶剂分别用泵加压，然后混合。这种方法需要多个泵，每个泵都要一套电子设备控制流量，因此设备复杂、成本高。不论哪种方法，都要求混合器的体积尽量小，没有死体积，这样才能保证分析结果的重现性。

11. 2. 2　进样器

液相色谱仪的进样方法有三种。

（1）注射器进样　和气相色谱一样，在柱头加一个耐压的隔垫，进样前要停泵，用注射器将样品直接注入色谱柱头。这种方法只适用于较低的压力，不适用于高压。柱头的隔垫使用寿命有限，隔垫破损的碎渣还经常堵塞柱头，需要及时清理。另外，手工进样的重复性也不能保证。

（2）六通阀进样　液相色谱进样用的六通阀和气相色谱的六通阀构造原理是一样的。当六通阀处于采样位置时，用注射器将样品注入六通阀的定量管中，然后旋转六通阀至进样位置，载液即把定量管中的样品带入柱中。这种进样方式重复性好，而且不必停泵。但受定量管的体积限制，进样量不能太小。由于不停泵在高压下进样，所以对六通阀的要求很高，要求耐压、耐磨、耐腐蚀，多用聚四氟乙烯或其他耐腐蚀材料制成。

（3）自动进样　自动进样也用六通阀，只是由计算机控制整个进样程序，以实现自动化分析。

11.2.3 色谱柱

色谱柱是实现色谱分析的中心环节，包括柱管、固定相、流动相以及安装色谱柱的柱箱。

液相色谱所用的柱管是内径为 4.6mm 或 3.9mm 的不锈钢管，长度为 20～30cm，柱型多为直形。为提高柱效，气相色谱的开管毛细柱和填充毛细柱也引入液相色谱中。毛细柱的材质也是弹性石英毛细管，大孔径的毛细管（0.5mm）也可用聚四氟乙烯管，但它的强度低，高压下易变形。

色谱柱内填充的固定相和流动相，种类非常多，液相色谱柱的色谱柱多数在室温下操作，所以对柱箱的要求并不严格，有些色谱仪干脆不配备柱箱。

11.2.4 检测器

检测器是将色谱柱分离后各组分的量转变成电信号的装置。液相色谱的检测器有两种类型：加和型与溶质型。加和型检测器是测量样品和流动相共有的性质（如折射率），根据两者信号的差异来检测样品，测得的信号具有加和性。溶质型检测器是测量溶质特有的性质（如荧光或特定波长下的紫外吸收），检测信号与溶剂无关。

与气相色谱一样，液相色谱检测器也应具有灵敏度高、线性范围宽、死体积小、操作简便、容易维修等特点。另外，检测器的灵敏度、线性范围、噪声水平、检测下限等性能指标，其定义和测量方法也与气相色谱一样，这里不再叙述。下面介绍两种最常用的检测器：紫外及可见光度检测器和示差折光检测器。

（1）紫外及可见光度检测器　这种检测器几乎是所有液相色谱仪必备的检测器。它还可分为固定波长和可变波长两种。

固定波长检测器的工作波长在 254nm，不可调，在这个波长下大多数有机化合物都有吸收。它的优点是性能稳定，结构简单，只要一个低压汞灯作光源，不需要分光系统。但有些化合物在此波长下的灵敏度不高，而且在此波长下有较强吸收的溶剂也不能用，因此它的应用范围也受到限制。

可变波长检测器的结构要复杂得多，它有两个光源：钨灯和氘灯，工作波长在 200～800nm 之间。光源发出的光经光栅分光后，选择适当的波长通过样品池，然后由光电管检测。它的优点是提高了检测器的灵敏度和选择性，可通过调节波长消除溶剂的干扰。两种检测器的结构示意如图 11-5 和图 11-6 所示。

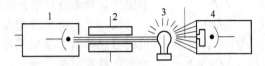

图 11-5　单波长紫外检测器
1—测量光电管；2—样品池；3—低压汞灯；4—参考光电管

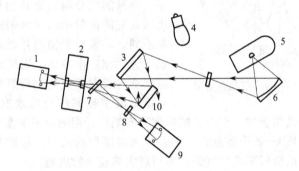

图 11-6　可变波长检测器光路
1—测量光电池；2—流通池；3—非球面聚焦镜；4—钨氢灯；
5—氘灯；6—非球面聚焦镜；7—光束分离器；8—孔阑；
9—参比光电池；10—光栅

　　紫外及可见光度检测器的理论依据是光吸收定律，即当波长一定时，检测器的光程也是固定的，测得的吸光度与检测器中样品的浓度呈正比。这种检测器的吸收池是一根很小的石英管，体积只有 $8\mu L$，目的是减小死体积，提高检测灵敏度。

　　二极管阵列检测器，是紫外及可见光度检测器的换代产品。它的光路与普通光度检测器不同，光源发出的光直接进入样品池，吸收后的光再进入分光系统，分光后用几百只光电二极管作光的接受器。这几百只光电二极管整齐排列，用来接受 200～800nm 之间不同波长的光，因此在样品流过吸收池的瞬间，就能得到样品的可见-紫外吸收曲线。再配以先进的计算机数据处理软件，将不同时间的吸收曲线按顺序排列起来，就能得到整个洗脱过程的三维立体图像。二极管阵列

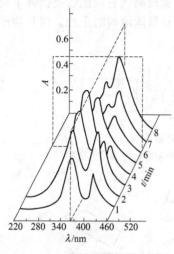

图 11-7　A-λ-t 三维色谱图

检测器光路图与图 9-9 类似，三维立体图像见图 11-7。这种检测器性能先进，不仅能定量，还能根据吸收曲线来定性，判断流出组分的纯度。

（2）示差折光检测器　示差折光检测器也称折射率检测器（图 11-8），由于各种物质都有响应，所以是一种通用型检测器。在一定的温度、压力条件下，每种物质都有固定的折射率。当被测组分随着流动相从柱中流出时，它的折射率与纯溶剂或纯溶质都不同，示差折光检测器就是以纯溶剂（流动相）作参比，连续测量柱后流出物的折射率变化，折射率的差值与流出液中被测组分的浓度成正比。

只要与流动相折射率有差异的物质都有响应，但响应灵敏度比紫外光度检测器低 2～3 个数量级。示差折光检测器的响应灵敏度与溶剂和被测组分的折射率差值有关，差值越大响应灵敏度越高。

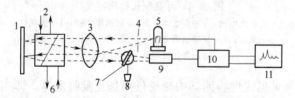

图 11-8　偏转折射率检测器
1—镜面；2—样品池；3—透镜；4—狭缝；5—光源；6—参比池；
7—光学零点；8—零点调节器；9—检测器；
10—放大器和电源；11—记录仪

由于折射率对温度很敏感，所以要求检测器恒温精度非常高，温度的微小波动都会引起基线波动。示差折光检测器要求参比池（流动相）的折射率稳定不变，因此不能进行梯度洗脱。

示差折光检测器的灵敏度不高，但对所有物质都有响应，因此应用范围很广。特别是在凝胶渗透色谱中，因为有些高聚物在紫外区没有吸收，所以示差折光检测器是凝胶渗透色谱必备的检测器。

（3）其他检测器 除上述两种比较通用的检测器外，还有荧光检测器、蒸发激光散射检测器和电化学检测器等。

某些天然物质能发射荧光。有些不能发射荧光的物质，受紫外光或激光的激发，也能发射出荧光。荧光的强度与被激发物质的量成正比，因此测定柱后流出液受激发后发射的荧光强度，就能确定被测组分的浓度。

荧光检测器的灵敏度高，选择性好，但发射的荧光强度受温度影响较大，因此要求恒温。另外溶剂中的杂质，尤其是氧也能影响荧光的波长或强度，溶剂要预先脱氧。

蒸发光散射检测器（Evaporation Light-scattering Detector，ELSD）：色谱柱流出物在通向检测器途中被高速载气喷成雾状液滴，在受温度控制的蒸发漂移管中流动相不断蒸发，溶质形成不挥发的微小颗粒被载气带入散射室。光散射程度取决于散射室中溶质颗粒的大小和数量。ELSD 是一种广谱型、通用性的质量型检测器。几乎所有样品都能有响应。依据其原理，对待测样品只要求其挥发性小于流动相的挥发性。只与待测物质的量相关，而且，ELSD 以几乎一致的响应因子检测具有发色基团和不具发色基团的样品，无所谓其光学性质或电化学性质。因此对于许多没有光学吸收特征的生物性物质的检测，蒸发光散射检测器提供了新一代的检测方法。

电导、电流、电量检测器统称为电化学检测器，在离子色谱中广泛应用。电导检测器主要用来测定各种离子，它的特点是灵敏度高、噪声低、稳定性好，而且池体积小，适用于各种微型柱。电流和电量检测器是以电化学反应为基础设计的。被测组分在检测器的电极上发生氧化还原反应，使电极间的电流或电量发生变化，因此测定电极间电流或电量的变化，即可确定检测器中被测组分的浓度。

表 11-1 列出各检测器的主要性能指标，供选用检测器时参考。

表 11-1 各种液相色谱检测器的性能比较

项 目	UV 可变波长 紫外吸收	RID 示差折光	FLD 荧光	CD 电导	ELSD 蒸发光 散射
应用范围	选择性	通用性	选择性	选择性	通用性
测量参数	吸光度 （AU）	折射率 （RIU）	荧光强度 （AU）	电导率 $(\mu S \cdot cm^{-1})$	质量 （ng）

续表

项 目	UV 可变波长 紫外吸收	RID 示差折光	FLD 荧光	CD 电导	ELSD 蒸发光 散射
池体积/μL	1～10	3～10	3～20	1～3	—
线性范围	10^5	10^4	10^3	10^4	～10
梯度洗脱	可以	不可以	可以	不可以	可以
最小检出浓度/(g·mL^{-1})	10^{-10}	10^{-7}	10^{-11}	10^{-3}	
最小检测量	约 1ng	约 1μg	约 1pg	约 1mg	0.1～10ng
噪声(测量参数)	10^{-4}	10^{-7}	10^{-3}	10^{-3}	10^{-3}
对流量敏感性	不敏感	敏感	不敏感	敏感	不敏感
对温度敏感程度	低	10^{-4}℃	低	2%/℃	不敏感

11.2.5 信号记录与数据处理

这部分装置与气相色谱一样，包括记录谱图与数据处理。液相色谱对数据处理部分的要求更高，如凝胶色谱要作高聚物的分子量分布，二极管阵列检测器要绘制三维立体谱图，这都需要强大的计算机软件做后盾，因此液相色谱一般都配有专用的色谱工作站。这种工作站的功能强大，不只是绘制谱图，还包括色谱仪各部件的操作控制、各种定量分析方法的结果计算、存储分析结果进行统计处理、打印分析报告等，使用时非常方便。

11.2.6 超高效液相色谱仪

超高效液相色谱仪（UPLC）是目前比较新的产品，如 Waters Acquity UPLC 超高效液相色谱仪。UPLC 使用亚微米颗粒填料代替原来 5μm 填料颗粒。由于 UPLC 使用小颗粒固定相，系统的死体积减小而减少了洗脱时间；增大了流动相的流速，降低了进样量；提高了分析速度，缩短了分析时间约 5～10 倍；改善了分离度，提高了色谱柱的峰容量；改善了分析灵敏度。在单位时间内分析的样品量更多，得到的信息更丰富，图 11-9 为 UPLC 和 HPLC 的分析结果对比。

配备的检测器从荧光（FLD）、可调紫外（TUV），光电二极管矩阵（PDA）和蒸发光散射（ELSD）检测器到各种规格的单极，三重四极以及飞行时间质谱仪。

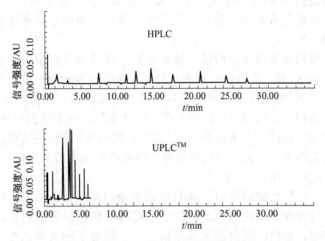

图 11-9　UPLC 和 HPLC 分析结果比较

综合性的系统元件，设计了包括 Acquity UPLC 样品组织器、色谱柱管理器与带有加热和冷却功能的柱温箱、二元溶剂管理器与样品管理器，配有 Acquity UPLC 计算器可方便地将 HPLC 方法转换为 UPLC 方法，支持现有的 HPLC 各种方法。

11.3 常规液相色谱法

常规液相色谱法的分离机理主要是在两相间的液-固吸附和液-液分配。

11.3.1 液-固吸附色谱

液-固吸附色谱是根据物质吸附能力的差异进行分离的，是液相色谱中最古老的一种。

（1）分离原理　这里的固定相是固体吸附剂，流动相是有机溶剂或水。当流动相中没有被测组分时，固体吸附剂表面的活性中心都被流动相分子占据。当流动相携带被测组分通过色谱柱时，由于吸附剂对被测各组分和流动相的吸附能力不同，因此在吸附剂表面上存在着各组分分子与流动相分子之间的吸附竞争，而最终分离的选择性主要由吸附剂、被测组分和溶剂分子三者之间的相互作用来决定。吸附剂表面与被测组分之间的相互作用力包括氢键力、静电引力、诱导力等，有时也会有化学吸附、不可逆吸附等，后两种力是不利于分离、不希望有的。

吸附剂对被测组分的吸附能力可通过该组分的容量因子来衡量。容量因子 K' 是平衡状态时被测组分在固定相与流动相中的质量之比。某组分的 K' 越大，说明吸附剂对该组分的吸附能力越强，于是它将取代流动相分子而留在吸附剂表面，因此该组分在固定相中的保留时间也越大。相反，若某组分的 K' 值小，说明吸附剂对它的吸附能力差，它在固定相中的保留时间也短。因此吸附能力差的先流出，吸附能力强的后流出。

（2）吸附色谱固定相　液-固吸附色谱的固定相都是固体吸附剂，可分为极性和非极性两大类。极性吸附剂有硅胶、氧化铝、分子筛、聚酰胺等，非极性吸附剂主要是活性炭、碳分子筛及苯乙烯-二乙烯基苯共聚的高分子多孔小球。

① 硅胶　硅胶是最常用的吸附剂，它的柱效高，选择性好。硅胶通常被加工成两种类型：表面多孔型和全多孔型。前者颗粒较大，为 $25\sim44\mu m$；后者颗粒较小，为 $5\sim10\mu m$。硅胶具有微酸性，适合分离酸性和中性样品，如有机酸、氨基酸等。

② 氧化铝　氧化铝的分离特性类似于硅胶，吸附能力比硅胶还强。在不同的酸碱条件下，可制得酸性、碱性、中性三种不同性能的吸附剂。

酸性氧化铝适于分析酸性化合物，如氨基酸、酸性色素及对酸稳定的中性化合物；

碱性氧化铝适于分析生物碱、醇及其他中性和碱性化合物；

中性氧化铝适于分析醛、酮、醌、酯类及内酯等化合物。

③ 固体吸附剂的保留规律　常用的固定相硅胶、氧化铝都是极性吸附剂，它们的吸附特性相似，因此对极性分子的吸附能力强，保留时间也长，各类化合物的流出顺序按 K' 由大到小的顺序排列如下：

磺酸（K' 大）＞羧酸＞酰胺＞亚砜＞胺≈醇＞酮≈醛≈酯＞硝基化合物＞醚＞硫醚＞有机卤化物≈芳烃＞烯烃＞饱和烃（K' 小）。

这个顺序是由分子的极性决定的，如果分子中含有取代基，可能影响分子的极性，也可能使上述顺序有所改变。

（3）吸附色谱流动相　流动相的种类很多，包括烷烃类、卤代烃、芳烃、沸点较低的醚类和酯类等。正相吸附色谱的固定相主要是硅胶，流动相多用非极性的戊烷、己烷、庚烷。由于硅胶表面存在活性基团，会产生化学吸附使峰形拖尾，为减少这种影响，常在流动相中加入适量的水、甲醇、乙腈等极性溶剂，以改善拖尾现象。反相吸附色谱的固定相是非极性吸附剂，流动相主要是水、甲醇、乙醇，有时也加少量的乙腈和四氢呋喃作改性剂。

　　流动相分子在吸附平衡中也起着重要作用。固定相对流动相分子的吸附能力越强，对被测分子的吸附能力就越弱，反过来也一样。由于固定相种类不多，所以多半是通过选择不同的流动相来达到复杂样品的分离。不同的溶剂具有不同的溶剂强度（也称洗脱强度）参数 ε^0 和极性参数 P'。若所选溶剂的洗脱能力太强，即 ε^0 太大，也就是溶剂与吸附剂的吸附能力太强，这时吸附剂对被测组分的吸附能力减弱，K' 变小。若溶剂的洗脱能力太弱，ε^0 太小，则被测组分的 K' 增大，保留时间变长。进行复杂样品分离时要选择恰当的溶剂，也可用二元或三元混合溶剂，也可用梯度洗脱，以提高分离的选择性。表 11-2 列出一些常用溶剂的性能指标。

表 11-2　常用溶剂的性能指标

溶剂名称	沸点 /℃	黏度(20℃) /×10^{-3}Pa·s	折射率	溶剂强度 ε^0(Al$_2$O$_3$)	极性参数 P'	溶解度参数 δ
正戊烷	36.0	0.23	1.358	0.00	0.0	7.1
正己烷	68.7	0.4	1.375	0.01	0.0	7.3
环己烷	81.0	1.00	1.427	0.04	0.0	8.2
四氯化碳	76.7	0.97	1.466	0.18	1.7	8.6
甲苯	110.6	0.59	1.496	0.29	2.3	8.9
苯	80.1	0.65	1.501	0.32	3.0	9.2
乙醚	34.6	0.23	1.353	0.38	2.9	7.4
氯仿	61.2	0.57	1.443	0.40	4.4	9.1
二氯乙烷	84.0	0.79	1.445	0.49	3.7	9.7
丙酮	56.2	0.32	1.359	0.56	5.4	9.4
乙酸乙醇	77.1	0.45	1.370	0.58	4.3	
乙酸甲酯	57.0	0.37	1.362	0.60		9.2

续表

溶剂名称	沸点/℃	黏度(20℃)/×10⁻³Pa·s	折射率	溶剂强度 $\varepsilon^0(Al_2O_3)$	极性参数 P'	溶解度参数 δ
苯胺	184.0	4.40	1.586	0.62	6.2	
2-丙醇	82.4	2.30	1.380	0.82	4.3	10.2
乙醇	78.5	1.20	1.361	0.88	5.2	11.2
甲醇	65.0	0.60	1.329	0.95	6.6	12.9
乙酸	118.5	1.26	1.372	大	6.2	12.4
水	100.0	0.89	1.333	很大	10.2	约20
乙二醇	198.0	19.9	1.427	1.11	5.4	14.7

概括起来讲,吸附色谱的分离作用是根据吸附剂、被测物分子和溶剂分子三者之间吸附能力不同来进行的。吸附能力大小主要由分子的相对极性决定,极性大的分子吸附能力强,保留时间也长,通过选择不同极性的溶剂达到复杂组分的分离。

吸附色谱广泛用于不同类型化合物或异构体的分离,也可用于表面活性剂、药物、石油烃等的分离。它的缺点主要是由于非线性等温吸附引起的峰拖尾,另外,固定相的活性不够稳定,不易重复。

11.3.2 液-液分配色谱

(1) 分离原理 液-液分配色谱是根据各组分在两相间的溶解度不同进行分离的。这里的固定相是在惰性载体上机械地涂上一层或化学键合上一层高沸点有机物,即固定液;流动相是有机溶剂或水,固定相与流动相都是液体,但它们应该是不相混溶的。被测组分分子在两相间的溶解度不同,在固定液中溶解度大的组分,不容易被流动相洗脱,保留在柱中后出峰;在固定液中溶解度小的组分,容易被流动相洗脱,所以先出峰。被测组分的溶解度与分子结构、极性等有关,因此有相似相溶规律:极性化合物易溶于极性溶剂,非极性化合物易溶于非极性溶剂。

分配色谱根据固定相和流动相的相对极性分为正相分配色谱和反相分配色谱。在正相分配色谱中,固定相是极性的,流动相是非极性的,被测组分的洗脱顺序是极性小的先流出,极性大的后流出。在反相分配色谱中,固定相是非极性的,流动相是极性的,这时被测组分的洗脱顺序是：极性大的先流出，极性小的后流出。

（2）分配色谱固定相　液-液分配色谱的固定相与气-液色谱一样，是在惰性载体上涂敷或键合一层固定液。前者称为涂层固定相，后者称为键合固定相。

① 涂层固定相　与气-液色谱一样，将固定液机械地涂渍于载体表面。常用的固体吸附剂都可作载体，如硅藻土、硅胶等。常用的固定液有 β,β'-氧二丙腈（ODPN）、聚乙二醇（PEG）、正十八烷（ODS）、异三十烷（SQ）等。机械涂敷的固定液，在实际应用时总不可避免有流失现象，因此这类固定相的稳定性和重现性差，寿命也短。现在这类固定相已很少应用，基本上被键合固定相取代了。

② 键合固定相　键合固定相用的载体多是硅胶，将硅胶表面游离的硅醇基（—SiOH）与不同的有机化合物反应，可得到不同极性的键合固定相。其中最具代表性的是有机硅氧烷键合相，它不易流失，柱子的稳定性好，更换溶剂特别方便，有利于梯度洗脱。

通过改变键合的有机物的结构与极性，可以得到不同极性的键合固定相，以适应各种不同类型样品的分离。一般来讲，增加键合碳链的长度，增加硅胶表面键合碳链的覆盖量和覆盖面积，都能使固定相的溶解能力增加，从而使被测组分的保留值增大。另外，载体的颗粒减小，比表面积增大，也使被测组分的保留值增大。增加载体上固定液的涂渍量，被测组分的保留值也会增大。表 11-3 列出一些常用的分配色谱固定相。

表 11-3　常用的分配色谱固定相

类　　型	键合的基团	粒度/μm	类　　型	键合的基团	粒度/μm
表面多孔型	十八烷基硅烷	25～37	全多孔型	十八烷基硅烷	约 10
	醚基	25～37		氰基硅烷	约 10
	氰基硅烷	25～37		氨基硅烷	约 10
	氨基硅烷	25～37		烷基苯基硅烷	13±5
	聚乙二醇	37～50			

（3）分配色谱流动相　在分配色谱中，选择流动相的依据是溶剂的溶解度参数 δ，其数值列于表 11-2。溶解度参数 δ 是溶剂与溶质分子之间作用力的总和，包括色散力、偶极矩之间的作用力等，δ 值越

大，溶剂的溶解能力越强。

① 正相分配色谱流动相　在正相分配色谱中，流动相是非极性或极性很小的有机溶剂，如正戊烷、正己烷、四氯化碳、乙醚等。若增大溶解度参数 δ，即增大溶剂与固定相间的作用力，被测组分的保留值就会减少。

② 反相分配色谱流动相　在反相色谱中，以水为基本溶剂，再加入不同浓度的能溶于水的有机溶剂，就构成了反相色谱的流动相。常用的有机溶剂是甲醇、乙腈、二氧六环、四氢呋喃等。改变有机溶剂的种类和配比，可以改善分离效果。对于离子型化合物，通过改变溶剂的 pH 值，可以改变分离的选择性。

液-液分配色谱，由于键合固定相的应用，大大扩展了它的应用范围，几乎所有类型的化合物，都能在这里得到很好的分离，因此它已成为液相色谱中最重要的一个分支。

11.4 离子色谱

离子色谱是通过离子交换分离离子组分，然后用合适的检测器检测，是高效液相色谱法的一个分支。离子色谱法使用的前提是被测组分在流动相中能够解离成离子，否则无法进行离子交换。

(1) 固定相　离子色谱所用的固定相是离子交换树脂，它是由一个不溶性的、可渗透的聚合物骨架和一个可解离的官能团组成。其中能解离出阳离子的是阳离子交换树脂；能解离出阴离子的是阴离子交换树脂。

① 微粒树脂　即传统的离子交换树脂。是由苯乙烯、二乙烯基苯共聚组成树脂骨架，骨架上连有 $-SO_3^-$ 的能解离出阳离子，是阳离子交换树脂；骨架上连有 $-NR_3^+$ 的能解离出阴离子，是阴离子交换树脂。这类树脂的最大优点是 pH 使用范围宽，一般阳离子型为 pH$=1\sim14$，阴离子型为 pH$=0\sim12$。另外这类树脂的交换容量大，使用寿命长，如果受到污染，还可以再生。

② 表面多孔型离子交换剂　是在直径 $30\sim40\mu m$ 的实心玻璃珠表面，先覆盖一层多孔硅胶，再键合上一层有机离子交换剂。它的优点是机械强度好，能承受高压而不变形；颗粒大，阻力小，渗透

性好。

③ **全孔型载体**　在芳基和烷基键合硅胶上，引入—SO_3^- 成为阳离子交换键合相，引入—NR_3^+ 就成为阴离子交换键合相。这类交换剂的粒度小，只有几个微米，比表面积大，因此柱效高，适于快速分析。它的缺点是 pH 使用范围窄（pH＝1～8），不能在碱性介质中使用。

离子色谱一般采用小粒度和低交换容量（0.02～0.05mmol·L^{-1}）的离子交换填料。戴安公司离子色谱柱有机兼容性好，可在 pH＝0～14 的范围内使用。

（2）**离子交换的过程**　以阳离子交换树脂为例，简要说明离子交换的过程。用 R^-Y^+ 代表阳离子交换树脂，当没有被测组分时，树脂上吸附的阳离子 Y^+ 全是溶剂的阳离子。当被测组分的阳离子通过固定相时，将和溶剂的阳离子 Y^+ 争夺树脂上的负电荷。若被测组分阳离子与树脂上负电荷之间的亲和力越强，也就是它的离子交换能力越强，被测组分的保留时间也越长。相反，如果被测组分离子的离子交换能力越弱，它的保留时间就越短。下面列出各种阳离子在磺酸型树脂上的亲和能力次序：

$$Fe^{3+}>Ba^{2+}>Pb^{2+}>Ca^{2+}>Ni^{2+}>Cd^{2+}、Co^{2+}>Zn^{2+}>Mg^{2+}>Ag^+>Cs^+>Rb^+>K^+>NH_4^+>Na^+>H^+>Li^+$$

各种阴离子在季铵型树脂上的亲和能力次序为：

$$柠檬酸根>SO_4^{2-}>C_2O_4^{2-}>I^->NO_3^->CrO_4^->Br^->SCN^->Cl^->HCOO^->CH_3COO^->OH^->F^-$$

（3）**离子色谱的流动相**　离子色谱的流动相通常是含有一定离子强度、具有缓冲能力的水溶液，有时也添加一定量的、与水混溶的有机溶剂，如甲醇、乙醇、乙腈、二氧六环等。缓冲溶液通常由钾、钠、铵的柠檬酸盐、甲酸盐、醋酸盐、硼酸盐等配制。当缓冲溶液或其他盐的浓度增大，即溶剂中的离子强度增大时，被测离子与离子交换树脂间的亲和力减弱，因此，样品的保留值减小。另外，如果样品是弱酸或弱碱，流动相的 pH 值对分离也有很大影响，因为 pH 值直接影响弱酸或弱碱的电离，即影响参加交换的离子有效浓度，因此在离子交换色谱中控制溶剂的 pH 值是很重要的。

（4）**离子色谱检测器**　离子色谱中最常用的是电导检测器，它是通用型检测器。紫外-可见分光光度计是专用型的检测器，对离子具有选择性响应。可变波长紫外检测器与电导检测器联用，能帮助鉴定未知峰，分辨重叠峰和提供电导检测器不能测定的阴离子，如硫化物及亚砷酸中阴离子的检测。

（5）双柱和单柱离子色谱　双柱离子色谱法使用一根离子交换柱作为分离样品用；另一根是抑制柱，用于除去大部分洗脱液中的离子，以便在检测时能消除淋洗液中离子的干扰。抑制柱中填充的离子交换树脂所带电荷与分离柱相反。现在已将抑制柱改成抑制器，它是一种电解自动再生微膜抑制器。

单柱离子色谱法只用分离柱，不用抑制柱，从分离柱流出的液体直接进入检测器。它采用低浓度的淋洗液，如有机弱酸邻苯二甲酸等，背景电导率比较低，因此减少了抑制柱带来的死体积，分离效率高，但不适合于高电导率背景介质中离子的检测。

（6）离子色谱分析过程　双柱离子色谱分析过程如图 11-10所示。

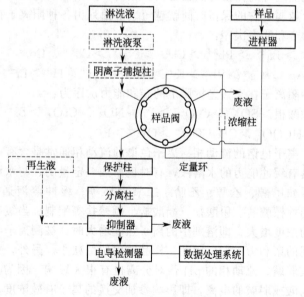

图 11-10　离子色谱流路

图 11-10 中虚线框为可选部件。样品阀处于装样位置时，一定体积的样品溶液（如 10μL）被注入样品定量环，当样品阀切换到

进样位置时，淋洗液将定量环中的样品溶液带入分析柱，被测阴离子根据其在分析柱上的保留特性不同实现分离。淋洗液携带样品通过抑制器时，所有阳离子被交换成为氢离子，氢氧根型淋洗液转换为水，碳酸根型淋洗液转换为碳酸，背景电导率降低；与此同时，被测阴离子被转换为相应的酸，电导率升高。由电导检测器检测响应信号，数据处理系统记录并显示离子色谱图。以保留时间对被测阴离子定性，以峰高或峰面积对被测阴离子定量，测出相应离子含量。

保护柱，置于分离柱之前，用于保护分离柱免受颗粒物或不可逆保留物等杂质的污染。

图 11-10 中未列出预处理柱。当样品中含有对分离柱的树脂永久性吸附的组分时，如含苯环的有机物，通常采用预处理柱来处理，否则使分离柱的吸附容量降低，以致损坏柱子。

由于水的电导率低于淋洗液的电导率，所以在色谱图中会产生一个峰值。

分析微量离子应该采用聚丙烯或高密度聚乙烯树脂瓶，包括取样瓶和容量瓶，玻璃瓶会溶出离子。进样前应用 $0.45\mu m$ 滤膜过滤样品，以免堵塞柱子，滤液的前部分弃去，以防膜的污染。

离子色谱主要用于测定各种离子的含量，特别适于测定水溶液中低浓度的阴离子，例如饮用水、高纯水、各种废水的离子分析等，如 GB/T 14642—2009《工业循环水及锅炉水中氟、氯、磷酸根、亚硝酸根、硝酸根和硫酸根的测定离子色谱法》。

11.5 凝胶渗透色谱

（1）分离原理　凝胶渗透色谱也叫体积排阻色谱，是根据被测组分分子体积大小进行分离的。这里所用的固定相是具有一定孔径范围的多孔固体颗粒，习惯上称为凝胶。色谱分离过程就在这多孔的凝胶表面进行；当流动相携带被测组分流经色谱柱时，其中大于凝胶所有孔径的大分子，因不能渗入凝胶孔内，被流动相沿颗粒间隙带出，最先流出；与凝胶孔径相当的中等分子，能渗透到其中一部分孔中，不能进入较小的孔中，以中等速度流出；而那些小分子，能进入所有的孔中，并能渗透到凝胶内部，所以最后从柱中流出。从上述分离过程可以看出，凝胶颗粒好像一个"反筛子"，体积大的先流出，体积小的后流出，这就是凝胶渗透色谱测定高聚物分子量分布的原理。

（2）凝胶渗透色谱固定相　色谱用的凝胶可分为三种类型。

① 软性凝胶　如多聚葡萄糖、聚丙烯酰胺等，它们的机械强度不好，不耐压，不适于作高压液相色谱的固定相。

② 半刚性凝胶　主要是交联聚苯乙烯，可耐较高的压力，适用于较宽的分子量范围。

③ 刚性凝胶　主要是多孔硅胶和多孔玻璃珠，它们具有恒定的孔径，渗透性好，可耐高压，而且柱效高，选择性强，能分离分子大小差别很小的化合物。

选择凝胶固定相时要注意两个问题：第一，凝胶能被流动相浸润，如果浸润性不好，凝胶的孔隙不能充分利用；第二，被测组分的分子量必须在凝胶的分离范围内。如果一种孔径的凝胶不能满足要求，可以将几根不同分离范围的凝胶柱串联，也可以将几根相同的凝胶柱串联，但不要把不同的凝胶装在一根柱子中。

（3）凝胶渗透色谱的流动相　凝胶渗透色谱所用的流动相，应该对样品有很强的溶解能力，尤其对难溶的化合物，要选择溶解度最大的溶剂。常用的溶剂是四氢呋喃、甲苯、二甲基甲酰胺等，水溶性样品的溶剂是水、缓冲溶液、乙醇和丙酮。

凝胶渗透色谱主要用于分离测定分子量较大（相对分子质量大于2000）的物质，特别是测定高聚物的分子量分布，在高聚物的研制与生产方面有广泛的应用。

11.6 定量方法和应用

11.6.1　定量方法

定量分析的第一步是测量峰面积和测定校正因子，这些测定原理和操作步骤都和气相色谱完全一样，这里不再叙述。

液相色谱的定量方法也和气相色谱一样，有归一化法、外标法和内标法。

（1）归一化法　要求所有组分都能分离并有响应，计算公式见气相色谱的有关部分。由于液相色谱所用检测器多是选择性检测器，响应值差别很大，所以必须测定校正因子。有些组分在所用的检测器上没有响应值，因此液相色谱很少使用归一化法。

（2）外标法　又可分为工作曲线法和比较法。用被测组分的纯品配成一系列标样，绘制工作曲线，再从工作曲线上查出被测组分的浓度，即是工作曲线法。若配成一个与被测组分浓度相近的标样，然后通过计算求出被测组分的浓度，即是比较法。计算公式和操作步骤与气相色谱一样。

（3）内标法　将已知量的内标物加到已知量的样品中，于是内标物的浓度即为已知的，根据被测组分与内标物的峰面积，计算出被测组分的浓度。使用内标法时一定要加校正因子。计算公式和操作步骤也和气相色谱一样。

11.6.2　液相色谱法应用注意问题

（1）储液器

① 流动相脱气要充分，否则噪声大，基线出现毛刺。

② 使用 HPLC 级试剂/溶剂。

③ 含缓冲盐的流动相用 $0.45\mu m$ 膜过滤以除去微粒物质。

④ 更换流动相时应彻底清洗，防止交叉污染。

⑤ 定期清洁储液器及附件，防止微生物生长。

（2）输液泵

① 密封垫易损坏引起故障，每天实验结束一定要认真冲洗泵，注意防止堵塞，特别是使用缓冲盐流动相时。

② 使用 HPLC 级试剂，注意泵压力不要太高，一般压力上限在 $10\sim20MPa$，下限为 $0.5MPa$，注意防止因泵堵塞造成压力过高损坏柱塞杆或烧坏电机。

（3）进样器

① 停机前一定冲洗干净进样器内残留的样品或缓冲盐，防止样品和无机盐沉积造成进样阀转子面磨损或堵塞。

② 注射器最好使用仪器自配平头针。

（4）检测器

① 保持清洁，每天用后与色谱柱一起清洗。

② 不定期用强溶剂反向冲洗检测器。

③ 使用脱过气的流动相，防止气泡滞留池内。

④ 检测器灯有一定寿命，不用时不开灯。

（5）进样技术

① 进样体积过大会使柱效下降，峰变宽。

② 进样时间越短越好。

③ 注意控制样品浓度。在样品容量范围，大体积稀溶液比小体积浓溶液好。样品浓度过大易使柱头瞬间饱和，造成峰严重扩展。

④ 以点进样，进样位置应在中心。

11.6.3 应用实例

（1）工业用丁二烯中叔丁基邻苯二酚（TBC）的测定

① 测定原理　将试样与间硝基酚溶液（内标）混合，在室温下待丁二烯蒸发后，残余溶液经反相高效液相色谱分离和紫外检测器（波长 280nn）检测，测量物质的色谱峰面积或峰高，以内标法测定 TBC 的含量。

② 仪器及条件

液相色谱仪：所用的液相色谱仪在检测波长处对质量浓度 $10mg \cdot L^{-1}$ TBC 所产生的峰高至少为噪声水平的两倍。

检测器：紫外检测器，检测波长为 280nm。

色谱柱：不锈钢材质，长 150mm，内径 4.6mm。固定相为十八烷基化学键合相型硅胶，粒度为 $5\mu m$。或能满足分离和定量的其他规格色谱柱。

流动相：甲醇：水：乙酸＝67：32：1，流量为 $1.0\sim1.5mL \cdot min^{-1}$。

（注：因被测组分是酚，为酸性化合物，在流动相中加少量乙酸防止酚类化合物峰拖尾）。

③ 测定过程

a. 校准曲线的绘制

ⅰ. 配制标准溶液

在 6 个 50mL 具塞锥形烧瓶中分别加入 25.0mL 间硝基酚溶液（$25mg \cdot L^{-1}$），然后用注射器按表 11-4 所示体积逐个加入相应量的 TBC 标准溶液（$25g \cdot L^{-1}$ 氯仿溶液）），摇匀。

表 11-4　**TBC 标准溶液体积与质量浓度对应表**

TBC 标准溶液(25g·L^{-1}氯仿溶液)体积/μL	标准溶液中 TBC 浓度/(mg·L^{-1})
0	0
10	10
25	25
50	50
100	100
150	150

ⅱ. 校准

用注射器将上述配制的标准溶液逐一充满进样阀的样品定量管，并注入色谱仪，记录所得到的 TBC 和间硝基酚的色谱峰面积（或峰高）。

ⅲ. 绘制校准曲线

以 TBC 浓度（mg·L^{-1}）为横坐标，以 TBC-间硝基酚的峰面积（或蜂高）比值为纵坐标，绘制校准曲线。

b. 试验溶液的准备。将长 1m，内径 3mm 的不锈钢盘管和容量为 25mL 的玻璃量筒冷却至—20℃左右。将盘管与试样钢瓶相连，通过盘管使液态丁二烯流入量筒约 25mL 左右，准确读取试样体积。测量试样温度，精确至 1℃。然后将此试样倒入已盛有 25mL 间硝基酚的 50mL 具塞锥形瓶中，室温下使丁二烯自然挥发。塞上瓶塞，摇匀 1min。

上述操作应在通风橱中进行，应远离明火，并将钢瓶接地，以防止因静电可能产生的爆炸危险。

c. 测定。用注射器将试验溶液②充满进样阀的样品定量管，并注入色谱仪。记录所得到的 TBC 和间硝基酚的峰面积（或峰高），并计算 TBC-间硝基酚的峰面积（或峰高）的比值。

色谱图见图 11-11。

d. 结果计算。在校准曲线上，根据测定结果③，计算试验溶液中的 TBC 含量（mg·L^{-1}）。然后按式（11-1）计算试样中 TBC 的含量：

$$w = \frac{\rho_T \times 25}{V \times \rho} \tag{11-1}$$

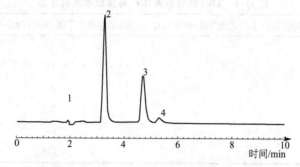

图 11-11　工业用丁二烯中 TBC 含量测定的色谱图
1—溶剂峰；2—间硝基酚；3—TBC；4—TBC 氧化物

式中　w——试样中 TBC 的含量的数值，mg·kg^{-1}；

　　　ρ_T——试验溶液中 TBC 含量的数值，mg·L^{-1}；

　　　ρ——试样在测得温度时的密度数值，g·mL^{-1}；

　　　V——实际取样量的数值，mL。

(2) 凝胶渗透色谱法测定低聚丙烯酸钠分子量

① 测定原理　低分子量聚丙烯酸钠是水溶性聚合物，以多孔硅胶为固定相，0.1mol·L^{-1} 的 KNO$_3$ 水溶液为流动相进行淋洗，测定流出体积。用已知分子量的聚苯乙烯为标样，绘制工作曲线，根据样品的流出体积在曲线上查出样品的平均相对分子质量。

② 仪器设备

凝胶色谱仪：LC-20A 或其他型号，配有示差折光检测器和数据处理机。

超声波发生器：流动相脱气用。

玻璃砂漏斗：G6，500mL；G2，50mL。

抽滤瓶和水流泵：1L。

微量注射器：平头，25μL。

③ 试剂和溶液

硝酸钾：分析纯试剂。

甲醇：分析纯试剂。

流动相：称取 KNO$_3$ 20.2g 溶于 2L 蒸馏水中，溶解后用 G6 玻璃砂漏斗抽滤，然后保存在冰箱中。

标样配制：分别称取相对分子质量 2000~50000 的聚苯乙烯标样各 1mg 于小瓶中，加入 1mL 流动相溶解，溶解后保存在冰箱里。

④ 操作步骤　按仪器说明书启动色谱仪，先用甲醇冲洗流路 30min。然后切换为流动相，调节流速为 1mL·min⁻¹。观察示差折光检测器显示的信号，等待仪器稳定。

吸取各个标样 20μL 注入色谱仪，记录每个标样的保留时间，再根据流速换算出保留体积 V，用保留体积 V 与各标样相对分子质量的对数 $\lg M_s$ 作图，即得工作曲线，如图 11-12 所示。也可把所得数据按线性方程 $\lg M = a + bV$ 进行回归，求出斜率 b 及常数相 a。

取低分子量聚丙烯酸钠样品大约 0.1g，用 20mL 流动相溶解，进样前用 G2 玻璃砂芯漏斗过滤。进样 20μL，绘出色谱图，根据保留时间求出保留体积 V，在工作曲线上查出相应的 $\lg M$；或者根据保留体积用线性方程计算出 $\lg M$，再通过反对数求出平均分子量。

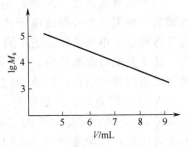

图 11-12　凝胶色谱工作曲线

⑤ 注意事项

a. 样品和流动相一定要过滤，以免固体颗粒堵塞色谱柱。

b. 样品和标样溶液的含量不必准确计量，因为溶液的浓度只影响峰面积，不影响峰的保留时间和保留体积，所以不影响分子量。但溶液的含量（质量分数）应控制在 0.05%~0.3% 之内，含量太低时，因示差折光检测器灵敏度低，可能检不出；含量太高时，柱子容易超载，影响测定结果。

c. 测定结束后，要及时用蒸馏水和甲醇清洗整个系统，以保护色谱柱，延长使用寿命。

第12章 原子吸收光谱分析法

12.1 概述

原子吸收光谱法（AAS）是利用气态原子可以吸收一定波长的光辐射，使原子中外层的电子从基态跃迁到激发态的现象而建立的。由于各种原子中电子的能级不同，将有选择性地共振吸收一定的辐射光，这个共振吸收波长恰好等于该原子受激发射光谱的波长，由此可获得元素的成分信息，但 AAS 主要用于无机元素的定量。

AAS 的特点是：灵敏度高，火焰法可达到 μg 级至 ng 级，石墨炉法可达 pg 级；定量分析的准确度高，相对误差一般为 2%～5%；分析速度快，自动进样的 AAS 仪器可在 30min 内测定 50 个以上的试样；可测元素范围广，周期表中可测元素已达 70 多个；共存元素影响较少，大多数样品只要溶解成溶液后可直接进样分析；仪器结构简单，价格较便宜，操作方便，有利于推广应用。

AAS 法的不足之处是元素同时测定尚有困难，对未知样品的定性分析不方便，每种元素测定需更换专用的元素分析灯；对非金属元素的灵敏度不够高。因此 AAS 法目前主要用于已知组成的样品中特定元素的定量分析。

12.2 原子吸收光谱法的基本原理

12.2.1 共振线和吸收线

元素的原子是由原子核和围绕原子核运动的电子组成的，原子核外电子分层排布，每层都具有确定的能量，称为原子能级。所有电子按一定规律分布在各个能级上，其能量由其所处的能级决定，原子核外电子的排列具有最低能量时的状态称为基态，处于基态的原子称为基态原子。当原子受到外界能量（如热能、光能）的激发时，其外层电子吸收一定的能量跃迁到较高的能级，使原子处于激发态，这种处于较高能态的原子则称为激发态原子。激发态原子不稳定，根据能量最低原理，较外层能级上的电子自高能态向低能态跃迁，释放出所吸收的能量，使原子恢复到稳定的能级状态，即基态。电子由基态能级跃迁到激发态能级所吸收的能量与从激发态跃回基态能级所释放出的能量相等。电子从基态跃迁到最低激发态（称第一激发态）所产生的发射谱线称为共振吸收线；电子从最低激发态返回到基态时所产生的发射谱线称为共振发射线；共振吸收线和共振发射线统称为共振线。

　　由于各种元素的原子结构不同，其元素原子的电子跃迁时所吸收和发射的能量不同，因此所产生的共振谱线能反映各种元素的特征。这种特有的共振线称为元素的特征谱线。对大多数元素来说，共振线是元素最灵敏的谱线，故称共振线是元素的灵敏线。在原子吸收分析中，就是利用处于基态的待测原子蒸气对光源辐射出的待测元素的共振线的吸收来进行分析的，因此，元素的共振线又称为分析线。

12.2.2　基态原子数与激发态原子数之间的关系

　　待测试样溶液引入原子化器的试样雾珠，首先蒸干成固体颗粒并转化成单分子，之后在高温下解离成基态原子，其中一部分原子吸收了较多的能量成为激发态原子。当元素激发能固定时，温度升高，处于激发态的原子增加；当温度固定时，激发能越低，激发态原子增加。

　　在高温原子化器中，试样在高温下解离。只有极少部分原子吸收能量成为激发态原子，并瞬间（约 10^{-8} s）跃迁回基态，而绝大多数则为基态原子。对于一般元素来说，在 3000℃ 以下时，产生激发态原子数可以忽略不计，因此，原子吸收测量中测得的基态原子数即可代表总原子数。

12.2.3　原子吸收与原子浓度的关系

　　元素通过一定温度火焰后，变为原子蒸气。原子蒸气对共振辐射的吸收程度和其中基态原子数成正比亦即与原子浓度成正比。

　　和分光光度法的基本原理相似，原子吸收与原子浓度的关系也符合比尔定律。

$$A = \lg I_0 / I = Kc$$

吸光度 A 与原子浓度 c 成线性关系。在确定条件下，蒸气相中的原子浓度与样品中被测元素的实际含量成正比。在实际分析中，只需测量样品溶液的吸光度与相应的标准溶液的吸光度，即可根据标准溶液的已知浓度计算出样品中待测元素的浓度。

12.2.4 原子吸收线的形状与宽度

原子光谱虽然属于线光谱，但不是一条几何线，而具有一定的宽度和形状。原子谱线在不受外界因素影响的情况下，有其"自然宽度"。不同元素的原子谱线具有不同的自然宽度，多数元素共振线的自然宽度约为 10^{-5} nm，此宽度对原子吸收分析无实际影响。

吸收线的宽度受很多因素的影响，谱线变宽对原子吸收分析法具有重要的影响。谱线变宽增大时，会使测定的灵敏度降低、准确度下降，因此，应设法控制影响谱线变宽的因素，尽量减小谱线变宽。

12.3 原子吸收光谱仪的构成

原子吸收光谱仪主要由以下几部分构成：光源、原子化器、分光系统、气体调节系统、检测系统和数据处理系统。

测定原理是由光源发射出的共振辐射通过原子化器时，有一部分能量被原子化的原子所吸收，被减弱了的共振辐射通过单色器分离，照射到光电倍增管上，经放大后由检测器检测，即可得到吸光度值。

12.3.1 光源

光源的作用是发射被测元素的共振线，作为原子吸收的入射光源。原子吸收法要求光源必须是能发射出比吸收线宽度更窄的强度大而稳定的锐线光源，其半宽度应小于吸收谱线的半峰宽，且稳定性强，背景发射小。常用的光源是空心阴极灯。

空心阴极灯由一个圆柱形空心阴极与一个阳极组成，被密封在充有低压稀有气体（如氖、氩）的玻璃管中。空心阴极是由待测元素的纯金属制成，贵重金属可用该元素的薄片贴于用其他金属材料制成的凹形基体内制成；阳极一般是由高熔点金属钨或钛、锆、钽制造的。当通电后，充入的惰性气体氖原子被激发而成阳离子，氖元素的气体阳离子与金属原子碰撞使得金属原子产生激发态，当它们返回到基态时，就能发射出该元素的特征辐射线。单元素空心阴极灯只能测定一种元素。

空心阴极灯内所充惰性气体为氖或氩时发射的谱线主要是原子线。空心阴极灯的温度为 50～100℃，不产生自吸，发射出的特征谱线为半宽度很窄的锐线光谱。

多元素空心阴极灯的阴极由多种元素的合金构成，可分析 2～7 个不同元素。在工作时，阴极的各个元素中，易挥发的元素先转变成蒸气，使阴极中较难挥发元素的相对浓度相对增大。在灯使用冷却后，蒸气状态的各元素原子不一定能再凝集到阴极上。即阴极成分随着使用发生变化，结果导致阴极上各元素辐射谱线强度比率发生变化。

12.3.2　原子化器

AAS法是原子在气相游离态中进行的，原子化器的作用是产生原子蒸气，即将试样中被测元素的原子化。实现原子化的方法，最常用的是火焰原子化法和石墨炉电热原子化法。

(1) 火焰原子化器　火焰原子化是由燃烧气体，如乙炔-空气、氢气-空气等提供足够高的温度，有效地使试样蒸发、分解并使被测元素原子化。常用的火焰原子化器为预混合型原子化器，它是用助燃气将试样溶液喷入雾化室，在室内预先与燃气混合，之后进入火焰燃烧。火焰原子化器包括雾化器、混合室和燃烧室。

① 雾化器　其作用是将样品雾化产生粒径微细均匀（直径约为 10μm）的气溶胶。

② 混合室　也称雾化室，其作用是将由雾化器来的粒径较大的气溶胶凝结为大溶珠，沿泄液管排走；气溶胶去溶；气溶胶与燃气、助燃气预先混合均匀进入燃烧器，并缓冲气流，以减少火焰的扰动。

③ 燃烧器　其作用是将进入火焰的气溶胶原子化，产生被测元素的基态原子。当采用不同的燃烧气时，注意调整燃烧器的狭缝宽度和长度以适应不同燃烧气的燃烧速率，防止回火爆炸。

这种方法的优点是火焰稳定，燃烧安全，背景噪音低，操作简便，应用范围广。不足之处是火焰起稀释作用，样品利用率较低，相对石墨炉原子化器灵敏度较低，不能直接测试固体样品。

（2）石墨炉电热原子化器　石墨炉原子化是把样品加在内径4mm，长约30mm的管中，使样品发生蒸发、热解、还原及生成碳化物等化学反应，最终生成原子化的蒸气。

石墨炉原子化器是一种电阻加热器，石墨管作为吸收池与电阻发热体，夹在两电极之间，通电后石墨炉开始升温，最高温度可达3000℃。电极用冷水冷却。为防止石墨管氧化和烧蚀，需用氩气或氮气作保护气。当炉温高于2500℃时，不能用氮气，因为氮与碳在高温会生成氰。保护气同时也保护已原子化了的原子不再被氧化，并将蒸发组分携带出光路。

石墨炉原子化器有快速升温和慢速斜坡升温两种方式。快速升温，在辐射光束通道有较高的原子浓度，测定的灵敏度高；慢速升温有利于除去大量盐类或有机物，保证共存组分全部除去与分解。

此法原子化用样量小，样品的利用率高，原子在管内停留时间长，当光源发射出的光通过石墨管时，管内的原子化蒸气将选择性地共振吸收光源的特征谱线，由此产生原子吸收光谱。这种原子化方法的优点是灵敏度高、液体、固体试样均可直接进样，但背景较强，方法的精密度不如火焰法。主要用于试样中微量成分的定量分析。

石墨炉原子化的效率比火焰法高得多，其原子蒸气浓度比火焰法要大数百倍。

（3）火焰法与石墨炉法的比较　见表12-1。

表 12-1　火焰法与石墨炉法的比较

火　焰　法	石墨炉法
样品原子化仅 10%	样品全部原子化
样品被气体稀释	不被稀释
原子在光路上停留时间短	停留时间长
定量范围：$\mu g \cdot L^{-1}$ 至 $mg \cdot L^{-1}$	比火焰法高 1～3 个数量级
精密度（相对标准偏差）：1%～2%	精密度（相对标准偏差）：5%～10%

12.3.3　分光系统

原子吸收光谱仪中的分光系统又称单色器，其作用是将待测元素的分析线（共振线）与光源其他谱线分开，并阻止其他的谱线进入检测器，使检测系统只接收共振吸收线。

分光系统主要由色散元件、狭缝及凹面反射镜组成，其关键部件是色散元件。常用的色散元件为光栅，它是根据光的衍射原理对光进行色散的。其特点是色散均匀、分辨率高、工作波段宽。

由于原子吸收光谱仪中采用锐线光源，吸收光谱本身也比较简单，因此对一般元素来说，对光栅的分辨能力要求不是很高。

12.3.4　检测系统

检测系统主要由检测器、交流放大器和对数变换器等组成。

（1）检测器　检测器的功能是将经过原子蒸气吸收和单色器分选出的微弱光信号转换成电信号。原子吸收光谱仪采用光电检测器。当测量的光通量足够高时，采用光电管或光电池作检测器；当光通量小时，则采用光电倍增管。光电倍增管是使用最广泛的检测器，它是利用二次电子发射放大光电流的光电管，增益可达 10^8。

光电倍增管长时间使用或会出现"疲劳"现象，使其灵敏度降低。其疲劳程度随辐射光强度和外加电压而增加。因此，使用时应避免强光照射，并应逐步增加工作电压，工作电压不可过高。

（2）放大器　放大器的功能是将光电倍增管输出的电信号进行放大，以便于测量。

（3）对数变换器　将放大后的信号进行对数变换，转换成浓度或与浓度成直线关系的吸光度值。

12.3.5　数据处理系统

现代的原子吸收光谱仪用微机控制操作参数，处理数据，打印结果。

12.4 测量技术

12.4.1　测量条件的选择

（1）分析线的选择　测定某种元素时，首先需选择相应的元素灯，然后根据待测元素的性质、谱线的干扰及实验条件等情况，选择合适的谱线作为分析线。一般情况下，对于谱线比较简单的大多数元素，尤其是微量元素，通常选择最灵敏的共振吸收线作为分析线。而对于谱线结构复杂的元素，或者当存在光谱干扰、待测元素浓度过高时，也可选择次灵敏线或其他谱线作为吸收线。适宜的分析线可根据具体实验情况确定。

（2）灯电流的选择　空心阴极灯的发射光谱特性取决于其工作电流，一般地，灯电流值越小测定的灵敏度越高，灯的寿命也更长，但是光强不足，稳定性差；增大灯电流可以提高共振线的发射强度，提高信噪比，改善低含量元素的检出线；但灯电流过大，会使谱线变宽，灵敏度下降，灯的寿命缩短。选择灯电流的原则为：在光强度足够时，尽量采用低电流。实际工作中，灯电流的选择根据实验结果确定，具体做法如下。

① 选择适当浓度的待测元素的标准溶液，使其吸光度在 0.2～0.7 之间。

② 空心阴极灯预热稳定后（约需 10～30min），以 1～2mA 的步幅改变灯电流，测定吸光度。

③ 绘制灯电流-吸光度曲线，选取吸光度高的灯电流作为工作电流。

（3）火焰种类的选择　火焰根据燃气与助燃气比例的不同可分为中性火焰、贫燃火焰和富燃火焰，三种火焰的温度各不相同。

① 中性火焰　火焰的燃气与助燃气的流量之比等于它们之间的化学反应计算量，其特点是火焰温度高、干扰少、稳定性好、背景低，适合于除碱金属以外的不易在火焰中形成氧化物的元素分析。

② 富燃火焰　火焰的燃气与助燃气的流量之比大于化学反应计算量，其火焰温度略低于中性火焰。由于燃烧不完全，具有强还原气氛，有利于试样中熔点较高的氧化物的分解。其缺点是火焰吸收背景强、干扰较多，不如中性火焰稳定。

③ 贫燃火焰　火焰的燃气与助燃气的流量之比小于化学反应计算量，其火焰温度高于富燃火焰。由于燃烧完全，还原性气氛低，适合于易离解、易电离的碱金属的解离。

火焰是原子蒸气吸收光的介质，分析不同的元素，需要不同的火焰温度。火焰温度取决于火焰的种类及燃料和助燃料的配比。选择火焰时要求所用火焰的温度能将待测元素原子化，而且要尽量减少被测元素产生电离离子。根据测定元素的性质和火焰的性能正确地选择火焰，参照表 12-2。

表 12-2　常见元素的分析线和火焰类型

元素	分析线/nm	检出限/(μg・mL^{-1})	火焰	元素	分析线/nm	检出限/(μg・mL^{-1})	火焰
Ag	328.1	0.002	A	La	550.1	5	B
Al	309.3	0.01	B	Li	670.8	<0.0005	A
As	193.7	0.2	C	Mg	285.2	0.0001	A
Au	242.8	0.01	A	Mn	279.5	0.0015	A
B	249.8	2	B	Mo	313.3	0.025	B
Ba	553.6	1	A	Na	589.0	0.002	A
Be	234.9	0.01	B	Ni	232.0	0.002	A
Bi	223.1	0.05	A	Pb	283.3	0.01	A
Ca	422.7	0.001	A	Pd	244.8	0.01	A
Cd	228.8	0.002	A	Pt	265.9	0.05	A
Co	240.7	0.004	A	Sb	217.6	0.15	A
Cr	357.9	0.004	A	Si	251.6	0.3	B
Cu	324.8	0.0015	A	Sn	224.6	0.01	A
Fe	248.3	0.006	A	Ti	364.3	0.07	B
Hg	253.7	0.5	A	V	318.5	0.04	B
K	766.5	0.002	A	Zn	213.9	0.0008	A

注：A—空气-乙炔火焰；B—氧化亚氮-乙炔火焰；C—空气-氢气火焰。

1. 空气-乙炔火焰是应用最广的火焰，火焰温度可达 2300℃，可以测定多种元素。

2. 空气-氢气火焰温度较低，但在短波部分吸收小，适合于测定吸收线在 230nm 以下的元素。

3. 氧化亚氮-乙炔火焰的温度高，2900℃，并可形成还原性很强的气氛，用于测定在空气-乙炔火焰难解离的元素，如 Al、B、Be、V、W 等。

只要能使待分析元素有效地原子化，原子吸收分光光度法最好选用低温火焰，高温火焰会因产生电离造成信号损失。

（4）燃烧气和助燃气的流量　燃烧气和助燃气的流量比不同，得到的火焰性质不同，适于测定的试样元素不同。以空气-乙炔火焰为例：

富燃性空气-乙炔火焰。助燃比小于 1∶3，火焰发亮，燃烧高度较高，温度较低，噪声较大，燃烧不完全呈还原性气氛，适合于测定易形成氧化物的 Ca、Sr、Ba、Cr、Mo 稀土等元素。

贫燃性空气-乙炔火焰。助燃比大于 1∶6，火焰清晰不发亮，燃烧高度较低。燃烧充分，温度高，还原性气氛差，适合于测定不易生成氧化物的元素 Au、Ag、Cu、Fe、Co、Ni、Mg、Pb、Zn、Cd、Mn 等元素。

中性空气-乙炔火焰。助燃气与燃气比为 4：1，温度高，背景低、火焰稳定，适合于测定多数元素。

燃气的流量根据实验确定，即在不同燃气流量下测定一标准溶液的吸光度，绘制二者的关系曲线。曲线中吸光度最大而相应较小的燃气流量为工作条件。改变燃气流量时要注意火焰稳定后，重新调零点测定。

（5）火焰高度的选择　通过调节燃烧器的高度来调节火焰的高度，以便使由光源发出来的光束从火焰中最适当的位置（原子密度最大的地方）通过，以得到最佳灵敏度。

在火焰中进行原子化的过程受许多因素的影响，不同性质的元素在不同火焰区域的原子化率和自由原子的寿命不同，因为元素及火焰的不同，原子在火焰中浓度最大的位置也不相同，因此在实验中应根据具体情况，通过实验来确定火焰的高度。可以采用一适宜浓度的溶液喷雾，上下调整燃烧器的高度，得到最大的吸光度值时的燃烧器高度即为最佳高度。

（6）石墨炉原子化条件的选择

① 石墨管及进样位置　调节石墨管的位置，使光源灯的光束正好通过石墨管的轴心，并使光束的聚焦点位于石墨管的中央。石墨管的进样位置应固定以保证测量值的重现性并保证石墨管的温度均匀，减小测定误差。

② 原子化条件的选择

a. 干燥阶段。干燥阶段试样脱水干燥，液体转化为固体。干燥时起始温度要稍低于样品溶剂的沸点，缓慢升温至略高于沸点后，保持 15～30s 即可。过快升温，将引起样品飞溅损失，必须避免。

b. 灰化阶段。灰化的目的是尽可能破坏样品基体，以减少测定时的干扰和背景吸收，前提是待测元素不能明显损失。在此前提下，灰化温度尽可能高。灰化温度及灰化时间应根据样品的性质，通过实验来确定。典型的灰化温度维持在 350～1200℃ 之间，加热时间约 45s。灰化阶段，有机物被挥发或破坏，其他基体物质也被破坏。

需要注意的是在灰化阶段存在着试样化合物的蒸发、转化和热分解。应避免分析元素转化成难解离的灰化物，或分解损失。蒸发过程中，不同的组成将会引起定量误差。

c. 原子化阶段。不同样品中的不同元素有不同的最佳原子化温度。待测元素完全原子化的最低温度为最佳原子化温度。典型温度在 2000～3000℃，原子化时间约 5s。原子化时间尽可能短，同时要完全原子化以消除"记忆效应"。

d. 除残阶段。除残是在测定后，继续保持石墨管的一定温度，或超高温灼烧，使残存样品尽可能除尽。超高温灼烧时每次不得大于 5～8s，以保护石墨管。

③ 惰性气体及流量　为保护石墨管，在石墨管升温时必须通入惰性气体。常用氩气。氮气能与某些金属生成氮化物，且在高温时，与碳易生成有毒物质氰。气体流量为 1～5L·min^{-1}。

(7) 单色器狭缝宽度的选择　狭缝宽度的选择用光谱通带表示，光谱通带是指出射狭缝所包含的波长范围，选择光谱通带，实际就是选择狭缝宽度。选择狭缝宽度应考虑待测元素的谱线结构及共振线附近的干扰情况，既要使共振线与邻近的谱线分开，又要保证有足够的出射光强度。狭缝宽，出射光强度增加，单色器分辨率下降，使标准曲线向下弯曲，灵敏度下降；狭缝窄，使出射光强度减弱，降低信噪比。适宜的狭缝宽度可用实验方法确定：将一合适浓度的试液喷入火焰中，调整狭缝宽度，测定不同狭缝宽度时的吸光度。在某一狭缝宽度时，吸光度趋于稳定，再调宽狭缝，吸光度立即减小。不引起吸光度减小的最大狭缝宽度即为最合适的狭缝宽度。

12.4.2　原子吸收光谱的定量方法

原子吸收分析的定量方法主要有标准曲线法、标准加入法、内标法等。用有证标准物质、优级纯金属或试剂配成标准溶液，尽可能基体相同。

(1) 标准曲线法　标准曲线法是最常用的定量分析方法，主要适用于试样组分较纯或组分互不干扰的情况。

首先配制一系列与试样溶液组成相近的不同浓度待测溶液的标准溶液，在选定的实验条件下，测量吸光度，按照浓度与吸光度之间的关系绘制标准曲线。然后在相同的实验条件下测量待测试样的吸光度，根据标准工作曲线查得其对应的浓度，即可得到试样中待测元素的含量。此法需注意的是：用于制备标准工作曲线标准样品的浓度，应使其所产生的吸光度值在 0.2～0.7，此时的测定误差较小；标准样品系列的组成应尽量与待测样品一致；标准曲线只有在适当的光源和狭缝条件下，低浓度范围内可呈良好的线性关系。

（2）标准加入法 此法适用于试样组成复杂、待测元素含量较低的情况，可以消除基体或干扰元素的影响，适用于数目不多的试样分析。

分别取数份等量的分析试样溶液，加入不同量的标准溶液（作为标准物质，含有已知浓度的待测元素）配制成含有不同浓度标准物质的一系列溶液，测定其吸光度。以添加的标准物质的浓度和吸光度绘制标准曲线，并将直线延长，工作曲线在横轴上的截距所表示的浓度即为待测试样的浓度。

采用标准加入法的注意事项：

① 待测元素的浓度与对应的吸光度应呈线性关系；

② 加入的标准样品与待测样品应在同一数量级；

③ 此法可以消除化学干扰及电离干扰的影响，不能消除背景吸收的影响，因此需进行背景扣除。

（3）内标法 在分析试样内加入一定量的内标物元素，测定内标物元素和待测元素的吸光度，求得它们吸光度比值 D_x。以同样的方式，测定标准溶液内内标物元素和待测元素的吸光度，求其比值 D。以 D 对应标准溶液中待测元素的质量 m 作图，制成标准曲线。然后在标准曲线上根据 D_x 查得（或计算得到）试样中待测元素的质量。

12.4.3 分析结果不正常的原因

（1）分析结果偏高的可能原因

① 没有校正试剂空白；

② 存在电离干扰或光谱干扰；

③ 校正溶液变质或标准溶液配制不当；

④ 有背景吸收（如分子吸收、光散射等）；

⑤ 校正标准时可能落到了工作曲线的非线性部分，应采用适当的标准进行校正。

（2）分析结果偏低的可能原因

① 存在化学干扰或基体干扰；

② 标准溶液配制不准确或有污染，或由于容器器壁有吸附现象，样品溶液浓度下降；

③ 空白溶液有污染；

④ 样品吸收值在工作曲线的非直线部分。

（3）曲线校正的几种方法

① 在最灵敏共振线测定时，如果被测元素浓度过大，可采用较小的浓度范围进行工作，或选用次灵敏线进行分析；

② 灯发射有自蚀，可以降低灯电流；

③ 有电离干扰，可加消电离剂；

④ 存在散射光，可用较小的狭缝减小这种效应。

12.5 干扰因素及消除方法

虽然原子吸收分析中的干扰比较少，并且容易克服，但在许多情况下是不容忽视的。为了得到正确的分析结果，了解干扰的来源和消除是非常重要的。原子吸收光谱分析中，干扰因素主要有四类：物理干扰、化学干扰、电离干扰和光谱干扰。

12.5.1　物理干扰

物理干扰是指试样在转移，蒸发和原子化过程中，由于试样任何物理性质的变化而引起的原子吸收信号强度变化的效应。物理干扰对试样中各元素的影响基本上是相同的，因此这种干扰为非选择性干扰。

在火焰原子吸收中，试样溶液的性质发生任何变化，都直接或间接地影响原子化各级效率。如试样的黏度发生变化时，则影响吸喷速率进而影响雾量和雾化效率。毛细管的内径和长度以及空气的流量同样影响吸喷速率。试样的表面张力和黏度的变化，将影响雾滴的细度、脱溶剂效率和蒸发效率，最终影响到原子化效率。黏度大的溶液进入火焰的速度比黏度小的慢。若标样的黏度比样品小，分析结果误差是负的。

当试样中存在大量的基体元素时，它们在火焰中蒸发解离时，不仅要消耗大量的热量，而且在蒸发过程中，有可能包裹待测元素，延缓待测元素的蒸发、影响原子化效率。

物理干扰一般都是负干扰，最终影响火焰分析体积中原子的密度。

为消除物理干扰，保证分析的准确度，一般采用以下方法。

① 配制与待测试液基体相一致的标准溶液，这是最常用的方法；

② 当配制与待测试液基体相一致的标准溶液有困难时，可采用标准加入法；

③ 当被测元素在试液中浓度较高时，可以用稀释溶液的方法来降低或消除物理干扰；

④ 在试液中加入有机溶剂，改变试液的黏度和表面张力，提高喷雾速率和雾化速率，增加基态原子在火焰中的停留时间，提高分析灵敏度。

另一方面，加入有机溶剂会增加火焰的还原性，从而使难挥发、难熔化合物解离为基态原子，多数情况下，使用酮类或酯类效果较好。

12.5.2 化学干扰

是指试样溶液转化为自由基态原子的过程中，待测元素和其他组分之间化学作用，形成了稳定的化合物或难挥发的化合物而引起的干扰效应。它主要影响待测元素化合物的熔融、蒸发和解离过程。这种效应可以是正效应，增强原子吸收信号，也可以是负效应，降低原子吸收信号。化学干扰是一种选择性干扰，它不仅取决于待测元素与共存元素的性质，还和火焰类型、火焰温度、火焰状态、观察部位等因素有关。化学干扰是火焰原子吸收分析中干扰的主要来源，其产生的原因是多方面的。在火焰中氧与待分析元素形成难熔氧化物是其中的一种原因。化学干扰比较复杂，需针对特定的样品、待测元素和实验条件进行具体的分析，消除这种干扰。主要采用的方法有以下几种。

(1) 利用高温火焰　火焰温度直接影响着样品的熔融、蒸发和解离过程。许多在低温火焰中出现的干扰在高温火焰中可以部分或完全的消除。

(2) 利用火焰气氛　对于易形成难熔、难挥发氧化物的元素，如果使用还原性气氛很强的火焰，则有利于这些元素的原子化。显然，既提高火焰温度又利用火焰气氛，对于消除待测元素与共存元素之间因形成难熔、难挥发、难解离的化合物所产生的干扰则更加有利。

(3) 加入释放剂　待测元素和干扰元素在火焰中生成稳定的化合物时，加入另一种物质使之与干扰元素生成更稳定、更难挥发的化合物，从而使待测元素从干扰元素的化合物中释放出来，加入的这种物质叫释放剂。常用的释放剂有氯化镧和氯化锶等。采用加入释放剂来消除干扰，必须注意的是释放剂的加入量。加入一定量才能起释放作用，但有可能因加入过量而降低吸收信号。最佳加入量要通过实验来确定。

（4）加入保护剂　加入一种试剂使待测元素不与干扰元素生成难挥发的化合物，可保护待测元素不受干扰，这种试剂叫保护剂。保护剂的作用机理有三：一是保护剂与待测元素形成稳定的化合物，阻止干扰元素与待测元素形成难挥发化合物。二是保护剂与干扰元素形成稳定的化合物，避免待测元素与干扰元素形成难挥发的化合物；三是保护剂与待测元素和干扰元素形成各自的稳定配位化合物，避免待测元素与干扰元素形成难挥发的化合物。使用有机保护剂（EDTA等），因有机配位化合物容易解离而使待测元素更易原子化。常用的保护剂有：EDTA、8-羟基喹啉、乙二醇、甘油、氯化铵、氟化铵等。

（5）加入缓冲剂　于试样和标准溶液加入一种数量相同的、过量的干扰元素，使干扰影响达到饱和不再变化，进而抑制或消除干扰元素对测定结果的影响，这种干扰物质称为缓冲剂。需要指出的是，缓冲剂的加入量，必须大于吸收值不再变化的干扰元素的最低限量。应用这种方法往往明显地降低灵敏度。

（6）采用标准加入法　首先说明的是，标准加入法只能消除"与浓度无关"的化学干扰，而不能消除"与浓度有关"的化学干扰。但是由于标准加入法在克服化学干扰方面的局限性，因此在实际工作中必须检测标准加入法测定结果的可靠性。一般是通过观察稀释前后测量的结果是否一致来断定。

12.5.3　电离干扰

待测元素的原子在火焰中发生电离，即发生电离干扰。电离使参与原子吸收的基态原子数减少，导致吸光度下降，而且使工作曲线随浓度的增加向纵轴弯曲。元素在火焰中的电离度与火焰温度和该元素的电离电位有密切的关系。火焰温度越高，元素的电离电位越低，则电离度越大。因此电离干扰主要发生于电离电位较低的碱金属和碱土金属。另外，电离度随金属元素总浓度的增加而减小，故工作曲线向纵轴弯曲。

提高火焰中离子的浓度、降低电离度是消除电离干扰的最基本途径。

最常用的方法是加入消电离剂。消电离剂的电离电位越低越好，一般消电离剂的电离电位应低于待测元素的电离电位，常常加入碱金属元素。有时加入的消电离剂的电离电位比待测元素的电离电位还高，但由于加入的浓度较大，仍可抑制电离干扰。常用的消电离剂有：$CsCl$、KCl、$NaCl$、$RbCl$、$CaCl_2$、$BaCl_2$ 等，一般使用其质量分数为 1‰ 的溶液。利用富燃火焰也可抑制电离干扰，由燃烧不充分的碳粒电离，使火焰中离子浓度增加。利用温度较低的火焰，降低电离度，可消除电离干扰。提高溶液的吸喷速率也可降低电离干扰，原因是火焰中溶液量的增加，因蒸发而消耗大量的热使火焰温度降低。此外，标准加入法也可在一定程度上消除某些电离干扰。

12.5.4　光谱干扰

在某些情况下，测定中使用的分析线与干扰元素的发射线不能完全分开，都进入检测器，或分析线有时会被火焰中待测元素的原子以外的其他成分所吸收或减弱。光谱干扰主要来自光源和原子化器，是非选择性干扰。它既可以增加待测元素的吸光度，也可以减小待测元素的吸光度，因此光谱干扰既可以是正干扰，也可以是负干扰。

如果存在着与待测元素波长相近的谱线，单色器无法将其分开，这种谱线将成为干扰谱线。这种干扰主要来自光源或试样中共存元素，例如多谱线的待测元素的空心阴极灯，其元素的分析线附近还有多条发射谱线，可以对分析线造成干扰；当试样中的共存元素的吸收谱线与待测元素分析线波长相近时，也可以对分析线造成干扰。消除的方法是减小狭缝宽度或选用其他的分析线，或使标准试样和分析试样的组成更接近以抑制干扰的发生。

12.5.5　背景干扰

背景干扰常常是样品池中多原子状态物质对光源辐射的吸收，或产生的散射。背景干扰是一种来自原子化器的光谱干扰，主要是由于在原子化器中形成分子或较大的质点，除了待测元素吸收共振线外，这些分子或质点也吸收或散射光线，引起部分共振发射线的损失。

石墨炉原子化法的背景吸收远远大于火焰法。

消除背景干扰最简单的方法是：配制一空白溶液，其中不含待测元素，其他组成与待测溶液相同，在同样的试验条件下测定空白溶液的吸光度，即为背景吸收。然后将试样的吸光度减去背景吸收，即可消除背景吸收的干扰。

通用的校正背景干扰的方法是使用双光束分光光度计。除了仪器校正外，对于石墨炉原子化法，还可用基体改进剂法。

基体改进剂方法是加入一种化学试剂使被分析元素变成难挥发的化合物，或者使干扰物质变成易挥发性化合物。当被分析元素变成难挥发性化合物时，可选用较高的灰化温度，使背景干扰物质在原子化阶段前被挥发除去。典型实例是以硝酸铵为基体改进剂消除氯化钠的基体干扰。

$$NH_4NO_3 + NaCl \longrightarrow NH_4Cl + NaNO_3$$

难挥发的 NaCl（熔点 801℃，沸点 1431℃）与硝酸铵作用生成易挥发的氯化铵（335℃升华）和硝酸钠（熔点 307℃），可在原子化之前一起除去。

常用基体改进剂包括金属盐类、铵盐和无机酸、有机酸等（见表 12-3）。

表 12-3　改进剂的作用

改进剂	作　　用	举　　例
金属盐类 Ca、Mg、Ni、Cu、Mo、W、Zr、Pd 等盐	与基体形成稳定化合物同被分析元素分开 与分析元素形成热稳定化合物或合金减少灰化损失	Pd 为通用型改进剂，与 Hg、Ag、Bi、As、Sb、Te 等元素形成合金或固熔体，避免分析元素与石墨作用生成碳化物而降低灵敏度
铵盐和无机酸 硝酸铵、磷酸铵 硝酸、盐酸	基体转化为易挥发的铵盐和酸类，在灰化阶段除去	磷酸可以消除 CuCl₂ 对 Pb 和 Ni 测定的干扰，生成 HCl 分解，磷酸盐不引起背景吸收
有机酸 抗坏血酸、草酸、柠檬酸、酒石酸、EDTA	利用其配位化合作用和热解产物的还原性，阻碍碳化物的生成，促进金属氧化物解离和还原，使分析元素形成挥发性的物质； 改变试样的表面物化性质，减少基体的包藏	抗坏血酸消除氯化镁对铅的干扰；酒石酸与 Cu、Cd 配位化合，可避免海水基体氯离子与 Cu、Cd 形成共同挥发体系，并生成 HCl，降低背景
氧化剂 H₂O₂、重铬酸钾	减少分析物分子形式的挥发损失，避免基体对分析物的夹留	

12.6 样品处理

进行样品处理时，要注意以下几方面：一是取样要有代表性；二是要防止来自试剂、溶剂和容器的污染；三是要避免待测元素的损失，并根据待测样品的性质选择合适的溶剂和溶样方法。

无机固体样品常用 HCl、HNO_3、$HClO_4$ 溶解，或者用三酸的混酸，一般不选用 H_2SO_4 和 H_3PO_4，因为 H_2SO_4 和 H_3PO_4 在原子化时会产生很强的分子吸收而引起背景干扰。避免用碱溶样以防带入大量盐类而引起基体干扰。测定含硅样品中的其他成分时，可用 HF 加热分解样品，使基体元素硅生成四氟化硅而挥发掉。

有机固体样品，用干法或湿法（先在电炉上处理，然后在高温炉中灼烧）消化有机物，再将消化后的残留物溶解在适当的溶剂中。如果是 As、Se、Hg、Sb、Cd、Pb 等易挥发的元素，不宜采用干法灰化，应采用湿法灰化。

固体样品可用石墨炉原子化器直接分析，控制温度，在原子化阶段前，在干燥和灰化阶段使有机物基体除去。

无机液体样品一般可直接进行分析。如果浓度过高，可用水适当稀释，不需作过多的处理。有机液体样品，可以用相同的有机液体作空白，如果测定中有干扰，可将试样用 HNO_3、HCl、$HClO_4$ 消解后测定。

在火焰法中，以稀盐酸或硝酸介质为佳，因为硫酸有分子吸收，磷酸产生化学干扰。在石墨炉法中，采用硝酸为介质，由于一些金属氯化物在灰化阶段易挥发造成损失（Cd、Zn 等）或产生基体干扰（NaCl、$CaCl_2$、$MgCl_2$ 等）。

12.7 应用

（1）环境水样中钾、钠的测定

① 仪器参数　仪器工作参数参见表 12-4。也可参照仪器说明书选择。

② 样品处理　含有悬浮物的水样，经离心澄清，再通过 $0.45\mu m$ 有机微孔滤膜过滤，过滤后的清水用硝酸调至 pH<2。有机物污染

严重的水样可经硝酸加热消解后测定。

表 12-4　仪器参数

元　　素	K	Na
光源	空心阴极灯	空心阴极灯
灯电流/mA	10.0	10.0
测量波长/nm	766.5	589.0
通带宽度/nm	2.6	0.4
观测高度/nm	7.5	7.5
火焰种类	Air-贫 C_2H_2	Air-贫 C_2H_2

③ 干扰及消除　在高温火焰中，钾、钠易发生电离而产生电离干扰，可在分析试样中加入一定量更易电离的铯盐（$1000\sim2000$mg·L^{-1}）作消电离剂。

无机酸对钾和钠测定有影响，硝酸大于 8%（体积分数），硫酸大于 2%（体积分数），吸光度偏低，盐酸和高氯酸随酸量增加吸光度明显下降。实际测定时，一般选用 2%（体积分数）硝酸，且应保持标样和样品酸度一致。

④ 测定　准确移取预处理过的水样 $2\sim25$mL（钾不超过 $200\mu g$，钠不超过 $100\mu g$）置于 50mL 容量瓶中，加 $1+1$ HNO_3 2mL，质量分数为 1%硝酸铯 3mL，加水至标线，摇匀。测定。

以相同的步骤用标样绘制标准曲线，根据标准曲线法定量。

⑤ 注意事项

a. 钾和钠为常量，常用元素，测定过程中应注意器皿、试剂及尘埃等带来的污染。

b. 高浓度的样品，最好用次灵敏线分析，以减少稀释带来的误差。

（2）乙丙胶中钒含量的测定

① 仪器参数　仪器工作参数分别见表 12-5 和表 12-6。也可参照仪器说明书选择。

表 12-5　仪器工作参数

光源	波长/nm	灯电流/mA	狭缝/nm
钒空心阴极灯	318.4	40	0.7

表 12-6　石墨炉升温程序

程序	温度/℃	升温时间/s	保持时间/s	氩气流量/(mL·min^{-1})
干燥	110	1	30	250
干燥	130	15	30	250
灰化	1200	10	20	250
原子化	2600	0	5	0
清除	2650	1	3	250

② 样品处理　准确称取 10g（准确至 ±0.0002）乙丙橡胶试样于干燥的石英皿中，将石英皿放在电炉上用小火炭化，炭化后移入马弗炉中于 650℃灰化，灰化后，取出石英皿冷却至室温，然后加入质量分数 10%HNO$_3$ 10mL，将石英皿放在电炉上小火缓慢加热，待灰分溶解后，将溶液冷却转移至 200mL 容量瓶中，用去离子水定容至刻度，待测。

③ 绘制校准曲线及测定　通过设定由自动进样器自动吸取 200μg/L 的钒标准工作溶液 0.00μL、5.00μL、10.0μL、15.0μL、20.0μL，自动配制成浓度分别为 0.00、50.0μg·L^{-1}、100μg·L^{-1}、150μg·L^{-1}、200μg·L^{-1} 系列标准溶液，按选好的条件测定峰面积吸光度，绘制校准曲线。随后测定已处理好的样品。

第13章　原子荧光光谱分析法

原子荧光光谱法（AFS）是基于气态和基态原子的核外层电子吸收共振发射线后，发射出荧光进行元素定量分析的方法。

13.1 原子荧光光谱法的特点

原子荧光光谱法是在原子发射光谱法和原子吸收光谱法的基础上综合发展起来的，具有原子发射光谱法和原子吸收光谱法的优点，同时也克服了两者的不足，其优点可以归纳为以下三个方面。

(1) 高灵敏度、低检出限　由于原子荧光从偏离入射光的方向进行检测，几乎没有背景干扰，可以获得较高的灵敏度和较低的检出限。当采用激光光源与石墨炉原子化器的组合时，甚至可以检测单个原子。

(2) 谱线简单、选择性好　原子荧光的谱线简单，光谱重叠干扰少。对 ICP-AFS 来说，几乎没有光谱干扰和基体干扰，其选择性甚至优于 ICP-MS。

(3) 分析曲线线性范围宽　分析曲线的线性较好，特别是采用激光作为激发光源时，其分析曲线的线性范围可达 3~5 个量级。

但是，原子荧光光谱法存在严重的散射光干扰及荧光猝灭效应等固有缺陷，致使对激发光源和原子化器有较高的要求，从而导致在现有技术条件下，原子荧光光谱分析理论上所具有的优势在实际上难以充分发挥。迄今为止，原子荧光光谱法最成功的分析对象主要是：易形成冷原子蒸气（Hg）、易形成气态氢化物（As，Sb，Bi，Se，Te，Ge，Pb，Sn）和可以形成气态组分（Cd，Zn）的 11 种元素。

13.2 原子荧光光谱法基本原理

13.2.1 原子荧光光谱的产生

气态和基态原子核外层电子吸收了特征频率的光辐射后被激发至

第一激发态或较高的激发态，在瞬间又跃迁回基态或较低的能态。若跃迁过程以光辐射的形式发射出与所吸收的特征频率相同或不同的光辐射，即产生原子荧光。原子荧光的产生既有原子吸收过程，又有原子发射过程，是两种过程的综合效果。原子荧光为光致发光，也称二次发光。当光辐射停止激发时，荧光发射就立即停止。

13.2.2 原子荧光的类型

原子荧光主要分为共振荧光、非共振荧光、敏化荧光和多光子荧光等三种，图 13-1 是原子荧光产生机理示意图，图中 A 为光吸收过程，F 为光发射过程，H_1 为热助激发过程，H_2 为无辐射跃迁过程。

（1）共振荧光 处于基态原子核外层电子（E_0）吸收了共振频率的光辐射后被激发，发射与所吸收共振频率相同的光辐射，即为共振原子荧光，见图 13-1（a）中的 A 与 F（锌、镍和铅原子分别吸收和再发射 213.86nm、232.00nm、和 283.31nm 共振线就是个例子）；若核外层电子先被热助激发（H_1）处于亚稳态（E_1），吸收光辐射后被激发至激发态（E_2），然后发射出与吸收频率相同的光辐射，称为热助共振荧光，见图 13-1（a）中的 A′与 F′（In、Ga、Pb、Sn 原子有这种情况）。共振荧光的跃迁概率最大，荧光强度最强，在原子荧光分析中最为常用。

（2）非共振荧光 基态原子核外层电子吸收的光辐射与发射的荧光频率不相同时，产生非共振荧光。非共振荧光又分为 Stokes 荧光（包括直跃线荧光、阶跃线荧光）和反 Stokes 荧光。Stokes 荧光所发射光辐射频率比所吸收光辐射的频率低，而反 Stokes 荧光所发射光辐射频率比所吸收光辐射的频率高。见图 13-1(b)、图 13-1(c)和图 13-1(d)。

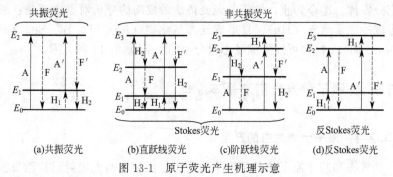

(a)共振荧光   (b)直跃线荧光   (c)阶跃线荧光   (d)反Stokes荧光

图 13-1 原子荧光产生机理示意

（3）敏化荧光　受光辐射激发的原子与另一个原子碰撞时，把激发能传递给这个原子并使其激发，受碰撞被激发的原子以光辐射形式跃迁回基态或低能态而发射出荧光，即为敏化荧光（例如铊和高浓度的汞蒸气相混合，用 253.65nm 汞线激发，可观察到铊原子 377.57nm 和 535.05nm 敏化荧光）。火焰原子化法基本观察不到敏化荧光，石墨炉原子化法才能观察到。

（4）多光子荧光　多光子荧光是指原子吸收两个（或两个以上）相同光子的能量跃迁到激发态，随后以辐射跃迁形式直接跃迁到基态所产生的荧光。因此，对双光子荧光来说，其荧光波长为激发波长的二分之一。

在原子荧光光谱分析中，共振荧光是最重要的测量信号，其应用最为普遍。当采用高强度的激发光源（如激光）时，所有的非共振荧光，特别是直跃线荧光也是很有用的。由于敏化荧光和多光子荧光的强度很低，在分析中很少应用。在实际的分析应用中，非共振荧光比共振荧光更具优越性，因为此时激发光波长与荧光波长不同，可以通过色散系统分离激发谱线，从而达到消除严重的散射光干扰的目的。另外，通过测量那些低能级不是基态的非共振荧光谱线，还可以克服因自吸效应所带来的影响。表 13-1 列出了部分元素常用原子荧光谱线。

13.2.3　荧光强度与浓度的关系

气态和基态原子核外层电子对特定频率（ν_0）光辐射的吸收强度（I_a）、发射出的荧光强度（I_f）和荧光量子效率（ϕ）的关系为

依据吸收定律有
$$I_f = \phi I_a \tag{13-1}$$
$$I_a = I_0(1 - e^{-klN_0}) \tag{13-2}$$

式中，I_0 为入射光强度；k 为吸收系数；l 为吸收光程；N_0 为单位体积原子蒸气中基态原子数。

将式(13-2)代入式(13-1)后得到
$$I_f = \phi I_0(1 - e^{-klN_0}) \tag{13-3}$$

式(13-3)经 e^{-klN_0} 级数展开和忽略级数展开项中高幂次方项后，得到
$$I_f = \phi I_0 klN_0$$

因为 $N_0 \propto c$（c 为试样溶液中待测元素的浓度），所以
$$I_f = Kc \tag{13-4}$$

表 13-1　部分元素常用原子荧光谱线

元素	波长/nm	能级/eV	光源相对强度	荧光相对强度
Al	309.27	0.014~4.020	100	24
	309.28			
	396.15	0.014~3.143	78	100
	394.40	0~3.143	52	50
Sb	217.58	0~5.696	63	100
	231.15	0~5.362	87	60
As	193.76	0~6.398		40
	234.98	1.313~6.588		>100
Be	234.86	共振荧光		
Bi	302.46	1.914~6.012	50	100
	306.77	0~4.040	28	54
Cd	228.80	共振荧光		
	326.11			
Ca	422.67	共振荧光		
Co	240.73	0~5.149	91	100
Cu	324.75	0~3.817	100	100
	327.40	0~3.786	64	50
Ga	403.30	共振荧光		
	417.21	直跃线荧光		
Ge	265.12	0.17~4.850	100	100
	265.16	0~4.674		
Au	242.80	0~5.105	100	100
	267.60	0~4.632	96	52
In	410.18	共振荧光		
Fe	248.33	0~4.991	49	100
Pb	217.00	0~5.712	15	16
	283.31	0~4.375	79	68
	405.78	1.320~4.375	100	100
Mg	285.21	共振荧光		
Mn	279.48	0~4.433	14	100
	403.08	0~3.073	100	22
Hg	253.65	共振荧光		
Mo	313.26	0~3.957	100	100
Ni	232.00	0~5.342	32	100
Pd	247.67	0~5.005	8	5
	34.046	0.814~4.454	100	100
Se	203.99	0.427~6.323	42	100
	19 6.09	0~6.323	8	67
Si	251.43	0~4.929	100	100
	251.61	0.028~4.953		
Ag	328.07	0~3.778	100	100
	338.29	0~3.664	59	56
Te	214.27	0~5.783	29	100
Tl	377.57	0~3.283	100	100
Sn	286.33	0~4.329	>100	>100
	303.41	0.210~4.295	>100	>100
Zn	213.86	共振荧光		

式（13-4）是原子荧光光谱法定量分析依据。

13.2.4 荧光猝灭

处于激发态的原子核外层电子除了以光辐射形式释放激发能量外，还可能产生非辐射形式释放激发能量，所发生的非辐射释放能量过程使光辐射的强度减弱或消失，称为荧光猝灭。

13.2.5 荧光量子效率

荧光猝灭的程度可以采用荧光量子效率（ϕ）表示：

$$\phi = \phi_f / \phi_A \tag{13-5}$$

式中，ϕ_f 为单位时间内发射的荧光光子数；ϕ_A 为单位时间内吸收激发光的光子数。

在原子荧光光谱法分析中力求 ϕ 接近于 1，但是通常情况下 ϕ 小于 1。

13.3 原子荧光分光光度计

原子荧光分光光度计分为色散型和非色散型两类，其结构示意图如图 13-2 所示。从图中可以看出两种类型的区别就在于色散型的仪器多了一个单色器，它的结构和原子吸收光谱仪更加类似，唯一不同的是，原子吸收光谱仪中光源、原子化器和检测器处于同一光轴上，呈一条直线，而在原子荧光中，不论是非色散型还是色散型的仪器，其光源、原子化器和检测器都呈 90°的布局，这样就能有效避免光源辐射对荧光信号产生干扰，使检测器检测到的都是荧光信号，所以原子荧光的光谱干扰比原子吸收更小。

13.3.1 激发光源

激发光源是原子荧光分光光度计的主要组成部分。在一定条件下，荧光强度与激发光源的发射强度成正比。

在原子荧光分光光度计中使用的激发光源有金属蒸气放电灯、微波无极放电灯、氙弧灯、空心阴极灯（目前多数仪器采用的激发光源）等多种。而激光光源是原子荧光的一种理想光源。

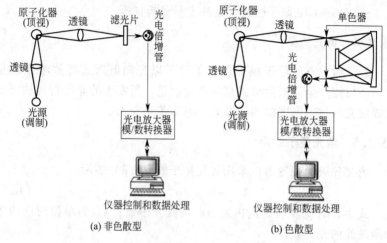

图 13-2 原子荧光分光光度计结构示意

13.3.2 原子化器

原子化器是原子荧光分光光度计中一个直接影响元素分析灵敏度和检出限的关键部件，其主要作用是将被测元素（化合物）原子化形成基态原子蒸气。

在原子荧光分光光度计中使用的原子化器有火焰原子化器、无火焰原子化器（电热原子化器、阴极溅射室）、等离子体原子化器和电热石英管氩氢火焰原子化器等。

火焰原子化器的优点是操作简单，价格便宜，在原子吸收光谱分析中应用很普遍，但用在原子荧光光谱分析中易发生荧光猝灭现象（火焰中含有 CO、CO_2、N_2 等猝灭剂），对某些元素的原子化效率也不高；火焰的背景发射较高；试样在火焰中被气体成万倍地稀释而不易得到较好的检出限，使分析效果受到一定限制。无火焰原子化器测定重现性较差，物理干扰较为复杂。等离子体原子化器由于高温和高电子密度而避免了化学及电离干扰，荧光产额较高，以及可以选择不同的原子线或离子线进行检测等许多优点，但其有一个严重的缺点就是背景噪声很强，从而影响其检出限。相对而言，电热石英管氩氢火焰原子化器能基本满足上述的大多数要求，但由于温度较低，只能对那些易形成氢化物的元素原子化。

13.3.3　光学系统

从图 13-2 中可以看到，对于有色散原子荧光仪器，系统中多了一个单色器。由于原子荧光发射强度较弱，谱线少，因而要求单色器要有较强的集光能力，而对单色器的分辨率要求不十分严格，一般采用 $0.2\sim0.3m$ 的短焦距光栅单色器即可。

对于无色散原子荧光而言，其光学系统不需要单色器，只需要一些聚焦透镜、光学滤光片，或者连光学滤光片都不需要，而直接采用日盲光电倍增管进行原子荧光检测，因此其光学系统相对简单。

13.3.4　检测系统

原子化器产生的自由原子受特征光源照射以后发出荧光，荧光通过光电倍增管将光信号转变成电信号，该电信号通过前置放大器、主放大器、积分器、模数转换器等系列信号接收和数据处理电路，最后被单片机采集，并通过标准串口实时将数据上传给系统机，由系统机对数据进行处理和计算。

13.3.5　氢化反应系统

原子荧光光谱法只成功地应用于测量那些易形成氢化物或冷蒸气的元素，如 As、Sb、Bi、Hg、Se、Te、Sn、Ge、Pb、Zn 和 Cd 等，因此，原子荧光分光光度计大都配置了氢化物（冷原子）发生器。

（1）氢化物的发生　氢化物发生法是依据 8 种元素：As、Bi、Ge、Pb、Sb、Se、Sn 和 Te 的氢化物在常温下为气态，利用某些能产生初生态还原剂（H·）或某些化学反应，与试样中的这些元素形成挥发性共价氢化物，8 种元素氢化物的沸点见表 13-2。

表 13-2　氢化物的沸点

氢化物	沸点/K
AsH_3	218
SbH_3	226
BiH_3	251
SeH_2	231
TeH_2	269
GeH_4	184.5
PbH_4	260
SnH_4	221

氢化物发生方法有：硼氢化钠（钾）—酸还原体系、金属—酸还原体系、碱性模式还原体系和电解还原法四种，目前应用最多的是硼氢化钠（钾）—酸还原体系。

硼氢化钠（钾）—酸还原体系氢化物形成原理：

$$NaBH_4 + 3H_2O + HCl \longrightarrow H_3BO_3 + NaCl + 8H \cdot$$
$$8H \cdot + E^{m+} \longrightarrow EH_n \uparrow + H_2 \uparrow (过剩)$$

式中，E^{m+} 为正 m 价的被测元素离子，EH_n 为被测元素的氢化物，$H \cdot$ 为初生态的氢。

（2）氢化物的发生器　氢化物发生器一般包括进样系统、混合反应器、气液分离器和载气系统。根据不同的蠕动泵进样法，可以分为连续流动法、流动注射法、断续流动法和间歇泵进样法等。图 13-3 是连续流动式氢化物发生器原理示意图，连续流动式所得到的荧光信号是连续信号。

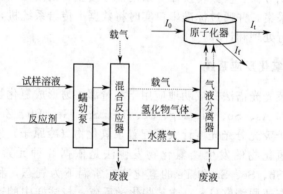

图 13-3　连续流动式氢化物发生器原理示意

试样溶液和反应剂由蠕动泵携带进入混合反应器进行生成氢化物的反应，所产生的氢化物的和水蒸气（气溶胶）被载气携带进入气液分离器，分离掉大部分的水蒸气（气溶胶）后氢化物被载气携带进入原子化器，依据氢化物热稳定性差的特点，用电加热或火焰加热方法使氢化物迅速解离成基态原子蒸气，从而吸收特征谱线 I_0 后发射出荧光信号（I_f）。

（3）氢化物发生法的特点　分析元素在混合反应器中产生氢化物与基体元素分离，消除基体效应所产生的各种干扰；氢化物发生法具有预富集和浓缩的效能，进样效率高；连续流动式氢化物发生器易于实现自动化；不同价态元素的氢化物发生的条件不同，可以进行该元素的价态分析；但是无法分析不能形成氢化物或挥发性化合物的元素，氢化物发生法存在液相和气相等干扰。

13.4 原子荧光光谱定量分析

表 13-3 是原子荧光光谱法分析 11 种元素的检出限、精密度和线性范围，以及在空气和水样中 Hg 的分析指标。原子荧光光谱法的定量分析主要采用标准曲线法，也可以采用标准加入法。

表 13-3　11 种元素原子荧光光谱法定量分析方法的指标

元素	对象	检出限/(ng/mL)	精密度	线性范围
As	—	≤0.06	1.0%	3 个数量级
Se	—	≤0.06	1.0%	3 个数量级
Sb	—	≤0.06	1.0%	3 个数量级
Bi	—	≤0.06	1.0%	3 个数量级
Pb	—	≤0.06	1.0%	3 个数量级
Te	—	≤0.06	1.0%	3 个数量级
Hg	—	≤0.5	1.0%	3 个数量级
Ge	—	≤0.5	1.0%	3 个数量级
Sn	—	≤0.5	1.0%	3 个数量级
Zn	—	≤0.5	1.0%	3 个数量级
Cd	—	≤0.08	1.0%	3 个数量级
—	水样中泵	≤0.4	5.0%	2 个数量级
—	气态泵	<1.0ng/m³	2.0%	2 个数量级

13.5 原子荧光光谱法的应用

以水中铅的测定（详见 GB/T 5009.11—2003）为例。

（1）方法原理　样品经预处理，其中各种形态的铅均转化为四价铅（Pb^{4+}），加入硼氢化钾（或硼氢化钠）与其反应，生成气态氢化铅，用氩气将气态氢化铅载入原子化器进行原子化，以铅高强度空心阴极灯作激发光源，铅原子受光辐射激发产生荧光，检测原子荧光强度，利用荧光强度在一定范围内与溶液中铅含量成正比的关系计算样品中的铅含量。

（2）仪器　原子荧光光度计。

（3）试剂

硝酸（HNO_3）：$\rho = 1.42g \cdot mL^{-1}$，优级纯。

盐酸（HCl）：$\rho = 1.18g \cdot mL^{-1}$，优级纯。

氢氧化钾（KOH）：优级纯。

草酸溶液：$40g \cdot L^{-1}$。

铁氰化钾溶液：$100g \cdot L^{-1}$。

硼氢化钾（或硼氢化钠）溶液：$20g \cdot L^{-1}$。

铅标准使用液：$1.00mg \cdot L^{-1}$。

（4）分析步骤

① 水样的保存　采样后水样加硝酸酸化至1％进行保存，一个月内完成测定。

② 水样的预处理

a. 清洁透明的水。取一定体积（视浓度而定，准确至0.1mL）水样于50mL容量瓶中，加入2.0mL50％盐酸溶液、0.5mL40g·L^{-1}草酸溶液，再加入2.0mL 100g·L^{-1}铁氰化钾溶液，用水定容，摇匀。放置30min后上机测定。

b. 较浑浊或基体干扰较严重的水样。准确移取50.0mL水样于100mL锥形瓶中，加入3.0mL硝酸，于电热板上微沸消解至近干，加水20mL，加热至近干，再加入1.0mL盐酸，消解至近干，以充分赶去硝酸，至溶液澄清，加入2.0mL50％盐酸溶液、0.5mL40g·L^{-1}草酸溶液、2.0mL100g·L^{-1}铁氰化钾溶液，用水定容，摇匀。放置30min后待测。

③ 样品的测定　按照仪器操作规程，调整好仪器。先测定铅标准工作曲线，再测定样品空白，然后测定样品浓度。

④ 结果计算　目前仪器随机软件都有自动计算的功能，工作曲线为线性拟合曲线，测定待测样品荧光强度值后减去样品空白荧光强度，代入拟合曲线的一次方程，即得出待测样品浓度。如果采用荧光强度测量方式，需要手工计算。

13.6 原子荧光光谱法与其他原子光谱法的干扰效应比较

原子吸收光谱法和原子发射光谱法中所存在的干扰效应，在原子荧光光谱法中也会同时存在，只是其主要表现形式及程度在各种方法中有所不同而已。现简要归纳总结如下。

（1）光谱干扰　在原子光谱法的三个分支中，原子发射光谱法的光谱重叠干扰最严重。原子吸收光谱法中谱线重叠干扰可忽略不计，而背景吸收及散射光干扰影响较大。原子荧光谱线最简单，且非测量的荧光谱线非常微弱，故谱线重叠干扰极为少见，而散射光干扰是其主要表现形式。

（2）化学干扰　因分析物的挥发、离解所引起的化学干扰在以火焰为光源和原子化器的火焰光谱法中比较严重，且随火焰温度的增加而降低。在以等离子体为光源和原子化器的原子发射法和原子荧光法中几乎无影响。

（3）物理干扰　三种方法的物理干扰因进样方式的不同有所不同。对常用的气动雾化进样方式，因试样物理性质的差异所引起的干扰不可避免。火焰原子化器因样品承载量较大，物理干扰不很明显，而在等离子体光源和原子化器中，因等离子体放电对样品承载量的限制，物理干扰则表现得更为突出。

（4）电离干扰　等离子体放电中电子浓度很高，分析物的电离现象不明显，因而电离干扰可忽略。在火焰原子化器中，电离干扰随火焰温度的增加和分析物浓度的降低而增大。因此，火焰原子吸收光谱法中对一些易电离元素来说则影响较大，而火焰原子荧光法中通常采用低温火焰，则电离干扰可以忽略。

若采用氢化物发生的进样方式，则三种方法的干扰效应基本相同。

实验室管理与控制篇

第14章 实验室管理

14.1 实验室管理体系构成

14.1.1 管理体系含义

实验室管理体系是把影响检测质量的所有要素综合在一起，为实现质量目标，由组织机构、职责、程序、过程和资源构成的且具有一定活动规律的一个有机整体。以工业硫酸中硫酸含量的测定为例来说明"管理体系"。

标准 GB/T 534—2014《工业硫酸》规定：以甲基红-次甲基蓝为指示剂，用氢氧化钠标准滴定溶液中和滴定以测得硫酸含量。

为了准确及时地测定硫酸含量，需要开展多方面的工作，包括表观的直接测试活动以及隐含的前期和后期工作。硫酸含量测定涉及的活动，简单地列于表 14-1 中。

表 14-1 硫酸含量测定涉及的活动

序号	活动内容	说明
1	人员及培训	检测人员需有能力从事硫酸检测工作,培训合格,有上岗证
2	方法选用	需要选择正确的方法进行检测
3	仪器检定/校准	检测所用到的天平和滴定管等应检定合格

序号	活动内容	说明
4	试剂准备	配制和标定标准滴定溶液氢氧化钠;配制指示剂。试剂质量应有所保证
5	抽样与样品管理	按规定抽样,保证样品的代表性;样品正确保管和处置
6	环境与设施	实验室应具备水、电、通风、实验台等设施。环境温度对检测结果有影响,应监控并记录(温度计应检定合格)
7	安全与环保	硫酸是强酸,应佩戴相应的防护用具,应防止烧伤;检测产生的废液应正确处理
8	记录	应及时、正确填写原始记录,也包括抽样等记录
9	结果报告	合理正确地报告检测结果

表 14-1 所列的活动涉及人、机、料、法、环、样品、测试过程、记录、报告、安全与环保。

在开展这些活动过程中可能会存在一些问题,这些问题可能会影响到检测结果的准确性,为了解决这些问题或预防这些问题的出现,实验室应采取相应的纠正措施和预防措施,并对实验室的所有活动进行自我评价和自我检查。

因此,硫酸含量的测定不仅仅是一人简单测试这样一件事情,它包含了一系列的活动。实验室在进行管理时,首先要准备必要的条件,如人员、设备、设施、环境等资源,然后设置组织机构,分析确定开展检测所需的各项质量活动(过程),分配、协调各项活动的职责和接口,通过体系文件(程序)的编制给出从事各项质量活动的工作流程和方法,使各项质量活动能经济、有效、协调地进行,这样组成的有机整体就是实验室的管理体系。

14.1.2　管理体系构成

管理体系是由组织机构、程序、过程和资源 4 个基本要素组成。

(1) 组织机构　组织是职责、权限和相互关系得到安排的一组人员及设施。通俗地可以理解组织是指人们为实现一定的目标,互相协作结合而成的集体或团体,如×××质检中心、×××厂分析车间。组织机构的定义是"人员的职责、权限和相互关系的安排"。

实验室根据自身的具体情况应建立与管理体系相适应的组织机构。一般要做以下几方面的工作:

① 设置与检测工作相适应的部门;

② 确立综合协调部门；

③ 确定各个部门的职责范围及相应关系；

④ 配备开展工作所需的资源。

（2）职责 规定实验室各部门和相关人员的岗位责任，在管理体系和工作中应承担的任务和责任，以及对工作中的失误应负的责任。实验室必须以过程为主线，通过协调把各个过程的责任逐级落实到各职能部门和各层次的人员（管理、执行、核查），做到全覆盖、不空缺、不重叠和界定清楚、职责明确。

（3）程序 为完成某项具体工作所需要遵循的规定。主要规定按顺序开展所承担活动的细节，包括应做的工作的要求，即何事、何人、何时、何处、何故、如何控制，并做好记录，即对人员、设备、材料、环境和信息等进行控制和记录。

（4）过程 过程是将输入转化为输出的一组彼此相关的资源和活动。一个复杂的大过程可以分解为若干个简单的"小过程"，上一个小过程的输出即可成为下一个或几个小过程的输入。有纵向过程和横向过程，当完成这些全部过程时，才能完成一个全过程，这也充分体现了管理体系是一个有机整体的概念。

（5）资源 资源是实验室建立管理体系的必要条件，实验室应根据自身检测的特点和规模配备所需的资源，包括人力资源、物质资源和工作环境。

14.2 实验室管理与控制的要素

实验室应重点控制人、机、料、法、环、样品、记录和报告等要素。

（1）人员 人员素质与水平对实验室是至关重要的。人员是最宝贵的资源，一个实验室的水平高低优劣，很大程度上取决于人员素质与水平，实验室应配置充足数量的管理人员和技术人员，并且确认其能力能够胜任工作。

（2）设施和环境条件 为保证抽样、检测结果的准确可靠，实验室必须配置相应的设施和环境条件。实验室的设施和环境条件应该与所进行的工作类型相适应，不同类型的实验室有不同的要求。实验室还应具备对环境条件进行有效检测和控制的手段，这些设施和环境条件以及监控手段是保障检测工作正常开展的先决条件。实验室的设施和环境条件还应满足对工作人员的健康安全防护、对环境的安全保护等的需要。

（3）服务和供应品的采购　为保证外购物品和外部提供服务的质量，实验室应当对外购物品和外部提供的相关服务进行有效的控制和管理，以保证检测结果的质量。

"采购服务"包括采购校准和计量检定服务，采购仪器设备、环境设施的设计、生产制造、安装、维护保养等服务。"采购供应品"包括实验室所需仪器设备和消耗性材料等。

（4）检测方法　检测方法是实验室实施检测工作的依据，是实验室开展检测工作所必需的资源，也是组成实验室质量管理体系所必需的作业指导书。选用的检测方法应有效和正确。

（5）设备和标准物质　设备和标准物质是实验室开展检测工作所必需的重要资源，实验室应正确配备检测所需的仪器设备，并确保在使用前对其进行检定/校准，且满足检测的要求。实验室应尽量配备与检测项目相关的标准物质，以保证检测工作质量，获取可靠的测量数据。

（6）测量溯源性　实验室应确保检测数据的溯源性，以便与国家标准相联系。测量溯源性包括仪器设备的溯源性和标样的溯源性。

（7）抽样和样品处置　制定科学的抽样方案，抽取有代表性的样品，是检测获得准确结果的前提。

样品处置是检测工作中的重要部分，涉及样品的接收、标识、准备/制备、检测、存储、弃置等重要内容。

（8）结果质量控制　质量控制是指为保证检测结果的准确所采取的技术活动，目的在于评价和检查检测过程的各个环节，预见到可能出现的问题征兆，或及时发现问题的存在，使实验室有针对性地采取纠正措施或预防措施，避免或减少不符合工作的发生。

（9）记录　记录是管理体系运行结果和记载检测数据、结果的证实性文件，记录分技术记录和管理记录。实验室应当对记录的编制、填写、更改、识别、收集、索引、存档、维护和清理等进行控制和管理，以证实管理体系运行的状况和检测工作的所有结果。

（10）结果报告　结果报告是实验室检测工作的最终产品，也是实验室工作质量的最终体现。结果报告的准确性和可靠性，直接关系客户的切身利益，直接关系企业生产的顺利进行。

任何一个检测实验室，无论是获证的检测机构还是企业的化验室都应具备上述要素所要求的能力。为了保证检测结果的准确，实验室应对这些管理体系要素进行管理和控制。

第15章 分析过程质量控制

15.1 精密度的评价

15.1.1 基本概念

(1) 精密度 见 1.2.1.3。

(2) 标准偏差 见 1.2.1.3。

(3) 重复性条件 (repeatability conditions) 在同一实验室,由同一操作员使用相同的设备,按相同的测试方法,在短时间内对同一被测对象相互独立进行的测试条件。

(4) 重复性限 一个数值,在重复性条件下,两个测试结果的绝对差小于或等于此数的概率为 95%。用 r 表示。

(5) 重复性 在重复性条件下的精密度。

(6) 再现性条件 在不同的实验室,由不同的操作员使用不同设备,按相同的测试方法,对同一被测对象相互独立进行的测试条件。

(7) 再现性限 一个数值,在再现性条件下,两个测试结果的绝对差小于或等于此数的概率为 95%。用 R 表示。

(8) 再现性 在再现性条件下的精密度。

(9) 允许差 一般地,重复性限在标准中称为室内允差,再现性限在标准中称为室间允差。

重复性限、再现性限和允许差归根到底都是用标准偏差计算得到的。

重复性限 $r = 2.8\sigma_r$,σ_r 为室内标准偏差;再现性限 $R = 2.8\sigma_R$,σ_R 为室间总标准偏差。σ_r 和 σ_R 是多个实验室协作的试验结果计算出来的。

15.1.2 精密度评价方法

(1) 标准方法规定精密度

① 精密度规定　在很多标准中对精密度做了明确规定，以重复性和再现性表示，不同的标准有不同的表述方法。

SH/T 0712—2002《汽油中铁含量测定法（原子吸收光谱法）》作如下规定。

a. 重复性（限）。同一操作者，用同一台仪器，在恒定的操作条件下，对同一试样连续测定的两个试验结果之差不应超过下值：

$$0.65\rho^{0.48}$$

ρ 为两个结果的平均值，mg/L。

b. 再现性（限）。不同实验室工作的不同操作者，对同一试样所测定的两个独立的试验结果之差不应超过下值：

$$0.55\rho^{0.79}$$

ρ 为两个结果的平均值，mg/L。

GB/T 2441.1—2008　《尿素的测定方法第 1 部分　总氮含量》作如下规定。

a. 重复性（限）。平行测定结果的绝对差值不得大于 0.10％。

b. 再现性（限）。不同实验室测定结果的绝对差值不得大于 0.15％。

② 精密度评价　若标准中对精密度有明确规定，对于测试结果精密度的评价，通常是按照标准的分析步骤进行样品测试，然后对测试结果按照标准要求的重复性（实验室内精密度）进行评价。

在重复性条件下，检测结果的可接受性判定

$$CR_{0.95}(n) = f(n)\sigma_r \qquad (15\text{-}1)$$

式中 $CR_{0.95}$（n）——测定次数 n 时，概率水平为 95％的临界差；

　　　　　　n——重复测定次数；

　　　　　　$f(n)$——临界极差系数；

已知　$f(2) = 2.8$；$f(3) = 3.3$；$f(4) = 3.6$

n 个测试结果的极差（$x_{\max} - x_{\min}$）小于等于临界极差，则表示这几个测试结果的精密度符合要求，判定公式如下：

$$x_{\max} - x_{\min} \leqslant CR_{0.95}(n) \qquad (15\text{-}2)$$

若 $n = 2$，则

$$CR_{0.95}(n) = f(2)\sigma_r$$

$f(2) = 2.8$，

$$x_{\max} - x_{\min} \leqslant 2.8\,\sigma_r$$

即：

$$x_{\max} - x_{\min} \leqslant r(\text{重复性限}) \tag{15-3}$$

若 $n=4$，则

$$x_{\max} - x_{\min} \leqslant 3.6\,\sigma_r$$

【例 15-1】 某实验室首次采用 GB/T 2441.1—2008《尿素的测定方法 第 1 部分 总氮含量》方法测定尿素中总氮含量，同一个样品在重复性条件下测定了 2 次，测定结果分别为 46.43%、46.36%，问测定的精密度是否符合要求？如果测定了 4 次，测定结果分别为 46.43%、46.36%、46.29% 和 46.38%，测定的精密度是否符合要求？已知该标准规定平行测定结果的绝对差值不得大于 0.10%。

解 1：重复性条件下测定 2 次的结果分别为 46.43%、46.36%，则 $n=2$，精密度的评定公式如下：

$$x_{\max} - x_{\min} \leqslant r(\text{重复性限})$$

评定公式中的 r 就是标准中规定的平行测定结果的允差 0.10%。则，

$$r = 2.8\sigma_r = 0.10\%$$

本试验中，平行测定结果的绝对差为 $46.43\% - 46.36\% = 0.07\%$，

$$0.07\% \leqslant 0.10\%$$

所以两次测定结果的精密度符合要求。

解 2：4 次测定结果的极差为：

$$x_{\max} - x_{\min} = 46.43\% - 46.29\% = 0.14\%$$

根据标准已知 $r = 2.8\sigma_r = 0.10\%$，

则 $\sigma_r = \dfrac{r}{2.8} = \dfrac{0.10\%}{2.8} = 0.036\%$

4 次测定的临界差

$$CR_{0.95}(4) = f(n)\,\sigma_r = 3.6 \times 0.036\% = 0.13\%$$

$$x_{\max} - x_{\min} \geqslant CR_{0.95}(4)$$

因而，4 次测定结果的精密度不符合要求，需要查找原因。

(2) 方法未规定精密度　在方法中未对精密度做出明确的限定时，重复测定次数应不少于 6 次，测试结果的相对标准偏差应不大于表 15-2 列出的相应数值。

表 15-2 实验室内相对标准偏差

被测组分含量	实验室内 相对标准偏差/%	被测组分含量	实验室内 相对标准偏差/%
0.1μg/kg	43	100mg/kg	5.3
1μg/kg	30	1000 mg/kg	3.8
10μg/kg	21	1%	2.7
100μg/kg	15	10 %	2.0
1mg/kg	11	100 %	1.3
10mg/kg	7.5		

15.1.3 评价精密度时注意的问题

（1）测试结果的精密度与样品中待测物质的浓度水平有关，考察方法时应取几个不同浓度水平的样品进行精密度检查。

（2）精密度与测定条件的稳定性有关，一整批检测结果中得到的精密度，往往高于分散在一段较长时间里结果的精密度，如可能，最好将组成稳定的样品分为若干批分散在适当长的时期内进行分析。

（3）标准偏差的可靠程度受测量次数的影响，若考察测试结果的精密度用标准偏差量值时，需要足够多的测量次数，至少测定 6 次以上。

（4）评价精密度时应测定实际样品，不应测定标样，因标样和样品基体可能不同，测试标样的精密度不等同于测试样品。

（5）精密度是评价正确度的前提，方法精密度评价合格，评价正确度才有意义。

15.2 校准曲线的评价

15.2.1 基本概念

（1）校准曲线、工作曲线和标准曲线

① 校准曲线：用于描述待测物质的浓度或量与相应的测量仪器的响应量或其他指示量之间的定量关系的曲线。校准曲线包括"标准曲线"和"工作曲线"。"曲线"可以坐标纸画出的"线"表示，也可以"方程"的形式表示。

② 工作曲线：绘制校准曲线的标准溶液的分析步骤与样品分析

步骤完全相同（包括与样品相同的前处理过程），并且使标准溶液的基体组成与被测样品匹配。

③ 标准曲线：用标准溶液系列直接测量。标准样品没有经过预处理过程，这对于基体复杂的样品往往造成较大误差。

（2）线性范围 某一方法校准曲线的直线部分所对应的待测物质的浓度（或量）的变化范围，称为该方法的线性范围。

15.2.2 校准曲线绘制

（1）校准曲线绘制方法

① 配制在测量范围内的一系列已知浓度的标准溶液。

② 按照与样品相同的测定步骤，测定各浓度标准溶液的响应值。

③ 选择适当的坐标纸，以响应值为纵坐标，以浓度（或量）为横坐标，将测量数据标在坐标纸上作图，将各点连接为一条适当的曲线。

④ 由最小二乘法的原理计算求出线性回归方程 $y = a + bx$，通常，y 表示浓度或量；x 表示响应值。

（2）绘制校准曲线应注意的问题

① 配制的标准溶液系列应在方法的线性范围内。

② 校准曲线浓度范围尽可能覆盖一个数量级，至少作 5 个点（不包括空白）。

③ 绘制校准曲线时应对标准溶液进行与样品完全相同的分析处理，包括样品的前处理操作。只有经过充分的验证，确认省略某些操作对校准曲线无显著影响时，方可免除这些操作。

④ 绘制校准曲线时通常未考虑样品的基体效应。基体效应对某些分析方法至关重要。在这种情况下，可使用含有与实际样品类似基体的工作标准系列进行校准曲线的绘制。

⑤ 应同时作空白试验，并扣除空白试验值。

15.2.3 校准曲线使用

（1）校准曲线的使用时间取决于各种因素，诸如试验条件的改变、试剂的重新配制以及测量仪器的稳定性等。

（2）在测定试样的同时，绘制校准曲线最为理想，否则应在测定试样的同时,平行测定零浓度和中等浓度标准溶液,取均值相减后与原校准曲线上的相应点核对。方法精密度高时,相对差值不得大于5%;方法精密度低时,相对差值不得大于10%,否则应重新绘制校准曲线。

(3)对经过验证的标准方法绘制线性范围内的校准曲线时,如出现各点分散较大或不在一条直线上的现象,则应检查试剂、量器及操作步骤是否有误,并作必要的纠正。

(4)利用校准曲线的响应值推测样品的浓度值时,其浓度应在所作校准曲线的浓度范围以内,不得将校准曲线任意外延。

15.2.4 校准曲线评价

(1)线性检验 线性检验即检验校准曲线的精密度。准备一系列不同浓度(量)的被测样品,按照分析方法的操作步骤进行测定,用测定值得到的回归方程及相关系数对线性关系进行评价。通常采用5个不同量(浓度)的样品作线性关系的研究,相关系数不应低于0.99;而对于分光光度法一般要求其相关系数不应低于0.9990,否则应找出原因并加以纠正,重新绘制合格的校准曲线。

表15-3是4-氨基安替比林法测定水中挥发性酚校准曲线数据。

表 15-3 校准曲线数据

标样体积/mL	标样 m/μg	吸光度 A	扣除零浓度空白后的吸光度 A
0.00	0.00	0.006	0.000
0.50	5.00	0.034	0.028
1.00	10.0	0.060	0.054
3.00	30.0	0.166	0.160
5.00	50.0	0.275	0.269
7.00	70.0	0.375	0.369
10.00	100	0.547	0.541
12.50	125	0.640	0.634

根据表15-3数据计算:相关系数 $r=0.9991$,斜率=192.6,截距=-0.728

线性回归方程为:

$$m = 192.6A - 0.728$$

式中 m——50mL 比色管中挥发酚的质量,μg;

A——吸光度。

$|r| \geqslant 0.9990$,线性检验符合要求。

（2）斜率检验 斜率检验是检验分析方法的灵敏度，方法灵敏度是随实验条件的变化而改变的。在完全相同的分析条件下，仅由于操作中的随机误差所导致的斜率变化不应超出一定的允许范围。一般而言，分子吸收分光光度法要求其相对差值小于5%，而原子吸收分光光度法则要求其相对差值小于10%，等等。

取标准曲线中间附近的两点标准溶液，按照相应的测试步骤测试吸光度，按照方程 $m = bA + a$，计算出斜率 b 值。

对于 $m = 192.6A - 0.728$ 校准曲线而言，若：

$$\frac{|b - 192.6|}{192.6} \times 100 \leqslant 5\%$$

则斜率变化正常。

具体做法如下：

于 50mL 比色管中，分别加入 0.00mL、5.00mL 和 7.00mL 质量浓度为 $10.0\mu g \cdot mL^{-1}$ 酚标准液，按相应步骤进行测定。测得的吸光度值减去零浓度管的吸光度值，测得数据见表 15-4。

表 15-4 所测数据

标样体积/mL	标样 $m/\mu g$	吸光度 A	扣除零浓度空白后的吸光度 A
0.00	0.00	0.005	0.000
5.00	50.0	0.276	0.271
7.00	70.0	0.375	0.370

斜率依据 $m = bA + a$ 计算如下：

将表中数据代入 $m = bA + a$，分别得：

$$50.0 = b \times 0.271 + a$$
$$70.0 = b \times 0.370 + a$$

则 $(0.370 - 0.271)b = 20.0$，$b = 202.0$

$$\frac{1202.0 - 192.61}{192.6} \times 100 = 4.9\% < 5\%$$

4-氨基安替比林法测定水中挥发性酚斜率变化正常，说明测定过程中随机误差对检测结果没有显著性差异。

（3）截距检验 截距检验即检验校准曲线的准确度。在线性检验合格的基础上，对其进行线性回归，得出回归方程 $y = a + bx$，然后将所得截距 a 与 0 作 t 检验，当取 95% 置信水平，经检验无显著性差异时，a 可做 0 处理，方程简化为 $y = bx$，移项得 $x = y/b$。在线性范围内，直接将样品测量信号值经空白校正后，计算出试样浓度。

当 a 与 0 有显著性差异时，表示校准曲线的回归方程计算结果准确度不高，应找出原因予以校正后，重新绘制校准曲线并经线性检验合格，再计算回归方程，经截距检验合格后投入使用。

回归方程如不经上述检验和处理，就直接投入使用，必将给测定结果引入差值相当于 a 的系统误差。

截距检验需计算统计量 $t = \dfrac{a - a_0}{s\sqrt{\dfrac{1}{n} + \dfrac{\overline{x}^2}{S_{(xx)}}}}$，其中 $S_{(xx)} = \sum\limits_{i=1}^{n} x_i^2$

$-\dfrac{1}{n} \times \left(\sum\limits_{i=1}^{n} x_i\right)^2$，$s$ 为剩余标准差（$s = \sqrt{\dfrac{(1-r^2) S_{(yy)}}{n-2}}$，其中

$S_{(yy)} = \sum\limits_{i=1}^{n} y_i^2 - \dfrac{1}{n} \times \left(\sum\limits_{i=1}^{n} y_i\right)^2$）。若 $|t| \geqslant t_a(n-2)$，则 a 与 a_0 存在显著性差异；若 $|t| \leqslant t_a(n-2)$，则 a 与 a_0 差异不显著。

检验 $m = 192.6A - 0.728$ 校准曲线是否通过原点。

若曲线通过原点，则 $a_0 = 0$。在此例中计算统计量 t：$a = -0.728$，$S_{(yy)} = \sum\limits_{i=1}^{n} y_i^2 - \dfrac{1}{n} \times \left(\sum\limits_{i=1}^{n} y_i\right)^2 = 10038$，$s =$

$\sqrt{\dfrac{(1-r^2) S_{(yy)}}{n-2}} = \sqrt{\dfrac{(1-0.9991^2) \times 10038}{8-2}} = 1.735$，$S_{(xx)}$

$= \sum\limits_{i=1}^{n} x_i^2 - \dfrac{1}{n} \times \left(\sum\limits_{i=1}^{n} x_i\right)^2 = 0.636$，$t = \dfrac{a - a_0}{s\sqrt{\dfrac{1}{n} + \dfrac{\overline{x}^2}{S_{(xx)}}}}$

$$= \dfrac{-0.728 - 0}{1.735\sqrt{\dfrac{1}{8} + \dfrac{0.257^2}{0.636}}} = -0.88,$$

查 t 表得 $t_{0.05}(6) = 2.447$。$|t| \leqslant t_{0.05}(6)$，故截距 a 与 0 无显著差异，即可认为校准曲线通过原点。

在实际工作中，常常直接引用 $y = a + bx$，不忽略截距 a，尽管如此，截距检验仍是必要的，如果 a 与 0 有显著性差异，可能检测过程存在问题，如参比溶液的选择和配制不当，显色反应和反应条件的选择、控制不当等，应该查找原因。

15.3 回收率的评价

15.3.1 基本概念

（1）回收率定义　在试样中加入一个已知量的待测物标准溶液，使试样中待测物的含量有一个改变值，采用欲评价的检测方法分别测定试样和加标试样中该待测物的量值，测定值与理论值的符合程度（以百分比表示）称为回收率，也称加标回收率。

$$回收率=\frac{加标试样测定值-试样测定值}{加标量}\times100\%$$

（2）加标回收率的意义　加标回收率可以反映测定结果的准确度。最佳加标回收率应为 100%。如果加标回收率小于 100%，表明检测方法将会产生负误差，这可能是由于样品处理过程中被测组分发生分解、挥发或分离、富集不完全所致；如果加标回收率大于100%，则会产生正误差，这可能是在检测过程中由于器皿、化学试剂和环境引入了待测组分污染所致。

（3）影响加标回收率的因素　回收率与固有的检测方法有关，如水样中挥发酚的测定，当水样中挥发酚浓度低于 $0.5mg \cdot L^{-1}$ 时采用4-氨基安替比林萃取光度法，浓度高于 $0.5mg \cdot L^{-1}$ 时采用 4-氨基安替比林直接光度法。低浓度挥发酚测定时除了水样需要蒸馏外，还需要用氯仿对蒸馏后的水样进行萃取，萃取率很难达到 100%，显然，选用萃取光度法测定挥发酚，多一步萃取，其加标回收率肯定低于直接光度法。

此外，加标回收率还与加入标样的价态、形态，样品的差异，加标量的多少，样品原有含量的大小以及加标前后基体的变化有关。

15.3.2 加标回收率测定及注意事项

（1）测定

① 在测试样品时，同时另取一份试样，加入适量的标样，根据标样含量的已知值和实际测定值，计算加标回收率。

② 加标量一般为试样含量的 （0.5～2）倍，加标后的总含量不应超过测定的上限。

③ 加入的标样浓度应较高，加入标样的体积应较小，一般以不超过原始试样体积的 1％为宜，否则试样的基体背景将会改变 。

④ 验证方法的回收率，应考虑方法的测定范围以及被测组分的含量。至少应选择三个样品浓度水平点，如方法测定低限、方法测定上限和中间水平点，必要时加上被测组分浓度水平点。

（2）注意事项

① 样品中待测物的含量和加入标准样品的含量对回收率有影响，因而应测定不同含量样品加入不同含量标样的回收率。

② 加标物的形态应该和待测物的形态相同。

③ 必须将标样加入到实际测定的样品中，经过样品前处理再进行测定。

④ 标样不能加入到处理后的样品中，更不能加入到标样中。

⑤ 不能破坏样品的基体，或者不能使样品基体发生显著的变化。

⑥ 回收率数值与测定样品的基体有关，同一方法测定不同类别的样品回收率可能有差异。

⑦ 由于加标样和样品的测定条件完全相同，其中干扰物和不正确操作等因素所导致的效果相当。当以其测定结果的减差计算回收率时，常常不能确切地反映样品测定结果的实际差错。

15.3.3 回收率评价

对均匀性较好的样品，测试样品的加标回收率数值不应超出标准方法所列的回收率范围，未列出回收率范围的方法，加标回收率目标值可参照表 15-5。

表 15-5 加标回收率目标值

被测组分质量分数/％	$<10^{-5}$	$>10^{-5}$	$>10^{-4}$	$>10^{-2}$
被测组分质量分数/（$\mu g \cdot g^{-1}$）	<0.1	>0.1	>1	>100
加标回收率/％	60～110	80～110	90～110	95～105

【例 15-2】 测得某厂车间出口废水化学需氧量 COD 含量为 102 $mg \cdot L^{-1}$，为了考察此测试结果是否准确，按以下步骤测定样品加标回收率。

（1）准确移取 10000mg/LCOD 标样 1.00mL，加入水样至 100.0mL。

（2）移取加标样 20.00mL，按上述方法测定 COD。

（3）加标样 COD 测得值为 196 mg·L^{-1}。

请问加标回收率是多少？测试结果是否准确？并解释上述测定加标回收率的过程。

解：（1）回收率结果

$$回收率 = \frac{196 \times 100 - 102 \times (100 - 1.00)}{10000 \times 1.00} \times 100\% = 95\%$$

依据表 15-5 评价，被测组分质量分数大于 $100\mu g·g^{-1}$（水样的密度假设为 $1.00g·mL^{-1}$），回收率目标值为 $95\% \sim 105\%$，所以该方法测定此车间废水 COD 的回收率符合要求。

（2）根据测得的回收率，不考虑其他因素，可认为测试结果比较准确，但存在约 -5% 的误差，则此车间废水 COD 应为 $107mg·L^{-1}$。

（3）加标回收率测定过程解释

① 加标量一般为试样含量的 $0.5 \sim 2$ 倍，加入标样后，COD 应在 $150 \sim 300mg·L^{-1}$ 范围内。

② 加入标样的体积不超过原始试样体积的 1%，假设取标液体积为 $1.00mL$，加入水样，定容至 $100mL$。

③ 根据样品测得的 $COD 102 mg·L^{-1}$，估测标液 COD 的质量浓度应为：

$$\rho_0 = \frac{100}{1.00} \times (50 \sim 200) = 5000 \sim 20000mg·L^{-1}$$

所以实际选用了 $10000 mg·L^{-1} COD$ 标样。

15.4 标准物质验证

15.4.1 标准物质的概念

标准物质是具有一种或多种足够均匀和很好地确定了的特性，用以校准测量装置、评价测量方法或给材料赋值的一种材料或物质。

有证标准物质是附有证书的参考物质，其一种或多种特性值用建立了溯源性的程序确定，使之可溯源到准确复现的表示该特性值的测量单位，每一种出证的特性值都附有给定包含概率的不确定度。

15.4.2 用有证标准物质评估

分析过程的质量可通过有证标准物质来评估。将标准物质作为样品测试，根据测定出的平均值、测量扩展不确定度与标准证书给出的标准值与不确定度进行比较，来评价分析过程的质量，评定公式见式(15-4)和 式(15-5)。

$$|\bar{x} - \mu| \leqslant \sqrt{U_1^2 + U^2} \qquad (15\text{-}4)$$

$$|\bar{x} - \mu| \leqslant U \qquad (15\text{-}5)$$

式中　$\bar{x}$——测定标准物质 n 次的平均值；

　　　μ——标准物质标准值；

　　　U_1——测定标准物质的扩展不确定度；

　　　U——标准物质证书给定的扩展不确定度。

　　式(15-4)是基本的评价公式，但需要评定不确定度，繁琐，不便应用。式(15-4)忽略了测试有证标准物质过程的不确定度，简单，便于应用。式(15-5)比式(15-4)判定标尺更严格，如果符合式(15-5)就一定符合式(15-4)。

　　【例 15-3】　已知 GBW(E) 120032 车用汽油辛烷值标准物质数据如表 15-6，某实验室实际测得此标准物质的辛烷值为 94.1，请问分析过程质量如何？

表 15-6　辛烷值标准物质

项目	标准值	不确定度	单位
辛烷值(RON)	94.8	1.0	标准辛烷值(RON)

　　解：已知 $\mu = 94.8$, $U = 1.0$　$\bar{x} = 94.1$,

$$|\bar{x} - \mu| = |94.1 - 94.8| = 0.7$$

$$|\bar{x} - \mu| \leqslant U$$

　　所以，此分析过程中人员、仪器、试剂、方法和环境等影响分析结果的因素都符合要求。分析过程不存在显著差异。

15.5　两组均值结果比对

　　通过方法比对、人员比对、仪器比对和实验室间比对可以考察两组数据之间是否存在差异，进而评价分析过程的质量。两组均值结果的比对评价常常用到以下判定式。

$$|\bar{x}_1 - \bar{x}_2| \leqslant \sqrt{U_1^2 + U_2^2} \qquad (15\text{-}6)$$

$$|\bar{x}_1 - \bar{x}_2| \leqslant \sqrt{s_1^2 + s_2^2} \qquad (15\text{-}7)$$

$$t = \frac{|\bar{x} - \bar{x}_2|}{\sqrt{(n_1-1)s_1^2 + (n_2-1)s_2^2}} \sqrt{\frac{n_1 n_2 (n_1 + n_2 - 2)}{n_1 + n_2}} \qquad (15\text{-}8)$$

式(15-6)、式(15-7)和式(15-8)中 $\bar{x}_1$ 和 $\bar{x}_2$ 分别是两组数据的平均值，U_1 和 U_2 分别是两组测定结果的不确定度；s_1 和 s_2 分别是两组测定数据的标准偏差；n_1 和 n_2 分别是两组数据的测定次数；t 为计算值。

式(15-6)、式(15-7)可直接使用，式(15-8)计算得到的 t 值与查表值 $t_{\alpha,f}$ 比较，若 $t_{\text{计算}} \leqslant t_{\alpha,f}$，则两组均值结果没有显著性差异，反之亦然。

式(15-6)是基本评价公式，式(15-7)是简化评价公式。式(15-7)使用的前提是在 95% 的置信度，s_1^2 与 s_2^2 没有显著性差异，符合式(15-7)一定符合式(15-6)。实际上，在一定条件下，式(15-8)可以简化为式(15-7)。

【**例 15-4**】　两种方法测定汽油中硫质量浓度得到两组数据：41、38、40、37、39、40 和 38、37、39、38、35、34，问两个方法的结果之间是否存在显著性差异？

解：进行两组均值结果检验之前，必须首先检验两组数据的精密度，如果两组数据的精密度存在显著性差异，两组结果的均值没必要进行比对。精密度检验用 F 检验。

$$n_1 = 6, \; s_1 = 1.5 \qquad \bar{\rho}_1 = 39 \qquad s_1^2 = 2.25$$
$$n_2 = 6, \; s_2 = 1.9 \qquad \bar{\rho}_2 = 36 \qquad s_2^2 = 3.61$$

F 值计算结果为：

$$F = \frac{s_{\text{大}}^2}{s_{\text{小}}^2} = \frac{3.61}{2.25} = 1.6$$

F 查表值为：

$$f_{\text{大}} = 5, \; f_{\text{小}} = 5, \; F_{0.025(5,5)} = 7.15$$

$$F_{\text{计}} < F_{0.025(5,5)}$$

两种方法的精密度之间不存在统计学上的显著性差异。

在 s_1^2 与 s_2^2 没有显著性差异的前提下，比较两组均值的差异。

$$t = \frac{|\bar{\rho}_1 - \bar{\rho}_2|}{\sqrt{s_1^2 + s_2^2}} \times \sqrt{n} = \frac{|39 - 36|}{\sqrt{2.25 + 3.61}} \times \sqrt{6} = 3.0$$

当 $\alpha = 0.05$，$f = n_1 + n_2 - 2 = 10$ 时，$t_{(0.05,10)} = 2.228$

$t > t_{0.05,10}$，故两种方法之间存在显著差异。

用式(15-7)计算结果为：

$$|\bar{\rho}_1 - \bar{\rho}_2| = 39 - 36 = 3$$

$$\sqrt{s_1^2 + s_2^2} = \sqrt{2.25 + 3.61} = 2.42$$

$$|\bar{\rho}_1 - \bar{\rho}_2| > \sqrt{s_1^2 + s_2^2}$$

所以两种方法测定硫结果存在显著性差异。

15.6 实验室间比对

实验室间比对是两个以上实验室的比对，是与其他实验室进行比较，目的是判断实验室内是否存在系统误差，实验室间是否存在差距。实验室间比对的评价方法简要介绍如下。

15.6.1 实验室间允差作为衡量尺度

$$|\bar{x}_1 - \bar{x}_2| \leqslant R \tag{15-9}$$

式(15-9)中 $\bar{x}_1$ 和 $\bar{x}_2$ 分别是两个实验室数据的平均值；R 是标准中规定的实验室间允差，也就是再现性（限）。

GB/T 2441.1—2008 《尿素的测定方法 第 1 部分 总氮含量》规定：不同实验室测定结果的绝对差值不得大于 0.15%。若两个实验室总氮（N）质量分数的平均值分别是 46.49% 和 46.57%，则

$$|\bar{x}_1 - \bar{x}_2| = |46.49\% - 46.57\%| = 0.08\%$$

$$R = 0.15\%$$

$$|\bar{x}_1 - \bar{x}_2| < R$$

所以，两个实验室间测定结果没有显著性差异。

15.6.2 测量审核

将实验室对被测物品的实际测试结果与参考值进行比较的活动称

为测量审核。

测量审核活动结果的评价采用 E_n 值法，其评价公式如式(15-10)。

$$E_n = \frac{x_{\text{lab}} - x_{\text{ref}}}{\sqrt{U_{\text{lab}}^2 + U_{\text{ref}}^2}} \quad (15\text{-}10)$$

式中　x_{lab}——参加实验室的测试结果；

　　　x_{ref}——参考实验室的指定值；

　　　U_{lab}——参加实验室结果的不确定度；

　　　U_{ref}——参考实验室指定值的不确定度；

当 $|E_n| \leqslant 1$，结果满意；当 $|E_n| > 1$，结果不满意。

另外，两个实验室间比对结果的评价也可参照 15.5 进行。

第16章 分析结果的报告

结果报告是实验室检测工作的最终产品，也是实验室工作质量的最终体现。分析结果的报告包括两方面，一是分析结果在报告中的正确体现；二是报告信息的充分性以及报告格式的合理性。

16.1 正确报告分析结果

分析结果是分析人员的产品，它不仅说明一个数据的数值，而且还能表示分析方法、仪器精度及数据的准确程度，因此分析结果的报告既要准确又要科学，既要满足客户的需要，也要规避风险。

分析结果通常是分析人员通过选用适当精度的计量器具，按照标准方法操作，经过一系列计算而获得。分析结果测量的准确性与人员、仪器（计量器具）、方法、试剂、环境、样品代表性有关。报告分析结果时还应考虑计算过程中数字的修约、方法的准确度、计量器具的精度、方法的检出限等因素。

16.1.1 分析结果保留的位数

（1）有效数字 报出的分析结果必须是有意义的，这是分析结果报告的前提，为此报出的结果必须是"有效数字"。分析中根据所用计量器具的测量精度，记录原始的数据，按照特定的公式，遵循有效数字运算规则计算，从而得到最终分析结果。

用重铬酸钾法测定废水中化学耗氧量（COD），取 20.00mL（V）水样，按照标准操作，最终消耗硫酸亚铁铵标准滴定溶液 $c_{(NH_4)_2Fe(SO_4)_2}$ = 0.1000mol·L^{-1}10.04mL（V_1），空白溶液消耗 16.20mL（V_0），计算公式为：

$$COD_{Cr}(O_2) = \frac{(V_0 - V_1) \times c \times 8 \times 1000}{V}$$

式中，8 是 $\frac{1}{4}O_2$ 的摩尔质量，有效数字位数可按任意位计。按照题意记录的数据都是 4 位有效数字，但 $V_0 - V_1 = 6.16\text{mL}$ 为 3 位，所以最终结果应报告 COD 为 $246\text{mg} \cdot \text{L}^{-1}$。

（2）方法的准确度 有效数字表明数量的大小，反映测量的准确度。从另一个角度讲，方法的准确度决定分析结果报告的有效数字位数。

对于化学滴定分析，按照有效数字运算规则，分析结果可以得出 4 位有效数字，但滴定分析方法的误差大于 0.1%，所以从方法的准确度而言，含量在 80% 以上时，取 3 位有效数字与方法的准确度更为接近。若取 4 位，则表示误差近万分之一。化学分析方法、色谱分析方法、光度分析方法固有的误差一般分别为 0.1%、2%～5% 和 2%～5%，甚至更大。为了体现所用分析方法的准确度，报告分析结果时应适当修约。

直观上可以认为 98.44%，98.4%，98% 三个分析数据所反映出的相对误差绝对值分别为 0.01%，0.1% 和 1%。若用酸碱滴定法测得工业浓硫酸的质量分数为 98.44%，那么最终报告的结果应该是 98.4%。

（3）限值判断 在判定测定值是否符合标准要求时，报告分析结果时应将测试所得的测定值修约至与规定的标准指标数位一致。如果用全数值比较法判定，在数值的右上角加"＋"或加"－"或不加符号，以标明是舍、进或未进未舍而得。检出杂质含量远远小于指标界限值时，报出结果为小于标准规定指标末位为 1 的数字，位数与标准规定指标相同。参见表 16-1。

表 16-1 工业辛醇的检验结果

检验参数	标准规定指标	报出结果（修约值比较）	报出结果（全数值比较）	测定值
2-乙基己醇质量分数/%	≥99.0	99.6	99.6	99.6
酸度(以乙酸计质量分数)/%	≤0.01	0.01	0.01⁻	0.008
羰基化合物质量分数（以 2-乙基己醛计)/%	≤0.10	0.04	0.04⁺	0.042
水分质量分数/%	≤0.20	<0.01	<0.01	0.003

16.1.2 计量器具精度

计量器具的精度决定测试数据的有效数字位数。

某样品中乙醇不溶物的测定方法是称取 2g 样品（精确至 0.0002g），用 100mL 乙醇溶解，依据该标准方法对实际样品进行了测定，得到表 16-2 的结果。

表 16-2　乙醇不溶物分析结果

样号	试样质量/g	玻璃砂芯漏斗质量/g	玻璃砂芯漏斗与不溶物质量/g	不溶物质量/g	乙醇不溶物质量分数/%
1	2.0195	24.9445	24.9446	0.0001	0.0050 *
2	2.0457	23.5864	23.5865	0.0001	0.0049 * *
3	2.1227	26.9997	27.0000	0.0003	0.014

显然，0.0050% * 和 0.0049% * * 两个结果无法报出，因为它们涵盖在天平的误差内。天平的称量误差一般认为是 ±0.0002g，则由于天平的波动所产生的误差为 $\frac{\pm 0.0002}{2} \times 100\% = \pm 0.01\%$，准确定量结果应是天平波动误差的 3 倍以上，所以根据此方法以及天平的精度，严格地，上述 3 个测定结果都应该报告为"乙醇不溶物的质量分数小于 0.03%"。

16.1.3　未检出情况

在实际工作中，经常会出现待测组分未检出的情况。未检出的实际含义是现有方法尚不能判断有待测组分的存在，主要原因是所用分析方法灵敏度所限。而分析方法的灵敏度与取样量、样品前处理、测定条件优化以及仪器自身的灵敏度等有关。

（1）以小于检出限报告　在未检出情况下，如果仅仅报告"未检出"将会产生歧义。例如采用不同的方法测定同一样品中的硫含量，对"未检出"的硫量表示差异很大，如表 16-3 所示。

表 16-3　不同方法测定同一样品中的硫含量

仪　　器	未检出的硫含量
元素分析仪（德国）	<0.1%
化学发光测硫仪（国产）	$<1\mu g \cdot g^{-1}$
紫外荧光测硫仪（进口）	$<10\mu g \cdot kg^{-1}$

所谓"检出"是指定性检出，即判定样品中存有含量高于空白的待测物质。在未检出情况下，以小于检出限的数值报告，如报告硫含量"小于 0.1%"或"小于 $10\mu g \cdot kg^{-1}$"，将会为用户提供不同价值的信息。

（2）以小于规定的指标报告　当只需要判定某项参数的检验结果

是否符合（小于）规定的指标时，如果该项参数未检出，可以小于规定指标报告结果。如果报告"未检出"，难以表明是小于还是大于规定的指标。例如，某用户以已烷为原料，但要求其中苯质量分数不得大于 $5\mu g \cdot g^{-1}$。如果分析人员报告苯质量分数"未检出"，用户则无法判定是否可以接收；但报告苯质量分数"小于 $5\mu g \cdot g^{-1}$"，用户则会放心使用。

方法检出限数值低于规定的指标时也可以"小于检出限"报告结果，但在客户需求已经满足的前提下，分析检验人员应尽量规避风险，分析结果报告小于规定的指标即可。

（3）以"未检出"报告 在没有基础数据，也无法用标准样品确定检出限的情况下，如果待测组分没有检测出来，可以报告"未检出"，但必要时应提供所用的方法信息。

16.1.4 小于检测限的情况

检测限通常指的是定量下限。有些组分可以检出，但测试结果小于检测限，此时结果应报告为大于检出限，小于检测限，是一个范围值。如水中挥发酚的检出限是 $0.01\mu g \cdot g^{-1}$，检测限是 $0.04\mu g \cdot g^{-1}$，假设测得某样品中挥发酚结果为 $0.02\mu g \cdot g^{-1}$，则应报告结果为挥发酚含量为 $(0.01\sim0.04) \mu g \cdot g^{-1}$。不能报告 $0.02\mu g \cdot g^{-1}$ 是因为低于检测限的定量结果是不准确的。

16.1.5 加减分析结果的表示

（1）差减结果 在有机化工产品定量分析中，常常测定杂质的含量，然后用差减法计算出主成分的含量。例如 GB/T 4649—2008《工业用乙二醇》规定乙二醇含量即为 100.00 减去杂质质量分数。

如果差减后结果大于 99.95%，而产品标准规定指标为 $\geqslant$ 99.8%，如何报告结果？如果其中某项杂质未检出，分析结果又应该如何报告？具体数据见表 16-4。

表 16-4　乙二醇分析数据　　　　　　　　单位：%

样号	w水分	w酸度	w灰分	w二乙二醇	w铁	w醛
1	0.04	0.001	0.0005	0.005	0.000003	0.0007
2	0.04	0.001	0.0005	<0.005	0.000003	0.0007

按照下式计算乙二醇质量分数：

$$w_{乙二醇} = 100.00 - w_{水分} - w_{酸度} - w_{二乙二醇} - w_{灰分} - w_{铁} - w_{醛}$$

样品 1，$w_{乙二醇} = 99.95\%$，结果应报告为"乙二醇质量分数大于 99.9%"；样品 2，$w_{乙二醇} > 99.95\%$，结果应报告为"乙二醇质量分数大于 99.9%"。

尽管修约后结果是 100%，但分析结果不能报告 100%，这是不言而喻的。计算过程引入不确定结果，最终结果也应以不确定结果报告。

（2）合量结果　当需要以几种组分含量之和报告结果，而所有组分又未检出时，应该计算出所有组分检出限之和，计为合量检出限，最终分析结果以小于合量检出限报告，参见表 16-5。

表 16-5　水中苯系物含量的测定　　单位：$mg \cdot L^{-1}$

样号	$\rho_{苯}$	$\rho_{甲苯}$	$\rho_{乙苯}$	$\rho_{二甲苯}$	$\rho_{苯乙烯}$	$\rho_{异丙苯}$	$\rho_{苯系物}$[①]
1	<0.01	<0.01	<0.01	<0.01	<0.01	<0.01	<0.06
2	0.10	0.08	0.09	<0.01	<0.01	<0.01	<0.30
3	0.005	0.005	0.005	0.004	0.004	0.004	0.03

① $\rho_{苯系物}$ 为上述各组分含量之和，即为苯系物含量。

16.1.6　结果的修正

（1）已知回收率　样品如果经过前处理步骤，特别是比较繁琐的处理过程，如萃取、消解、富集等，不可避免地导致待测组分的损失。实际分析工作中常常通过测定加标回收率来考察整个方法的准确度，尽管有局限性，但加标回收率的数值在特定的条件下有借鉴作用。特定的条件是指标样和待测组分形态或价态相同、加标量在合适的范围内（或者相对于待测组分含量），加入标样后不改变样品的基体等等。

一般地，加标回收率不是 100%。假设加标回收率为 80%，在满足特定条件下，最终分析结果应该除以 0.80 后报告。

（2）已知方法误差　在对方法检验后，若已经测出误差的大小，在最终的测定结果中应该进行校正。例如，在乙二胺四乙酸二钠（EDTA）法测定水泥中的三氧化二铝质量分数时，以纯铝丝为标样，按照水泥的标准方法进行检测，测得相对误差为 -4.9%。水泥样品中三氧化二铝质量分数实际测定值为 5.67%，则三氧化二铝质量分数最终报告结果应为 5.96%。

（3）已知仪器误差　用 X 荧光光谱法（XRF）对固体样品中元素进行定量分析是非常便利的，样品不需要处理，可以直接测定。但由于基体效应的影响，直接测定的定量结果往往存在偏差。如 X 荧光光谱法测定锡金属中铜元素的质量分数为 3.8%，而原子吸收光谱法利用标准曲线法测定的结果是 2.8%，直接报告 X 荧光光谱法的测定结果显然不妥。

但原子吸收光谱法耗时较长，X 荧光光谱法配制与样品基体相近的标样也很难，所以对于相同基体的样品，将 X 荧光光谱法测定的结果借助于原子吸收的结果进行校正不失为简便而准确的结果。本处的校正因子为 0.737，当然，校正因子不能仅凭一组数据求得。

16.1.7 区间形式报告分析结果

（1）置信区间　一般情况下，分析结果取两次重复测定结果的算术平均值。实际上，两次测定数据偏少，有可能掩盖数据的分散性。某些分析人员为了满足精密度的要求，甚至在多次测定结果中选取两个比较接近的结果取平均，这种做法人为地使结果偏移，有可能潜在地加大了结果的误差。为处理这些波动的数据并恰当地定量描述分析结果，用置信区间报告结果比较可靠。置信区间形式报告分析结果示例见 1.2.4。

（2）不确定度　测量不确定度是对分析结果的定量表征，分析结果的可用性很大程度上取决于其不确定度的大小。

用上述置信区间表示分析结果，考虑的是随机误差，其他因素没有包含在内，如计量标准的值或标准物质的值不准、方法的近似性、引用于数据计算的常量和其他参量不准等等，而不确定度则全面考虑了各种因素对分析结果的影响。不确定度表明分析结果的分散性，它是通过对测量过程的分析和评定得出的一个区间。

通过一系列重复观测值的计算评定 A 类标准不确定度 u_A，通过相关信息评定 B 类标准不确定度 u_B，然后计算出合成不确定度 u_C 和扩展不确定度 U。

假设分析只有一个影响因素时，

$$u_C=\sqrt{u_A^2+u_B^2}$$
$$U=ku_C$$

（95% 置信度时，扩展因子 k，一般为 2～3）最终结果表示为：$\bar{x}\pm U$。

分析结果应以有效数字为基准，结合方法的准确度和计量器具的精度，针对不同情况科学合理地报告。

16.2 结果报告的信息和格式

16.2.1 检测报告与检验报告

检测是对给定的样品，按照规定程序确定某一种或多种特性、进行处理或服务所组成的技术操作。"检测"是一项技术操作，它只需要按照标准或规定的方法提供测试的结果，不需要给出检测数据合格与否的判定。

通过观察和判断，必要时结合测量、试验或估计所进行的符合性评价。"检验"不仅提供数据，还须与标准规定的技术要求进行比较后，作出合格与否的判定。

因而，分析结果的报告分为检测报告和检验报告。检测报告只报告检测结果，而检验报告不仅报告检测结果，而且要依据相关标准给出被测样品是否符合该标准技术要求的结论。

分析结果报告有一定的格式，而且要包含必要的信息。

16.2.2 结果报告的信息

检测结果报告中应包括以下信息：

（1）标题；

（2）承检单位的名称与地址；

（3）检测报告的唯一性标识（如系列号）和每一页上的标识及报告结束的清晰标识；

（4）客户的名称和地址（必要时）；

（5）所用标准或方法的识别；

（6）样品的状态描述和标识；

（7）样品的接收日期和进行检测的日期（必要时）；

（8）如与结果的有效性或应用相关时，所用抽样计划的说明；

（9）检测的结果；

（10）检测人员及其报告批准人签字或等效的标识；

（11）必要时，结果仅与被检测样品有关的说明。

当客户与承检单位有书面协议时，或委托方是承检单位长期固定客户时，报告可以简化。但在客户需要时应方便快捷地向客户提供报告的其他有关信息。

当需要对检测结果做出说明时，检测结果报告中应给出以下附加信息：

（1）对检测方法的偏离、增添或删节，以及特定检测环境条件信息；

（2）符合（或不符合）要求或规范的声明；

（3）当不确定度与检测结果的有效性或应用有关，或客户有要求，或不确定度影响到结果符合性的判定时，报告中还需要包括不确定度的信息；

（4）特定方法、客户或客户群体要求的附加信息。

对含有抽样的检测结果报告，还应包括下列内容：

（1）抽样日期；

（2）与抽样方法或程序有关的标准或规范，以及对这些规范的偏离、增添或删节；

（3）抽样位置；

（4）抽样人；

（5）抽样过程中可能影响结果解释的环境条件的详细信息。

检验报告除包含上述信息外，还应报告检验结论。

16.3 结果报告的审核

结果报告一般都用计算机打印，项目应填写齐全，不应有空项，不得涂改。计量单位、名词术语正确，检测项目和数据保持一致，报出的数值一般应与标准指标数字有效数值的位数保持一致。

结果报告实行三级审核，主检人、审核人和批准人分别签字确认。主检人复核原始数据与检测报告数据的符合性，审核人负责审核检测/检验协议、抽样信息、原始数据与结果报告的符合性，审核报告信息是否齐全、格式是否合理、结论是否正确。批准人侧重于审查是否按要求进行了检测，结果/结论是否正确。对于有资质的检测/检验机构，批准人必须审查资质印章使用的合法性。批准人是结果报告三级审核中的最后一关，批准人应保证报告的准确性、完整性、有效性和合法性。

第17章　实验室安全

　　在分析检验中，实验室工作人员经常会使用各种化学试剂和仪器设备，以及水、电、气，在实验过程中可能会产生各种有毒或易燃易爆的气体、蒸气、烟雾等物质，仪器设备等运行和使用过程中也可能存在危险性。因此，实验室人员必须掌握一定的安全知识和防护急救技能，以保证分析检验工作安全顺利地进行。

17.1　危险品分类

　　按照《危险货物分类和品名编号》（GB 6944—2012）的规定，危险货物按照其具有的危险性或最主要的危险性分为 9 个类别，分别为爆炸品；气体；易燃液体；易燃固体、易于自燃的物质、遇水放出易燃气体的物质；氧化性物质和有机氧化物；毒性物质和感染性物质；放射性物质；腐蚀性物质；杂项危险物质和物品（包括危害环境物质）。

第 1 类　爆炸品

爆炸品包括爆炸性物质和爆炸性物品。

爆炸性物质（或混合物）既可以是固体，也可以是液体，本身能够通过化学反应产生气体，所产生气体的温度、压力和速度能对周围环境造成破坏，其中也包括发火物质。爆炸性物品是含有一种或多种爆炸性物质或混合物的物品。

第 2 类　气体

本类气体指满足下列条件之一的物质：

在 50℃ 时，蒸气压力大于 300kPa 的物质；或在 20℃ 和 101.3kPa 标准压力下完全是气态的物质。

（1）包含范围　本类包括压缩气体、液化气体、溶解气体和冷冻液化气体、一种或多种气体与一种或多种其他类别物质的蒸气混合物、充有气体的物品和气雾剂。

① 压缩气体：在－50℃下加压包装运输时完全是气态的气体，包括临界温度小于或等于－50℃的所有气体；

② 液化气体：在温度大于－50℃下加压包装供运输时部分是液态的气体。

③ 溶解气体：加压包装供运输时溶解于液相溶剂中的气体。

④ 冷冻液化气体：包装供运输时由于其温度低而部分呈液态的气体。

（2）分类　气体又分为易燃气体、非易燃无毒气体和毒性气体。

① 易燃气体：是在 20℃ 和 101.3kPa 标准压力下，与空气有易燃范围的气体。

② 易燃气体的特性：

a. 此类气体极易燃烧，与空气混合能形成爆炸性混合物。

b. 遇热源和明火有燃烧爆炸的危险。

c. 与氧化剂接触剧烈反应。

第 3 类　易燃液体

本类包括易燃液体和液态退敏爆炸品。

（1）易燃液体　是指易燃的液体或液体混合物，或是在溶液或悬浮液中有固体的液体，其闭杯试验闪点不高于 60℃，或开杯试验闪点不高于 65.6℃。

（2）液态退敏爆炸品　是指抑制爆炸性物质溶解或悬浮在水中或其他液态物质中而形成的均匀液态混合物。

第 4 类　易燃固体、易于自燃的物质、遇水放出易燃气体的物质

（1）易燃固体、自反应物质和固态退敏爆炸品

① 易燃固体：易于燃烧的固体和摩擦可能起火的固体。

② 自反应物质：即使没有氧气（空气）存在，也容易发生激烈放热分解的热不稳定物质。

③ 固态退敏爆炸品：为抑制爆炸性物质的爆炸性能，用水或酒精润湿爆炸性物质、或用其他物质稀释爆炸性物质后，而形成的均匀固态混合物。

（2）易于自燃物质　包括发火物质和自热物质。

① 发火物质：即使只有少量与空气接触，不到 5min 时间便燃烧的物质，包括混合物和溶液（液体或固体）。

② 自热物质：发火物质以外的与空气接触便能自己发热的物质。

（3）遇水放出易燃气体的物质　是指遇水放出易燃气体，且该气体与空气混合能形成爆炸性混合物的物质。

第 5 类　氧化性物质和有机过氧化物

氧化性物质：本身未必燃烧，但通常因放出氧可能引起或促使其他物质燃烧的物质。

有机过氧化物：含有两价过氧基（—O—O—）结构的有机物质，可以看作是一个或两个氢原子被有机基取代的过氧化氢衍生物。有机过氧化物是热不稳定物质或混合物，容易放热自加速分解。

第 6 类　毒性物质和感染性物质

（1）毒性物质

① 毒性物质　经吞食、吸入或与皮肤接触后可能造成死亡或严重受伤或损害人类健康的物质。

② 毒性物质的分类

a. 无机剧毒、有毒物品

Ⅰ. 氰及其化合物，如 KCN、NaCN 等。

Ⅱ. 砷及其化合物，如 As_2O_3 等。

Ⅲ. 硒及其化合物，如 SeO_2 等。

Ⅳ. 汞、锑、铍、氟、铊、铅、钡、磷、碲及其化合物。

b. 有机剧毒、有毒物品

Ⅰ. 卤代烃及其卤化物类，如氯乙醇、二氯甲烷等。

Ⅱ. 有机金属化合物类，如二乙基汞、四乙基铅等。

Ⅲ. 有机磷、硫、砷及腈、胺等化合物类，如对硫磷、丁腈等。

Ⅳ. 某些芳香环、稠环及杂环化合物类，如硝基苯、糠醛等。

Ⅴ. 天然有机毒品类，如鸦片、尼古丁等。

Ⅵ. 其他有毒品，如硫酸二甲酯、正硅酸甲酯等。

（2）易制毒化学品

① 易制毒化学品：是指用于非法生产、制造或合成毒品的原料、配剂等化学物品，包括用以制造毒品的原料前体、试剂、溶剂及稀释剂、添加剂等。易制毒化学品本身不是毒品，但其具有双重性，易制毒化学品既是一般医药、化工的工业原料，又是生产、制造或合成毒品必不可少的化学品。

② 易制毒化学品的分类：根据国务院颁布的《易制毒化学品管理条例》，我国管制的易制毒化学品共有 23 种，分为三类，第一类是

可以用于制毒的主要原料，第二类、第三类是可以用于制毒的化学配剂。

第一类：1-苯基-2-丙酮；3,4-亚甲基二氧苯基-2-丙酮；胡椒醛；黄樟素；黄樟油；异黄樟素；N-乙酰邻氨基苯酸；邻氨基苯甲酸；麦角酸；麦角胺；麦角新碱；麻黄素、伪麻黄素、消旋麻黄素、去甲麻黄素、甲基麻黄素、麻黄浸膏、麻黄浸膏粉等麻黄素类物质，共12种。

第二类：苯乙酸，醋酸酐，三氯甲烷，乙醚，哌啶，共5种。

第三类：甲苯，丙酮，甲基乙基酮，高锰酸钾，硫酸，盐酸，共6种。

（3）感染性物质

感染性物质：已知或有理由认为含有病原体的物质。

第7类　放射性物质

放射性物质：任何含有放射性核素并且其活度浓度和放射性总活度都超过 GB 11806 规定限值的物质。

第8类　腐蚀性物质

腐蚀性物质：通过化学作用使生物组织接触时造成严重损伤或在渗漏时会严重损害甚至毁坏其他货物或运载工具的物质。

第9类　杂项危险物品（包括危害环境物质）

杂项危险物品：存在危险但不能满足其他类别定义的物质和物品。

17.2 实验室危险性种类及救治

实验室中有许多电气设备、仪器仪表、化学危险品、电炉、高温炉等，由于用火用电和对化学危险品的使用管理不当，易发生火灾、爆炸、触电等危险。实验室工作人员应熟悉实验室安全防护知识，一旦发生事故时，应迅速采取相应的措施，进行紧急处理。

（1）火灾爆炸危险性及救治　实验室中经常使用各种化学试剂、易燃易爆物品、高温加热设备、高压气体钢瓶等。实验过程中产生的易燃易爆气体达到一定浓度，并且遇到外界的高温、明火等条件时，就可能产生爆炸燃烧的危险；高温加热设备使用不当也会引起火灾危险，造成人身伤害、仪器设备损坏等。

实验室可以采取一定的措施预防火灾爆炸事故的发生：①预防加热引起的火灾；实验室内不要存放过多的易燃易爆物品；严禁在火焰、加热器或其他热源附近放置易燃物品；实验过程中严格按照规范和安全操作规程操作。②预防化学反应热起火或起爆。③预防容器内外压力差引起爆炸。

一旦发生了火灾爆炸事故，应尽快扑救，并针对不同物质引起的火灾，采用不同的扑救方法灭火。为防止火势蔓延，首先切断电源、熄灭所有的加热设备，快速移去附近的可燃物，关闭通风装置，减少空气流通。立即扑灭火焰，设法隔断空气，使温度下降到可燃物的着火点以下。

如果火势较大无法控制，为避免实验室内工作人员由于火烧、烟雾中毒等受到伤害，必须尽快撤离，并迅速报警。

如果有化学性烧伤，应将受伤人员迅速移离现场，脱去污染的衣物，首先清洗皮肤上的化学药品，再用大量清水冲洗创面 15～30min，然后以适合于消除该有毒化学药品的特种药剂或溶液仔细清洗伤处，并将伤者及时送医院救治。如果烧伤部位是眼部，应迅速在现场用流动清水冲洗，千万不要未经冲洗处理而急于送医院。冲洗眼部时一定要掰开眼皮冲洗眼内，如没有冲洗设备，也可以将头部埋入清洁盆水中，将眼皮掰开，眼球来回转动清洗眼内。

（2）毒性物质危险性及救治　实验中使用的试剂会有不同的毒性，实验过程中也可能会产生有毒性的气体，毒性物质可以通过呼吸系统、消化系统和皮肤进入人体，会引起化学毒物中毒。化学毒物中毒会对人体造成多器官、多系统的损害，例如，许多化学品与皮肤接触，能引起皮肤炎症；一些刺激性气体可引起气管炎、甚至损害气管和肺组织；可以引起过敏、窒息、麻醉和昏迷；引起中毒、致癌等。

实验人员应了解实验所使用化学试剂的性质和毒性、实验过程中所发生的化学反应以及所生成的产物是否有毒害性，以及毒物侵入途径、中毒症状和急救方法，预先做好防范。并且实验过程中应加强实验室通风，实验人员佩戴好相应的防护器具，如防护面具、眼镜和手套等。这样可以减少化学毒物引起的中毒事故。

急性中毒时，毒物大多是通过呼吸系统或皮肤进入体内，在救护已中毒人员之前，救护人员首先要做好自身的防护，如穿好防护衣，佩戴供氧式防毒面具或氧气呼吸器，之后再进入现场施救。如果时间短，对于水溶性毒物，如氯、氨、硫化氢等，可暂用浸湿的毛巾捂住口鼻。要避免救人心切，自身未作任何防护就进入中毒现场救人，不但中毒者难以获救，也会使救护者中毒，扩大中毒事故。

救护人员进入中毒现场后，应迅速将中毒者移至空气新鲜、通风良好的地方，松开中毒者的衣领、腰带，脱除污染的衣物，使其仰卧，保持呼吸道畅通，并注意保暖。如果有化学毒物沾染到皮肤时，应用大量的清水冲洗 15～30min，头面部受污染时，要首先冲洗眼睛。对中毒引起呼吸、心跳停止者，应进行心肺复苏术，如人工呼吸、心脏胸外挤压术等，并及时送医院急救。

在抢救中毒人员的同时，救护人员还要采取相应的措施，切断毒物的来源，阻止毒物扩散蔓延，启动通风排风设施，打开门窗，降低毒物在实验室空间内的浓度。

(3) 触电危险性及救治　实验室电气设备供电线路电压一般为 220V 和 380V，如果对电气设备的性能不了解，或者使用不当，可能会引起电气事故，如触电事故或由于电气设备产生电火花而引起的爆炸事故。

如果发生触电事故，应立即对触电人员进行抢救。首先要立即关闭电源，切断电流，或者用干燥绝缘的工具将触电者身上的电源移开。施救者不要在未采取任何绝缘保护措施的情况下直接接触触电者，不可以直接用手或其他金属或潮湿的物件作为救护工具，以防自己触电。施救的同时，要防止触电者脱离电源后可能的摔伤。脱离电源后，若触电者无知觉、无呼吸，但仍有心跳，应将触电者移至通风处，松开衣服，进行人工呼吸。如果已经停止心跳，除了进行人工呼吸外，还要同时进行胸外心脏按压。对于较严重的触电者，应在急救后送医院进行检查和治疗。

(4) 放射性危险性及救治　从事放射性物质分析和 X 射线分析的人员，很可能受到放射性物质和 X 射线的伤害，必须做好相应的防护，避免放射性物质可能造成的伤害。

发生放射性事故后，对受到或可能受到辐射的人员应迅速进行医疗检查并进行治疗，对受到大剂量辐射的人员应立即送医院救治。

17.3 危险化学品管理

实验室应建立危险化学品台账，实行危险化学品登记管理制度，由专人负责管理。危险化学品必须标识清楚,分类存放。入库、存储、使用都要进行登记,实行领用制度,由专人对其使用、储存情况进行监督检查。

易燃易爆、有毒等危险化学品采购量要适当,库存储量不能过大,使用时随用随领,确保使用安全。实验室大量存放易燃易爆溶剂既不安全,也对人有较大危害。因此,实验室内易燃易爆溶剂的存放量一般不应超过 3L。要定期检查危险化学品存储情况。易燃易爆、有毒等危险化学品应存储于阴凉、通风的库房内,远离热源、明火,避免阳光直射。库房内照明采用"防爆型"照明灯具,库房应采取必要的防静电接地措施。危险化学品库房应实行"双人双锁"管理,库房内应配备足够数量的灭火设备,如灭火器、灭火沙等。

检测人员使用危险化学品前必须熟知其危险特性、预防措施和急救措施,以避免发生危险,并能够在发生危险情况时作出正确的应对处理。

实验室每天对危险化学品库房进行安全巡检并做好巡检记录,及时消除安全隐患。

17.4 安全设施的配备

实验室应合理配备应急消防器材及设施,每层楼走廊应配备一定数量的消防器材及设施(如灭火器、消防栓等),实验室走廊、楼梯、出口应保持畅通。每个实验室应根据实际情况,配备一定数量的消防器材,如灭火器等,消防器材要摆放在明显、易于取用的位置,并做出明显标识,附近严禁堆放物品,以便于发生紧急情况时取用。消防器材要定期检查,确保有效,如失效要及时更换。严禁将消防器材挪作他用。

实验室人员必须熟悉灭火器材的使用方法,能够正确使用灭火器材。如遇火警,应立即采取必要的消防措施灭火,并马上报警,及时向上级报告。

实验室应在安全通道处设置指示标识,标示出安全逃生通道及出口的方向,并在安全通道设置应急灯,方便紧急情况下人员逃生。

实验室根据各岗位工作内容的需要,配置相应的防护设施和防护用具,如洗眼器、防毒面具、防护眼镜、橡胶手套、防尘工作服等。

实验室应配备一些常用的急救药品，用于人员受伤时的紧急处理。如红药水、紫药水、碘酒、烫伤膏、创可贴、稀小苏打溶液、硼酸溶液、消毒纱布、药棉、医用镊子、医用剪刀等。

17. 5 实验室突发事件的处置

发生突发紧急事件时，应迅速报告上级部门，并根据事件情况迅速做出正确处理。如及时报警，救助受伤人员，处置事故现场。当有人员伤亡情况时，应根据伤亡程度立即采取救助措施，同时拨打"120"救助电话求助。当出现如火灾、水灾、化学品或燃油泄漏、环境污染等蔓延性灾害时，应采取防止灾害蔓延的一切措施。上报的同时拨打"119"火警紧急救助电话求助。当检测过程中出现停电、停水、停气等影响检测的故障时，检测人员应首先对仪器设备和被检物品实施保护措施，防止仪器设备和物品损坏。

当遇到紧急情况，需紧急疏散时，正在进行检测工作的检测人员应立即停止工作，仪器设备的操作人员应以最快的速度按照相关程序将正在运行的仪器设备关闭，并切断仪器设备的电源，之后迅速从应急出口疏散。

实验室人员应认真学习有关实验室安全的知识，在突发事件发生时，懂得如何合理处置仪器设备，使仪器设备得到有效的保护，同时应懂得如何自我保护、相互救援、安全撤离。

参 考 文 献

[1] 王秀萍，刘世纯. 实用分析化验工读本. 第三版. 北京：化学工业出版社，2011.
[2] 武汉大学. 分析化学. 第五版. 北京：高等教育出版社，2006.
[3] 郑用熙. 分析化学中的数理统计方法. 北京：科学出版社，1986.
[4] 狄滨英，景丽洁. 新编化验员手册. 长春：吉林科学技术出版社，1994.
[5] 中国石油天然气集团公司人事服务中心. 分析工基础知识. 东营：中国石油大学出版社.
[6] 李克安. 分析化学教程. 北京：北京大学出版社，2005.
[7] Gray D. Christian. Analytical Chemistry. Sixth Edition. John Wiley & Sons. INC，2004.
[8] 武汉大学化学系. 仪器分析. 北京：高等教育出版社，2001.
[9] 王森. 在线分析仪器手册. 北京：化学工业出版社，2008.
[10] [美] J. A. 迪安. 分析化学手册. 常文保译. 北京：科学出版社，2003.
[11] 汪正范. 色谱定性与定量. 第二版. 北京：化学工业出版社，2007.
[12] 刘珍. 化验员读本. 第四版. 北京：化学工业出版社，2004.
[13] 傅若农. 色谱分析概论. 北京：化学工业出版社，2000.
[14] 刘明钟，汤志勇，刘霁欣等. 原子荧光光谱分析. 北京：化学工业出版社，2007.
[15] [捷] V. 西赫拉等. 原子荧光光谱学. 吕尚景，蒋敬侃译. 北京：冶金工业出版社，1979.
[16] GB/T 4883—2008 数据的统计处理和解释 正态样本离群值的判断和处理.
[17] SL 327.4—2005 水质 铅的测定 原子荧光光度法.
[18] GB/T 601—2002 化学试剂 标准滴定溶液的制备.
[19] GB/T 9721—2006 紫外-可见分光光度法通则.
[20] GB/T 9722—2006 化学试剂 气相色谱法通则.
[21] GB/T 4649—2008 工业用乙二醇.
[22] GB/T 14642—2009 工业循环水及锅炉水中氟、氯、磷酸根、亚硝酸根、硝酸根和硫酸根的测定 离子色谱法.
[23] HJ 503—2009 水质 挥发酚的测定 4-氨基安替比林分光光度法.
[24] GB 3915—1998 工业用苯乙烯.
[25] GB/T 13610—2014 天然气组成分析 气相色谱法.
[26] 国家认证认可监督管理委员会. 实验室资质认定工作指南. 北京：中国计量出版社，2007.
[27] 中国实验室国家认可委员会. 实验室认可与管理基础知识. 北京：中国计量出版社，2003.
[28] GB/T 27025—2008 检测和校准实验室能力的通用要求.
[29] 中国合格评定国家认可委员会. CNAS-CL10 检测和校准实验室能力认可准则在化学检测领域的应用说明. 2012.
[30] GB/T 27404—2008 实验室质量控制规范 食品理化检验.

附　　录

元素		原子序数	相对原子质量	元素		原子序数	相对原子质量
符号	名称			符号	名称		
Ac	锕	89	227.0278	Ge	锗	32	72.59①
Ag	银	47	107.868	H	氢	1	1.0079
Al	铝	13	26.98154	He	氦	2	4.00260
Ar	氩	18	39.948	Hf	铪	72	178.49①
As	砷	33	74.9216	Hg	汞	80	200.59①
Au	金	79	196.9665	Ho	钬	67	164.9304
B	硼	5	10.81	I	碘	53	126.9045
Ba	钡	56	137.33	In	铟	49	114.82
Be	铍	4	9.01218	Ir	铱	77	192.22①
Bi	铋	83	208.9804	K	钾	19	39.0983
Br	溴	35	79.904	Kr	氪	36	83.80
C	碳	6	12.011	La	镧	57	138.9055①
Ca	钙	20	40.08	Li	锂	3	6.941①
Cd	镉	48	112.41	Lu	镥	71	174.967①
Ce	铈	58	140.12	Mg	镁	12	24.305
Cl	氯	17	35.453	Mn	锰	25	54.9380
Co	钴	27	58.9332	Mo	钼	42	95.94
Cr	铬	24	51.996	N	氮	7	14.0067
Cs	铯	55	132.9054	Na	钠	11	22.98977
Cu	铜	29	63.546①	Nb	铌	41	92.9064
Dy	镝	66	162.50①	Nd	钕	60	144.24①
Er	铒	68	167.26①	Ne	氖	10	20.179
Eu	铕	63	151.96	Ni	镍	28	58.69
F	氟	9	18.998403	Np	镎	93	237.0482
Fe	铁	26	55.847①	O	氧	8	15.9994①
Ga	镓	31	69.72	Os	锇	76	190.2
Gd	钆	64	157.25①	P	磷	15	30.97376

元 素		原子序数	相对原子质量	元 素		原子序数	相对原子质量
符号	名称			符号	名称		
Pa	镤	91	231.0359	Sr	锶	38	87.62
Pb	铅	82	207.2	Ta	钽	73	180.9479
Pd	钯	46	106.42	Tb	铽	65	158.9254
Pr	镨	59	140.9077	Te	碲	52	127.60①
Pt	铂	78	195.08①	Th	钍	90	232.0381
Ra	镭	88	226.0254	Ti	钛	22	47.88①
Rb	铷	37	85.4678①	Tl	铊	81	204.383
Re	铼	75	186.207	Tm	铥	69	168.9342
Rh	铑	45	102.9055	U	铀	92	238.0289
Ru	钌	44	101.07①	V	钒	23	50.9415
S	硫	16	32.06	W	钨	74	183.85①
Sb	锑	51	121.75①	Xe	氙	54	131.29①
Sc	钪	21	44.9559	Y	钇	39	88.9059
Se	硒	34	78.96①	Yb	镱	70	173.04①
Si	硅	14	28.0855①	Zn	锌	30	65.38
Sm	钐	62	150.36①	Zr	锆	40	91.22
Sn	锡	50	118.69①				

① 附表主要引自王明德主编《分析化学》(1986，高等教育出版社)。

注：1. 各相对原子质量数值最后一位数字准至±1，带上标①的准至±3。

2. 按元素符号的字母顺序排列（不包括人造元素）。

附录2　无机化合物的摩尔质量

单位：g/mol

Ag_3AsO_4	462.52	Al_2O_3	101.96
$AgBr$	187.77	$Al(OH)_3$	78.00
$AgCl$	143.32	$Al_2(SO_4)_3$	342.14
$AgCN$	133.89	$Al_2(SO_4)_3 \cdot 18H_2O$	666.41
$AgSCN$	165.95	As_2O_3	197.84
Ag_2CrO_4	331.73	As_2O_5	229.84
AgI	234.77	As_2S_3	246.02
$AgNO_3$	169.87	$BaCO_3$	197.34
$AlCl_3$	133.34	BaC_2O_4	225.35
$AlCl_3 \cdot 6H_2O$	241.43	$BaCl_2$	208.24
$Al(NO_3)_3$	213.00	$BaC_2 \cdot 2H_2O$	244.27
$Al(NO_3)_3 \cdot 9H_2O$	375.13	$BaCrO_4$	253.32

BaO	153.33	$K_4Fe(CN)_6$	368.35
$Ba(OH)_2$	171.34	$KFe(SO_4)_2 \cdot 12H_2O$	503.24
$BaSO_4$	233.39	$KHC_2O_4 \cdot H_2O$	146.14
$BiCl_3$	315.34	$KHC_2O_4 \cdot H_2C_2O_4 \cdot 2H_2O$	254.19
BiOCl	260.43	$KHC_4H_4O_6$	188.18
CO_2	44.01	$KHSO_4$	136.16
CaO	56.08	KI	166.00
$CaCO_3$	100.09	KIO_3	214.00
CaC_2O_4	128.10	$KIO_3 \cdot HIO_3$	389.91
$CaCl_2$	110.99	$KMnO_4$	158.03
H_2O_2	34.02	$KNaC_4H_4O_6 \cdot 4H_2O$	282.22
H_3PO_4	98.00	KNO_3	101.10
H_2S	34.08	KNO_2	85.10
H_2SO_3	82.07	K_2O	94.20
H_2SO_4	98.07	KOH	56.11
$Hg(CN)_2$	252.63	K_2SO_4	174.25
$HgCl_2$	271.50	$MgCO_3$	84.31
Hg_2Cl_2	472.09	$MgCl_2$	95.21
HgI_2	454.40	$MgCl_2 \cdot 6H_2O$	203.30
$Hg_2(NO_3)_2$	525.19	MgC_2O_4	112.33
$Hg_2(NO_3)_2 \cdot 2H_2O$	561.22	$Mg(NO_3)_2 \cdot 6H_2O$	256.41
$Hg(NO_3)_2$	324.60	$MgNH_4PO_4$	137.32
HgO	216.59	MgO	40.30
HgS	232.65	$Mg(OH)_2$	58.32
$HgSO_4$	296.65	$Mg_2P_2O_7$	222.55
Hg_2SO_4	497.24	$MgSO_4 \cdot 7H_2O$	246.47
$KAl(SO_4)_2 \cdot 12H_2O$	474.38	$MnCO_3$	114.96
KBr	119.00	$MnCl_2 \cdot 4H_2O$	197.91
$KBrO_3$	167.00	$Mn(NO_3)_2 \cdot 6H_2O$	287.04
KCl	74.55	MnO	70.94
$KClO_3$	122.55	MnO_2	86.94
$KClO_4$	138.55	MnS	87.00
KCN	65.12	$MnSO_4$	151.00
KSCN	97.18	$MnSO_4 \cdot 4H_2O$	223.06
K_2CO_3	138.21	NO	30.01
K_2CrO_4	194.19	NO_2	46.01
$K_2Cr_2O_7$	294.18	NH_3	17.03
$K_3Fe(CN)_6$	329.25	CH_2COONH_4	77.08

NH_4Cl	53.49	$Cu(NO_3)_2 \cdot 3H_2O$	241.60
$(NH_4)_2CO_3$	96.09	CuO	79.55
$(NH_4)_2C_2O_4$	124.10	Cu_2O	143.09
$(NH_4)_2C_2O_4 \cdot H_2O$	142.11	CuS	95.61
NH_4SCN	76.12	$CuSO_4$	159.60
NH_4HCO_3	79.06	$CuSO_4 \cdot 5H_2O$	249.68
$(NH_4)_2MoO_4$	196.01	$FeCl_2$	126.75
NH_4NO_3	80.04	$FeCl_2 \cdot 4H_2O$	198.81
$(NH_4)_2HPO_4$	132.06	$FeCl_3$	162.21
$(NH_4)_2S$	68.14	$FeCl_3 \cdot 6H_2O$	270.30
$CaCl_2 \cdot 6H_2O$	219.08	$FeNH_4(SO_4)_2 \cdot 12H_2O$	482.18
$Ca(NO_3)_2 \cdot 4H_2O$	236.15	$Fe(NO_3)_3$	241.86
$Ca(OH)_2$	74.10	$Fe(NO_3)_3 \cdot 9H_2O$	404.00
$Ca_3(PO_4)_2$	310.18	FeO	71.85
$CaSO_4$	136.14	Fe_2O_3	159.69
$CdCO_3$	172.42	Fe_3O_4	231.54
$CdCl_2$	183.32	$Fe(OH)_2$	106.87
CdS	144.47	FeS	87.91
$Ce(SO_4)_2$	332.24	Fe_2S_3	207.87
$Ce(SO_4)_2 \cdot 4H_2O$	404.30	$FeSO_4$	151.91
$CoCl_2$	129.84	$FeSO_4 \cdot 7H_2O$	278.01
$CoCl_2 \cdot 6H_2O$	237.93	$FeSO_4 \cdot (NH_4)SO_4 \cdot 6H_2O$	392.13
$Co(NO_3)_2$	182.94	H_3AsO_3	125.94
$Co(NO_3)_2 \cdot 6H_2O$	291.03	H_3AsO_4	141.94
CoS	90.99	H_3BO_3	61.83
$CoSO_4$	154.99	HBr	80.91
$CoSO_4 \cdot 7H_2O$	281.10	HCN	27.03
$CO(NH_2)_2$	60.06	$HCOOH$	46.03
$CrCl_2$	158.36	CH_3COOH	60.05
$CrCl_3 \cdot 6H_2O$	266.45	H_2CO_3	62.03
$Cr(NO_3)_2$	238.01	$H_2C_2O_4$	90.04
Cr_2O_3	151.99	$H_2C_2O_4 \cdot 2H_2O$	126.07
$CuCl$	99.00	HCl	36.46
$CuCl_2$	134.45	HF	20.01
$CuCl_2 \cdot 2H_2O$	170.48	HI	127.91
$CuSCN$	121.62	HIO_3	175.91
CuI	190.45	HNO_3	63.01
$Cu(NO_3)_2$	187.56	HNO_2	47.01

H_2O	18.015	Na_2SO_4	142.04
$2H_2O$	36.03	$Na_2S_2O_3$	158.10
$3H_2O$	54.05	$Na_2S_2O_3 \cdot 5H_2O$	248.17
$4H_2O$	72.06	$NiCl_2 \cdot 6H_2O$	237.69
$5H_2O$	90.08	NiO	74.69
$6H_2O$	108.09	$Ni(NO_3)_2 \cdot 6H_2O$	290.79
$7H_2O$	126.11	NiS	90.75
$8H_2O$	144.12	$NiSO_4 \cdot 7H_2O$	280.85
$9H_2O$	162.14	OH	17.01
$12H_2O$	216.18	$2OH$	34.02
$(NH_4)_2SO_4$	132.13	$3OH$	51.02
NH_4VO_3	116.98	$4OH$	68.03
Na_3AsO_3	191.89	P_2O_5	141.95
$Na_2B_4O_7$	201.22	$PbCO_3$	267.21
$Na_2B_4O_7 \cdot 10H_2O$	381.37	PbC_2O_4	295.22
$NaBiO_3$	279.97	$PbCl_2$	278.11
$NaCN$	49.01	$PbCrO_4$	323.19
$NaSCN$	81.07	$Pb(CH_3COO)_2$	325.29
Na_2CO_3	105.99	$Pb(CH_2COO)_2 \cdot 3H_2O$	379.34
$Na_2CO_3 \cdot 10H_2O$	286.14	PbI_2	461.01
$Na_2C_2O_4$	134.00	$Pb(NO_3)_2$	331.21
CH_3COONa	82.03	PbO	223.20
$CH_3COOHNa \cdot 3H_2O$	136.08	PbO_2	239.20
$NaCl$	58.44	$Pb_3(PO_4)_2$	811.54
$NaClO$	74.44	PbS	239.26
$NaHCO_3$	84.01	$PbSO_4$	303.26
$NaHPO_4 \cdot 12H_2O$	358.14	SO_3	80.06
$Na_2H_2Y \cdot 2H_2O$	372.24	SO_2	64.06
$NaNO_2$	69.00	$SbCl_3$	228.11
$NaNO_3$	85.00	$SbCl_5$	299.02
Na_2O	61.98	Sb_2O_3	291.50
Na_2O_2	77.98	Sb_2S_3	339.68
$NaOH$	40.00	SiF_4	104.08
Na_3PO_4	163.94	SiO_2	60.08
Na_2S	78.04	$SnCl_2$	189.60
$Na_2S \cdot 9H_2O$	240.18	$SnCl_2 \cdot 2H_2O$	225.63
Na_2SO_3	126.04	$SnCl_4$	260.50

续表

$SnCl_4 \cdot 5H_2O$	350.58	ZnC_2O_4	153.40
SnO_2	150.69	$ZnCl_2$	136.29
SnS_2	150.75	$Zn(CH_3COO)_2$	183.47
$SrCO_3$	147.63	$Zn(CH_3COO)_2 \cdot 2H_2O$	219.50
SrC_2O_4	175.64	$Zn(NO_3)_2$	189.39
$SrCrO_4$	203.61	$Zn(NO_3)_2 \cdot 6H_2O$	297.48
$Sr(NO_3)_2$	211.63	ZnO	81.38
$Sr(NO_3)_2 \cdot 4H_2O$	283.69	ZnS	97.44
$SrSO_4$	183.68	$ZnSO_4$	161.44
$UO_2(CH_3COO)_2 \cdot 2H_2O$	424.15	$ZnSO_4 \cdot 7H_2O$	287.55
$ZnCO_3$	125.39		

附录3 弱酸、弱碱在水中的电离常数 (25℃)

弱　　酸	分　子　式	K_a	pK_a
砷酸	H_3AsO_4	$6.3 \times 10^{-3} (K_{a1})$	2.20
		$1.0 \times 10^{-7} (K_{a2})$	7.00
		$3.2 \times 10^{-12} (K_{a3})$	11.50
亚砷酸	$HAsO_2$	6.0×10^{-10}	9.22
硼酸	H_3BO_3	$5.8 \times 10^{-10} (K_{a1})$	9.24
碳酸	$H_2CO_3 (CO_2 + H_2O)^{①}$	$4.2 \times 10^{-7} (K_{a1})$	6.38
		$5.6 \times 10^{-11} (K_{a2})$	10.25
氢氰酸	HCN	7.2×10^{-10}	9.14
氰酸	$HCNO$	1.2×10^{-4}	3.92
铬酸	$HCrO_4^-$	$3.2 \times 10^{-7} (K_{a2})$	6.50
氢氟酸	HF	7.2×10^{-4}	3.14
亚硝酸	HNO_2	5.1×10^{-4}	3.29
磷酸	H_3PO_4	$7.6 \times 10^{-3} (K_{a1})$	2.12
		$6.3 \times 10^{-8} (K_{a2})$	7.20
		$4.4 \times 10^{-13} (K_{a3})$	12.36
焦磷酸	$H_4P_2O_7$	$3.0 \times 10^{-2} (K_{a1})$	1.52
		$4.4 \times 10^{-8} (K_{a2})$	2.36
		$2.5 \times 10^{-7} (K_{a3})$	6.60
		$5.6 \times 10^{-10} (K_{a4})$	9.25

弱 酸	分 子 式	K_a	pK_a
亚磷酸	H_3PO_3	$5.0 \times 10^{-2} (K_{a1})$	1.30
		$2.5 \times 10^{-7} (K_{a2})$	6.60
氢硫酸	H_2S	$5.7 \times 10^{-8} (K_{a1})$	7.24
		$1.2 \times 10^{-15} (K_{a2})$	14.92
硫酸	HSO_4^-	$1.0 \times 10^{-2} (K_{a2})$	1.99
亚硫酸	$H_2SO_3 (SO_2 + H_2O)$	$1.3 \times 10^{-2} (K_{a1})$	1.90
		$6.3 \times 10^{-8} (K_{a2})$	7.20
硫氰酸	HSCN	1.4×10^{-1}	0.85
偏硅酸	H_2SiO_3	$1.7 \times 10^{-10} (K_{a1})$	9.77
		$1.6 \times 10^{-12} (K_{a2})$	11.8
甲酸(蚁酸)	HCOOH	1.8×10^{-4}	3.74
乙酸(醋酸)	CH_3COOH	1.8×10^{-5}	4.74
丙酸	C_2H_5COOH	1.34×10^{-5}	4.87
乙二醇二乙醚 二胺四乙酸 (EGTA)	$CH_2O(CH_2)_2N(CH_2COOH)_2$ $\mid$ $CH_2O(CH_2)_2N(CH_2COOH)_2$	$1.0 \times 10^{-2} (K_{a1})$	2.00
		$2.24 \times 10^{-3} (K_{a2})$	2.56
		$1.41 \times 10^{-9} (K_{a3})$	8.85
		$3.47 \times 10^{-10} (K_{a4})$	9.46
二乙三胺 五乙酸 (DTPA)	$CH_2CH_2N(CH_2COOH)_2$ $\mid$ NCH_2COOH $\mid$ $CH_2CH_2N(CH_2COOH)_2$	$1.29 \times 10^{-2} (K_{a1})$	1.89
		$1.62 \times 10^{-3} (K_{a2})$	2.79
		$5.13 \times 10^{-5} (K_{a3})$	4.29
		$2.46 \times 10^{-9} (K_{a4})$	8.61
		$3.81 \times 10^{-11} (K_{a5})$	10.48
水杨酸	$C_6H_4OHCOOH$	$1.0 \times 10^{-3} (K_{a1})$	3.00
		$4.2 \times 10^{-13} (K_{a3})$	12.38
磺基水杨酸	$C_6H_3SO_3HOHCOOH$	$4.7 \times 10^{-3} (K_{a1})$	2.33
		$4.8 \times 10^{-12} (K_{a2})$	11.32
邻硝基苯甲酸	$C_6H_4NO_2COOH$	6.71×10^{-3}	2.17
硫代硫酸	$H_2S_2O_3$	$5 \times 10^{-1} (K_{a1})$	0.3
		$1 \times 10^{-2} (K_{a2})$	2.0

续表

弱　酸	分　子　式	K_a	pK_a
苦味酸	$HOC_6H_2(NO_2)_3$	4.2×10^{-1}	0.38
乙酰丙酮	$CH_3COCH_2COCH_3$	1×10^{-9}	9.0
邻二氮菲	$C_{12}H_8N_2$	1.1×10^{-5}	4.96
8-羟基喹啉	C_8H_6NOH	$9.6\times10^{-6}(K_{a1})$	5.02
		$1.55\times10^{-10}(K_{a2})$	9.81
氨水	NH_3	1.8×10^{-5}	4.74
联氨	H_2NNH_2	$3.0\times10^{-6}(K_{b1})$	5.52
		$7.6\times10^{-15}(K_{b2})$	14.12
羟胺	NH_2OH	9.1×10^{-9}	8.04
		(1.07×10^{-8})	(7.97)
甲胺	CH_3NH_2	4.2×10^{-4}	3.38
乙胺	$C_2H_5NH_2$	5.6×10^{-4}	3.25
二甲胺	$(CH_2)_2NH$	1.2×10^{-4}	3.93
二乙胺	$(C_2H_5)_2NH$	1.3×10^{-2}	2.89
乙醇胺	$HOCH_2CH_2NH_2$	3.2×10^{-5}	4.50
三乙醇胺	$(NOCH_2CH_2)_3N$	5.8×10^{-7}	6.24
六次甲基四胺	$(CH_2)_6N_4$	1.4×10^{-3}	8.85
一氯乙酸	$CH_2ClCOOH$	1.4×10^{-3}	3.86
二氯乙酸	$CHCl_2COOH$	5.0×10^{-2}	1.30
三氯乙酸	CCl_3COOH	0.23	0.64
氨基乙酸盐	$^+NH_3CH_2COOH$	$4.5\times10^{-3}(K_{a1})$	2.35
	$^+NH_3CH_2COO^-$	$2.5\times10^{-10}(K_{a2})$	9.60
抗坏血酸	$O{=}CC(OH){=}C(OH)CH{-}$	$5.0\times10^{-5}(K_{a1})$	4.30
	$—CHOH—CH_2OH$	$1.5\times10^{-10}(K_{a2})$	9.82
乳酸	$CH_3CHOHCOOH$	1.4×10^{-4}	3.86
苯甲酸	C_6H_5COOH	6.2×10^{-5}	4.21
草酸	$H_2C_2O_4$	$5.9\times10^{-2}(K_{a1})$	1.22
		$6.4\times10^{-5}(K_{a2})$	4.19
d-酒石酸	$CH(OH)COOH$	$9.1\times10^{-4}(K_{a1})$	3.04
	$\ \mid$ $CH(OH)COOH$	$4.3\times10^{-5}(K_{a2})$	4.37
酒石酸	$H_2C_4H_4O_6$	$1.04\times10^{-3}(K_{a1})$	2.98
		$4.55\times10^{-5}(K_{a2})$	4.34

续表

弱 酸	分 子 式	K_a	pK_a
邻苯二甲酸	![邻苯二甲酸结构]—COOH / —COOH	$1.1\times10^{-3}(K_{a1})$	2.95
		$3.9\times10^{-6}(K_{a2})$	5.41
柠檬酸	CH_2COOH / $C(OH)COOH$ / CH_2COOH	$7.4\times10^{-4}(K_{a1})$	3.13
		$1.7\times10^{-5}(K_{a2})$	4.76
		$4.0\times10^{-7}(K_{a3})$	6.40
苯酚	C_6H_5OH	1.1×10^{-10}	9.95
乙二胺四乙酸 (EDTA)	H_6Y^{2+}	$0.1(K_{a1})$	0.9
	H_5Y^+	$3\times10^{-2}(K_{a2})$	1.6
	H_4Y	$1\times10^{-2}(K_{a3})$	2.0
	H_3Y^-	$2.1\times10^{-3}(K_{a4})$	2.67
	H_2Y^{2-}	$6.9\times10^{-7}(K_{a5})$	6.16
	HY^{3-}	$5.5\times10^{-11}(K_{a6})$	10.26
环己烷二胺四乙酸 (CYDTA)	![CYDTA结构]—N(CH$_2$COOH)$_2$ / —N(CH$_2$COOH)$_2$	$3.72\times10^{-3}(K_{a1})$	2.43
		$3.02\times10^{-4}(K_{a2})$	3.52
		$7.59\times10^{-7}(K_{a3})$	6.12
		$2.0\times10^{-12}(K_{a4})$	11.70
乙二胺	$H_2NCH_2CH_2NH_2$	$8.5\times10^{-5}(K_{b1})$	4.07
吡啶	![吡啶结构]	$7.1\times10^{-8}(K_{b2})$	7.15
		1.7×10^{-9}	8.77
		(2.04×10^{-9})	(8.96)
喹啉	C_9H_7N	6.3×10^{-10}	9.20

① 如不计水合 CO_2，H_2CO_3 的 $pK_{a1}=3.76$。

附录4 EDTA 配合物的 $lgK_稳$ （25℃）

离 子	配 合 物	$lgK_稳$	离 子	配 合 物	$lgK_稳$
Ag^+	AgY^{3-}	7.32	Be^{2+}	BeY^{2-}	9.2
Al^{3+}	AlY^-	16.3	Bi^{3+}	BiY^-	27.94
Am^{3+}	AmY^-	18.2	Ca^{2+}	CaY^{2-}	10.96
Ba^{2+}	BaY^{2-}	7.86	Cd^{2+}	CdY^{2-}	16.46

离　子	配合物	$\lg K_{稳}$	离　子	配合物	$\lg K_{稳}$
Ce^{3+}	CeY^-	16.0	MoO_2^+	MoY^+	2.8
Cf^{3+}	CfY^-	19.1	Na^+	NaY^{3-}	1.66
Cm^{3+}	CmY^-	18.5	Nd^{3+}	NdY^-	16.61
Co^{2+}	CoY^{2-}	16.31	Ni^{2+}	NiY^{2-}	18.62
Co^{3+}	CoY^-	36.0	Os^{2+}	OsY^-	17.9
Cr^{3+}	CrY^-	23.4	Pb^{2+}	PbY^{2-}	18.04
Cu^{2+}	CuY^{2-}	18.80	Pd^{2+}	PdY^{2-}	18.5
Dy^{3+}	DyY^-	18.30	Pm^{3+}	PmY^-	16.75
Er^{3+}	ErY^-	18.85	Pr^{3+}	PrY^-	16.40
Eu^{2+}	EuY^{2-}	7.7	Pt^{3+}	PtY^-	16.4
Eu^{3+}	EuY^-	17.35	Pu^{3+}	PuY^-	18.1
Fe^{2+}	FeY^{2-}	14.32	Pu^{4+}	PuY	17.7
Fe^{3+}	FeY^-	25.1	Pu^{6+}	PuY^{2+}	16.4
Ga^{2+}	GaY^-	20.3	Ru^{2+}	RuY^{2-}	7.4
Gd^{3+}	GdY^-	17.37	Sc^{3+}	ScY^-	23.1
Hf^{2+}	HfY^{2-}	19.1	Sm^{3+}	SmY^-	17.14
Hg^{2+}	HgY^{2-}	21.80	Sn^{2+}	SnY^{2-}	22.11
Ho^{3+}	HoY^-	18.74	Sn^{4+}	SnY	7.23
In^{3+}	InY^-	25.0	Sr^{2+}	SrY^{2-}	8.73
La^{3+}	LaY^-	15.50	Tb^{3+}	TbY^-	17.93
Tm^{3+}	TmY^-	19.32	Th^{4+}	ThY	23.2
U^{4+}	UY	25.8	Ti^{3+}	TiY^-	21.3
UO_2^{2+}	UO_2Y^{2-}	约 10	TiO^{2+}	$TiOY^{2-}$	17.3
V^{2+}	VY^{2-}	12.7	Tl^{3+}	TlY^-	37.8
V^{3+}	VY^-	25.1	VO_2^+	VO_2Y^{3-}	18.1
VO^{2+}	VOY^-	18.8	Y^{3+}	YY^-	18.1
Li^+	LiY^{3-}	2.79	Yb^{3+}	YbY^-	19.57
Lu^{3+}	LuY^-	19.83	Zn^{2+}	ZnY^{2-}	16.50
Mg^{2+}	MgY^{2-}	8.7	ZrO^{2+}	$ZrOY^{2-}$	29.5
Mn^{2+}	MnY^{2-}	13.87,(14.0)			

附录5　难溶化合物的溶度积（18～25℃）

难溶化合物	K_{sp}	pK_{sp}	难溶化合物	K_{sp}	pK_{sp}
$Al(OH)_3$ 无定形	1.3×10^{-33}	32.9	Ag_3AsO_4	1×10^{-22}	22.0
Al-8-羟基喹啉	1.0×10^{-29}	29.0	$AgBr$	5.0×10^{-13}	12.30

难溶化合物	K_{sp}	pK_{sp}	难溶化合物	K_{sp}	pK_{sp}
Ag_2CO_3	8.1×10^{-12}	11.09	$CdCO_3$	5.2×10^{-12}	11.28
$AgCl$	1.8×10^{-10}	9.75	$Cd_2[Fe(CN)_6]$	3.2×10^{-17}	16.49
Ag_2CrO_4	2.0×10^{-12}	11.71	$Cd(OH)_2$ 新析出	2.5×10^{-14}	13.60
$AgCN$	1.2×10^{-16}	15.92	$CdC_2O_4 \cdot 3H_2O$	9.1×10^{-8}	7.04
$AgOH$	2.0×10^{-8}	7.71	CdS	7.1×10^{-28}	27.15
AgI	9.3×10^{-17}	16.03	$CoCO_3$	1.4×10^{-13}	12.84
$Ag_2C_2O_4$	3.5×10^{-11}	10.46	$Co_2[Fe(CN)_6]$	1.8×10^{-15}	14.74
Ag_3PO_4	1.4×10^{-16}	15.84	$Co(OH)_2$ 新析出	2×10^{-15}	14.7
Ag_2SO_4	1.4×10^{-5}	4.84	$Co(OH)_3$	2×10^{-44}	43.7
Ag_2S	2×10^{-49}	48.7	$Co[Hg(SCN)_4]$	1.5×10^{-6}	5.82
$AgSCN$	1.0×10^{-12}	12.00	$\alpha\text{-}CoS$	4×10^{-21}	20.4
As_2S_3	2.1×10^{-22}	21.68	$\beta\text{-}CoS$	2×10^{-25}	24.7
$BaCO_3$	5.1×10^{-9}	8.29	$Co_3(PO_4)_2$	2×10^{-35}	34.7
$BaCrO_4$	1.2×10^{-10}	9.93	$Cr(OH)_3$	6×10^{-31}	30.2
BaF_2	1×10^{-6}	6.0	$CuBr$	5.2×10^{-9}	8.28
$BaC_2O_4 \cdot H_2O$	2.3×10^{-8}	7.64	$CuCl$	1.2×10^{-6}	5.92
Ba-8-羟基喹啉	5.0×10^{-9}	8.30	$CuCN$	3.2×10^{-20}	19.49
$BaSO_4$	1.1×10^{-10}	9.96	CuI	1.1×10^{-12}	11.96
$Bi(OH)_3$	4×10^{-11}	30.4	$CuOH$	1×10^{-14}	14.0
$BiOOH$	4×10^{-10}	9.4	Cu_2S	2×10^{-48}	47.7
BiI_3	8.1×10^{-19}	18.09	$CuSCN$	4.8×10^{-15}	14.32
$BiOCl$	1.8×10^{-31}	30.75	$CuCO_3$	1.4×10^{-10}	9.86
$BiPO_4$	1.3×10^{-23}	22.89	$Cu(OH)_2$	2.2×10^{-20}	19.66
Bi_2S_3	1×10^{-97}	97.0	CuS	6×10^{-36}	35.2
$CaCO_3$	2.9×10^{-9}	8.54	Cu-8-羟基喹啉	2.0×10^{-30}	29.70
CaF_2	2.7×10^{-11}	10.57	$FeCO_3$	3.2×10^{-11}	10.50
$CaC_2O_4 \cdot H_2O$	2.0×10^{-9}	8.70	$Fe(OH)_2$	8×10^{-16}	15.1
$Ca_3(PO_4)_2$	2.0×10^{-29}	28.70	FeS	6×10^{-18}	17.2
$CaSO_4$	9.1×10^{-6}	5.04	$Fe(OH)_3$	4×10^{-38}	37.4
$CaWO_4$	8.7×10^{-9}	8.06	$FePO_4$	1.3×10^{-22}	21.89
Ca-8-羟基喹啉	7.6×10^{-12}	11.12	Hg_2Br_2	5.8×10^{-23}	22.24

难溶化合物	K_{sp}	pK_{sp}	难溶化合物	K_{sp}	pK_{sp}
Hg_2CO_3	8.9×10^{-17}	16.05	PbF_2	2.7×10^{-8}	7.57
Hg_2Cl_2	1.3×10^{-18}	17.88	$Pb(OH)_2$	1.2×10^{-15}	14.93
$Hg_2(OH)_2$	2×10^{-24}	23.7	PbI_2	7.1×10^{-9}	8.15
Hg_2I_2	4.5×10^{-29}	28.85	$PbMoO_4$	1×10^{-13}	13.0
Hg_2SO_4	7.4×10^{-7}	6.13	$Pb_3(PO_4)_2$	8.0×10^{-43}	42.10
Hg_2S	1×10^{-47}	47.0	$PbSO_4$	1.6×10^{-8}	7.79
$Hg(OH)_2$	3.0×10^{-26}	25.52	PbS	8×10^{-28}	27.1
HgS 红色	4×10^{-53}	52.4	$Pb(OH)_4$	3×10^{-66}	65.5
黑色	2×10^{-52}	51.7	$Sb(OH)_3$	4×10^{-42}	41.4
$MgNH_4PO_4$	2×10^{-13}	12.7	Sb_2S_3	2×10^{-93}	92.8
$MgCO_3$	3.5×10^{-8}	7.46	$Sn(OH)_2$	1.4×10^{-28}	27.85
MgF_2	6.4×10^{-9}	8.19	SnS	1×10^{-25}	25.0
$Mg(OH)_2$	1.8×10^{-11}	10.74	$Sn(OH)_4$	1×10^{-56}	56.0
Mg-8-羟基喹啉	4.0×10^{-16}	15.40	SnS_2	2×10^{-27}	26.7
$MnCO_3$	1.8×10^{-11}	10.74	$SrCO_3$	1.1×10^{-10}	9.96
$Mn(OH)_2$	1.9×10^{-13}	12.72	$SrCrO_4$	2.2×10^{-5}	4.65
MnS 无定形	2×10^{-10}	9.7	SrF_2	2.4×10^{-9}	8.61
MnS 晶形	2×10^{-13}	12.7	$SrC_2O_4 \cdot H_2O$	1.6×10^{-7}	6.80
Mn-8-羟基喹啉	2.0×10^{-22}	21.7	$Sr_3(PO_4)_2$	4.1×10^{-28}	27.39
$NiCO_3$	6.6×10^{-9}	8.18	$SrSO_4$	3.2×10^{-7}	6.49
$Ni(OH)_2$ 新析出	2×10^{-15}	14.7	Sr-8-羟基喹啉	5×10^{-10}	9.3
$Ni_3(PO_4)_2$	5×10^{-31}	30.3	$Ti(OH)_3$	1×10^{-40}	40.0
α-NiS	3×10^{-19}	18.5	$TiO(OH)_2$	1×10^{-29}	29.0
β-NiS	1×10^{-24}	24.0	$ZnCO_3$	1.4×10^{-11}	10.84
γ-NiS	2×10^{-26}	25.7	$Zn_2[Fe(CN)_6]$	4.1×10^{-10}	15.39
Ni-8-羟基喹啉	8×10^{-27}	26.1	$Zn(OH)_2$	1.2×10^{-17}	16.92
$PbCO_3$	7.4×10^{-14}	13.13	$Zn_3(PO_4)_2$	9.1×10^{-33}	32.04
$PbCl_2$	1.6×10^{-5}	4.79	ZnS	1.2×10^{-23}	22.92
$PbClF$	2.4×10^{-9}	8.62	Zn-8-羟基喹啉	5×10^{-25}	24.3
$PbCrO_4$	2.8×10^{-13}	12.55			

附录6 标准电极电位

半 反 应	$\varphi^{\ominus}/V$
$F_2(气)+2H^++2e^-\!=\!=\!2HF$	3.06
$O_3+2H^++2e^-\!=\!=\!O_2+H_2O$	2.07
$S_2O_8^{2-}+2e^-\!=\!=\!2SO_4^{2-}$	2.01
$H_2O_2+2H^++2e^-\!=\!=\!2H_2O$	1.77
$MnO_4^-+4H^++3e^-\!=\!=\!MnO_2(固)+2H_2O$	1.695
$PbO_2(固)+SO_4^{2-}+4H^++2e^-\!=\!=\!PbSO_4(固)+2H_2O$	1.685
$Au^++e^-\!=\!=\!Au$	1.68
$HClO_2+2H^++2e^-\!=\!=\!HClO+H_2O$	1.64
$HClO+H^++e^-\!=\!=\!\frac{1}{2}Cl_2+H_2O$	1.63
$Ce^{4+}+e^-\!=\!=\!Ce^{3+}$	1.61
$H_5IO_6+H^++2e^-\!=\!=\!IO_3^-+3H_2O$	1.60
$HBrO+H^++e^-\!=\!=\!\frac{1}{2}Br_2+H_2O$	1.59
$BrO_3^-+6H^++5e^-\!=\!=\!\frac{1}{2}Br_2+3H_2O$	1.52
$MnO_4^-+8H^++5e^-\!=\!=\!Mn^{2+}+4H_2O$	1.51
$Au(\mathrm{III})+3e^-\!=\!=\!Au$	1.50
$HClO+H^++2e^-\!=\!=\!Cl^-+H_2O$	1.49
$ClO_3^-+6H^++5e^-\!=\!=\!\frac{1}{2}Cl_2+3H_2O$	1.47
$PbO_2(固)+4H^++2e^-\!=\!=\!Pb^{2+}+2H_2O$	1.455
$HIO+H^++e^-\!=\!=\!\frac{1}{2}I_2+H_2O$	1.45
$ClO_3^-+6H^++6e^-\!=\!=\!Cl^-+3H_2O$	1.45
$BrO_3^-+6H^++6e^-\!=\!=\!Br^-+3H_2O$	1.44
$Au(\mathrm{III})+2e^-\!=\!=\!Au(I)$	1.41
$Cl_2(气)+2e^-\!=\!=\!2Cl^-$	1.3595
$ClO_4^-+8H^++7e^-\!=\!=\!\frac{1}{2}Cl_2+4H_2O$	1.34
$Cr_2O_7^{2-}+14H^++6e^-\!=\!=\!2Cr^{3+}+7H_2O$	1.33
$MnO_2(固)+4H^++2e^-\!=\!=\!Mn^{2+}+2H_2O$	1.23
$O_2(气)+4H^++4e^-\!=\!=\!2H_2O$	1.229
$IO_3^-+6H^++5e^-\!=\!=\!\frac{1}{2}I_2+3H_2O$	1.20
$ClO_4^-+2H^++2e^-\!=\!=\!ClO_3^-+H_2O$	1.19
$AuCl_2^-+e^-\!=\!=\!Au+2Cl^-$	1.11
$Br_2(水)+2e^-\!=\!=\!2Br^-$	1.087
$NO_2+H^++e^-\!=\!=\!HNO_2$	1.07

续表

半 反 应	$\varphi^{\ominus}/V$
$Br_3^- + 2e^- {=\!=\!=} 3Br^-$	1.05
$HNO_2 + H^+ + e^- {=\!=\!=} NO(气) + H_2O$	1.00
$VO_2^+ + 2H^+ + e^- {=\!=\!=} VO^{2+} + H_2O$	1.00
$AuCl_4^- + 3e^- {=\!=\!=} Au + 4Cl^-$	0.99
$HIO + H^+ + 2e^- {=\!=\!=} I^- + H_2O$	0.99
$AuBr_2^- + e^- {=\!=\!=} Au + 2Br^-$	0.96
$NO_3^- + 3H^+ + 2e^- {=\!=\!=} HNO_2 + H_2O$	0.94
$ClO^- + H_2O + 2e^- {=\!=\!=} Cl^- + 2OH^-$	0.89
$H_2O + 2e^- {=\!=\!=} 2OH^-$	0.88
$AuBr_4^{2-} + 3e^- {=\!=\!=} Au + 4Br^-$	0.87
$Cu^{2+} + I^- + e^- {=\!=\!=} CuI(固)$	0.86
$Hg^{2+} + 2e^- {=\!=\!=} Hg$	0.845
$AuBr_4^- + 2e^- {=\!=\!=} AuBr_2^- + 2Br^-$	0.82
$NO_3^- + 2H^+ + e^- {=\!=\!=} NO_2 + H_2O$	0.80
$Ag^+ + e^- {=\!=\!=} Ag$	0.799
$Hg_2^{2+} + 2e^- {=\!=\!=} 2Hg$	0.793
$Fe^{3+} + e^- {=\!=\!=} Fe^{2+}$	0.771
$BrO^- + H_2O + 2e^- {=\!=\!=} Br^- + 2OH^-$	0.76
$O_2(气) + 2H^+ + 2e^- {=\!=\!=} H_2O_2$	0.682
$AsO_2^- + 2H_2O + 3e^- {=\!=\!=} As + 4OH^-$	0.68
$2HgCl_2 + 2e^- {=\!=\!=} Hg_2Cl_2(固) + 2Cl^-$	0.63
$Hg_2SO_4(固) + 2e^- {=\!=\!=} 2Hg + SO_4^{2-}$	0.6151
$MnO_4^- + 2H_2O + 3e^- {=\!=\!=} MnO_2(固) + 4OH^-$	0.588
$MnO_4^- + e^- {=\!=\!=} MnO_4^{2-}$	0.564
$H_3AsO_4 + 2H^+ + 2e^- {=\!=\!=} H_3AsO_3 + H_2O$	0.559
$I_3^- + 2e^- {=\!=\!=} 3I^-$	0.545
$I_2(固) + 2e^- {=\!=\!=} 2I^-$	0.5345
$Mo(VI) + e^- {=\!=\!=} Mo(V)$	0.53
$Cu^+ + e^- {=\!=\!=} Cu$	0.52
$4H_2SO_3 + 4H^+ + 6e^- {=\!=\!=} S_4O_6^{2-} + 6H_2O$	0.51
$HgCl_4^{2-} + 2e^- {=\!=\!=} Hg + 4Cl^-$	0.48
$2H_2SO_3 + 2H^+ + 4e^- {=\!=\!=} S_2O_3^{2-} + 3H_2O$	0.40
$Fe(CN)_6^{3-} + e^- {=\!=\!=} Fe(CN)_6^{4-}$	0.356
$Cu^{2+} + 2e^- {=\!=\!=} Cu$	0.337

半　反　应	$\varphi^{\ominus}/V$
$VO^{2+}+2H^++e^- \!=\!= V^{3+}+H_2O$	0.337
$BiO^++2H^++3e^- \!=\!= Bi+H_2O$	0.32
$Hg_2Cl_2(固)+2e^- \!=\!= 2Hg+2Cl^-$	0.2676
$HAsO_2+3H^++3e^- \!=\!= As+2H_2O$	0.248
$AgCl(固)+e^- \!=\!= Ag+Cl^-$	0.2223
$SbO^++2H^++3e^- \!=\!= Sb+H_2O$	0.212
$SO_4^{2-}+4H^++2e^- \!=\!= SO_2(水)+2H_2O$	0.17
$Cu^{2+}+e^- \!=\!= Cu^+$	0.159
$Sn^{4+}+2e^- \!=\!= Sn^{2+}$	0.154
$S+2H^++2e^- \!=\!= H_2S(气)$	0.141
$Hg_2Br_2+2e^- \!=\!= 2Hg+2Br^-$	0.1395
$TiO^{2+}+2H^++e^- \!=\!= Ti^{2+}+H_2O$	0.1
$S_4O_6^{2-}+2e^- \!=\!= 2S_2O_3^{2-}$	0.08
$AgBr(固)+e^- \!=\!= Ag+Br^-$	0.071
$2H^++2e^- \!=\!= H_2$	0.000
$O_2+H_2O+2e^- \!=\!= HO_2^-+OH^-$	-0.067
$TiOCl^++2H^++3Cl^-+e^- \!=\!= TiCl_4^-+H_2O$	-0.09
$Pb^{2+}+2e^- \!=\!= Pb$	-0.126
$Sn^{2+}+2e^- \!=\!= Sn$	-0.136
$AgI(固)+e^- \!=\!= Ag+I^-$	-0.152
$Ni^{2+}+2e^- \!=\!= Ni$	-0.246
$H_3PO_4+2H^++2e^- \!=\!= H_3PO_3+H_2O$	-0.276
$Co^{2+}+2e^- \!=\!= Co$	-0.277
$Tl^++e^- \!=\!= Tl$	-0.3360
$In^{3+}+3e^- \!=\!= In$	-0.345
$PbSO_4(固)+2e^- \!=\!= Pb+SO_4^{2-}$	-0.3553
$SeO_3^{2-}+3H_2O+4e^- \!=\!= Se+6OH^-$	-0.366
$As+3H^++3e^- \!=\!= AsH_3$	-0.33
$Se+2H^++2e^- \!=\!= H_2Se$	-0.40
$Cd^{2+}+2e^- \!=\!= Cd$	-0.403
$Cr^{3+}+e^- \!=\!= Cr^{2+}$	-0.41
$Fe^{2+}+2e^- \!=\!= Fe$	-0.440
$S+2e^- \!=\!= S^{2-}$	-0.48
$2CO_2+2H^++2e^- \!=\!= H_2C_2O_4$	-0.49
$H_3PO_3+2H^++2e^- \!=\!= H_3PO_2+H_2O$	-0.50

半 反 应	$\varphi^{\ominus}/V$
$Sb+3H^++3e^-=\!=SbH_3$	-0.51
$HPbO_2^-+H_2O+2e^-=\!=Pb+3OH^-$	-0.54
$Ga^{3+}+3e^-=\!=Ga$	-0.56
$TeO_3^{2-}+3H_2O+4e^-=\!=Te+6OH$	-0.57
$2SO_3^{2-}+3H_2O+4e^-=\!=S_2O_3^{2-}+6OH^-$	-0.58
$SO_3^{2-}+3H_2O+4e^-=\!=S+6OH^-$	-0.66
$AsO_4^{3-}+2H_2O+2e^-=\!=AsO_2^-+4OH^-$	-0.67
$Ag_2S(固)+2e^-=\!=2Ag+S^{2-}$	-0.69
$Zn^{2+}+2e^-=\!=Zn$	-0.763
$2H_2O+2e^-=\!=H_2+2OH^-$	-0.828
$Cr^{2+}+2e^-=\!=Cr$	-0.91
$HSnO_2^-+H_2O+2e^-=\!=Sn+3OH^-$	-0.91
$Se+2e^-=\!=Se^{2-}$	-0.92
$Sn(OH)_6^{2-}+2e^-=\!=HSnO_2^-+H_2O+3OH^-$	-0.93
$CNO^-+H_2O+2e^-=\!=CN^-+2OH^-$	-0.97
$Mn^{2+}+2e^-=\!=Mn$	-1.182
$ZnO_2^{2-}+2H_2O+2e^-=\!=Zn+4OH^-$	-1.216
$Al^{3+}+3e^-=\!=Al$	-1.66
$H_2AlO_3^-+H_2O+3e^-=\!=Al+4OH^-$	-2.35
$Mg^{2+}+2e^-=\!=Mg$	-2.37
$Na^++e^-=\!=Na$	-2.714
$Ca^{2+}+2e^-=\!=Ca$	-2.87
$Sr^{2+}+2e^-=\!=Sr$	-2.89
$Ba^{2+}+2e^-=\!=Ba$	-2.90
$K^++e^-=\!=K$	-2.925
$Li^++e^-=\!=Li$	-3.042